职业院校机电类“十三五”

微课版创新教材

UG NX 8.0 零件设计与装配工程图项目化教程

王锦红 / 主编

李海林 林勇 / 副主编

图书在版编目（CIP）数据

UG NX 8.0零件设计与装配工程图项目化教程 / 王锦红主编. -- 北京 : 人民邮电出版社, 2016.7（2022.7重印）
职业院校机电类“十三五”微课版创新教材
ISBN 978-7-115-42272-9

Ⅰ. ①U… Ⅱ. ①王… Ⅲ. ①机械元件－计算机辅助设计－应用软件－高等职业教育－教材 Ⅳ. ①TH13-39

中国版本图书馆CIP数据核字(2016)第146440号

内容提要

本书以培养学生的产品三维建模能力为核心，以项目为载体，以UG NX 8.0为绘图平台，精心设计建模任务；通过完成设计任务，穿插讲授UG NX软件基本命令，阐述三维建模思路、步骤与方法。

全书共分为8个项目，内容覆盖UG NX 8.0基本操作、二维草图设计、线框图、三维实体建模、曲面建模、装配设计、工程图设计和综合应用实例-名片盒建模与装配。项目一～项目七采用项目导入的形式进行基本知识点的介绍，同时针对基本知识点，安排课后的训练项目。为了方便读者学习，每个引入的项目及课后练习都有参考的操作视频。项目八以一个自主知识产权产品-名片盒建模与装配作为综合应用实例来对全书介绍的知识点与操作命令进行总结与提升。

本书可作为职业技术学院机械类、机电类专业的教学用书，也可作为从事机械设计的工程技术人员培训或自学的参考资料。

◆ 主　　编　王锦红
副 主 编　李海林　林　勇
责任编辑　刘盛平
执行编辑　王丽美
责任印制　焦志炜
◆ 人民邮电出版社出版发行　　北京市丰台区成寿寺路11号
邮编　100164　　电子邮件　315@ptpress.com.cn
网址　http://www.ptpress.com.cn
北京九州迅驰传媒文化有限公司印刷
◆ 开本：787×1092　1/16
印张：15　　　　2015年7月第1版
字数：356千字　　　　2022年7月北京第10次印刷

定价：38.00元

读者服务热线：(010)81055256　印装质量热线：(010)81055316
反盗版热线：(010)81055315

前言 FOREWORD

机电产品三维设计是机械、机电工程技术人员的典型工作任务，是机械、机电工程高技能人才必须具备的基本技能，也是机械设计制造类、机电设备类专业的一门重要的专业课程。本书以训练读者的三维设计技能为目标，详细介绍 UG NX 8.0 系统操作方法，典型机电产品建模（二维草图、基本曲线、三维实体建模）、装配及生成二维工程图的方法。

本书以产品三维设计的实际工作过程为导向，采用项目教学的方式组织内容，将三维设计技巧分散在项目具体操作中。项目一～项目七的编写体例相同，由项目引入、项目分析、知识链接、项目实施、归纳总结、课后训练 6 部分组成。在项目导入部分，给出设计任务；在知识链接部分列出完成该项目必须的知识与技能，包括零件分析、相关绘图命令、图形对象操作、设计技巧等；在项目实施部分，介绍完整的设计过程与详细的操作步骤；在归纳总结部分，对本项目所涉及的知识点与操作命令进行回顾与总结；在课后训练部分，围绕项目需要掌握的重点知识和技巧，精心筛选了适量的练习，供读者检测学习效果。项目八以一个自主知识产权产品——名片盒建模与装配作为综合应用实例来对产品三维设计思维、全书知识点与操作命令进行全面总结与提升。

通过 UG NX 8.0 基本操作、二维草图设计、线框图、三维实体建模、曲面建模、装配设计、工程图设计、综合应用实例——名片盒建模与装配 8 个项目的系统学习，读者不仅能够掌握如何利用 UG 软件进行产品三维设计，而且能够具备中等难度产品的三维设计与开发能力，达到实际工作岗位对机械或机电工程技术人员的职业技能要求。

为了方便读者更轻松地完成学习，本书不仅对各项目内容配备了电子课件，还对每个章节的项目案例与课后的训练项目都配备了操作参考视频。同时本书还是一本体现“互联网+教育”理念的智慧学习教材。在书中对应位置插入二维码，通过手机等终端设备的“扫一扫”功能，即可播放操作参考视频，大大方便读者，实现了随时随地移动学习。电子课件、操作参考视频、prt 源文件，读者可登录人邮教育社区（www.ryjiaoyu.com）下载使用。

本书的参考学时为 56～78 学时，建议采用理论实践一体化的教学模式，各项目的参考学时见下面的学时分配表。

学时分配表

项　目	课 程 内 容	学　时
项目一	UG NX 8.0 基本操作	2~4
项目二	二维草图设计	6~8
项目三	线框图	6~8
项目四	三维实体建模	10~14
项目五	曲面建模	10~14
项目六	装配设计	6~8
项目七	工程图设计	6~8
项目八	综合应用实例——名片盒建模与装配	10~14
课时总计		56~78

本书由广州城建职业学院王锦红任主编，广州城建职业学院李海林、林勇任副主编。其中，项目一由林勇编写，项目二由谭杰文、何南平编写；项目三和项目八由李海林编写；项目四和项目七由王锦红编写；项目五由罗辉、傅洁琼编写，项目六由赵永豪编写。

编者

2016年4月

目 录 CONTENTS

Item

1 项目一 UG NX 8.0 基本操作

项目引入

本项目主要完成在 UG NX 8.0 建模环境下相关的基本操作，为零件的建模工作做好充分的准备，具体项目要求如下。

（1）创建新零件。创建零件名称为“8-1.prt”的新零件。

（2）图层设置。切换名称为“30”的图层作为工作图层，在该图层创建一个长、宽、高均为100mm 的长方体。

（3）熟悉 UG NX 8.0 的鼠标操作、操作界面、对象操作及常用工具操作。

（4）保存零件。

项目分析

本项目主要完成 UG NX 8.0 的相关基本操作，包括鼠标和键盘操作、文件管理、系统基本参数设置、常用工具操作、图层操作、视图布局、对象编辑等。其目的在于：让学生认识 UG NX 8.0 软件，熟悉零件建模的准备，了解 UG 软件的发展，掌握 UG NX 8.0 的基本操作内容；同时培养学生相互沟通、信息检索等职业素质能力。

知识链接

一、UG NX 8.0 软件概述

UG 全称 Unigraphicsl 软件，是美国 UGS 公司（Unigraphics Solutions）开发的 CAD/CAM/CAE 计算机辅助设计分析和制造应用软件，是世界三大 CAD/CAM/CAE 顶级软件之一。UG 软件功能强大，主要应用于汽车、航空航天、机械、造船、电子等工业领域。它的主要客户包括通用汽车、通用电气、福特、波音麦道、洛克希德、劳斯莱斯、普惠发动机、日产、克莱斯勒等。几乎所有飞机发动机和大部分汽车发动机都采用 UG 进行设计，充分体现 UG 在高端工程领域，特别是军工领域的强大实力。

UG 自 1983 年进入市场发展到现在，随着版本的不断更新和功能的不断扩充，UG 更扩展了软件的应用范围，并面向专业化、智能化发展。

二、鼠标和键盘操作

标准鼠标键包括鼠标左键、鼠标中键和鼠标右键。UG 软件将鼠标左键、中键（或滚轮）和右键分别以 MB1、MB2 和 MB3 指代，如图 1-1 所示。这些命令的功能含义如表 1-1 所示

在 UG NX 8.0 工作环境中，用户除可以用鼠标操作以外，还可以使用键盘上的按键来进行系统的操作与设置。用户使用这些键是为了加速操作，提高效率，各命令的快捷键和热键都在菜单命令的后面加了标识符。常用热键和常用快捷键如表 1-2 和表 1-3 所示。

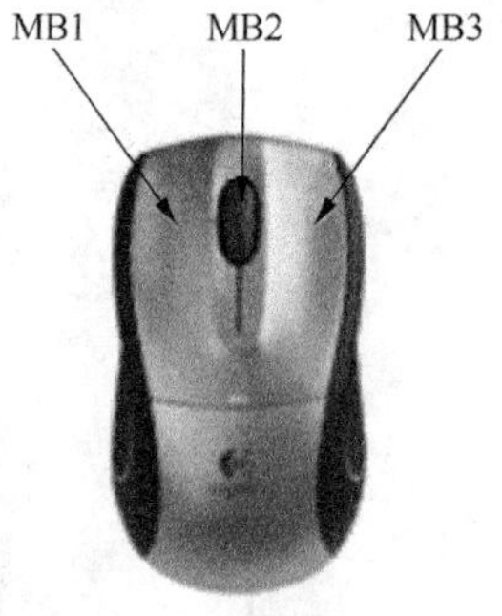

图 1-1 鼠标各键的指代

表 1-1 鼠标操作

序号	鼠标按钮	功能含义
MB1		选择对象
MB2		确定
MB3		弹出快捷菜单

- Ctrl+N 组合键：新建文件。
- Enter 键：在对话框中代表“确定”按钮。
- 箭头键：在单个显示框内移动光标到单个的单元，如菜单项的各命令。
- Tab 键：用于光标位置切换。它以对话框中的分隔线为界，每按一次 Tab 键，系统就会自动以分隔线为准，将光标往下循环切换。

表 1-2 常用快捷键

功能说明	组合键
取消选择对象	Shift + MB1
保存	Ctrl+S
新建	Ctrl+N
打开	Ctrl+O
快速撤销	Ctrl+Z
取消命令	Alt+MB2
隐藏对象	Ctrl+B
不隐藏所选择对象	Ctrl + Shift + K
显示所有隐藏对象	Ctrl + Shift + U
光标位置切换	Tab 键

表 1-3　常用热键

功能说明	快捷键
帮助（Help）	F1
刷新（Refresh）	F5
局部缩放（Zoom）	F6
动态旋转（Rotate）	F7

三、文件管理

UG NX 8.0 的文件管理包括新建文件、打开文件、保存文件等。

1．新建文件

新建文件的操作步骤如图 1-2 所示。

（1）选择菜单栏中的“文件”|“新建”命令，或在工具栏上单击□按钮或按“Ctrl+N”组合键，此时弹出“新建”对话框。

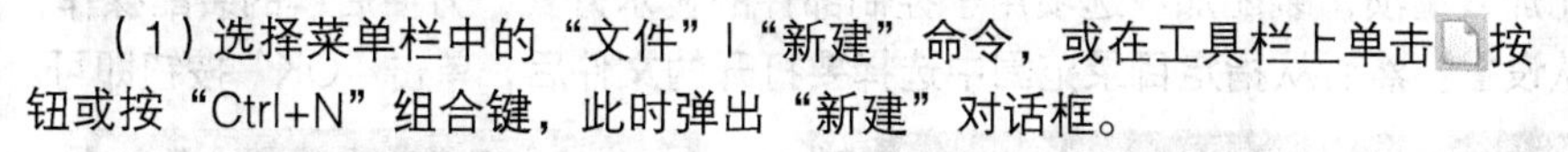

该对话框具有 5 个选项卡，分别用于创建关于模型（部件）设计、图样设计、仿真、加工和检查方面的文件。用户可以根据需要选择其中一个选项卡来设置新建文件，在这里以选用“模型”选项卡为例，说明如何创建一个部件文件。

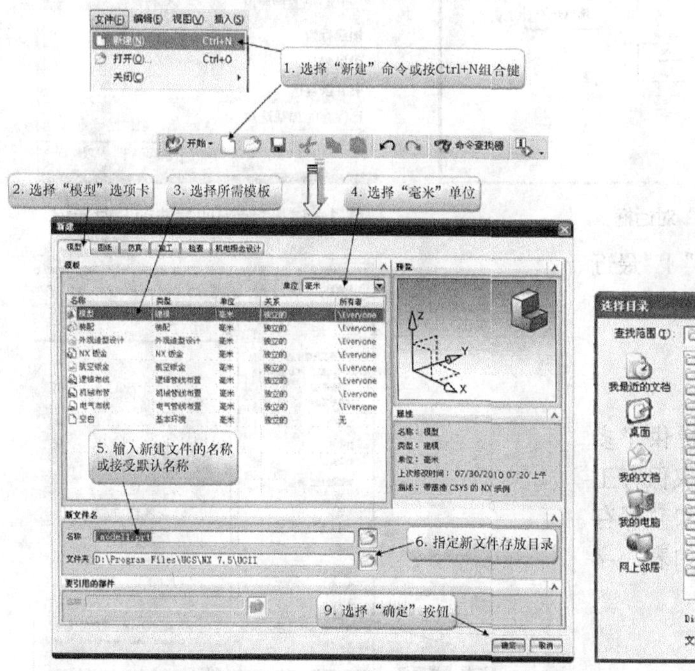

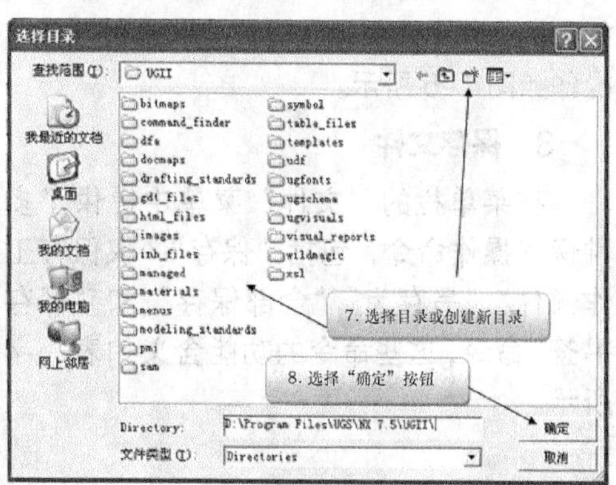

图 1-2　新建文件的操作

（2）在状态栏中出现“选择模板，并在必要时选择要引用的部件”的提示信息。切换到“模型”

选项卡，从“模板”选项组中选择所需要的模板，并可以从“单位”下拉列表框中选择单位选项。

（3）在“新文件名”选项组的“名称”文本框中输入新建文件的名称或接受默认名称。在“文件夹”框中指定文件的存放目录。单击位于“文件夹”框右侧的按钮，则打开“选择目录”对话框，从中选择所需的目录，或者在选定目录的情况下单击“新建文件夹”按钮来创建所需的目标目录，指定目标目录后，单击“选择目录”对话框中的“确定”按钮。

（4）在“新建”对话框中设置好相关的内容，单击“确定”按钮。

2. 打开文件

选择菜单栏中的“文件”|“打开”命令，或单击工具栏中的“打开”按钮，或按“Ctrl+O”快捷键，都可打开“打开”对话框，如图 1-3 所示。

利用该对话框设定所需的文件类型，选择要打开的文件，并可设置预览选定的文件以及设置是否加载设定内容。若单击“打开”对话框中的“选项”按钮，则可利用弹出的如图 1-4 所示的对话框来设置装配加载选项，装配加载选项用于控制部件的显示方式，方便后续的装配操作，一般可按系统的默认设置。然后从指定目录范围中选择要打开的文件后，单击“OK”按钮即可。

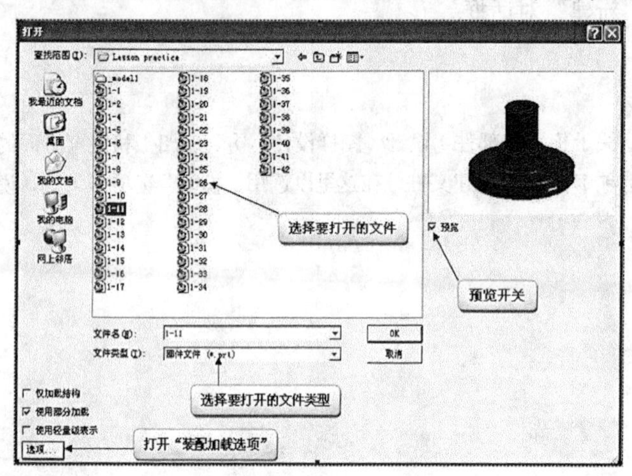

图 1-3 “打开”对话框

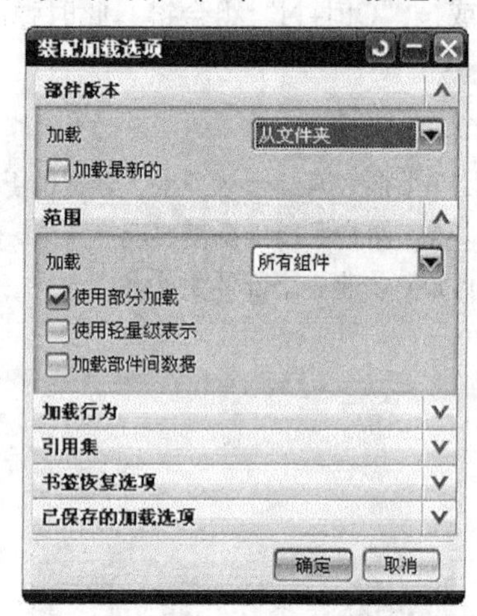

图 1-4 “装配加载选项”对话框

还可以选择菜单栏中的“文件”|“最近打开的部件”命令来选择需要的文件，具体操作如图 1-5 所示。

3. 保存文件

在菜单栏的“文件”菜单中提供了多种保存操作命令，包括“保存”“仅保存工作部件”“另存为”“全部保存”和“保存书签”命令，这些命令的功能含义如表 1-4 所示。

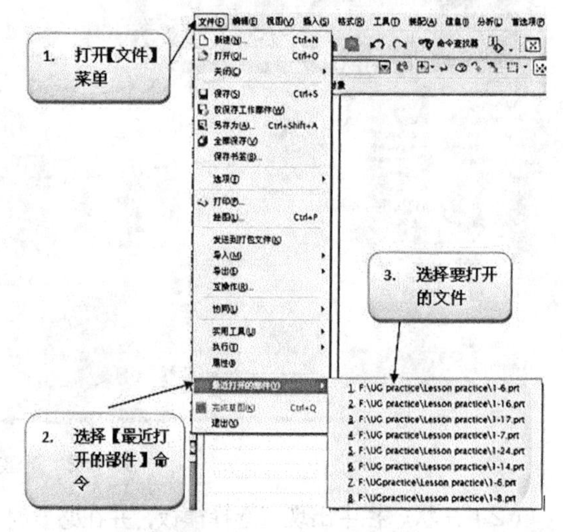

图 1-5 最近打开的部件操作

表 1-4　“保存操作”命令的功能含义

序号	保存操作命令	功能含义
1	保存	保存工作部件和任何已经修改的组件
2	仅保存工作部件	仅将工作部件保存起来
3	另存为	使用其他名称保存此工作部件
4	全部保存	保存所有已修改的部件和所有的顶级装配部件
5	保存书签	在书签文件中保存装配关联，包括组件可见性、加载选项和组件

四、常用工具操作

UG NX 8.0 的常用工具包括点构造器、矢量构造器和 CSYS 构造器，下面将详细介绍这些内容。

1．点构造器

在 UG 建模过程中，经常需要确定一个点的位置，点的位置可以通过输入坐标的方式，也可以通过捕捉已存在的点来确定（例如，指定直线的起点和终点、指定圆心位置等）。捕捉已存在的点可以通过“捕捉点”工具栏（见图 1–6）及“点”对话框（也叫点构造器）来实现（见图 1–7），利用点构造器还可以通过输入点的坐标来确定点的位置。在菜单栏中选择“信息”|“点”命令，可打开点构造器。

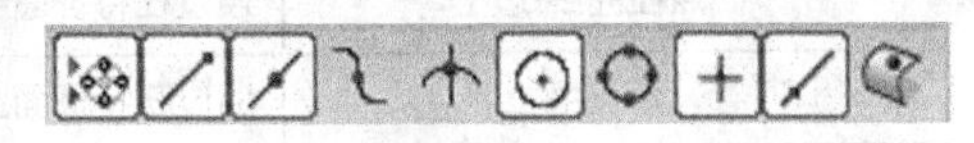

图 1–6　“捕捉点”工具栏

UG 软件可以通过捕捉现有图素的特征来确定点的位置，在“类型”下拉菜单中列出了所有可捕捉的特征的类型（如圆心、中心点、象限点等），如图 1–8 所示。表 1–5 介绍了如何通过不同的图素特征来确定点的位置。

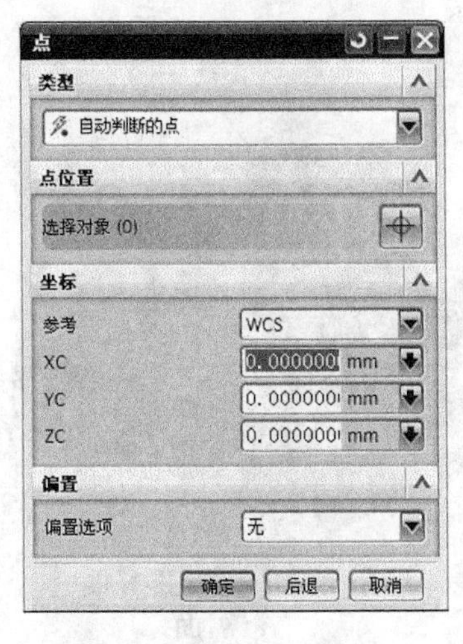

图 1–7　“点”对话框

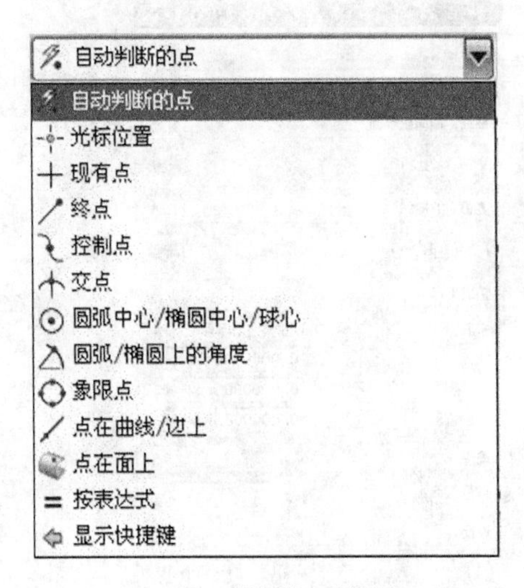

图 1–8　“类型”下拉列表

表 1-5 点的类型和创建方法

点类型	确定点位置的方法
自动判断的点	根据光标所在的位置，系统自动捕捉对象上现有的关键点（如端点、交点和控制点等），它包含所有点的选择方式
光标位置	该捕捉方式通过定位光标的当前位置来构造一个点，该点即为 *XY* 面上的点
现有点	在某个已存在的点上创建新的点，或通过某个已存在点来规定新点的位置
终点	在鼠标选择的特征上所选的端点处创建点，如果选择的特征为圆，那么端点为零象限点
控制点	以所有存在的直线的中点和端点，二次曲线的端点，圆弧的中点、端点和圆心，或者样条曲线的端点、极点为基点，创建新的点或指定新点的位置
交点	以曲线与曲线或者线与面的交点为基点，创建一个点或指定新点的位置
圆弧中心/椭圆中心/球心	该捕捉方式是在选取圆弧、椭圆或球的中心创建一个点或规定新点的位置
圆弧/椭圆上的角度	在与坐标轴 *XC* 正向成一定角度的圆弧或椭圆上构造一个点或指定新点的位置
象限点	在圆或椭圆的四分点处创建点或者指定新点的位置
点在曲线/边上	通过在特征曲线或边缘上设置 *U* 参数来创建点
点在面上	通过在特征面上设置 *U* 参数和 *V* 参数来创建点

（1）交点。"交点"是指根据用户在模型中选择的交点来创建新点。新点和选择的交点坐标完全相同。在选择了交点后，"点"对话框变为如图 1-9 所示。首先单击"曲线、曲面或平面"栏中的"选择对象"按钮；然后在模型中选择曲线、曲面或平面，单击"要相交的曲线"栏中的"选择曲线"按钮；在模型中选择要与前一步选择的曲线、曲面或平面相交的曲线，这时系统会自动计算出相交点，并以绿色方块高亮显示；最后单击"确定"或者"应用"按钮创建新点。用"交点"法创建点示意图如图 1-10 所示。

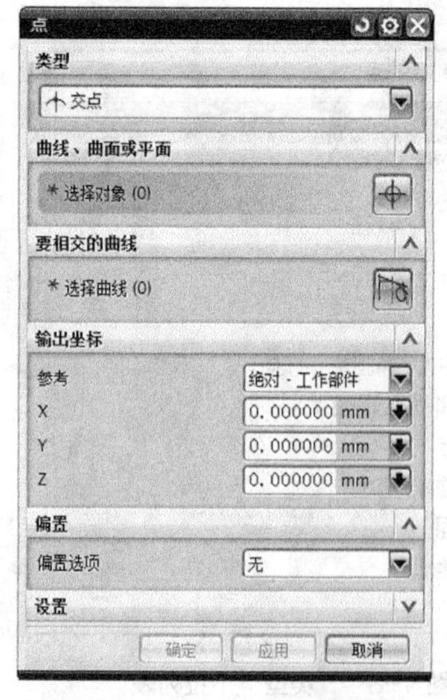

图 1-9 "交点"类型

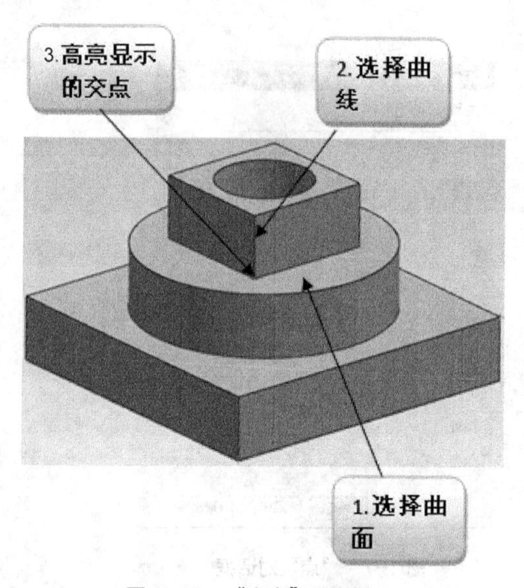

图 1-10 "交点"示意图

（2）圆弧/椭圆上的角度。“圆弧/椭圆上的角度”是指根据用户选择的圆弧或椭圆边缘指定的角度来创建点，“角度”起始点为选择的圆弧或椭圆边缘的零象限点，范围为 0°~360°。当选择了“圆弧/椭圆上的角度”方法创建点时，点构造器对话框会变为如图 1-11 所示。单击“选择圆弧或椭圆”栏中的“选择圆弧或椭圆”按钮，然后在模型中选择圆弧或椭圆边缘；在“曲线上的角度”栏的“角度”文本框中输入角度值，系统会在模型里以绿色方块高亮显示用户选中的点，如图 1-12 所示。如果确定无误，单击“确定”或者“应用”按钮即可创建点。

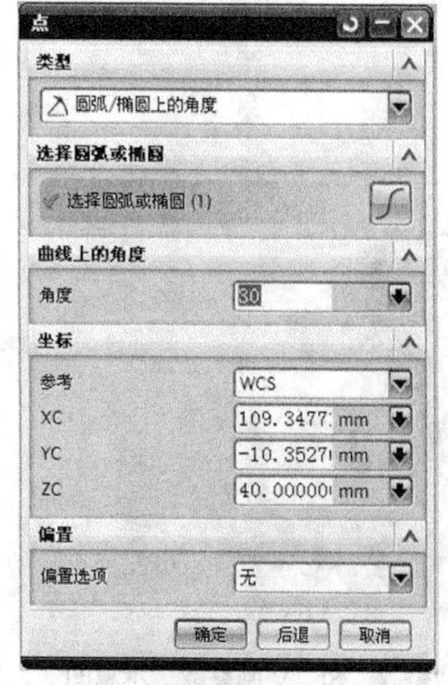

图 1-11 “圆弧/椭圆上的角度”类型

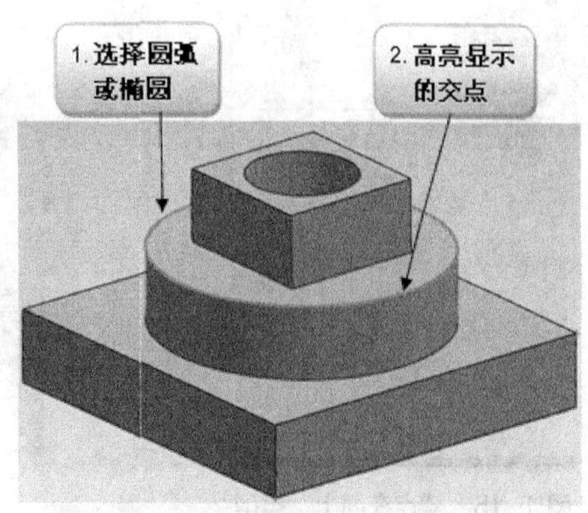

图 1-12 “圆弧/椭圆上的角度”示意图

（3）点在曲线/边上。“点在曲线/边上”是指根据在指定的曲线或者边上取点来创建点，新点的坐标和指定的点一样，在“类型”栏选择“点在曲线/边上”后，“点”对话框变为如图 1-13 所示。在“曲线”栏中单击“选择曲线”按钮，在模型里选择曲线或边缘，然后在“曲线上的位置”栏里设置“U 向参数”。设置完后，在如图 1-13 所示的对话框中单击“确定”或“应用”按钮便可以完成点的创建，如图 1-14 所示。

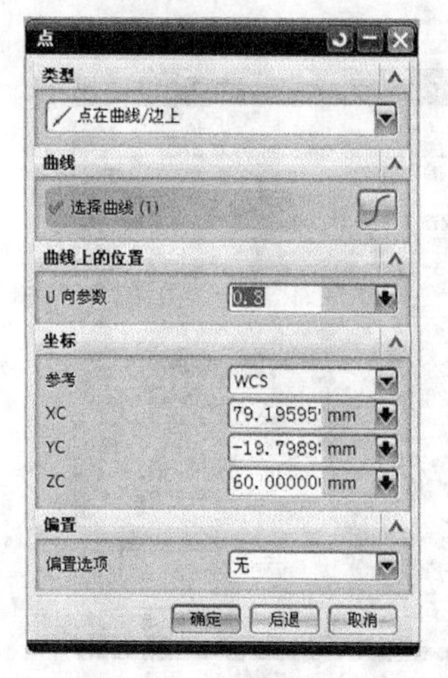

图 1-13 “点在曲线/边上”类型

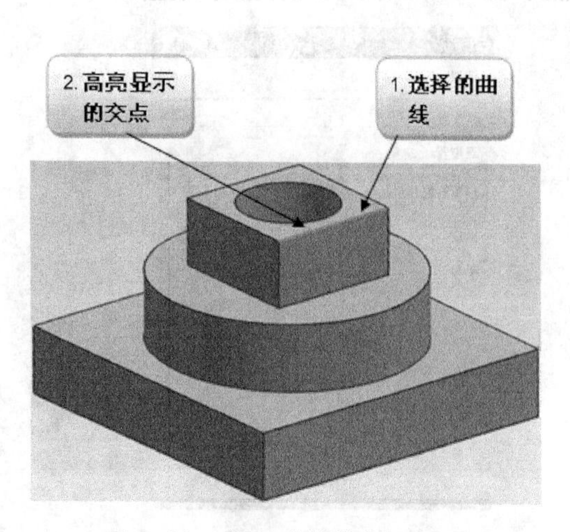

图 1-14 “点在曲线/边上”示意图

（4）点在面上。“点在面上”是根据在指定面上选取的点来创建点，新点的坐标和指定的点一样。在“类型”栏中选择了“点在面上”后，“点”对话框变为如图 1–15 所示。在“面”栏中单击“选择面”按钮，在模型里选择面，然后在“面上的位置”栏里设置“U 向参数”和“V 向参数”。设置完成后，在图 1–15 所示的对话框中单击“确定”或“应用”按钮便可以完成点的创建。下面介绍一下“U 向参数”和“V 向参数”。

在选择平面后，系统会在平面上创建一个临时坐标系，如图 1–16 所示。“U 向参数”就是指定点的 *U* 坐标值和平面长度的比值，*U*=*a*/*c*；“V 向参数”是指定的 *V* 坐标值和平面宽度的比值，*V*=*b*/*d*。

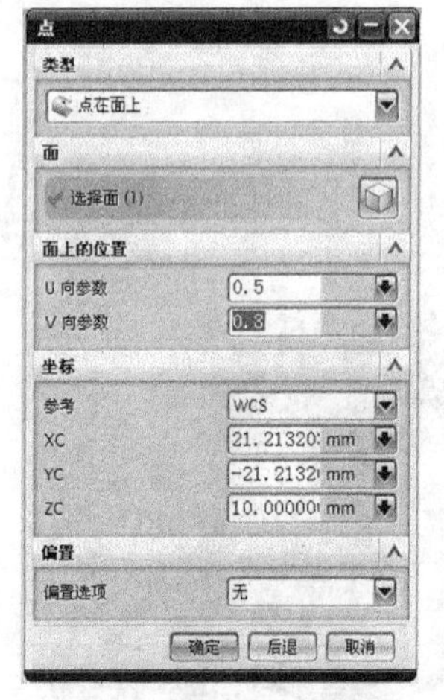

图 1–15 “点在面上”类型

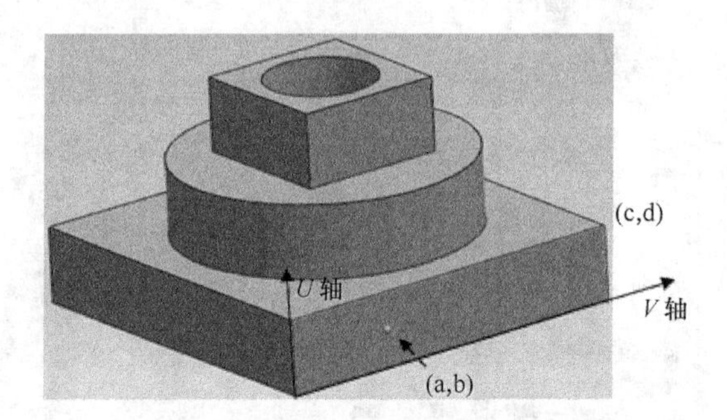

图 1–16 “U 向参数”和“V 向参数”示意图

（5）坐标设置法。点构造器通常有两种方法可以建立点，分别为通过捕捉特征和通过坐标设置。以上介绍的点构造方法均为“捕捉特征法”，下面介绍“坐标设置法”。

“坐标设置法”是通过指定将要创建点的坐标来创建新点，这种方法比较直接，创建点也比较精确，只是需要提前知道被创建点的坐标。在“点”对话框“坐标”选项组中，用户可以直接输入 *X*，*Y*，*Z* 轴的坐标值来定义点。设置坐标值需要指定是相对于工作坐标系（WCS）还是绝对坐标系。通常情况下使用工作坐标系，因为绝对坐标系是不可见的。图 1–17 所示为绝对坐标创建点，图 1–18 所示为工作坐标创建点。

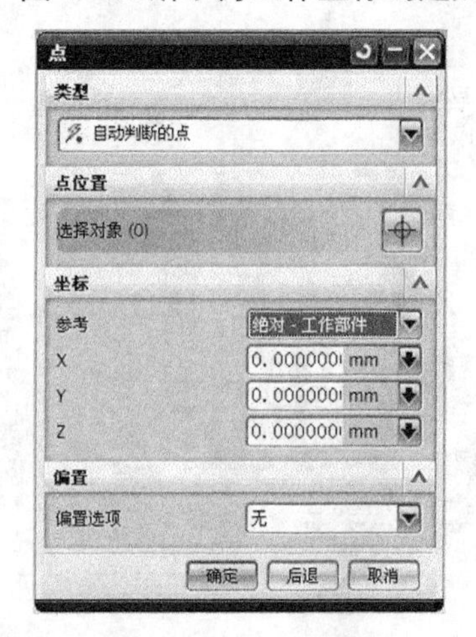

图 1–17 绝对坐标创建点

图 1–18 工作坐标创建点

2. 矢量构造器

矢量构造器用于指定特征的方向。例如，在创建圆柱时，需要为圆柱中轴指定矢量方向，在“圆柱”对话框中单击“矢量构造器”按钮，弹出的“矢量”对话框如图 1–19 所示。在该对话框的“类型”下拉菜单中共有 15 种构造矢量方式，如图 1–20 所示。“矢量”对话框中构造矢量的方法如表 1–6 所示。

图 1–19 “矢量”对话框

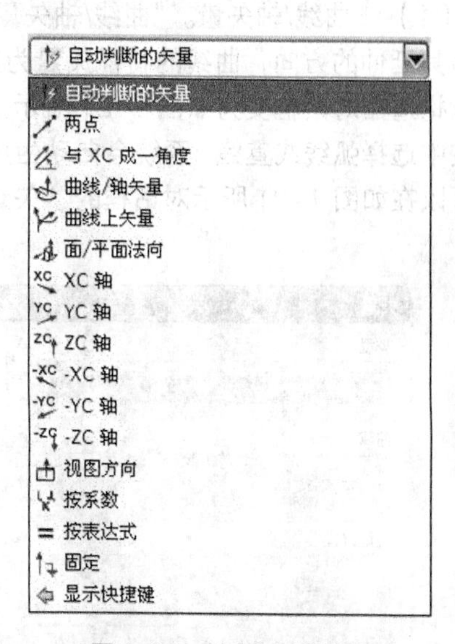

图 1–20 创建矢量的类型

表 1-6 “矢量”对话框中构造矢量的方法

矢量类型	构造矢量的方法
自动判断的矢量	系统根据选取对象的类型和选取的位置自动确定矢量的方向
两点	通过两个点构成一个矢量。矢量的方向是从第一点指向第二点。这两个点可以通过被激活的“通过点”选项组中的“点构造器”或“自动判断点”工具确定
与 *XC* 成一角度	确定在 *XC*–*YC* 平面内与 *XC* 轴成指定角度的矢量，该角度可以通过激活“角度”文本框设置
曲线/轴矢量	根据现有的对象确定矢量的方向。如果对象为直线或曲线，矢量方向将从一个端点指向另一个端点。如果对象为圆或圆弧，矢量方向为通过圆心的圆或圆弧所在平面的法向方向
曲线上矢量	用以确定曲线上任意指定点的切向矢量、法向矢量和面法向矢量的方向
面/平面法向	以平面的法向或者圆柱面的轴向构成矢量
XC 轴	指定 *X* 轴正方向为矢量方向
YC 轴	指定 *Y* 轴正方向为矢量方向
ZC 轴	指定 *Z* 轴正方向为矢量方向
–*XC* 轴	指定–*X* 轴正方向为矢量方向
–*YC* 轴	指定–*Y* 轴正方向为矢量方向
–*ZC* 轴	指定–*Z* 轴正方向为矢量方向
视图方向	根据当前视图的方向，可以设置朝里或朝外的矢量

续表

矢量类型	构造矢量的方法
按系数	该选项可以通过"笛卡尔"和"球坐标系"两种类型设置矢量分量确定矢量方向
= 按表达式	可以创建一个数学表达式构造一个矢量

（1）曲线/轴矢量。"曲线/轴矢量"是指创建与曲线的特征矢量相同的矢量。轴的特征矢量为其延伸的方向，曲线的特征矢量为其所在的平面的法向。在选择了"曲线/轴矢量"后，矢量构造器对话框变为如图 1-21 所示。在其中单击"曲线"栏中的"选择对象"按钮，然后在模型中选择弧线或直线，系统会自动生成矢量，如图 1-22 所示。如果矢量的方向和预想的相反，则可以在如图 1-21 所示对话框的"矢量方位"栏中单击按钮来反向矢量。

图 1-21 "曲线/轴矢量"类型

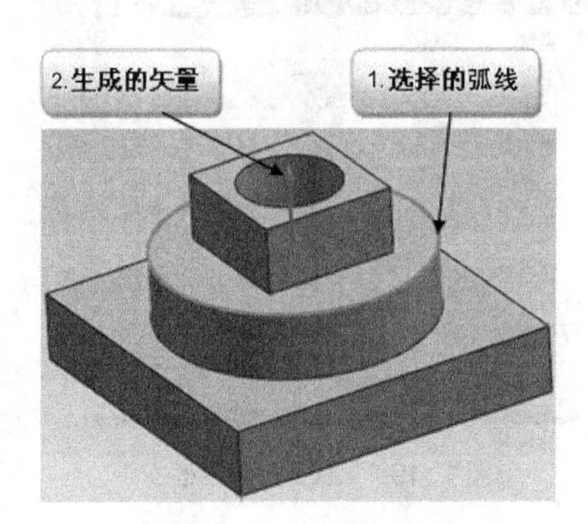

图 1-22 生成矢量示意图

（2）曲线上矢量。"曲线上矢量"是指在指定曲线上以曲线上某一指定点为起始点，以切线方向/曲线法向/曲线所在平面法向为矢量方向创建矢量。

在选择了"曲线上矢量"后，矢量构造器对话框如图 1-23 所示，在其中单击"曲线"栏中的"选择曲线"按钮，然后在模型中选择曲线或边缘，在"位置"下拉菜单中选择"圆弧长"或者"%弧长"，并在后面的文本框中输入值，系统会自动生成矢量，如图 1-24 所示。通过"矢量方位"中的"备选解"按钮，可以切换矢量的方向。如果矢量的方向和预想的相反，则可以在如图 1-23 所示对话框的"矢量方位"栏中单击按钮来反向矢量。确定矢量无误后，可在如图 1-23 所示的对话框中单击"确定"按钮来完成矢量的创建。

（3）视图方向。"视图方向"是指把当前视图平面的法线方向作为矢量方向创建矢量。在选择了视图方向后，矢量构造器对话框变为如图 1-25 所示，系统会自动生成与视图面垂直向外的矢量，如图 1-26 所示。如果矢量的方向和预想的相反，可在如图 1-25 所示的对话框的"矢量方位"栏中单击按钮来反向矢量。确定矢量无误后，可在如图 1-25 所示的对话框中单击"确定"按钮来完成矢量的创建。

（4）按系数。"按系数"是指根据直角坐标系或者极坐标的坐标系数来确定创建矢量的方向。在选择了按系数后，"矢量"对话框会变成如图 1-27 所示，在"系数"栏中选择坐标系，可选择"笛卡尔坐标系（直角坐标系）"或"球坐标系"，然后在对应的 I，J，K 或者 Phi，Theta 后面的文本框里输入系数，单击"确定"按钮后，系统会自动生成矢量，如图 1-28 所示。如果矢量的方向和预想的相反，可以在如图 1-27 所示的对话框的"矢量方位"栏中单击按钮来反向矢量。确定矢量无误后，可以在如图 1-27 所示的对话框中单击“确定”按钮来完成矢量的创建。

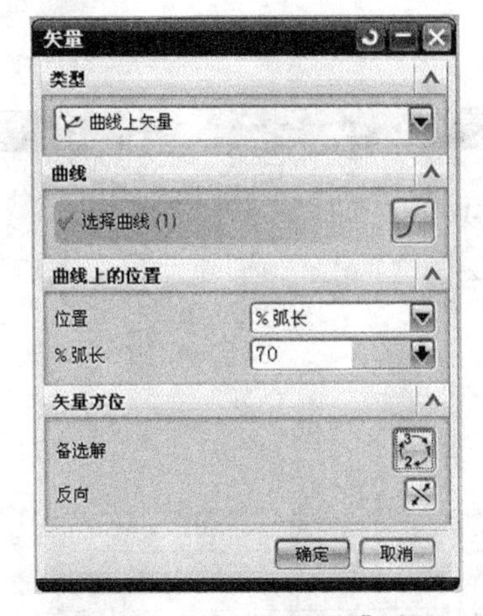

图 1-23　“曲线上矢量”类型

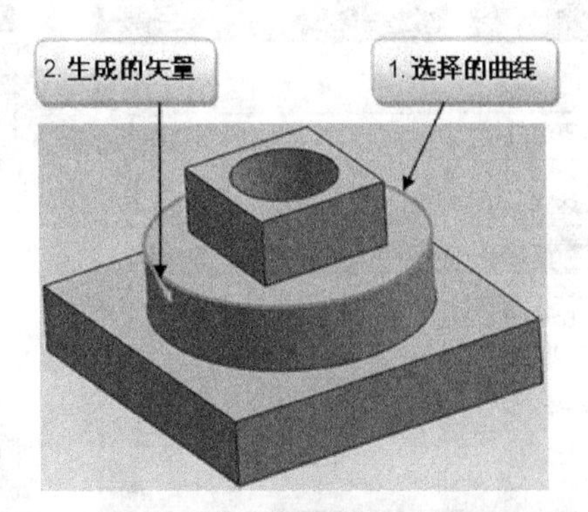

图 1-24　按“曲线上矢量”生成矢量示意图

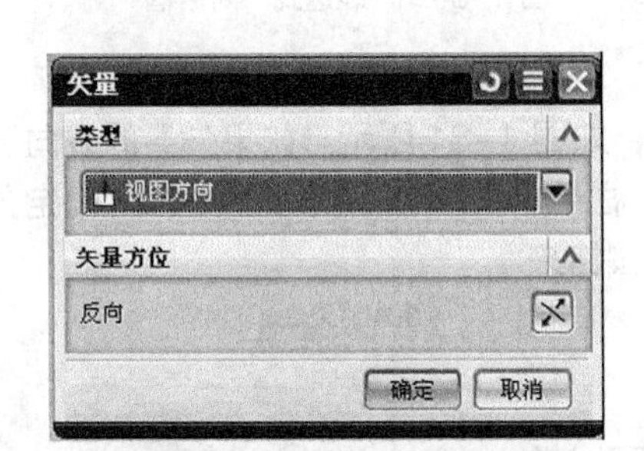

图 1-25　“视图方向”类型

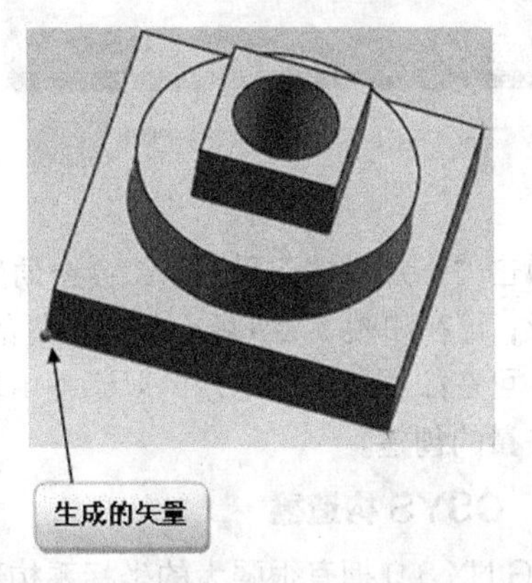

图 1-26　按“视图方向”生成矢量示意图

图 1-27　“按系数”类型

图 1-28　“按系数”生成矢量示意图

（5）= 按表达式。“按表达式”是指创建一个数学表达式构造一个矢量。在选择了“= 按表达式”后，矢量构造器对话框变成如图 1-29 所示，单击对话框中的按钮，弹出“表达式”对话框，新建一个矢量表达式，如图 1-30 所示。

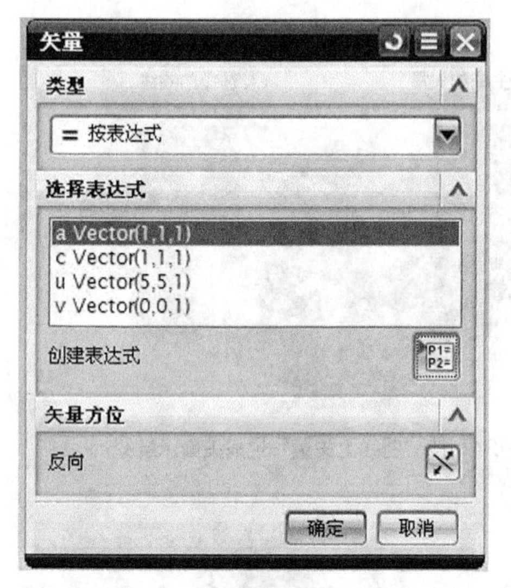

图 1-29 “按表达式”类型

图 1-30 “表达式”对话框

单击“确定”按钮后，系统会自动生成一个矢量，如图 1-31 所示。如果矢量的方向和预想的相反，可在如图 1-29 所示的对话框的“矢量方位”栏中单击按钮来反向矢量。确定矢量无误后，可在如图 1-29 所示的对话框中单击“确定”按钮来完成矢量的创建。

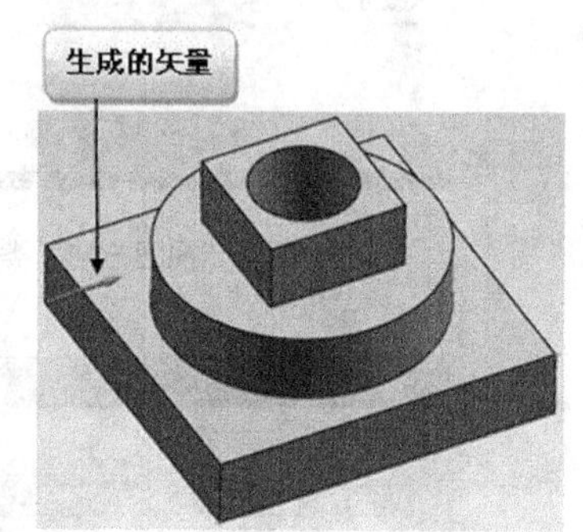

图 1-31 “按表达式”生成矢量示意图

3. CSYS 构造器

UG NX 8.0 拥有很强大的坐标系构造功能，基本可以满足用户在各种情况下的要求。

在 UG NX 系统中包括 3 种坐标系，分别是绝对坐标系（ACS）、工作坐标系（WCS）、特征坐标系（FCS），而可用来操作和改变的只有工作坐标系（WCS）。使用工作坐标系可根据实际需要进行构造、偏置、变换方向或对坐标系本身保存、显示和隐藏。

（1）坐标系构造类型

坐标系与点和矢量一样，都是允许构造的。利用坐标系构造工具，可以在创建图纸的过程中根据不同的需要创建或平移坐标系，并利用新建的坐标系在原有的实体模型上创建线的实体。

要构造坐标系，可以选择“视图”|“操作”|“方位”选项，打开“CSYS”对话框，如图 1-32 所示。在该对话框中，可以通过“类型”下拉列表中的选项（见图 1-33）来选择构造新坐标系的方法，可参照表 1-7。

图 1-32 "CSYS" 对话框

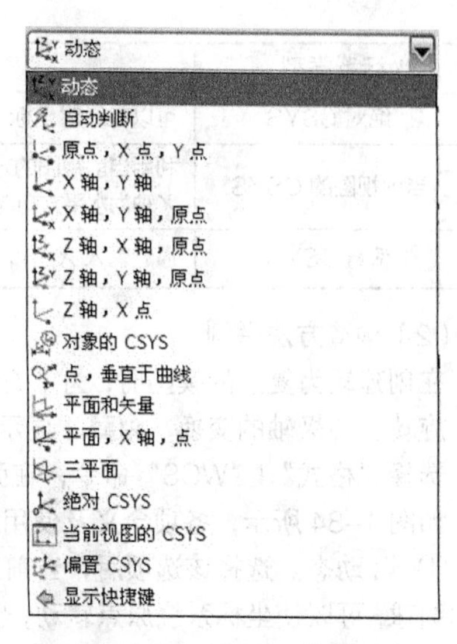

图 1-33 "CSYS" 类型

表 1-7 "CSYS" 对话框中构造新坐标系的方法

坐标系类型	构造方法
动态	用于对现有的坐标系进行任意的移动和旋转，选择该类型坐标系将处于激活状态。此时拖动方块形手柄可任意移动，拖动极轴圆锥手柄可沿轴移动，拖动球形手柄可旋转坐标系
自动判断	根据选择对象的构造属性，系统智能筛选可能的构造方法，当达到坐标系构造器的唯一性要求时，系统将自动产生一个新的坐标系
原点，*X*点，*Y*点	用于在视图区中确定 3 个点来定义一个坐标系。第一点为原点，第一点指向第二点的方向为 *X* 轴的正向，从第二点到第三点按右手定则来确定 *Y* 轴正方向
*X*轴，*Y*轴	用于在视图区中确定 2 个矢量来定义一个坐标系，*X* 轴、*Y* 轴正负方向可以通过反向按钮变换
*X*轴，*Y*轴，原点	用于在视图区中确定 3 个点来定义一个坐标系。第一点为 *X* 轴的正向，第一点指向第二点的方向为 *Y* 轴的正向，从第二点到第三点按右手定则来确定原点
*Z*轴，*X*轴，原点	用于在视图区中确定 3 个点来定义一个坐标系。第一点为 *X* 轴的正向，第一点指向第二点的方向为 *Y* 轴的正向，从第二点到第三点按右手定则来确定原点
*Z*轴，*Y*轴，原点	用于在视图区中确定 3 个点来定义一个坐标系。第一点为 *X* 轴的正向，第一点指向第二点的方向为 *Y* 轴的正向，从第二点到第三点按右手定则来确定原点
*Z*轴，*X*点	通过制定 *X* 轴正方向和 *X* 轴的一个点来定义坐标系位置，*Y* 轴正向按右手定则确定
对象的 CSYS	通过在视图中选取一个对象，将该对象自身的坐标系定义为当前的工作坐标系。该方法在进行复杂形体建模时很实用，它可以保证快速准确地定义坐标系
点，垂直于曲线	直接在绘图区中选取现有曲线并选择或新建点，进行坐标系定义。所选取的曲线方向为 *Z* 轴方向，点所在的轴为 *X* 轴，根据右手定则得到 *Z* 轴方向
平面和矢量	选择一个平面和构造一个通过该平面的矢量来定义一个坐标系
平面，*X*轴，点	选择一个平面、一个在该平面上的矢量和一个点来定义一个坐标系，选择的平面作为 *XY* 平面，选择的矢量作为 *X* 轴，选择的点作为原点位置
三平面	通过制定的 3 个平面来定义一个坐标系。第一个面的法向为 *X* 轴，第一个面与第二个面的交线为 *Z* 轴，3 个平面的交点为坐标系的原点

续表

坐标系类型	构造方法
绝对 CSYS	可以在绝对坐标（0，0，0）处，定义一个新的工作坐标系
当前视图的 CSYS	利用当前视图的方位定义一个新的工作坐标系。其中 *XOY* 平面为当前视图所在的平面，*X* 轴为水平方向向右，*Y* 轴为垂直方向向上，*Z* 轴为视图的法向方向向外
偏置 CSYS	通过输入 *X*，*Y*，*Z* 坐标轴方向相对于圆坐标系的偏置距离和旋转角度来定义坐标系

（2）构造方法举例

在创建较为复杂的模型时，为了方便模型各部位的创建，经常要对坐标系进行原点位置的平移、旋转、各极轴的变换、隐藏、显示或者保存每次建模的工作坐标系。

选择“格式”|“WCS”命令，在弹出的子菜单中选择指定的选项，即可执行各种坐标系操作，如图 1–34 所示，各项含义及使用方法如下。

① 动态。选择该选项后，当前工作坐标会变成如图 1–35 所示的形状。拖动两坐标轴中间的圆球，可以使坐标系绕原点转动，也可在对话框中直接输入旋转角度，使坐标系绕原点转动。拖动坐标轴可使坐标系沿坐标轴移动，也可在对话框中直接输入数值，使坐标系沿坐标轴平移相应的距离，如图 1–35 所示。

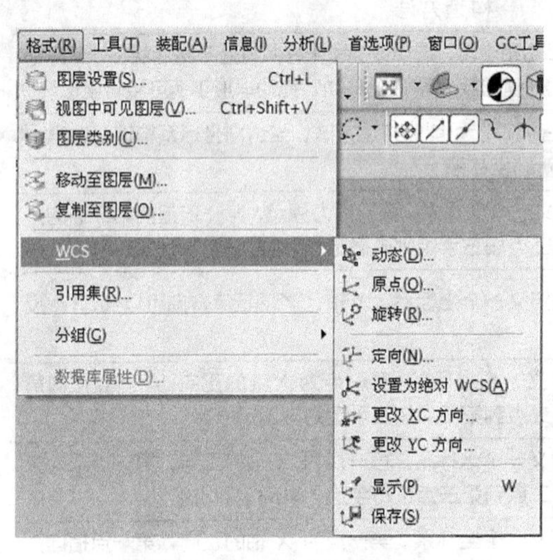

图 1–34　WCS 子菜单

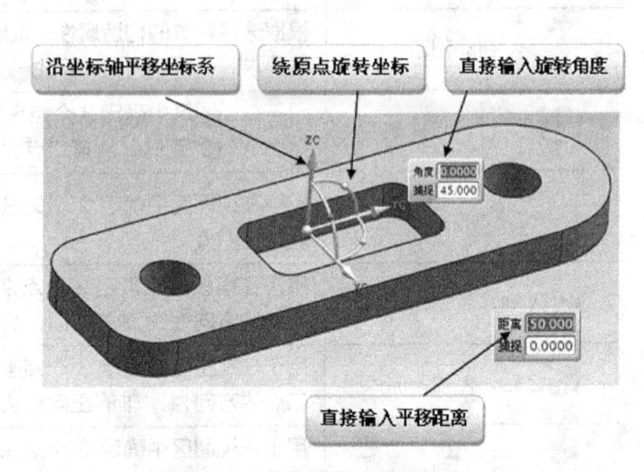

图 1–35　动态移动坐标系原点

② 原点。通过定义当前工作坐标系的原点来移动坐标系的位置，并且移动后的坐标系不改变各坐标轴的方向。选择该选项，打开“点”对话框，单击“点位置”按钮，在视图中直接选取一点作为新坐标的原点位置，或通过在“坐标”选项组的坐标文本框中输入数值来定位新坐标原点，如图 1–36 所示。

③ 旋转。通过定义当前的 WCS 绕其某一旋转轴旋转一定的角度来定位新的 WCS。选择该选项，打开“旋转 WCS 绕...”对话框，如图 1–37 所示。在该对话框中，可以单击选取所需的旋转轴，同时也将制定坐标系的旋转方向，在“角度”文本框中可以输入需要旋转的角度。

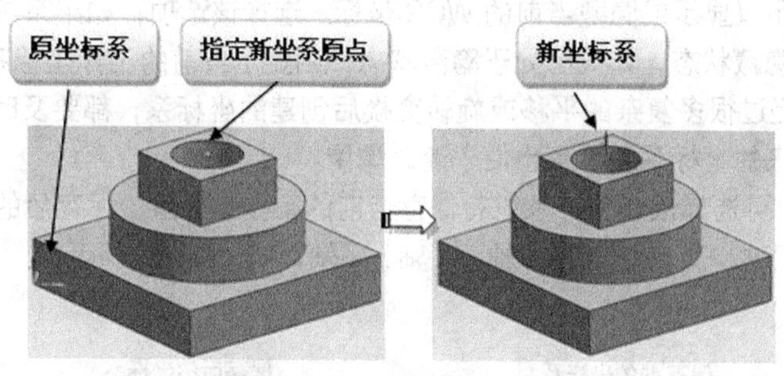

图 1-36 移动坐标系原点位置

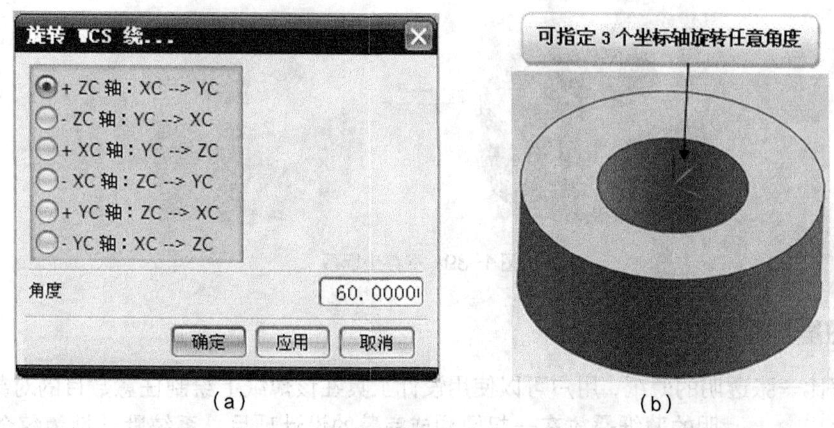

（a） （b）

图 1-37 旋转 WCS

④ 定向。通过制定 3 点的方式将视图中的 WCS 定位到新的坐标系，具体方法与“原点，X 点，Y 点”相同。

⑤ 设置为绝对 WCS。当用户选择“设置为绝对 WCS”选项，系统将 WCS 坐标系直接移动到绝对坐标系原点位置，并且 *X*、*Y*、*Z* 轴方向均与绝对坐标系一致。

⑥ 更改 *XC* 方向和 更改 *YC* 方向。通过改变坐标系中 *X* 轴或 *Y* 轴的方向，重新定位 WCS 的方位。选择任一项，打开“点”对话框，选取一个对象特征点，系统将以原坐标原点和该点的连线在 *XC*–*YC* 平面内的投影作为新坐标系的 *XC* 轴或 *YC* 轴的方向，同时 *ZC* 轴保持不变，以此生成新坐标，图 1-38 所示为改变 *XC* 轴方向的效果图。

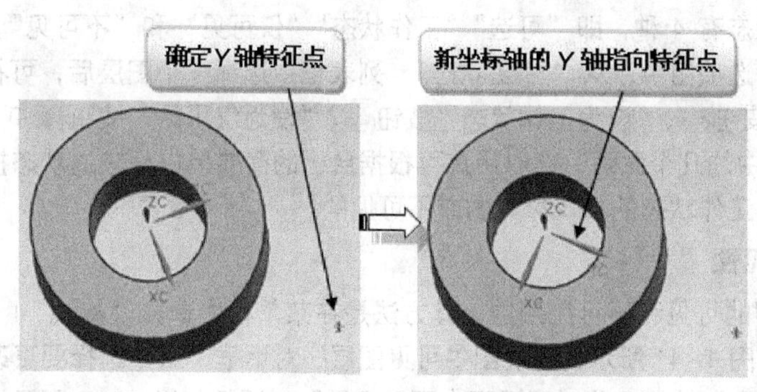

图 1-38 更改 WCS *YC* 方向效果

⑦ 显示。用以显示或隐藏当前的 WCS 坐标。选择该选项，如果系统中的坐标系处于显示状态，则转换为隐藏状态，如果已处于隐藏状态，则显示当前的工作坐标系。

⑧ 保存。经过很多复杂的平移或旋转变换后创建的坐标系，都要及时保存，保存后的坐标系不但区分于原来的坐标系，而且也便于随时调用。

要存储 WCS，可选择该选项，系统将保存当前的工作坐标系，保存后的坐标系将由原来的 *XC* 轴、*YC* 轴、*ZC* 轴，变成对应的 *X* 轴、*Y* 轴、*Z* 轴，如图 1-39 所示。

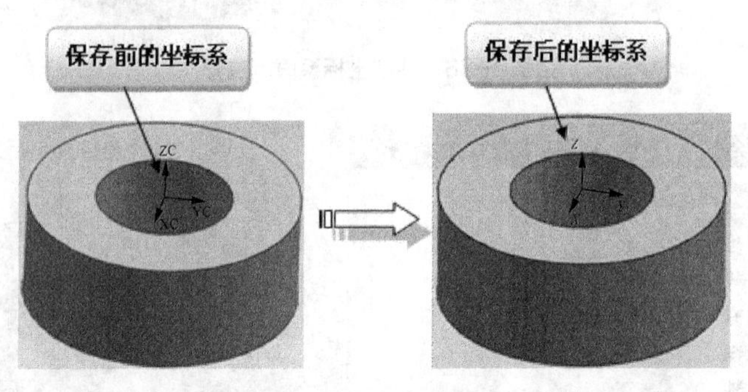

图 1-39　保存坐标系

五、图层操作

图层好比一张透明的薄纸，用户可以使用设计工具在该薄纸上绘制任意数目的对象，这些透明的薄纸叠放在一起便构成完整的设计项目。系统默认地为每个部件提供 256 个图层，但只能有一个是工作图层。用户可以根据设计情况来将所需的图层设为工作图层，并可以设置哪些图层为可见层。

视频：图层操作

1. 图层设置

在 UG 建模过程中，经常需要确定一个点的位置，点的位置可以通过输入坐标的方式，也可以通过捕捉已存在的点的方式确定。

在菜单栏中选择“格式”|“图层设置”命令，将打开如图 1-40 所示的“图层设置”对话框，从中可查找来自对象的图层，设置工作图层、可见图层和不可见图层，并可以定义图层的类别名称等。其中，在“工作图层”文本框中输入一个所需要的图层号，那么该图层就被指定为工作图层，注意图层号的范围为 1～256。

一个图层的状态有 4 种，即“可选”“工作状态”“仅可见”和“不可见”。在“图层设置”对话框的“图层”选项组中，从“图层/状态” 列表框中选择一个图层后，可将“图层控制”下的 “设为可选”按钮、“设为工作状态”按钮、“设为仅可见”按钮和“设为不可见”按钮这 4 个按钮中的几个激活，此时用户可根据自己的需要单击相应的状态按钮，从而设置所选图层为可选的、工作状态的、仅可见的或不可见的。

2. 图层的可见性

可以设置视图的可见和不可见图层，其方法是在菜单栏中选择“格式”|“图层在视图中可见”命令，打开如图 1-41 所示的“视图中可见图层”对话框，从中选择要更改图层可见性的视图，接着单击“确定”按钮，此时“视图中可见图层”对话框如图 1-42 所示，利用该对话框即可设置视图中的可见图层和不可见图层。

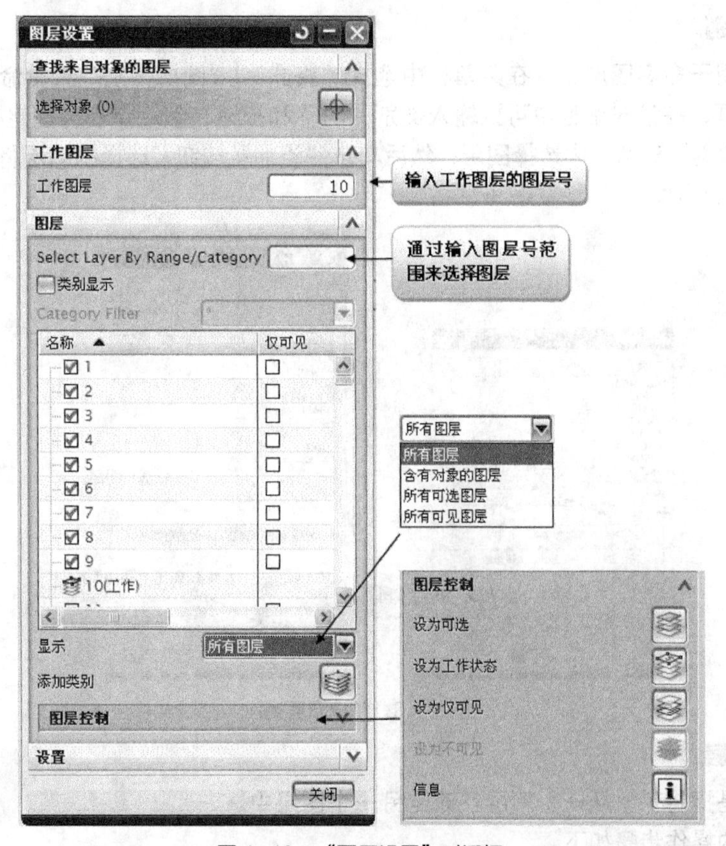

图 1-40 “图层设置”对话框

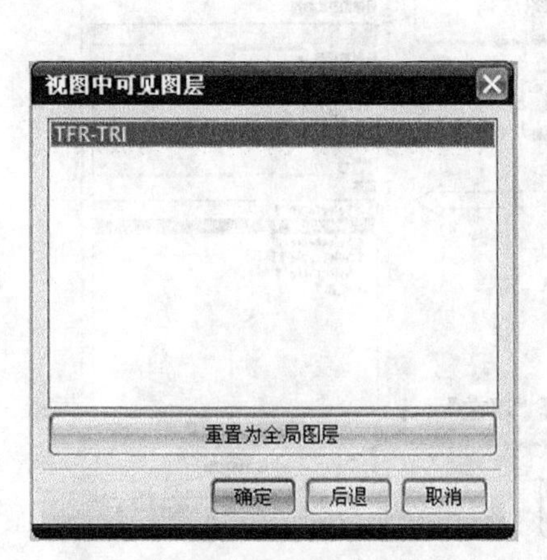

图 1-41 “视图中可见图层”对话框（一）

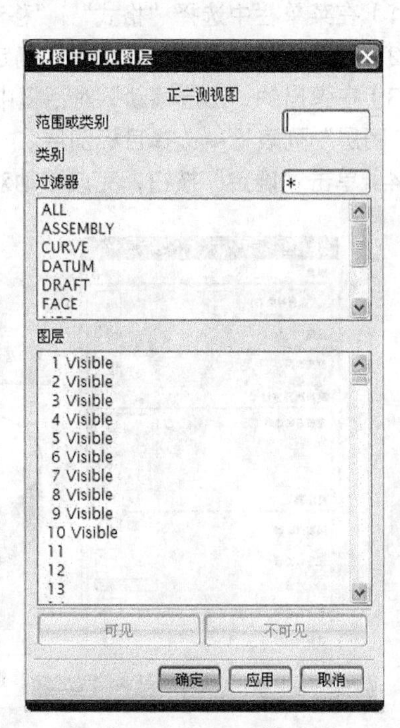

图 1-42 “视图中可见图层”对话框（二）

3. 图层类别

图层类别用于命名图层组。在菜单栏中选择“格式”|“图层类别”菜单命令，将弹出“图层类别”对话框，在该对话框中可以输入类别的名称和描述，然后单击“创建/编辑”按钮。在弹出的“图层类别”对话框中选择图层，然后单击“添加”按钮，选择的图层将添加到图层类别中，如图 1-43 所示。

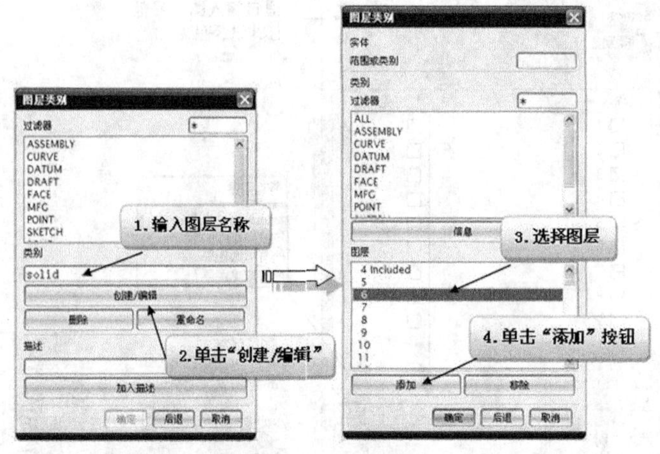

图 1-43　创建图层类别

4. 移动图层

移动图层是指将对象从一个图层移动至另一个图层中。

移动图层的操作步骤如下。

（1）在菜单栏中选择“格式”|“移动至图层”菜单命令，将弹出“类选择”对话框。

（2）选择要移动的对象，单击“确定”按钮。

（3）在弹出的“图层移动”对话框中，可以在“目标图层或类别”文本框中输入图层数；或者在“图层”列表框中选择目标图层。

（4）单击“确定”按钮，完成移动对象到目标图层，如图 1-44 所示。

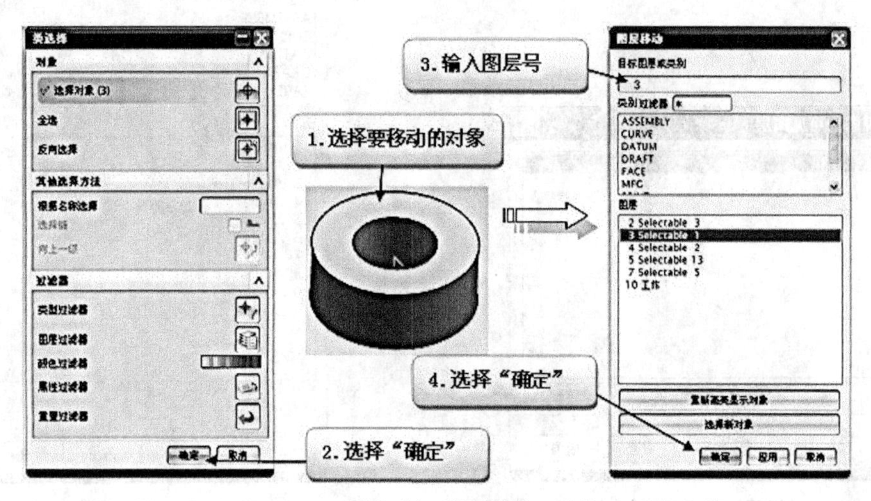

图 1-44　移动图层

5. 复制图层

复制图层的作用在于将对象从一个图层复制到另一个图层，其操作方法如下。

（1）在菜单栏中选择“格式”|“复制至图层”菜单命令，弹出“类选择”对话框。

（2）选择要复制至图层中的对象，单击“确定”按钮，将弹出“图层复制”对话框。

（3）在弹出的“图层复制”对话框中，可以在“目标图层或类别”文本框中输入图层数，或者在“图层”列表框中选择目标图层。

（4）单击“确定”按钮，完成复制对象到目标图层，如图 1-45 所示。

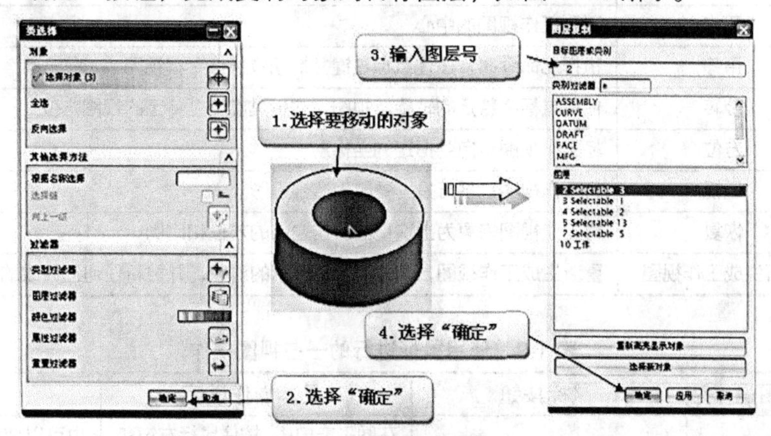

图 1-45　图层复制

六、视图操作

视频：视图操作

视图操作的基本命令分别位于菜单栏的“视图”|“操作”级联菜单和“视图”工具栏中，如图 1-46、图 1-47 所示，它们的功能含义如表 1-8 所示。此外，使用鼠标还可以快捷地进行一些视图操作，如表 1-9 所示。

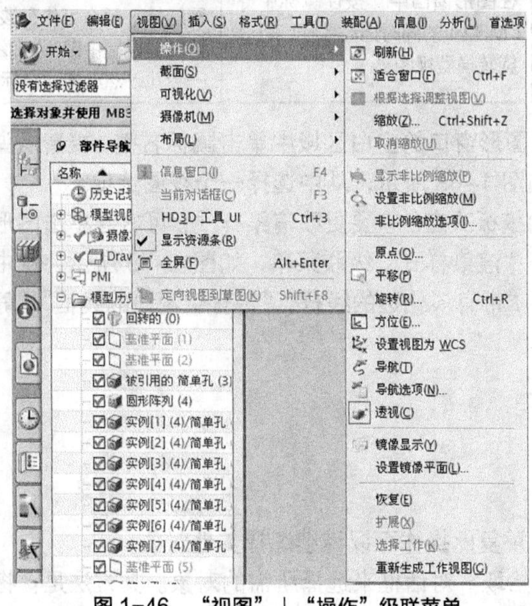

图 1-46　“视图”|“操作”级联菜单

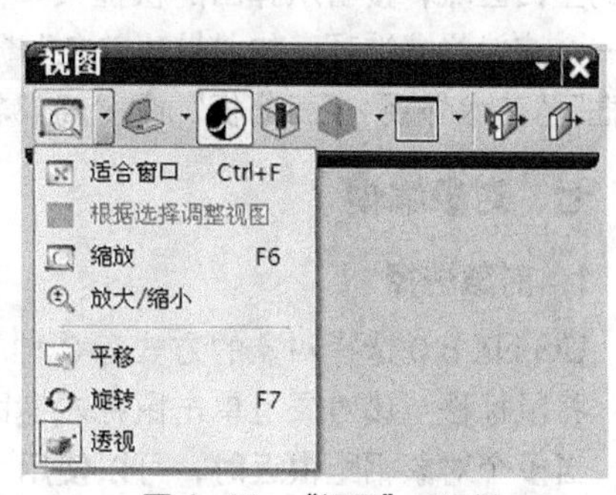

图 1-47　“视图”工具栏

表 1-8　视图操作命令的功能含义

序号	命令	功能含义
1	刷新	重画图形窗口中的所有视图，例如为了擦除临时显示的对象而重画图形
2	适合窗口	调整工作视图的中心和比例，以显示所有对象，其快捷键为“Ctrl+F”
3	根据选择调整视图	使工作视图适合当前的选定的对象
4	缩放	放大或缩小工作视图，其快捷键为“Ctrl+Shift+Z”
5	取消缩放	通过反转上次缩放操作缩放视图
6	原点	更改工作视图的中心
7	平移	执行此命令时，按住鼠标左键并拖动鼠标可平移视图
8	旋转	使用鼠标绕特定的轴旋转视图，或将其旋转至特定的视图方位
9	方位	将工作视图定向到指定的坐标系
10	透视	将工作视图从平行投影更改为透视投影
11	恢复	将工作视图恢复为上次视图操作之前的方位和比例
12	重新生成工作视图	重新生成工作视图，以移除临时显示的对象，并更新任何已修改的几何体的显示

表 1-9　使用鼠标进行的一些视图操作

序号	视图操作	鼠标按钮	具体操作说明	备注
1	缩放模型视图	+ 或者 Ctrl+	在图形窗口中，按住鼠标左键和中键（MB1+MB2）的同时拖动鼠标，可以缩放模型视图	也可以使用鼠标滚轮，或者按住 Ctrl 键和鼠标中键（MB2）的同时移动鼠标
2	平移模型视图	+ 或者 Shift+	在图形窗口中，按住鼠标中键和右键（MB2+MB3）的同时拖动鼠标，可以平移模型视图	也可以通过按住 Shift 键和鼠标中键（MB2）的同时拖动鼠标来实现
3	旋转模型视图		在图形窗口中，按住鼠标中键（MB2）的同时拖动鼠标，可以旋转模型视图	如果要围绕模型上某一位置旋转，那么可先在该位置按住鼠标中键（MB2）一会儿，然后拖动鼠标

要恢复正交视图或其他默认视图，则需在图形窗口的空白区域中单击鼠标右键，接着从弹出的快捷菜单中打开“定向视图”级联菜单，如图 1-48 所示，从中选择一个视图选项。

新部件的渲染样式是由用于创建该部件的模板决定的。要更改渲染样式，可右键单击图形窗口的空白区域，接着从弹出的快捷菜单中打开“渲染样式”级联菜单，如图 1-49 所示，从中选择一个渲染样式选项，如“带边着色”“着色”“带有淡化边的线框”“带有隐藏边的线框”“静态线框”“艺术外观”“面分析”或“局部着色”。

七、对象编辑

1. 对象选择

UG NX 8.0 选择对象的方式有 3 种。

将鼠标移至该对象上单击鼠标左键即可，重复此操作可以继续选择其他对象。

当多个对象相距很近时，可以使用“快速拾取”对话框来选择所需的对象。其方法是：将鼠标指针置于要选择的对象上保持不动，待在鼠标指针旁出现 3 个点时，单击鼠标左键便打开“快速拾取”对话框，如图 1–50 所示，在该对话框的列表中列出鼠标指针下的多个对象，从该列表中指向某个对象使其高亮显示，然后单击即可选择。

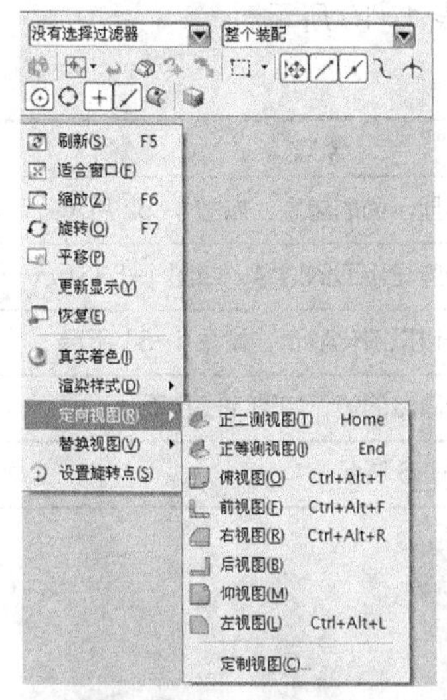

图 1–48 快捷菜单中的“定向视图”级联菜单

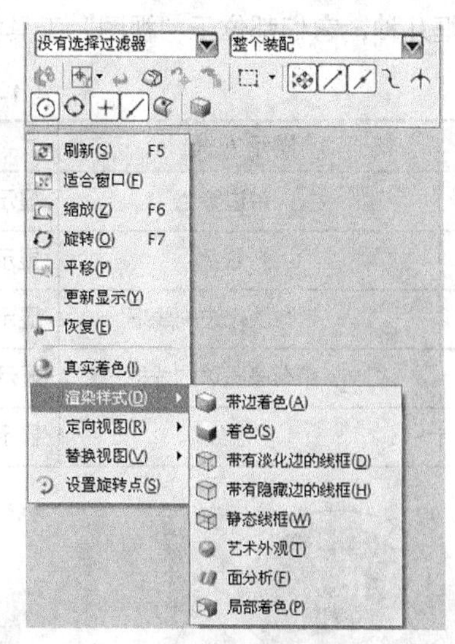

图 1–49 选择渲染样式

通过在对象上按住鼠标左键，等到在鼠标指针旁出现 3 个点时释放鼠标左键，系统弹出“快速拾取”对话框，然后在“快速拾取”对话框的列表中选定对象。

未打开任何对话框时，按 Esc 键可以清除当前选择。当有一个对话框打开时，按住 Shift 键并单击选定对象，可以取消选择。

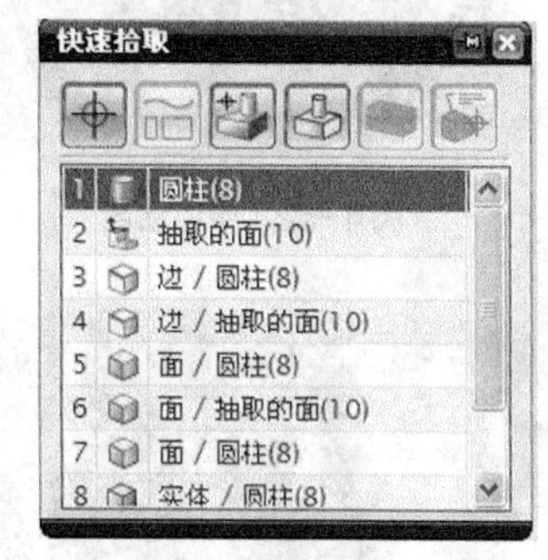

图 1–50 “快速选取”对话框

2. 显示与隐藏

显示和隐藏对象可通过菜单栏中的“编辑”|“显示和隐藏”菜单命令进行。其方法如图 1–51 所示。

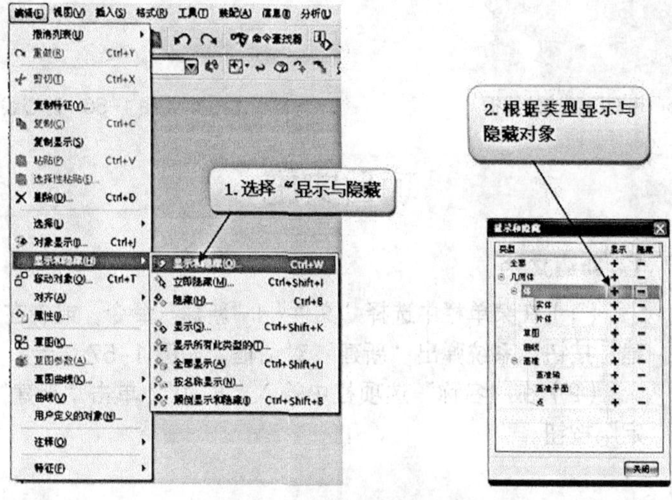

图 1–51 对象的显示与隐藏

3. 对象颜色设置

UG NX 8.0 对象的显示方式包括：着色、带边着色、带有淡化边的线框、带有隐藏边的线框、静态线框几种，它们都位于“视图”工具栏中，其含义如表 1–10 所示。

表 1-10 对象显示方式

序号	显示方式	含义
1	带边着色	显示模型的实体效果，不显示面的边缘，如图 1–52 所示
2	着色	显示模型的实体效果，同时显示面的边缘，如图 1–53 所示
3	带有淡化边的线框	显示模型的线框，隐藏的边以淡化显示，如图 1–54 所示
4	带有隐藏边的线框	显示模型的线框，不显示隐藏的边，如图 1–55 所示
5	静态线框	显示模型的线框，如图 1–56 所示

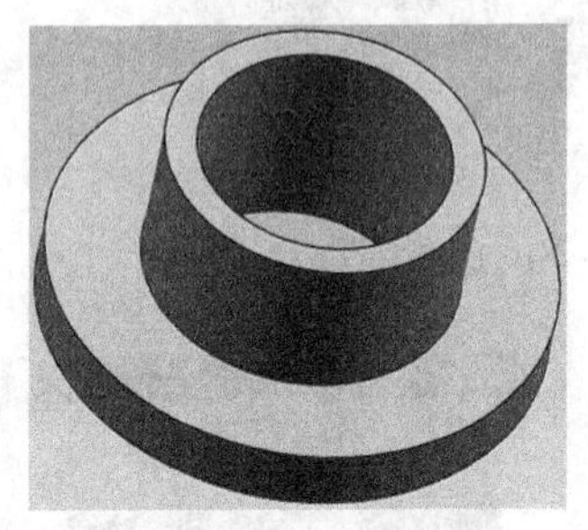

图 1–52 带边着色

图 1–53 着色

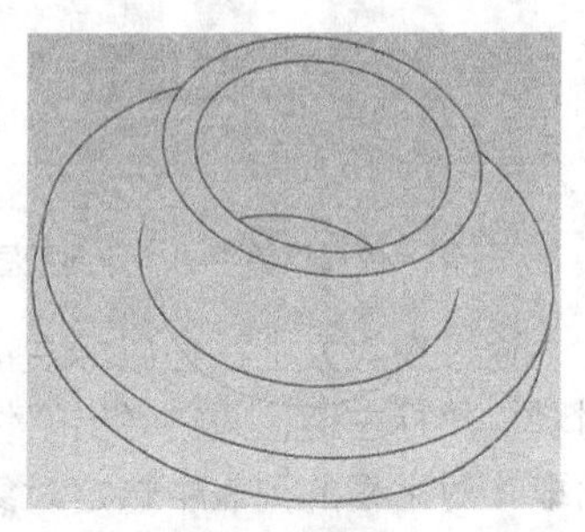

图 1–54 带有淡化边的线框

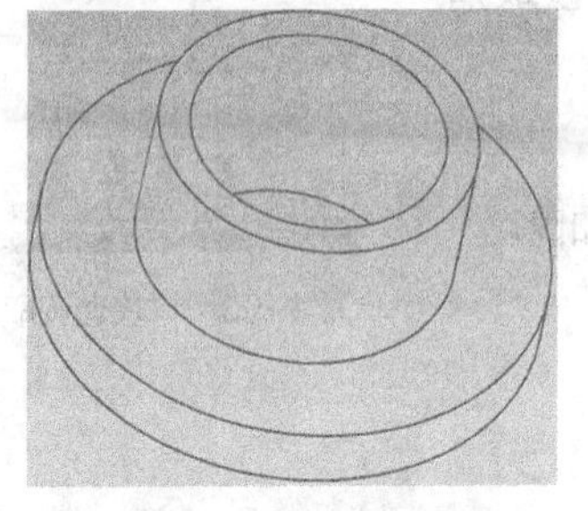

图 1–55 带有隐藏边的线框

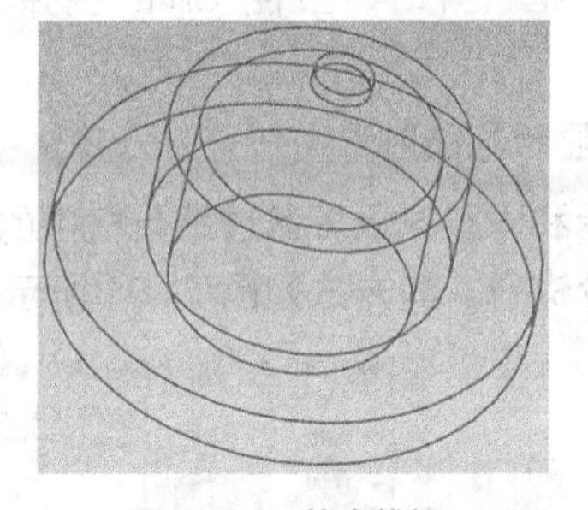

图 1–56 静态线框

项目实施

视频：UG NX 8.0 基本操作

1. 新建文件

（1）在菜单栏中选择“文件”|“新建”命令，或者在工具栏中单击“新建”按钮，系统弹出“新建”对话框，如图 1–57 所示。

（2）在“名称”选项栏中输入“8–1”，单击“新建”对话框中的“确定”按钮。

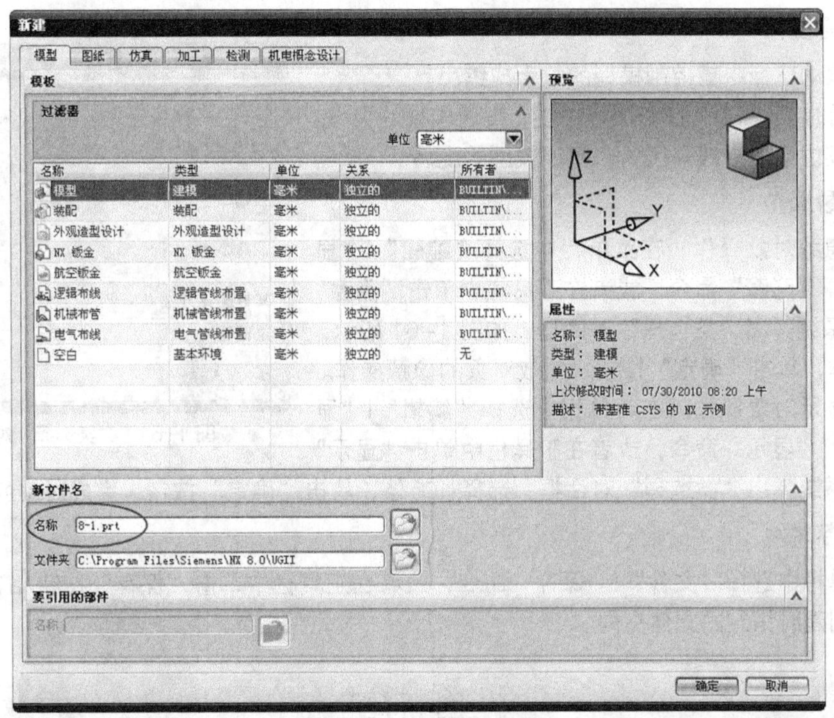

图 1-57 “新建”对话框

2. 图层设置

在如图 1-58 所示的“实用工具”工具栏 中输入“30”后按 Enter 键，即可将当前工作图层设置为 30。

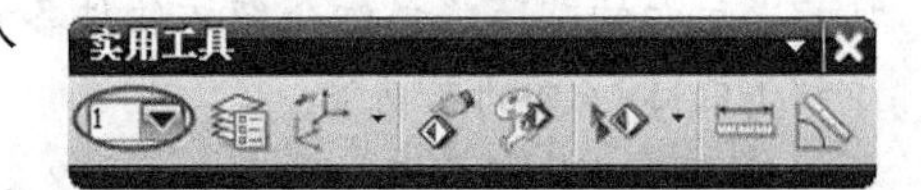

图 1-58 “实用工具”工具栏

3. 创建长方体

在菜单栏中选择“插入”|“设计特征”| 长方体(K)... 命令，系统弹出“块”对话框，如图 1-59 所示，单击“确定”按钮，创建如图 1-60 所示的长方体。

图 1-59 “块”对话框

图 1-60 创建的长方体

4. 鼠标操作

（1）滚动鼠标中键控制模型的放大或缩小。

（2）同时按住 Shift 键和鼠标中键，实现模型的平移。

（3）按住鼠标中键并扭动，实现模型的旋转。

5. 对象操作

（1）隐藏对象操作。在菜单栏中选择“编辑”|“显示和隐藏”|“隐藏”命令，或者在工具栏中单击“隐藏”按钮，系统弹出“类选择”对话框，如图 1-61 所示，选择长方体，单击“确定”按钮，完成对象的隐藏操作。

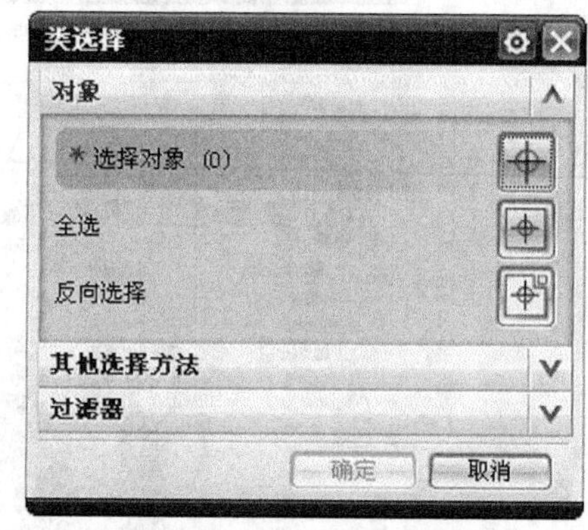

图 1-61 “类选择”对话框

（2）显示对象操作。在菜单栏中选择“编辑”|“显示和隐藏”|“显示”命令，或者在工具栏中单击“显示”按钮，系统弹出“类选择”对话框，选择长方体，单击“确定”按钮，完成对象的显示操作。

6. 保存文件

在菜单栏中选择“文件”|“保存”命令，或者在工具栏中单击“保存”按钮，那么文件将保存到创建时指定的文件夹内。

归纳总结

本项目让初学者了解了 UG NX 8.0 软件的特点及功能模块，对 UG NX 8.0 有个基本的感性认识，后面的章节将详细介绍该软件各种操作功能的应用。同时对于老用户，可以帮助他们快速了解 UG NX 8.0 的新功能。

该项目促使用户重点掌握 UG NX 8.0 的基本操作，具体包括：鼠标和键盘操作、文件管理、常用工具操作、图层操作、视图操作、对象编辑等内容。这培养了用户对于 UG 的基本操作的能力，树立正确的软件使用习惯。

本项目的知识是学习后续 UG NX 8.0 设计的基础，理解和熟悉其中的概念（如视图操作和图层设置）对后续内容的学习有很大帮助。

课后训练

通过本项目的学习，请回答下列问题。

1. UG NX 8.0 软件有哪些特点?
2. 如何设置对象的颜色?
3. 一个图层的状态有哪 4 种?
4. 如何设置图层?
5. 如何使用鼠标快捷地进行视图平移、旋转、缩放操作?

Item

2

项目二 二维草图设计

项目引入

本项目主要完成在 UG NX 8.0 建模环境下零件草图的绘制，如图 2-1 所示。通过学习，用户能深刻理解草图曲线、草图约束（几何约束和尺寸约束）和草图操作的各种常用按钮与命令的含义，并掌握其应用方法及技巧，熟悉设计一个零件草图的绘制思路与绘制方法。

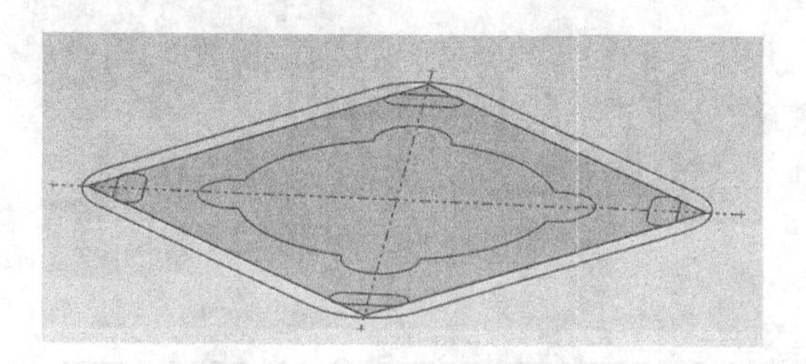

图 2-1　零件草图

项目分析

从图 2-1 的零件草图分析可知，在进行草图设计过程中，学生必须使用草图工具中的直线、圆弧、圆、圆角、快速修剪、镜像曲线等命令。

本项目通过完成一个零件草图任务，培养学生能够使用草图设计功能完成零件建模中草图设计的能力，让学生充分掌握草图曲线、草图约束、草图操作等草图设计功能与命令，同时培养学生的思考解决问题等能力。

知识链接

本项目涉及的知识包括 UG NX 8.0 软件二维草图工作界面、草图创建、草图绘制基本工具、编辑几何图素、草图约束和草图编辑操作等操作；知识重点是草图绘制基本工具、编辑几何图素和草图编辑操作功能的掌握；知识难点是草图约束。下面将详细介绍这些知识。

一、草图工作界面

UG NX 8.0 二维草图模块工作界面主要由窗口标题栏、主菜单、工具栏、主视区、提示栏、状态栏、资源导航栏、导航按钮及弹出式菜单等部分组成。

由 UG NX 8.0 主界面进入二维草图模块后，会显示常用的加工工具按钮和菜单项，如图 2-2 所示。

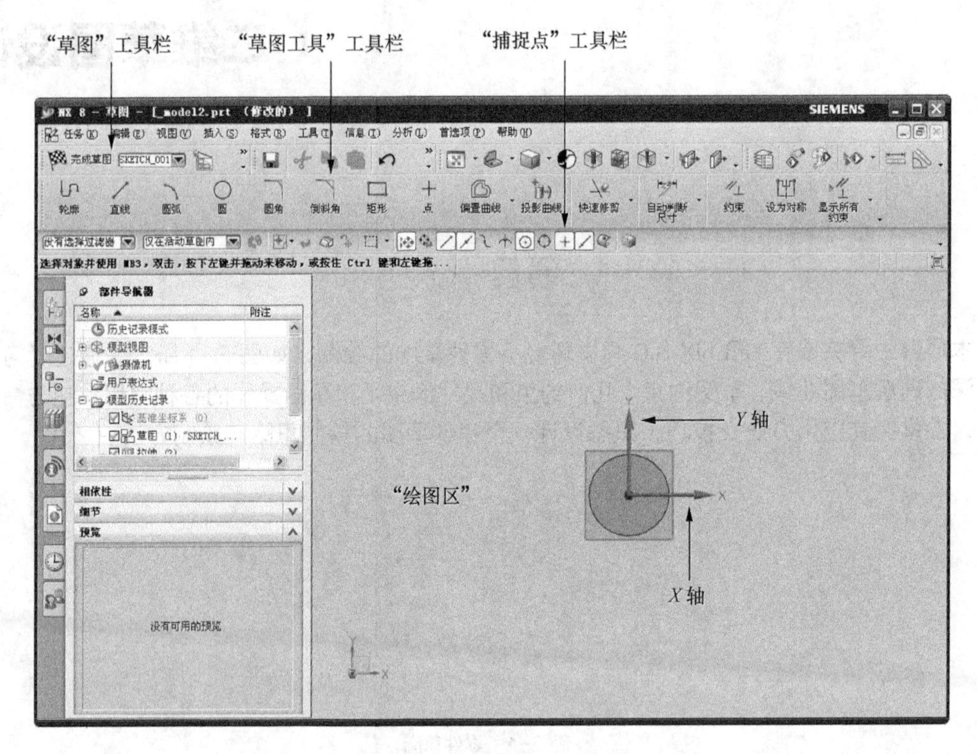

图 2-2　草图工作界面

草图模块相关工具栏功能介绍如下。

1. “草图”工具栏

图 2-3　“草图”工具栏

如图 2-3 所示，“草图”工具栏的主要作用是设置草图的名称、定向视图到草图、重新附着草图到另一平面、更新模型。各项指令的用法如表 2-1 所示。

表 2-1　“草图”工具栏指令

指令	按钮	用法
草图名称	SKETCH_000	用于设置草图的名称，草图名称组成结构通常为：名字+编号+图层
定向视图到草图		将视图定向至草图平面，快捷键为“Shift+F8”
重新附着		将视图附着至另一平的面、基准平面或路径，或者更改草图方位
更新模型		当对草图进行更改后，利用此按钮可刷新草图界面

2.“草图工具”工具栏

“草图工具”工具栏集中了画草图时的各种常用命令，如图 2-4 所示。各种命令的使用方法将在后面详细介绍。

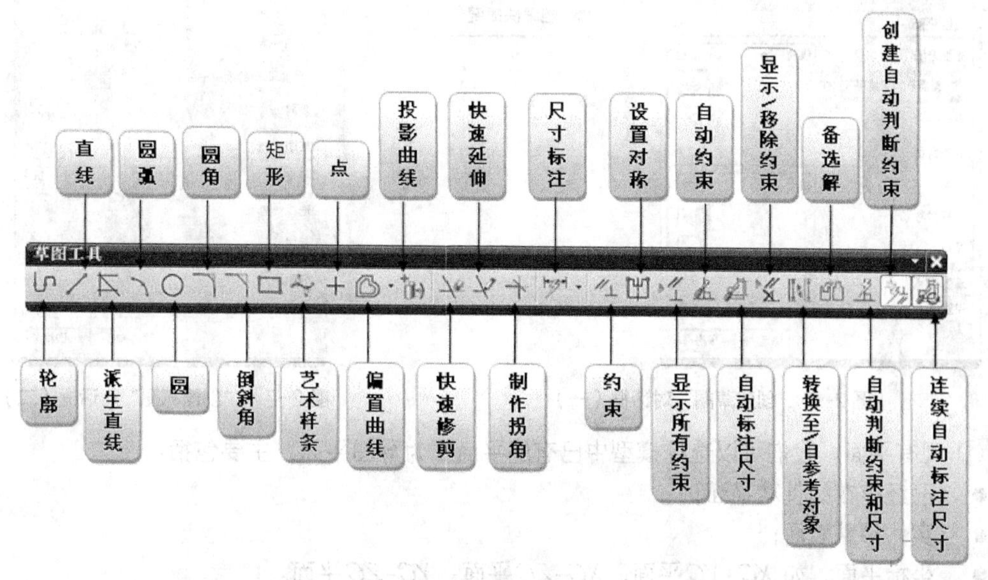

图 2-4　“草图工具”工具栏

3.“捕捉点”工具栏

“捕捉点”工具栏中的各项指令主要是用于草图绘制时，使点的捕捉快速而准确，各项指令的意义如图 2-5 所示。

二、草图创建

UG NX 8.0 中，菜单栏的“插入”菜单中有“草图”和“任务环境中的草图”这两个命令，前者用于在当前应用模块中创建草图，可使用直接草图工具来添加曲线、尺寸、约束，后者则用于创建草图并进入“草图”任务环境。

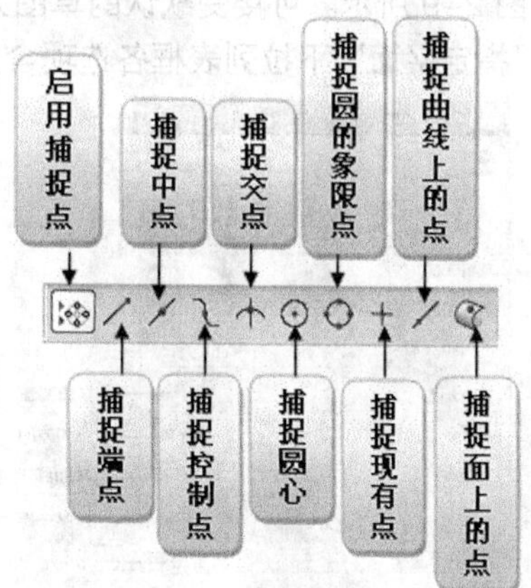

图 2-5　“捕捉点”工具栏

在菜单栏中选择“插入”|“草图”命令，或在菜单栏中选择“插入”|“任务环境中的草图”命令，打开图 2-6 所示的“创建草图”对话框。

进入草图之前，需要通过“创建草图”对话框对草图类型、草图平面、草图方向和草图原点等进行定义。其中，在“类型”下拉列表框中可指定草图的类型，用户可以选择“在平面上”或“基于路径”来定义草图类型。下面介绍“在平面上”定义草图类型的方法。

通过“在平面上”这种方式建立草图时，需要指定草图平面、草图方向和草图原点。

（1）草图平面。当草图“类型”指定为“在平面上”时，“创建草图”对话框变成如图 2-7 所示。草图平面的指定方法有四种：“自动判断”“现有平面”“创建平面”和“创建基准坐标系”。初始默认的方法选项为“自动判断”，选择这种方法时，系统将根据选择的有效对象来自动判断草图平面。“现有平面”“创建平面”和“创建基准坐标系”这 3 个选项的应用方法如下。

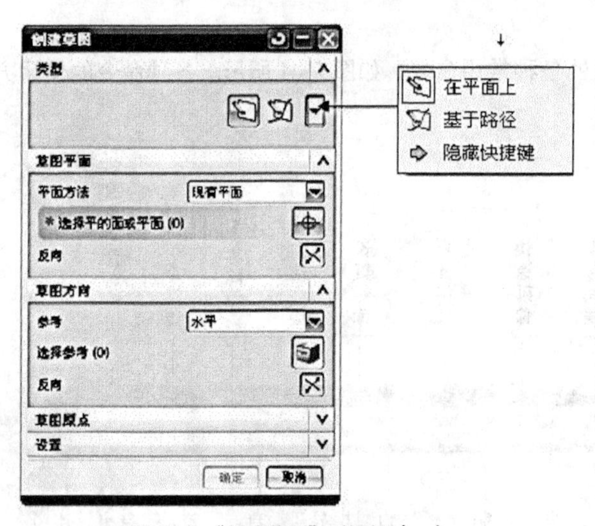

图 2-6 “创建草图”对话框（一）

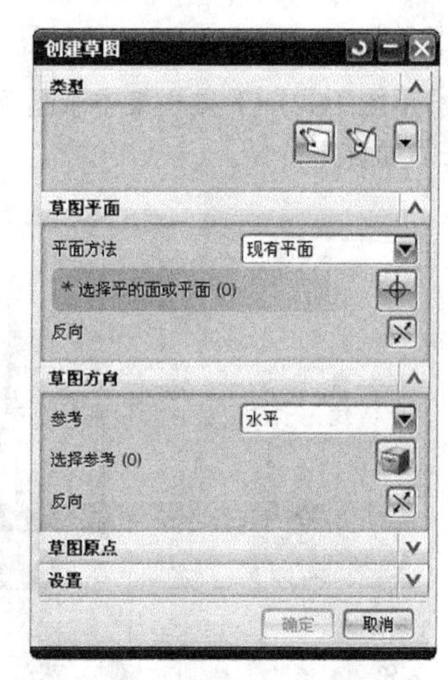

图 2-7 “创建草图”对话框（二）

① 现有平面。我们可以选择模型中已有的平面作为草图平面，主要包括：

- 已经存在的基准平面；
- 实体平整表面；
- 坐标平面，如 *XC–YC* 平面、*XC–ZC* 平面、*YC–ZC* 平面。

② 创建平面。当选择“创建平面”选项时，可以在“指定平面”下拉列表框中选择任意一种平面创建方法来创建草图平面，如图 2-8 所示。例如，从“指定平面”下拉列表框中选择“XC–YC 平面”按钮选项，接着在出现的“距离”文本框中输入偏移距离，按 Enter 键确认，如图 2-9 所示。可接受默认的草图方向，单击“确定”按钮，从而将刚创建的平面作为草图平面。“指定平面”下拉列表框各选项含义如图 2-8 所示。

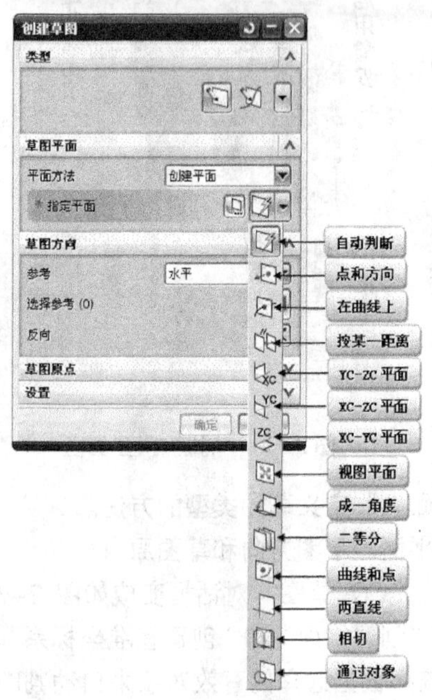

图 2-8 “创建草图”对话框（三）

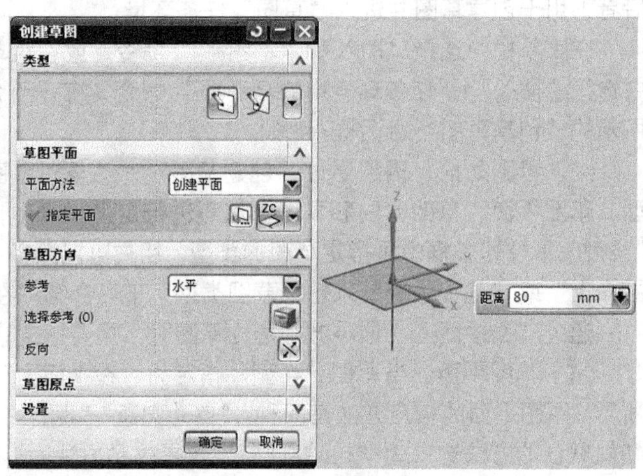

图 2-9 “创建草图”对话框（四）

③ 创建基准坐标系。通过“创建基准坐标系”选项创建草图平面的方法为：在“创建草图”对话框的“草图平面”选项组中单击“创建基准坐标系”按钮，系统弹出图 2-10 所示的“基准 CSYS”对话框，通过该对话框创建一个基准 CSYS，然后单击“确定”按钮，返回“创建草图”对话框，此时可选择平的面或平面来指定草图平面。

图 2-10 “基准 CSYS”对话框

（2）草图方向。草图平面确定后，需要确定草图的方向。确定草图方向时，首先确定参考的方向为水平或竖直，然后确定参考对象（通常选择图元的直边）。当选择的参考方向为水平时，选择的参考对象将成为坐标系的 *X* 轴；当选择的参考方向为竖直时，选择的参考对象将成为坐标系的 *Y* 轴（见图 2-11）。此外，可通过“反向”按钮来改变 *X* 轴和 *Y* 轴的方向。

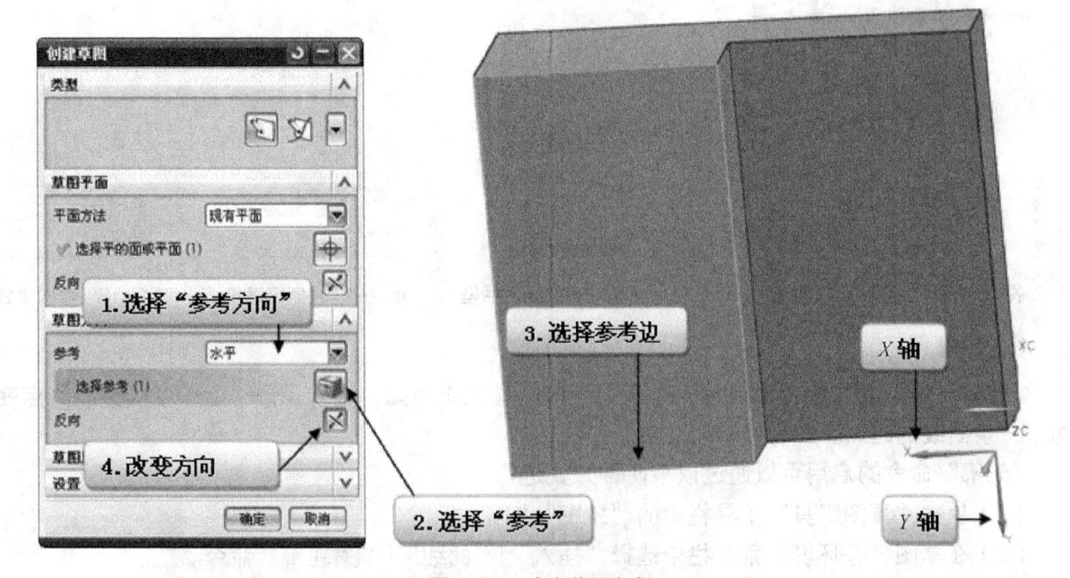

图 2-11 确定草图方向

（3）草图原点。草图原点需通过“创建草图”对话框的“草图原点”选项组来定义。定义方式有两种：一种是通过点构造器；另一种是通过右侧的下拉列表框中的点方法选项。

三、草图绘制基本工具

1. 点

“点”命令的启用可以通过以下两种方式进行。

（1）单击“草图工具”工具栏中的“点”按钮。

（2）在草图任务环境的菜单栏中选择“插入”|“基准/点”|“点”命令。

启动“点”命令后，系统弹出如图 2-12 所示的“草图点”对话框，利用该对话框提供的工具指定草图点的位置即可。用于指定草图点的工具包括“自动判断的点”、“光标位置”、“终点”、“控制点”、“交点”、“圆弧中心/椭圆中心/球心”、“象限点”、“现有点”和“点在曲线/边上”。

2. 直线

“直线”命令的启用可以通过以下两种方式进行。

（1）单击“草图工具”工具栏中的“直线”按钮。

（2）在草图任务环境的菜单栏中选择“插入”|“曲线”|“直线”命令。

单击“直线”命令后，系统弹出如图 2-13 所示的“直线”对话框。该对话框提供了两种输入模式：“坐标模式”按钮XY和“参数模式”按钮。

单击“坐标模式”按钮XY，可以输入 *XC*、*YC* 坐标指定直线的端点，如图 2-14 所示；单击“参数模式”按钮，可以设置直线的长度和角度，如图 2-15 所示。

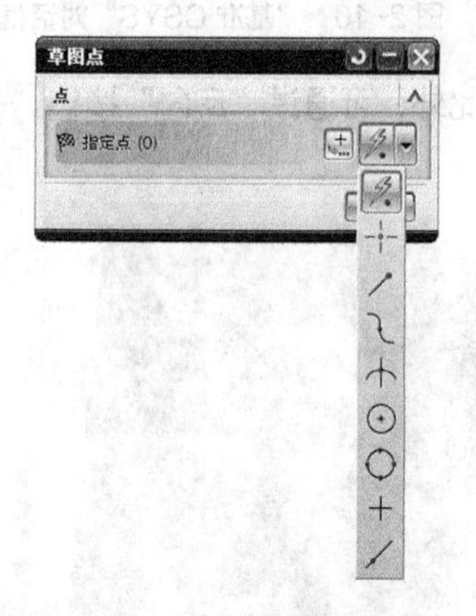

图 2-12 “草图点”对话框

图 2-13 “直线”对话框

图 2-14 坐标模式

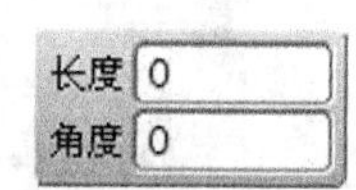

图 2-15 参数模式

3. 轮廓

“轮廓”命令的功能：可以创建一系列连接的直线或圆弧，也就是说，上一条曲线的终点变为下一条曲线的起点。

“轮廓”命令的启用可以通过以下两种方式进行。

（1）单击“草图工具”工具栏中的“轮廓”按钮。

（2）在草图任务环境的菜单栏中选择“插入”|“曲线”|“轮廓”命令。

单击“轮廓”命令后，软件弹出图 2-16 所示的“轮廓”对话框，在“轮廓”对话框中可以选择“对象类型”和“输入模式”。在对象类型中单击“直线”按钮，可以绘制直线；单击“圆弧”按钮，可以绘制圆弧。软件默认的对象类型通常为“直线”。“轮廓”对话框中“输入模式”的用法与“直线”命令中的“输入模式”的用法相同。

案例：绘制如图 2-17 所示草图。

（1）单击“草图工具”工具栏中的“轮廓”按钮。

（2）单击对象类型“直线”按钮，输入直线的起点坐标（0，0）。

（3）输入直线的终点坐标（100，0）。

（4）单击对象类型“圆弧”按钮，输入圆弧的半径（15）和扫掠角度（180°）。

（5）输入直线终点坐标（0，-30）。

（6）输入直线终点坐标（0，0）。

4. 圆弧

“圆弧”命令的启用可以通过以下两种方式进行。

（1）单击“草图工具”工具栏中的“圆弧”按钮。

（2）在草图任务环境的菜单栏中选择“插入”|“曲线”|“圆弧”命令。

单击“圆弧”命令后，软件弹出图 2-18 所示的“圆弧”对话框。在“圆弧”对话框中可以选择“圆弧方法”和“输入模式”。“圆弧方法”是指绘制圆弧的方式，有以下两种。

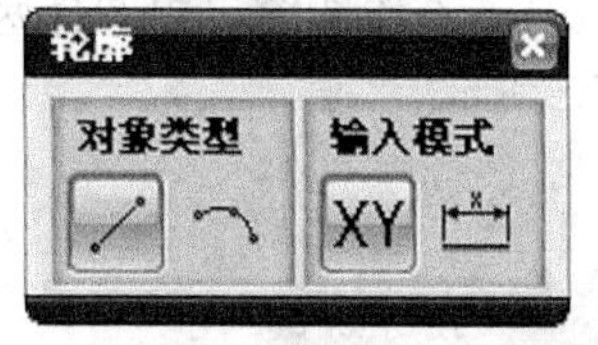

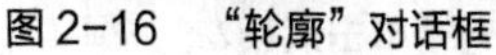

图 2-16 “轮廓”对话框

图 2-17 绘制草图

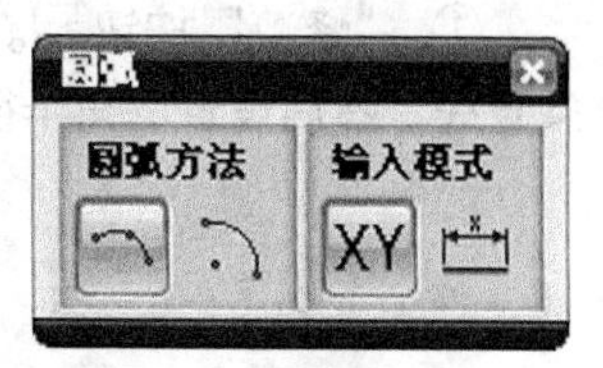

图 2-18 “圆弧”对话框

①“三点定圆弧”按钮。它是通过依次指定圆弧的起点、终点和圆弧经过的点来绘制圆弧，也可以选择输入模式为参数模式，然后依次指定圆弧起点、终点和圆弧半径来绘制圆弧，如图 2-19 所示。

②“中心和端点定圆弧”按钮。它是通过指定圆弧的圆心、半径和扫掠角度来绘制圆弧，如图 2-20 所示。

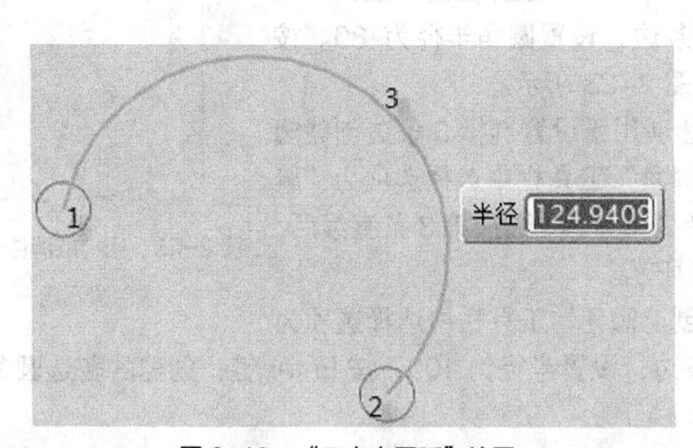

图 2-19 “三点定圆弧”绘图

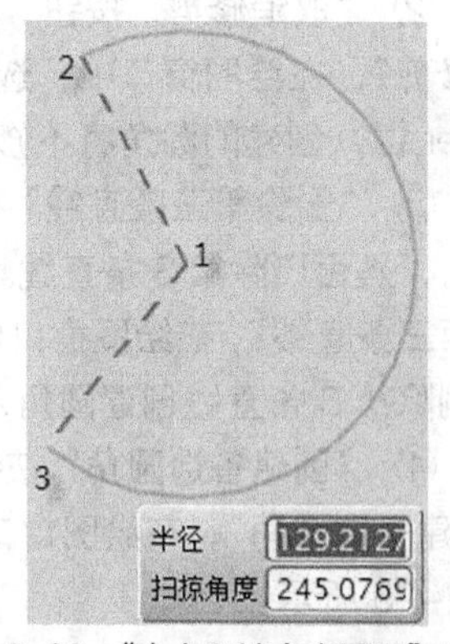

图 2-20 “中心和端点定圆弧”绘图

5. 圆

“圆”命令的启用可以通过以下两种方式进行。

（1）单击“草图工具”工具栏中的“圆”按钮。

（2）在草图任务环境的菜单栏中选择“插入”|“曲线”|“圆”命令。

单击“圆”命令后，软件弹出如图 2-21 所示的“圆”对话框，在“圆”对话框中可以选择“圆方法”和“输入模式”。“圆方法”包括两种绘制圆的方式。

①“圆心和直径定圆”按钮。它是通过指定圆的圆心和直径来绘制圆。

②“三点定圆”按钮。它是通过依次指定圆所经过的 3 个点来绘制圆。

图 2-21 “圆”对话框

6. 圆角

使用“圆角”命令可以在 2 条或 3 条曲线之间创建圆角，“圆角”命令的启用可以通过以下两种方式进行。

（1）单击“草图工具”工具栏中的“圆角”按钮。

（2）在草图任务环境的菜单栏中选择“插入”|“曲线”|“圆角”命令。

单击“圆角”命令后，系统弹出“圆角”对话框。“圆角”对话框中提供了两种创建圆角的方法和设置圆角的选项，其用法如下。

① “修剪”按钮。在“圆角”对话框中选择圆角方法为“修剪”，在绘图窗口中选择两条直线，然后设置圆角半径为 80，按 Enter 键，创建的圆角如图 2-22 所示。

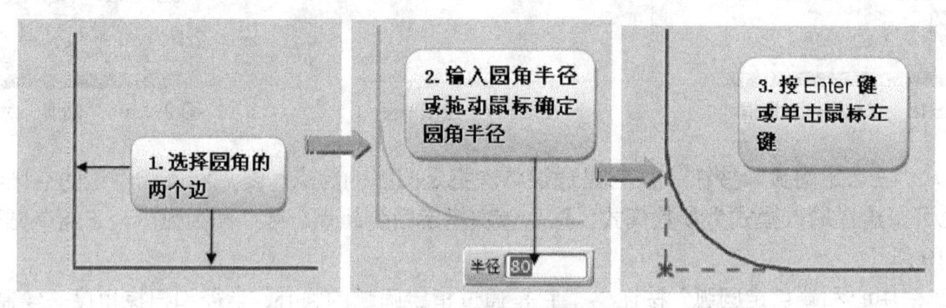

图 2-22 用“修剪”法创建圆角

② “取消修剪”按钮。在“圆角”对话框中选择圆角方法为“取消修剪”，在绘图窗口中，选择圆角的两条边，设置圆角半径为 80。按 Enter 键，创建的圆角将不修剪直线，如图 2-23 所示。

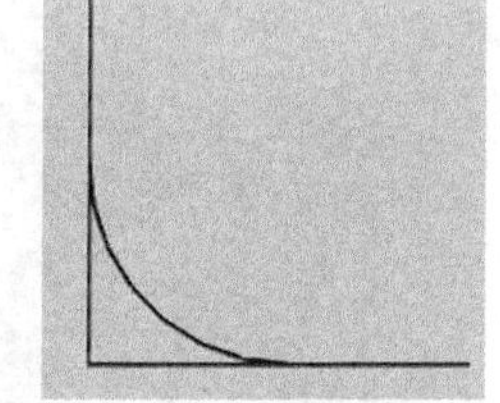

图 2-23 用“取消修剪”法创建圆角

③ “删除第三条直线”按钮。此选项用于设置选择 3 条边创建圆角时，是否删除第 3 条直线。 在“创建圆角”工具栏中选择选项为“删除第三条直线”，在绘图窗口中，依次选择 3 条直线。选择第 3 条直线后，将删除第 3 条直线创建圆角，如图 2-24 所示。

④ “创建备选圆角”按钮。在“创建圆角”工具栏中选择选项为“创建备选圆角”，在绘图窗口中选择两条边，设置半径为 100，按 Enter 键，创建的备选圆角如图 2-25 所示。

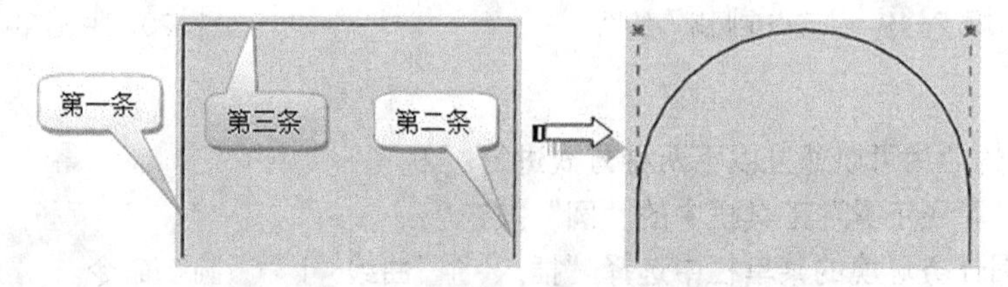

图 2-24 “删除第三条直线”用法

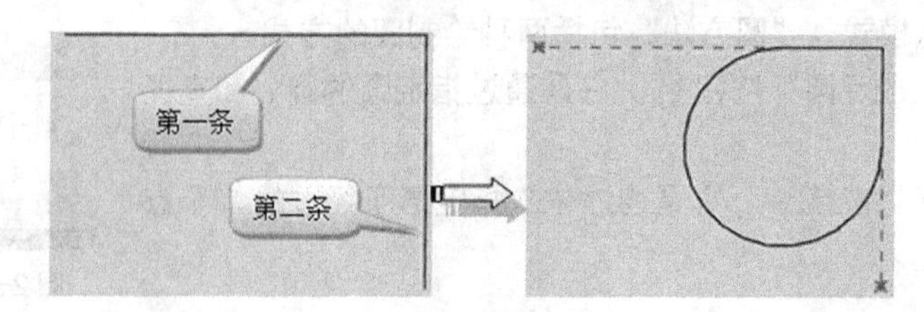

图 2-25 创建备选圆角

7. 倒角

使用“倒角”命令可以完成对两直线间的尖角进行适当的倒斜角处理，其启用方法有两种。

（1）在“草图工具”工具栏中单击“倒斜角”按钮。

（2）在菜单栏中选择“插入”|“曲线”|“倒斜角”命令。

单击“倒角”命令后，系统弹出图 2-26 所示的“倒斜角”对话框。倒斜角的操作方式为如下。

① 在“要倒斜角的曲线”选项组中设置“修剪输入曲线”复选框的状态。

② 在“偏置”选项组中对倒斜角方式（“对称”“非对称”或“偏置和角度”）进行设置，然后设置与倒斜角相对应的参数。

③ 选择要倒斜角的两条曲线，或者选择交点来进行倒斜角，最后确定倒斜角位置即可。

倒斜角的典型示例如图 2-27 所示。

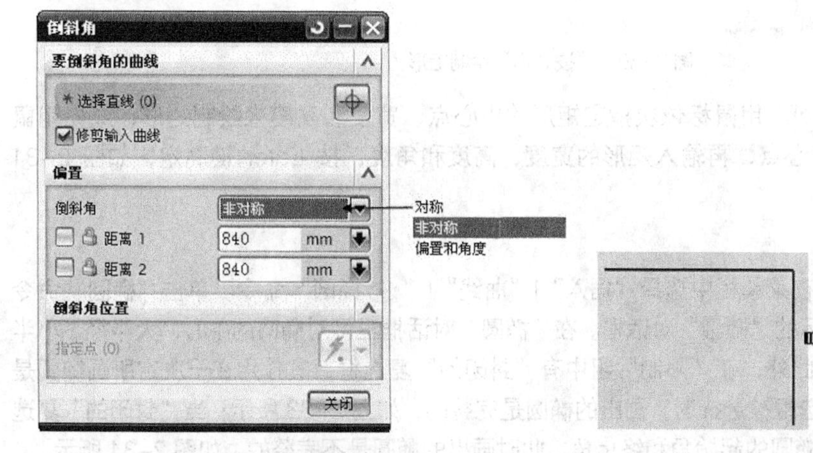

图 2-26　“倒斜角”对话框　　　图 2-27　倒斜角典型示例

8. 矩形

矩形的启用方法可以通过以下两种方式进行。

（1）在“草图工具”工具栏中单击“矩形”按钮。

（2）在菜单栏中选择“插入”|“曲线”|“矩形”命令。

单击“矩形”命令后，系统弹出图 2-28 所示的“矩形”对话框。矩形的画法有如下 3 种。

- “按 2 点”按钮。用鼠标指定矩形的两个对角点来绘制矩形，或先用鼠标指定矩形的一个对角点，再输入矩形的宽度和高度，按鼠标左键确定，如图 2-29 所示。

图 2-28　“矩形”对话框　　　图 2-29　“按 2 点”绘制矩形

- “按 3 点”按钮。用鼠标指定矩形经过的 3 个点来绘制矩形，或先用鼠标指定矩形的一个对角点，再输入矩形的宽度、高度和角度，按鼠标左键确定，如图 2-30 所示。

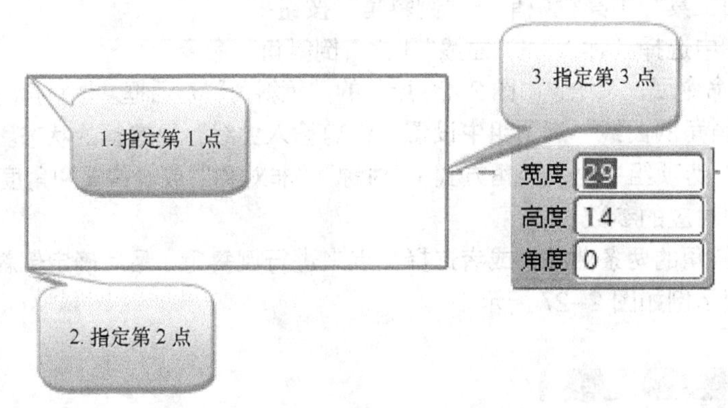

图 2-30 “按 3 点”绘制矩形

- “从中心”按钮。用鼠标依次指定矩形的中心点、宽度和高度来绘制矩形，或先用鼠标指定矩形的中心点，再输入矩形的宽度、高度和角度，按 Enter 键确定，如图 2-31 所示。

9. 椭圆

椭圆的启用方法为：在菜单栏中选择“插入”|“曲线”|“椭圆”命令。单击“椭圆”命令后，系统弹出图 2-32 所示的“椭圆”对话框。在“椭圆”对话框里可对椭圆的中心、大半径、小半径和旋转角度进行设置。此外，在“限制”组中有“封闭的”复选框，其作用在于决定所画椭圆是否完整。当“封闭的”复选框被选择时，画出的椭圆是完整的，如图 2-33 所示；当“封闭的”复选框没有被选择时，需设置椭圆的起始角和终止角，此时画出的椭圆是不完整的，如图 2-34 所示。

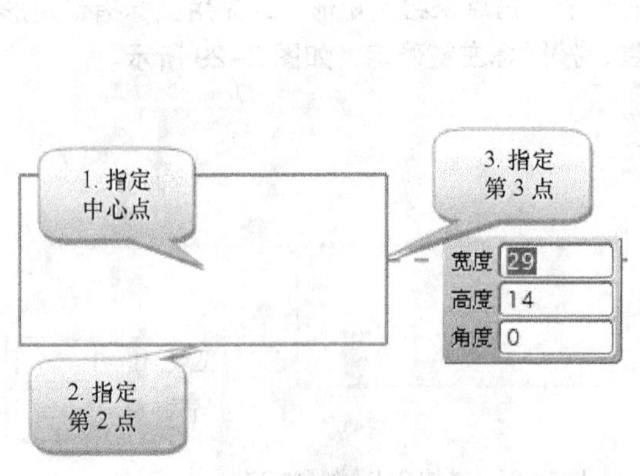

图 2-31 “从中心”绘制矩形

图 2-32 “椭圆”对话框

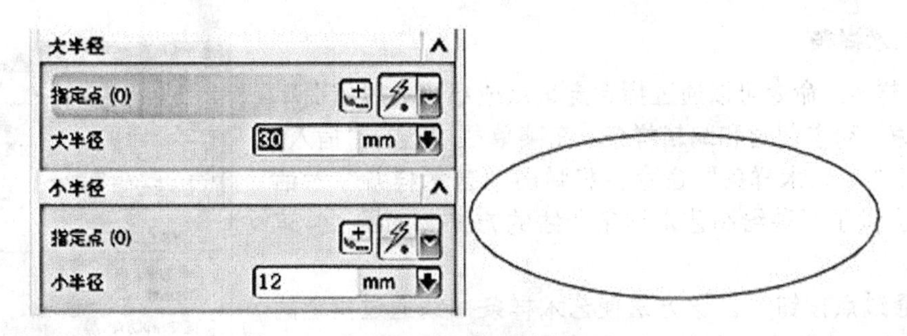

图 2-33 绘制封闭椭圆

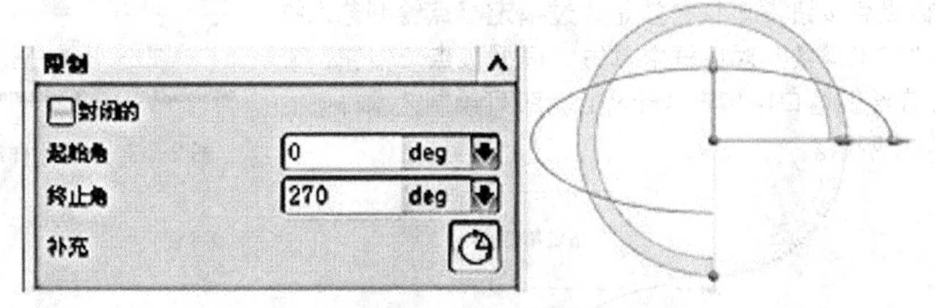

图 2-34 绘制开放椭圆

10. 多边形

多边形的启用方法为：在菜单栏中选择“插入”|“曲线”|“多边形”命令。单击“多边形”命令后，系统弹出如图 2-35 所示的“多边形”对话框。在对话框中可对多边形的中心点、边数和大小参数进行设定。系统给出 3 种设定多边形的大小的方法，即“内切圆半径”“外接圆半径”和“边长”，此外，还可设置正多边形的旋转角度。

多边形绘制的操作方式有两种：一种是通过“多边形”对话框设定好多边形的边数、相切圆半径和旋转角度，并且“半径”和“旋转”复选框被选上，此时指定多边形中心即可完成多边形的绘制，如图 2-36 所示；另一种是当“半径”和“旋转”复选框没被选上，此时先指定多边形的中心点，再通过拖动鼠标来确定多边形的大小和旋转角度。

图 2-35 “多边形”对话框

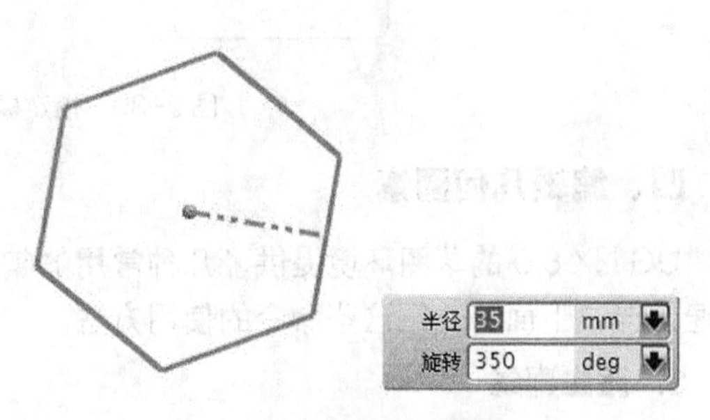

图 2-36 绘制正六边形

11. 艺术样条

“艺术样条”命令可以通过指定定义点或极点并设置曲率或斜率约束，动态创建和编辑样条，在菜单栏中选择“插入”|“曲线”|“艺术样条”命令，将弹出“艺术样条”对话框，系统提供了两种绘制艺术样条曲线的方法，如图 2-37 所示。

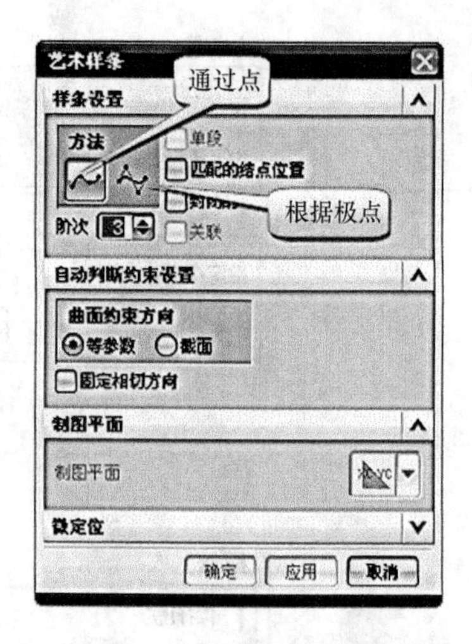

图 2-37 “艺术样条”对话框

（1）通过点按钮。该方法使艺术样条曲线通过指定的点。在绘图窗口中指定 5 个点，绘制的艺术样条曲线如图 2-38 所示。

（2）根据极点按钮。该方法是通过指定极点绘制艺术样条曲线。在“艺术样条”对话框中单击“根据极点”按钮，设置阶次为 3。在绘图窗口中指定 4 个极点，即可绘制艺术样条曲线，如图 2-39 所示。

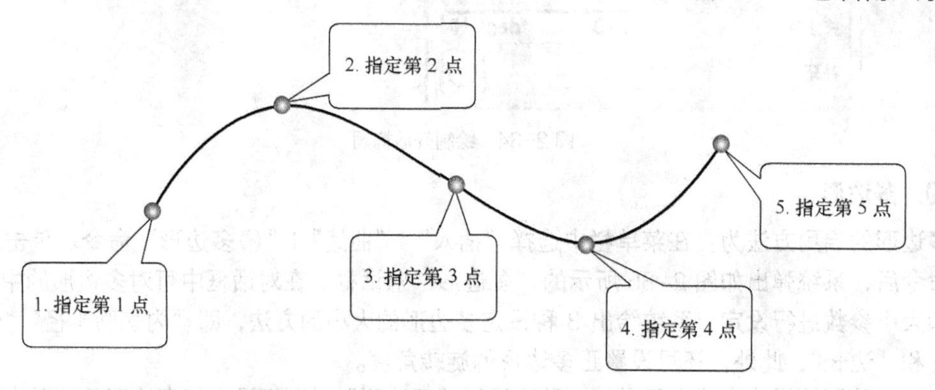

图 2-38 通过点绘制艺术样条

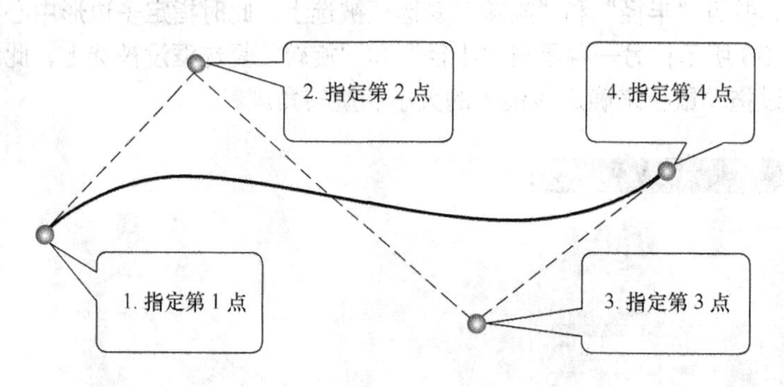

图 2-39 指定极点绘制艺术样条

四、编辑几何图素

UG NX 8.0 的草图环境提供了几种常用的编辑草图曲线的命令，包括派生直线、快速修剪和快速延伸，下面将介绍这些命令的使用方法。

1. 派生直线

“派生直线”命令具有偏置直线，在两条平行直线中间创建一条与它们平行的直线，在两条不平行的直线之间创建平分线的功能。

派生直线的启用方法可以通过以下两种方式进行。

（1）在“草图工具”工具栏中单击“派生直线”按钮。

（2）在菜单栏中选择“插入”|“来自曲线集的曲线”|“派生直线”命令。

派生直线的用法如下所述。

- 偏置直线：启动“派生直线”命令后，首先在绘图窗口中选择需要偏置的直线作为参考直线，并将光标向偏置的方向移动，此时“偏置”对话框中将显示光标偏移的距离。当光标偏移到我们需要的距离时，单击鼠标左键，即可完成直线的偏置。或者直接在“偏置”对话框中设置偏置距离并按 Enter 键，也可完成直线的偏置，如图 2-40 所示。

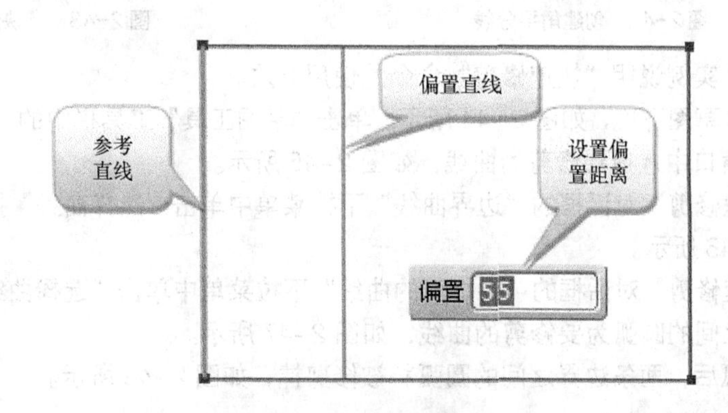

图 2-40　偏置直线

- 创建平行平分线：先依次选择需要平分的两条平行线，在“长度”对话框中输入平行线的长度，再按 Enter 键，即可完成平分线的创建，如图 2-41 所示。

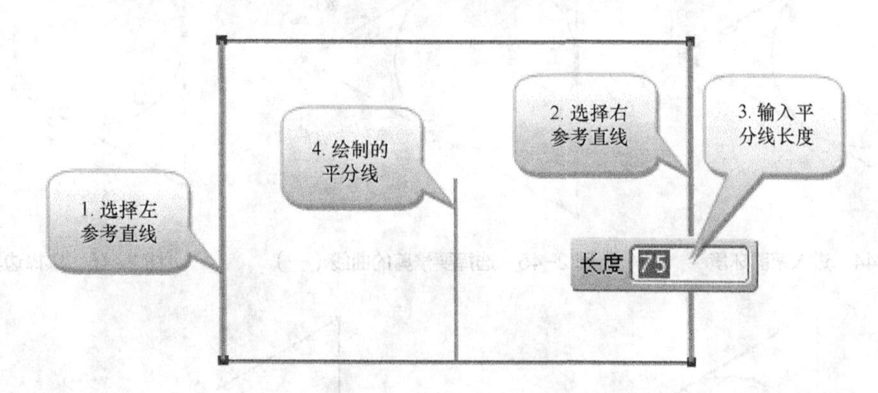

图 2-41　创建平行平分线

- 创建角平分线：先依次选择角的两个边，在“长度”对话框中输入角平分线的长度，再按 Enter 键，即可完成角平分线的创建，如图 2-42 所示。

2. 快速修剪

“快速修剪”是常用的编辑工具命令，它可以以任意方向将曲线修剪至最近的交点或选定的边界，使用它可以很方便地将草图曲线中不需要的部分删除掉。单击“草图工具”工具栏中的“快速修剪”命令，系统弹出“快速修剪”对话框，如图 2-43 所示。

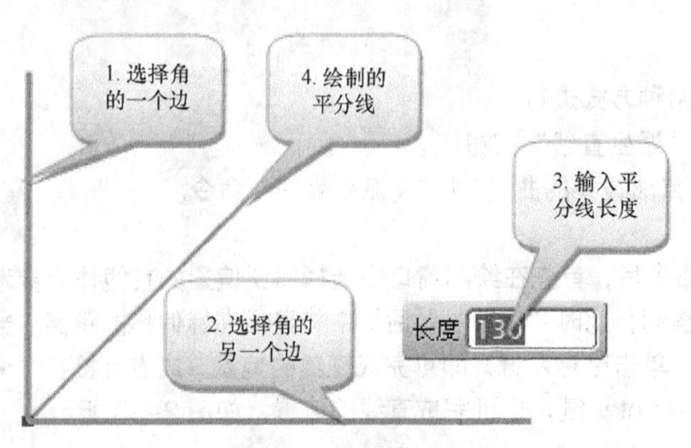

图 2-42 创建角平分线

图 2-43 “快速修剪”对话框

下面将以一个实例说明“快速修剪”命令的使用方法。

（1）首先进入草图环境，如图 2-44 所示。单击“草图工具”工具栏中的“快速修剪”命令。

（2）在绘图窗口中选择要修剪的曲线，如图 2-45 所示。

（3）在“快速修剪”对话框的“边界曲线”下拉菜单中单击“选择曲线”按钮，然后选择两条边界，如图 2-46 所示。

（4）在“快速修剪”对话框的“要修剪的曲线”下拉菜单中单击“选择曲线”按钮，在绘图窗口中选择边界之间的圆弧为要修剪的曲线，如图 2-47 所示。

（5）单击圆弧后，两条边界之间的圆弧将被修剪掉，如图 2-48 所示。

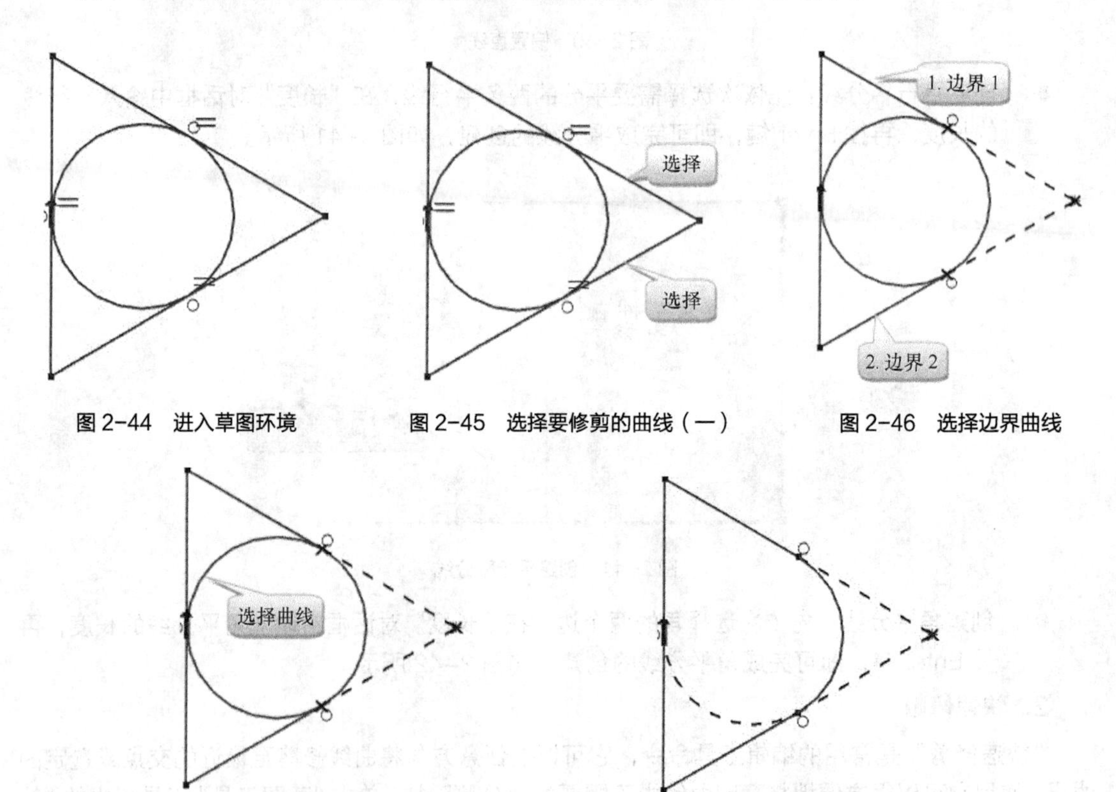

图 2-44 进入草图环境　图 2-45 选择要修剪的曲线（一）　图 2-46 选择边界曲线

图 2-47 选择要修剪的曲线（二）　图 2-48 修剪后的曲线

3. 快速延伸

“快速延伸”命令的作用在于将曲线延伸到另一临近曲线或选定的边界。单击“草图工具”工具栏中的“快速延伸”命令，系统弹出“快速延伸”对话框，如图 2-49 所示。

单击“快速延伸”命令后，系统提示选择要延伸的曲线，在该提示下选择要延伸的曲线，即可将曲线延伸到邻近的边界，如图 2-50 所示。

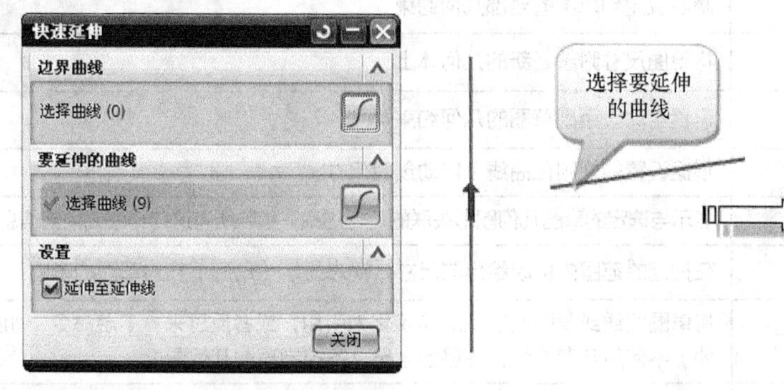

图 2-49　“快速延伸”对话框　　图 2-50　快速延伸（一）

如果需要指定边界曲线，则要在“快速延伸”对话框中单击“边界曲线”按钮，以激活“边界曲线”收集器，然后选择所需的曲线作为边界曲线。选择完边界曲线后，再单击“要延伸的曲线”按钮，以激活“要延伸的曲线”收集器，然后选择所需的曲线作为延伸曲线，以完成曲线的延伸，如图 2-51 所示。

五、草图约束

在草图中，可以使用几何约束与尺寸约束修改草图的形状和大小。下面将介绍如何使用草图约束功能来约束草图对象的尺寸和几何关系。

1. 几何约束

几何约束条件一般用于定位草图对象和确定草图对象间的相互关系。利用“草图约束”相关设置，可以在绘图草图时自动添加几何约束、手动添加几何约束、自动判断约束/尺寸、约束和尺寸的创建及备选解等相关操作。

与几何约束相关的工具位于“草图工具”工具栏中，如图 2-52 所示。各按钮的功能如表 2-2 所示。

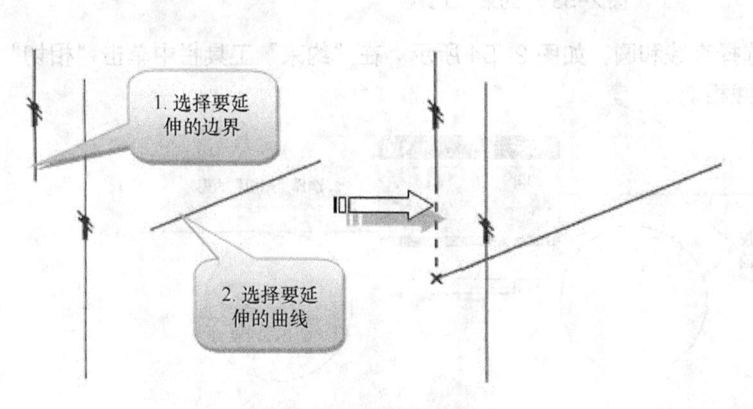

图 2-51　快速延伸（二）

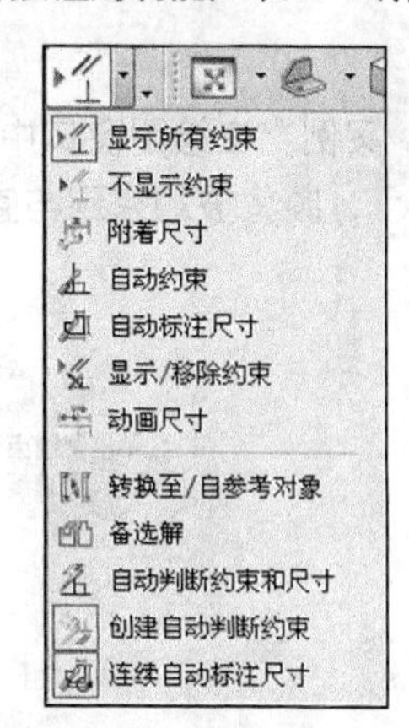

图 2-52　几何约束工具按钮

表 2-2　与几何约束相关的工具按钮

序号	按钮	名称	功能
1		约束	将几何约束添加到草图几何图形中
2		显示所有约束	显示应用到草图的全部几何约束
3		不显示约束	隐藏应用到草图的全部几何约束
4		附着尺寸	将草图尺寸附着在新的几何体上
5		自动约束	设置自动应用到草图的几何约束类型
6		自动标注尺寸	根据设置的规则在曲线上自动创建尺寸
7		显示/移除约束	显示与选定的草图几何图形关联的几何约束，移除所有这些约束或列出信息
8		动画尺寸	在指定的范围内更改给出的尺寸，动态显示（动画）它对草图的影响
9		转换至/自参考尺寸	将草图曲线或草图尺寸从活动转化为引用，或者反过来；下游命令（如拉伸）不使用参考曲线，并且参考尺寸不控制草图几何图形
10		备选解	提供备选尺寸或几何约束解决方案
11		自动判断约束和尺寸	控制哪些约束或尺寸在曲线构造过程中被自动判断
12		创建自动判断约束	在曲线构造过程中启用自动判断约束
13		连续自动标注尺寸	在曲线创建过程中启动自动标注尺寸
14		设为对称	将两个点或曲线约束为相对于草图上的对称线对称

（1）手动添加几何约束。在绘制草图时，可以使用手动约束将几何约束添加到草图几何图形中，其操作步骤为：首先在“草图工具”工具栏中单击“约束”按钮，然后在绘图窗口中选择要创建约束的曲线，此时弹出“约束”工具栏，如图 2-53 所示，在“约束”工具栏上选择需要的约束。选择的对象不同，在“约束”工具栏中显示的约束条件也会不同。

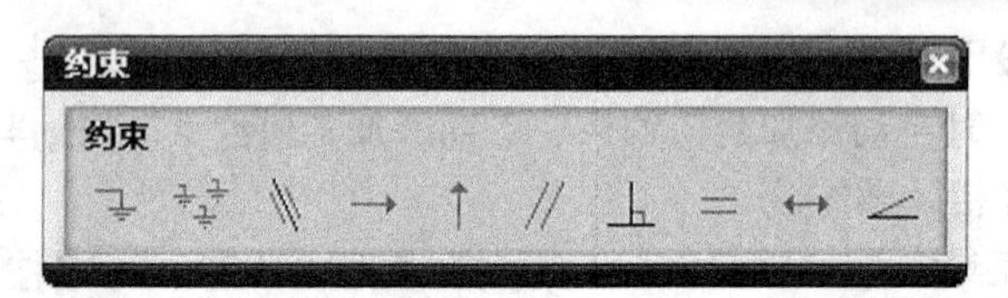

图 2-53　“约束”工具栏

案例：在绘图窗口中选择直线和圆，如图 2-54 所示。在“约束”工具栏中单击“相切”按钮，圆将被约束到与直线相切。

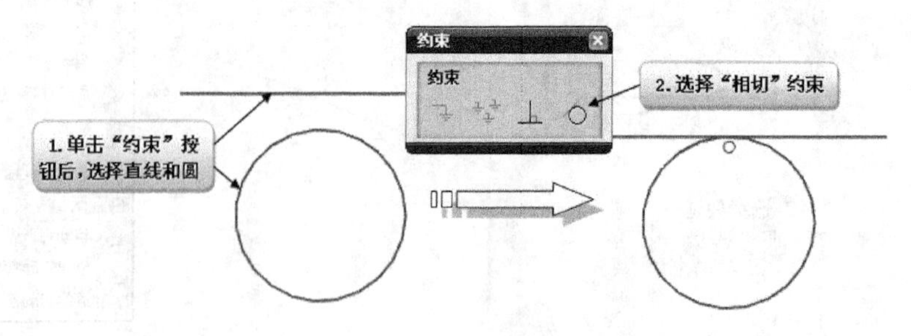

图 2-54　直线和圆相切约束

（2）自动约束。自动约束即自动施加几何约束，是指用户指定一些几何约束后，系统根据所指草图对象自动施加合适的几何约束。

操作步骤如下所述。

① 在“草图工具”工具栏中单击“自动约束”按钮，打开如图 2-55 所示的“自动约束”对话框。

② 在“要应用的约束”选项组中选择可能要应用的几何约束，如勾选“水平”“竖直”“相切”“平行”“垂直”“等半径”等复选框，并在“设置”选项组中设置距离公差和角度公差。

③ 选择要约束的曲线。

④ 单击“应用”按钮或“确定”按钮。

（3）自动判断约束和尺寸及其创建。自动约束的作用在于设置自动判断的约束和尺寸，即设置自动判断约束和尺寸的一些默认选项，这些默认选项将在创建自动判断的约束和尺寸时起作用。

操作步骤如下。

① 在“草图工具”工具栏中单击“自动判断约束和尺寸”按钮，系统弹出如图 2-56 所示的“自动判断约束和尺寸”对话框。

② 在“自动判断约束和尺寸”对话框中，对“要自动判断和应用的约束”“由捕捉点识别的约束”以及定制“绘制草图时自动判断尺寸”等选项进行设置，然后单击“应用”按钮或“确定”按钮。

③ 在“草图工具”工具栏中单击“创建自动判断约束”按钮，那么用户在曲线构造过程中，UG 将自动为用户创建的曲线判断需要添加的约束。

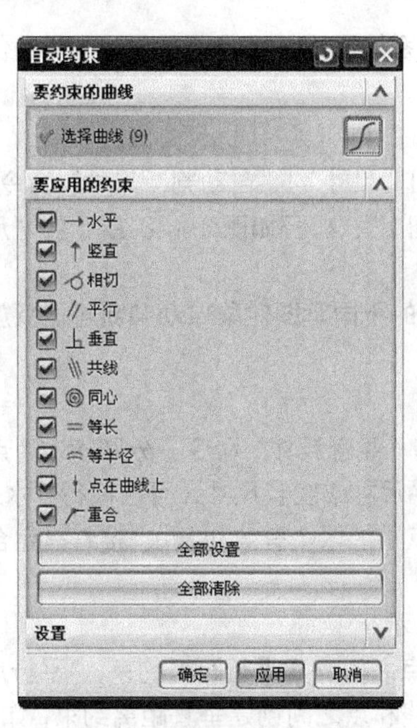

图 2-55　“自动约束”对话框

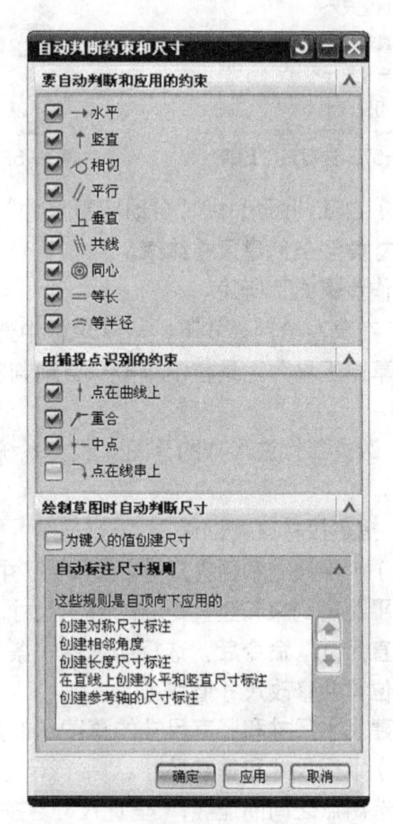

图 2-56　“自动判断约束和尺寸”对话框

2. 尺寸约束

尺寸约束包括水平、垂直、平行、角度等 9 种标注方式。在菜单栏中选择“插入”|“尺寸”菜单命令，将弹出级联菜单，可以在级联菜单中选择尺寸约束命令，如图 2-57 所示。选择任一尺寸约束命令后，将弹出“尺寸”工具栏，如图 2-58 所示。在“尺寸”工具栏中单击“草图尺寸”按钮，将弹出“尺寸”对话框，如图 2-59 所示。

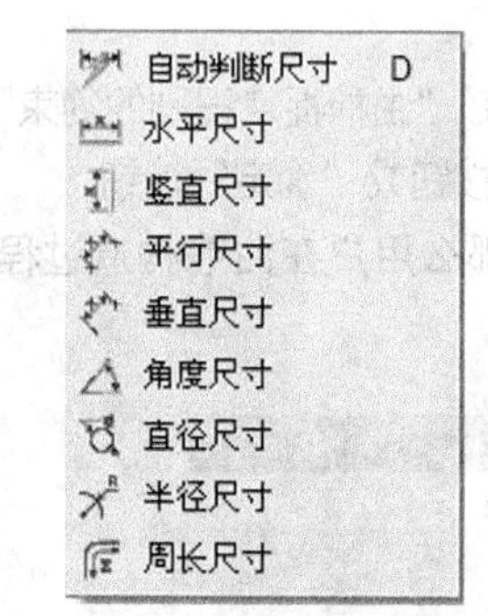

图 2-57 选择尺寸约束

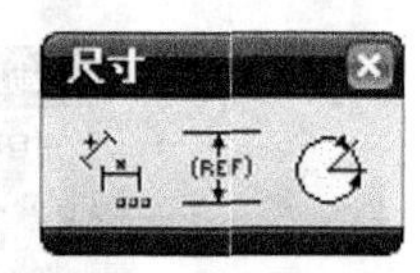

图 2-58 “尺寸”工具栏

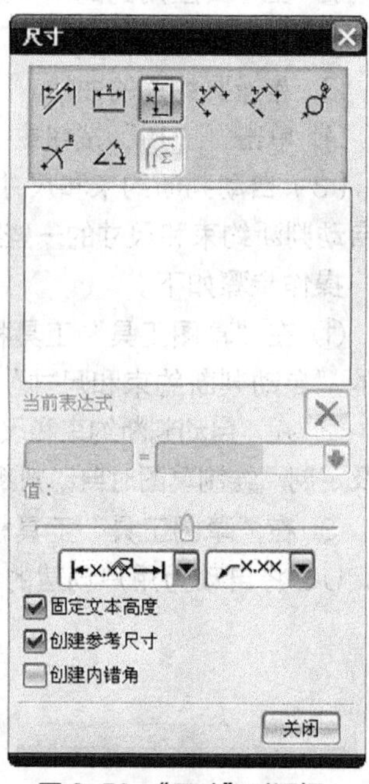

图 2-59 “尺寸”对话框

（1）自动判断尺寸。“自动判断尺寸”命令可以使系统通过所选择的对象和光标的位置自动判断尺寸类型来创建尺寸约束。

操作步骤如下所述。

① 在草图绘制模式下，从菜单栏中选择“插入”|“尺寸”|“自动判断尺寸”命令，或者在“草图工具”工具栏中单击“自动判断尺寸”按钮，打开如图 2-59 所示的“尺寸”对话框。

② 选择要标注尺寸的草图对象，系统会根据所选的不同草图对象自动判断可能要施加的尺寸约束。

③ 指定尺寸放置位置。

（2）水平尺寸和竖直尺寸。“水平尺寸”命令和“竖直尺寸”命令分别指在两点之间创建的水平距离约束和竖直距离约束的尺寸。要创建水平尺寸或竖直尺寸，可在执行“水平尺寸”或“竖直尺寸”命令后，选择所需的一条直线或两个点（或两个有效对象），接着指定合适的尺寸放置位置并修改尺寸值即可。

创建水平尺寸和竖直尺寸的草图示例如图 2-60 所示。

（3）平行尺寸和垂直尺寸。“平行尺寸”可以在两点之间创建平行距离约束，“平行尺寸”平行于所选两点之间的连线，“垂直尺寸”按钮可以在直线和点之间创建垂直距离约束，如图 2-61 所示。

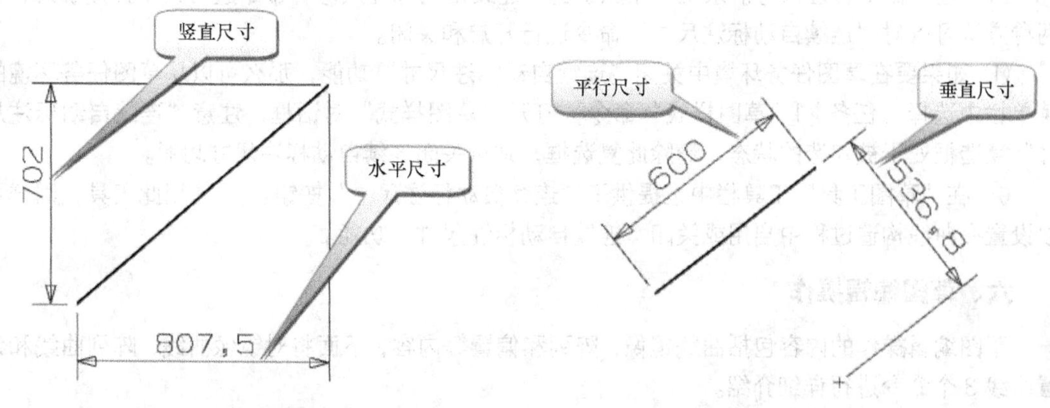

图 2-60　创建水平尺寸和竖直尺寸　　　　图 2-61　创建平行尺寸和垂直尺寸

（4）角度尺寸。“角度尺寸”可以约束两条不平行的直线之间的角度，如图 2-62 所示。

（5）直径尺寸和半径尺寸。“直径尺寸”可以约束圆弧或圆的直径，如图 2-63 所示。“半径尺寸”可以约束圆弧或圆的半径，如图 2-64 所示。

进行尺寸标注时，先单击“直径”按钮，接着选择要标注的圆或圆弧，并单击鼠标左键来放置尺寸，通过出现的尺寸表达式列表框设置直径值或半径值。

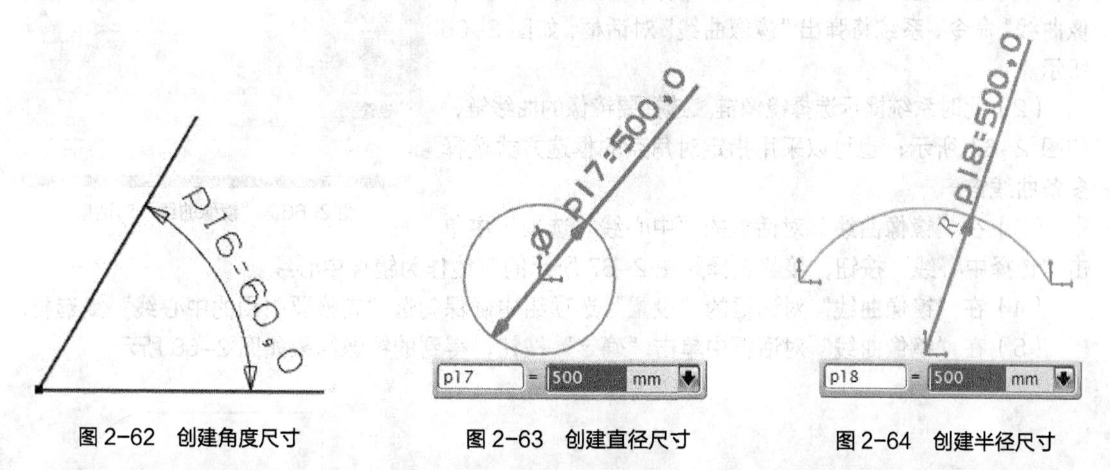

图 2-62　创建角度尺寸　　　图 2-63　创建直径尺寸　　　图 2-64　创建半径尺寸

（6）周长尺寸。“周长尺寸”可以约束直线和圆弧的总长度。创建“周长尺寸”时，先单击“周长尺寸”命令，然后在绘图窗口中选择构成周长的所有曲线，此时系统将计算所有曲线的周长，并将结果显示在“周长尺寸”对话框中。创建周长尺寸约束的示例如图 2-65 所示。

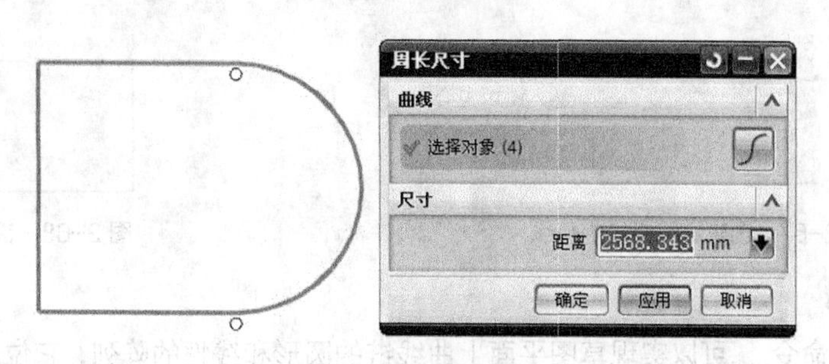

图 2-65　创建周长尺寸

（7）连续自动标注尺寸。系统初始默认的“连续自动标注尺寸”命令通常处于开启状态，有两种方法可以对“连续自动标注尺寸”命令进行开启和关闭。

① 如果要在草图任务环境中关闭“连续自动标注尺寸”功能，那么可以从草图任务环境的菜单栏中选择“任务”|“草图样式”命令，打开“草图样式”对话框，注意“连续自动标注尺寸”复选框处于被勾选的状态，清除此复选框，则可关闭连续自动标注尺寸功能。

② 在“草图工具”工具栏中也提供了“连续自动标注尺寸”按钮，使用此工具，同样可以设置在曲线构造过程中启用或关闭“连续自动标注尺寸”功能。

六、草图编辑操作

草图编辑操作的内容包括曲线镜像、阵列和偏置等内容，下面将对镜像曲线、阵列曲线和偏置曲线 3 个命令进行详细介绍。

1. 镜像曲线

“镜像曲线”命令的作用在于将草图中的几何图形沿镜像中心线创建镜像副本，并将镜像中心线转换为参考直线。以下将通过实例来介绍“镜像曲线”命令的使用。

（1）单击“草图工具”工具栏中的“镜像曲线”命令，或在菜单栏中选择“插入”|“来自曲线集的曲线'|“镜像曲线”命令，系统将弹出“镜像曲线”对话框，如图 2-66 所示。

图 2-66 “镜像曲线”对话框

（2）此时系统提示选择镜像链。选择要镜像的曲线链，如图 2-67 所示；也可以采用指定对角点的框选方式选择多条曲线链。

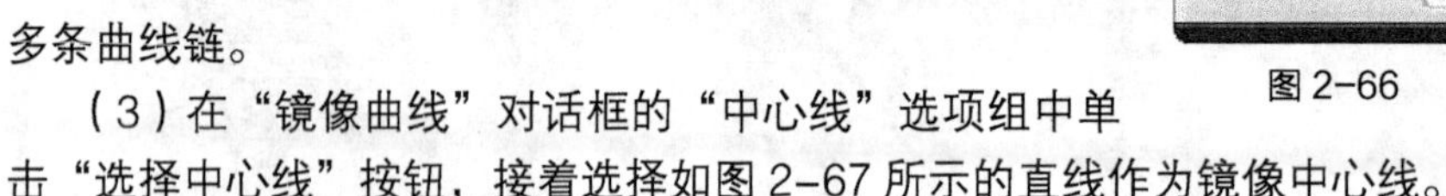

（3）在“镜像曲线”对话框的“中心线”选项组中单击“选择中心线”按钮，接着选择如图 2-67 所示的直线作为镜像中心线。

（4）在“镜像曲线”对话框的“设置”选项组中确保勾选“转换要引用的中心线”复选框。

（5）在“镜像曲线”对话框中单击“确定”按钮，得到的镜像结果如图 2-68 所示。

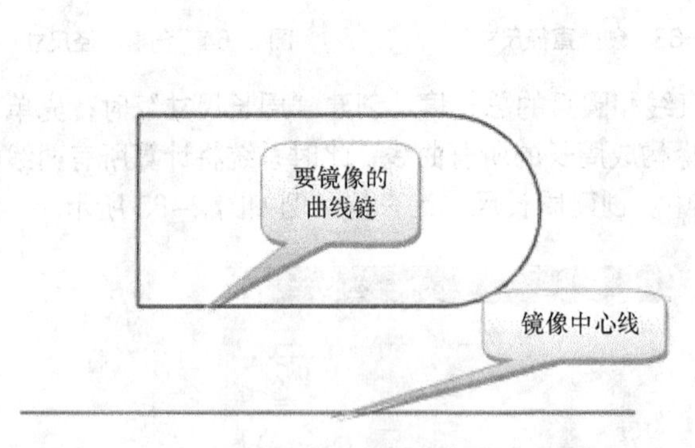

图 2-67 创建直线镜像中心线

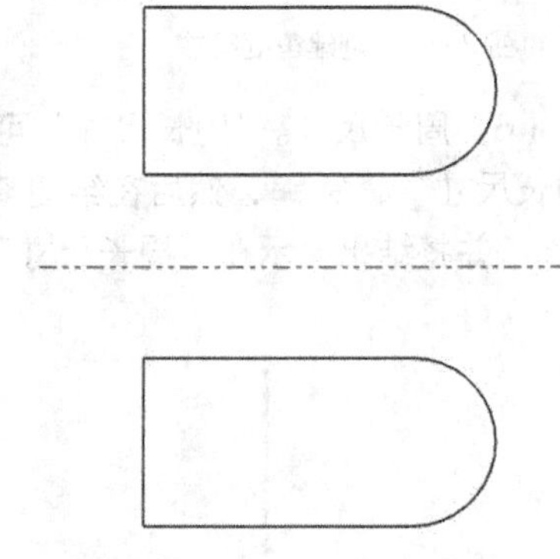
图 2-68 镜像曲线结果

2. 阵列曲线

“阵列曲线”命令可以实现草图平面上曲线链的圆形和线性的阵列，它位于菜单栏中的“插

入”|“来自曲线集的曲线”中以及“草图工具”工具栏中。以下将以实例的形式介绍“阵列曲线”命令的用法。

（1）线性阵列曲线。

① 单击“草图工具”工具栏中的“阵列曲线”按钮，系统弹出“阵列曲线”对话框。

② 选择绘图区中的圆作为要阵列的曲线链。

③ 在“阵列曲线”对话框中的“阵列定义”选项组的“布局”下拉列表框中选择“线性”选项。

④ 单击“方向 1”选项框中“选择线性对象（1）”按钮，在图形窗口中单击 *X* 轴定义线性对象的方向 1，接着从“间距”下拉列表框中选择“数量和节距”选项，设置数量为 4，节距为 600，如图 2-69 所示（注：如果当前的阵列方向与期望的方向相反，可通过“反向”按钮使阵列方向换向。“阵列曲线”对话框中的“间距”选项有“数量和节距”“数量和跨距”“节距和跨距”3 种，选择不同选项后所需的参数也不同）。

⑤ 在“方向 2”选项框中勾选“使用方向 2”复选框，接着在图形窗口中单击细黄色的 *Y* 轴定义线性对象的方向 2，设置数量为 3，节距为 400，如图 2-70 所示。

⑥ 在“阵列曲线”对话框中单击“应用”按钮或“确定”按钮，完成的阵列结果如图 2-71 所示。

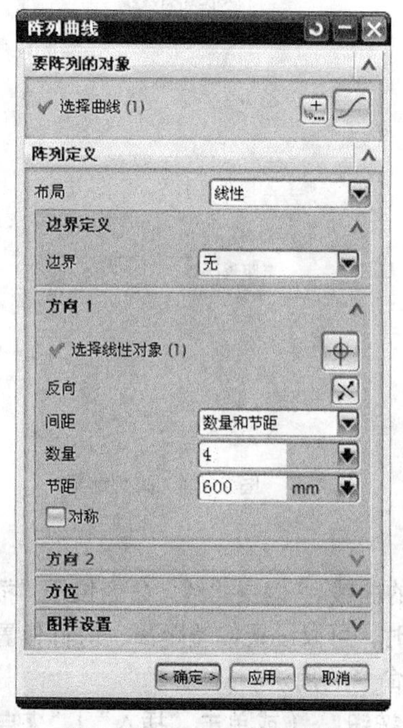

图 2-69 方向 1 参数的设置

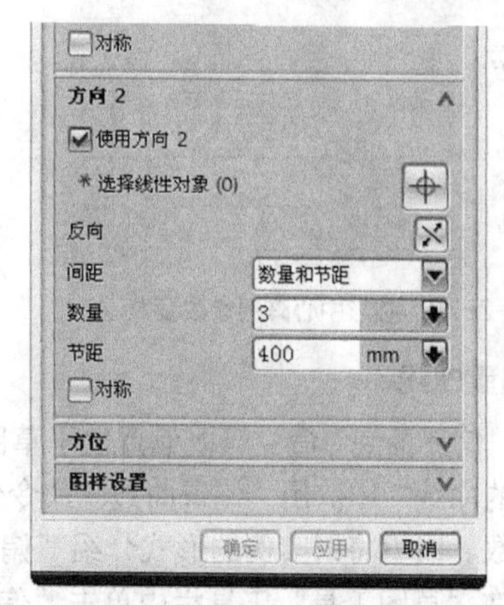

图 2-70 方向 2 参数的设置

（2）圆形阵列曲线。

① 单击“草图工具”工具栏中的“阵列曲线”按钮，系统弹出“阵列曲线”对话框。

② 选择绘图区中的圆作为要阵列的曲线链。

③ 在“阵列曲线”对话框中的“阵列定义”选项组的“布局”下拉列表框中选择“圆形”选项。

④ 单击“阵列定义”选项组中的“指定中心点（1）”按钮，选择绘图区中的点作为旋转中心，如图 2-72 所示。

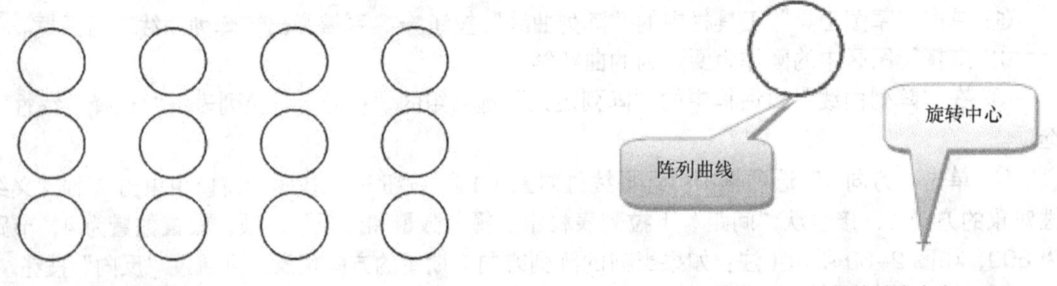

图 2-71 阵列结果　　　　图 2-72 选择旋转中心点

⑤ 设置“阵列定义”选项组中的角度方向参数。“间距”参数为“数量和节距”，“数量”参数为“6”，“节距角”参数为“60”，如图 2-73 所示。

⑥ 在“阵列曲线”对话框中单击“应用”按钮或“确定”按钮，完成的阵列结果如图 2-74 所示。

图 2-73 圆形中心阵列参数设置

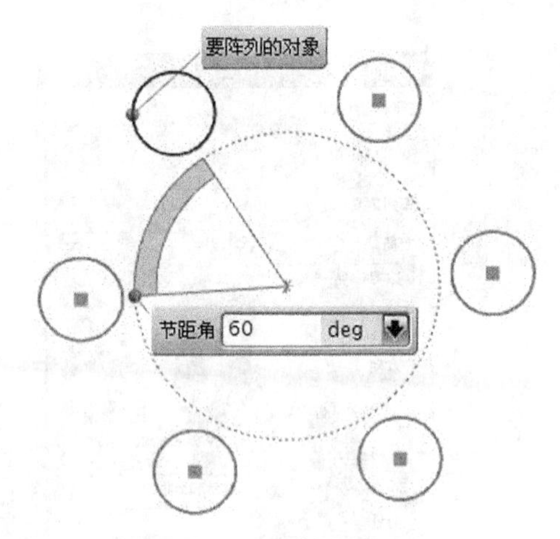

图 2-74 阵列结果

3. 偏置曲线

使用“偏置曲线”命令可以偏置位于草图平面中的曲线。“偏置曲线”命令位于“插入”|“来自曲线集的曲线”中。用“偏置曲线”命令偏置曲线时，可以设置偏置距离、对称偏置、偏置副本数等参数。以下将以实例的形式介绍“偏置曲线”命令的用法。

（1）在“草图工具”工具栏中单击“偏置曲线”按钮（或单击“插入”|“来自曲线集的曲线”|“偏置曲线”），系统弹出“偏置曲线”对话框，如图 2-75 所示。

（2）在绘图区中选择要偏置的草图曲线，如图 2-76 所示。

（3）在“偏置曲线”对话框的“偏置”选项组中设置“距离”为“100”，如图 2-77 所示，然后单击“确定”按钮，结果如图 2-78 所示。

（4）在“偏置曲线”对话框的“偏置”选项组中单击“反向”按钮，曲线偏置结果如图 2-79 所示；勾选“对称偏置”复选框后，曲线偏置结果如图 2-80 所示。

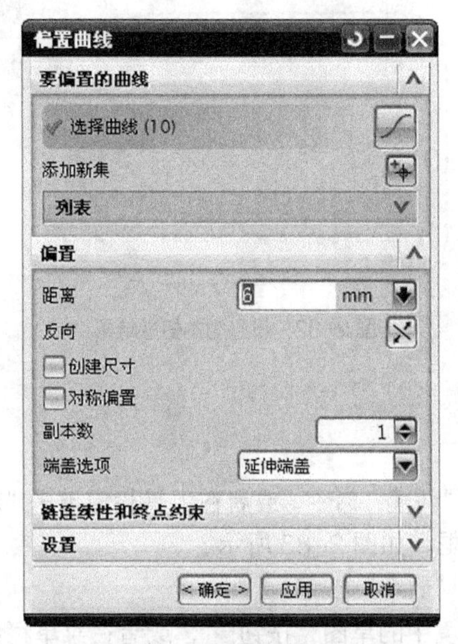

图 2-75　“偏置曲线”对话框

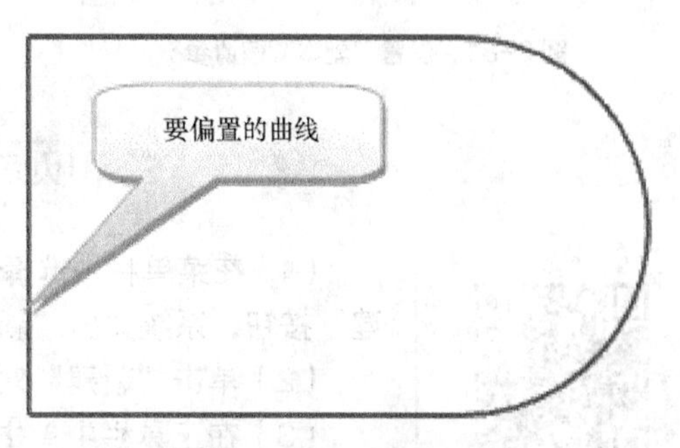

图 2-76　选择要偏置的曲线

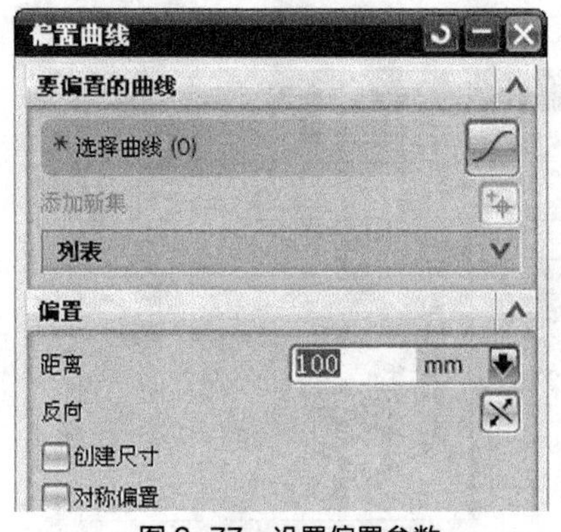

图 2-77　设置偏置参数

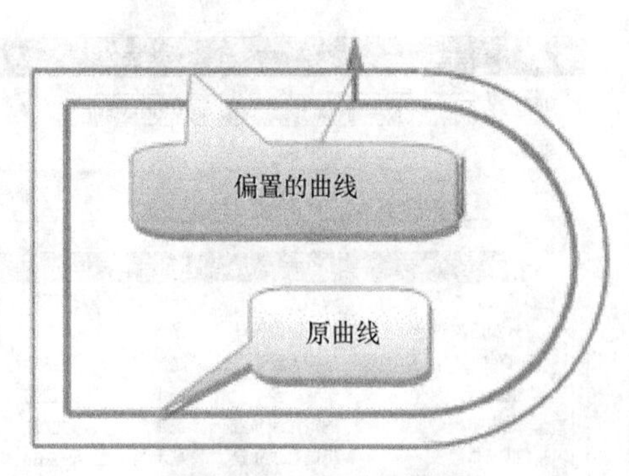

图 2-78　曲线偏置结果

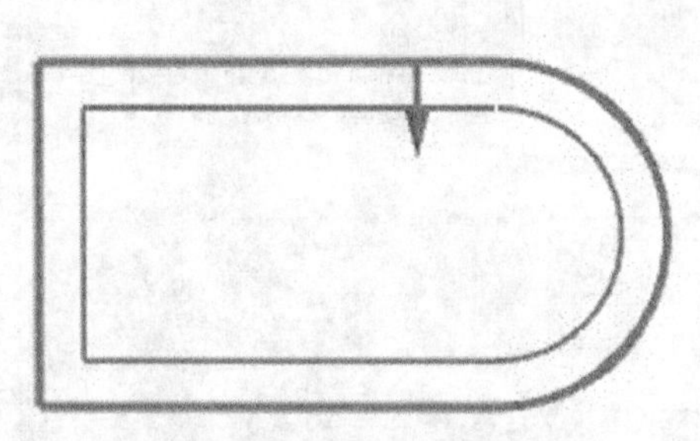

图 2-79　设置“反向”偏置结果

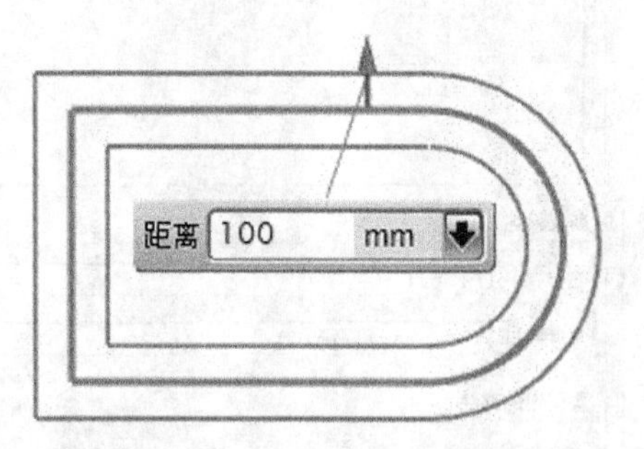

图 2-80　设置“对称”偏置结果

（5）在“偏置曲线”对话框的“偏置”选项组中设置副本数为 2，“端盖选项”为“圆弧帽形体”，如图 2-81 所示。偏置曲线后的效果如图 2-82 所示。

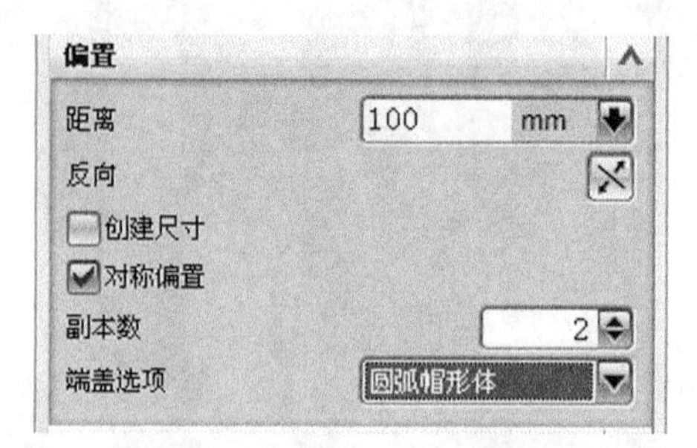

图 2-81　设置“副本”偏置参数

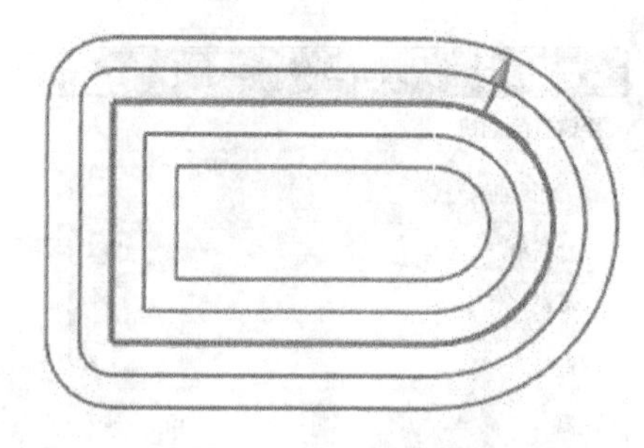

图 2-82　设置副本偏置结果

项目实施

视频：绘制零件草图

（1）在菜单栏中选择“文件”|“新建”命令，或者在工具栏中单击“新建”按钮，系统弹出“新建”对话框，如图 2-83 所示。

（2）单击“新建”对话框中的“确定”按钮。

（3）在工具栏中单击“任务环境中的草图”按钮，或者在菜单栏中选择“插入”|“任务环境中的草图”命令，打开“创建草图”对话框。

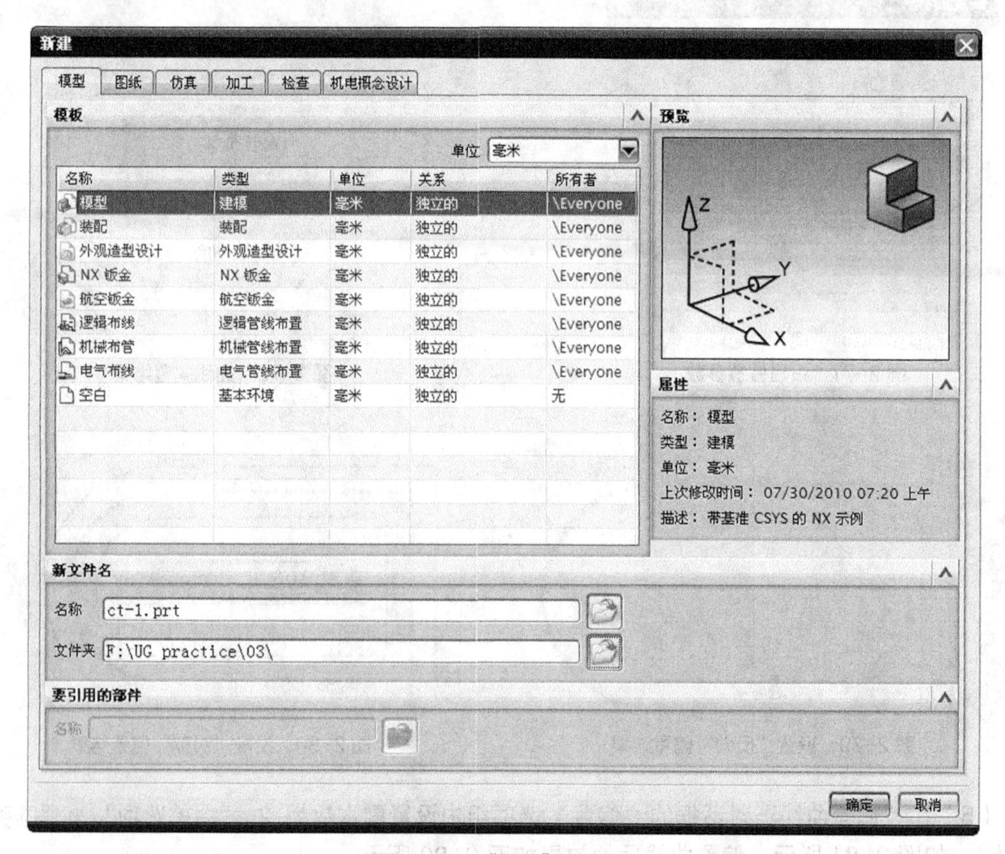

图 2-83　“新建”对话框

（4）在“创建草图”对话框中选择平面“类型”为“在平面上”，“平面方法”为“创建平面”，在“指定平面”下拉菜单中选择“XC-YC 坐标面”按钮，如图 2-84 所示。

（5）在“创建草图”对话框中单击“确定”按钮。此时，草图平面自动定向，如图 2-85 所示。

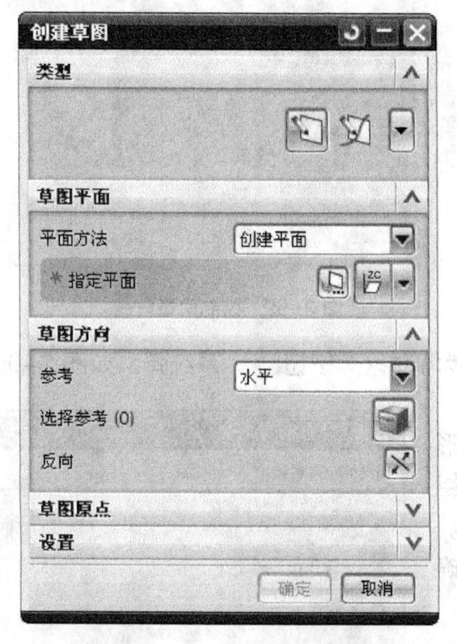

图 2-84　“创建草图”对话框

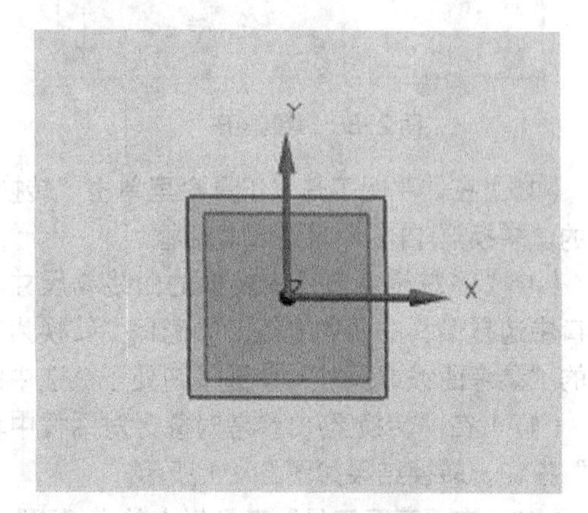

图 2-85　草图平面

（6）在“草图工具”工具栏中单击“连续自动标注尺寸”按钮，以取消连续自动标注尺寸功能。

（7）调出“草图工具”工具栏。单击“矩形”按钮，弹出“矩形”对话框。

（8）在“矩形”对话框中单击“从中心”按钮，如图 2-86 所示。

（9）选择坐标原点（即 XC=0，YC=0）作为矩形的中心。

（10）默认切换到“参数模式”，输入宽度为 100，如图 2-87 所示。

（11）输入宽度为 100，角度为 0，注意输入宽度值和角度值时，可按 Enter 键确定。

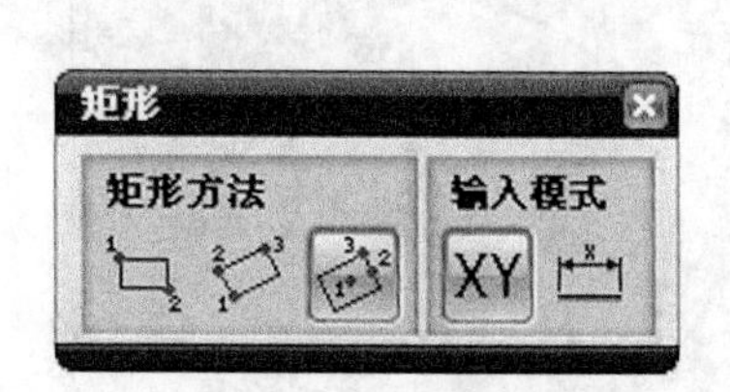

图 2-86　设置矩形方法

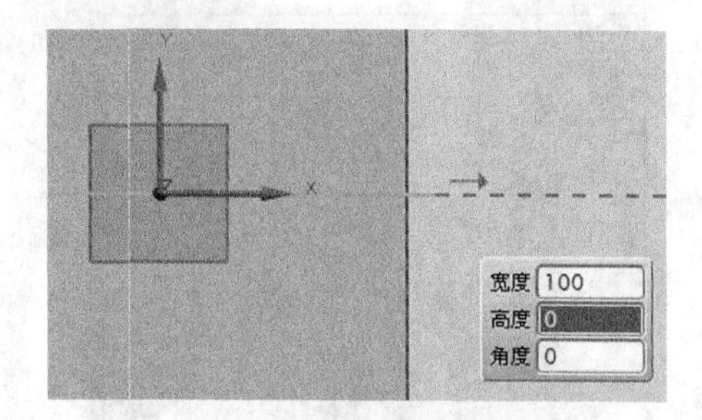

图 2-87　以参数模式指定矩形宽度

（12）在“矩形”对话框中单击“关闭”按钮，绘制的矩形如图 2-88 所示。

（13）在“草图工具”工具栏中单击“直线”按钮，弹出“直线”对话框。

（14）分别选择相应的两点来绘制两条直线，如图 2-89 所示。

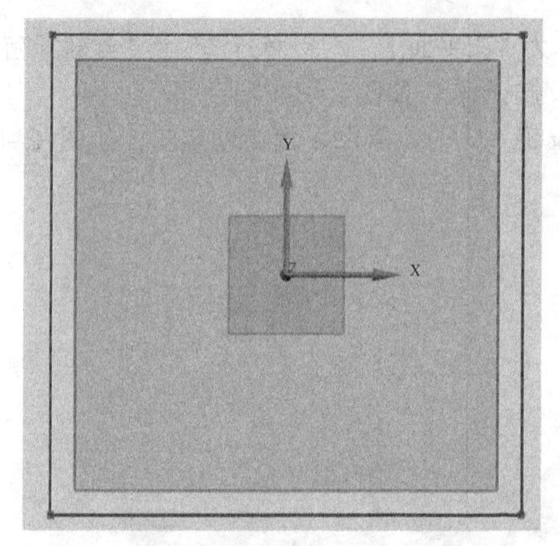

图 2-88　绘制矩形

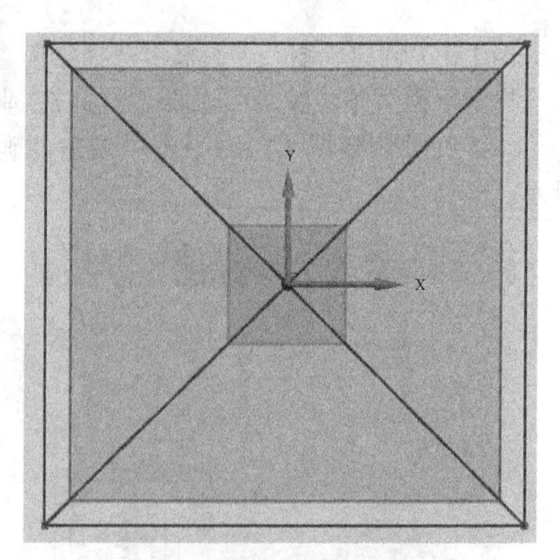

图 2-89　绘制两条直线

（15）在“草图工具”工具栏里单击“转换至/自参考对象”按钮，系统弹出如图 2-90 所示的“转换至/自参考对象”对话框。

（16）系统提示选择要转换的曲线或尺寸。在图形窗口中选择倾斜的两条直线，并确保“转换为”选项组中的“参考曲线或尺寸”单选按钮处于被选中的状态。

（17）在“转换至/自参考对象”对话框中单击“确定”按钮，转换结果如图 2-91 所示。

（18）在“草图工具”工具栏中单击“圆”按钮，打开“圆”对话框。

（19）在“圆方法”选项组中单击“圆心和直径定圆”按钮，在“输入模式”选项组中单击“坐标模式”按钮XY，指定两条参考线（构造线）的交点（即坐标原点）作为圆心。

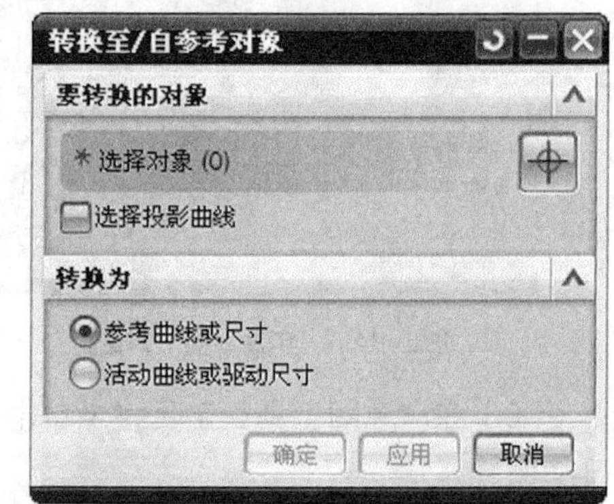

图 2-90　“转换至/自参考对象”对话框

（20）将“输入模式”切换为“参数模式”，输入该圆的直径为 65。完成第一个圆的绘制，效果如图 2-92 所示。

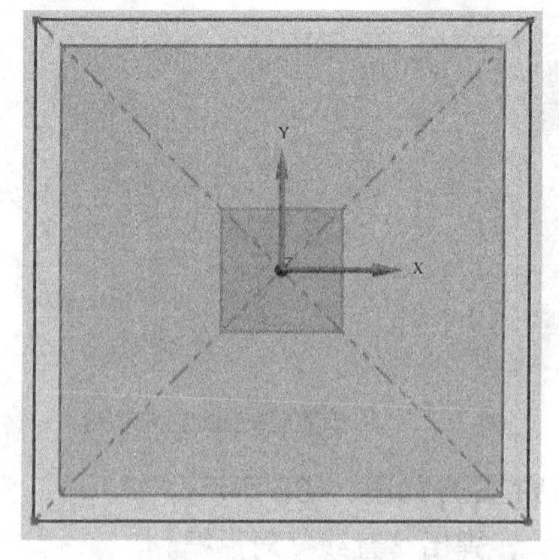

图 2-91　转换结果

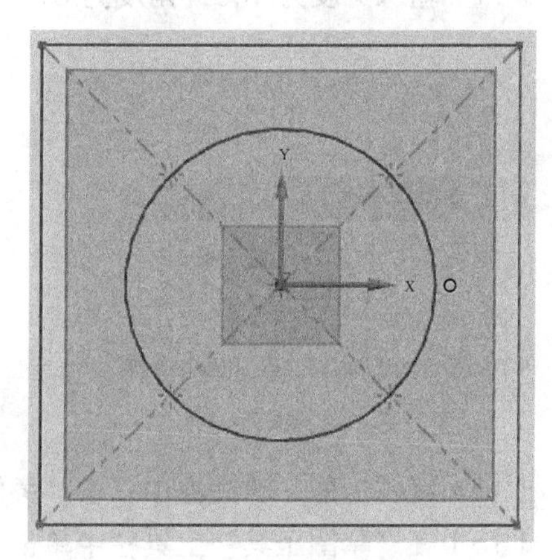

图 2-92　绘制第一个圆

(21) 在绘图区显示的“直径”框中输入新圆的直径为 16，按 Enter 键确定。

(22) 单击如图 2-93 所示的选择条中的“交点”图标。

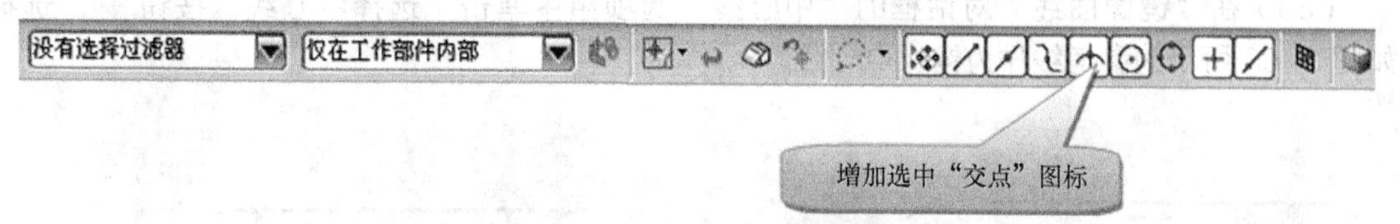

图 2-93 在选择条上设置选择过滤条件

(23) 分别捕捉相应的交点来绘制圆，一共绘制 4 个同样直径的小圆，如图 2-94 所示。

(24) 关闭“圆”对话框。

(25) 在“草图工具”工具栏中单击“圆角”按钮，接着在打开的“圆角”对话框中单击“修剪”按钮。

(26) 分别选择所需的直线段来创建圆角，一共创建 4 个圆角，且将这些圆角的半径均设置为 15mm，绘制这些圆角后的图形效果如图 2-95 所示。

(27) 在“草图工具”工具栏中单击“快速修剪”按钮，或者在菜单栏中选择“编辑”|“曲线”|“快速修剪”命令，系统弹出“快速修剪”对话框。

(28) 选择要修剪的曲线，将图形修剪成如图 2-96 所示的效果。

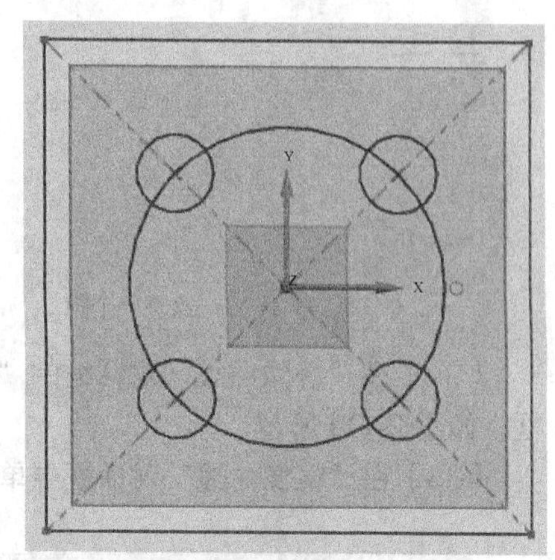

图 2-94 绘制 4 个小圆

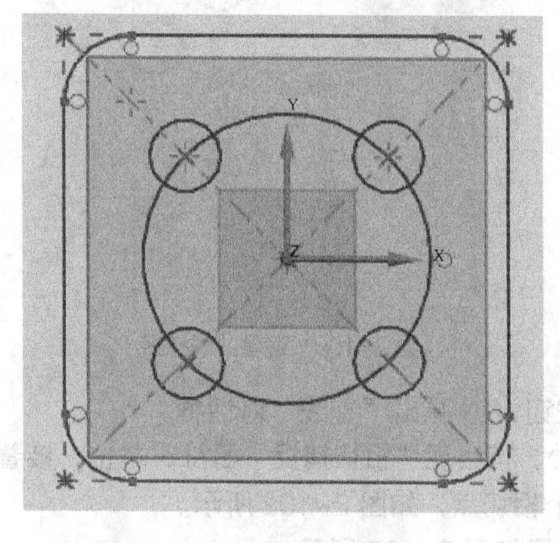

图 2-95 创建 4 个圆角

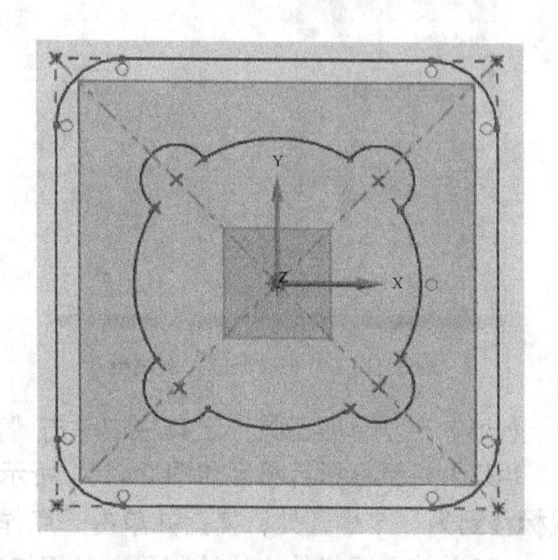

图 2-96 修剪图形

(29) 在“快速修剪”对话框中单击“关闭”按钮。

(30) 确保关闭“创建自动判断约束”功能。在“草图工具”工具栏中单击“圆”按钮，打开“圆”对话框，在如图 2-97 所示的大概位置处绘制一个小圆，将该小圆的直径设置为 6。

(31) 在“草图工具”工具栏中单击“镜像曲线”按钮，或者在菜单栏中选择“插入”|

"来自曲线集的曲线"|"镜像曲线"命令，弹出"镜像曲线"对话框。

（32）选择直径为 6 的小圆作为要镜像的曲线。

（33）在"镜像曲线"对话框的"中心线"选项组中单击"选择中心线"按钮，选择如图 2-98 所示的参考线作为镜像中心线。

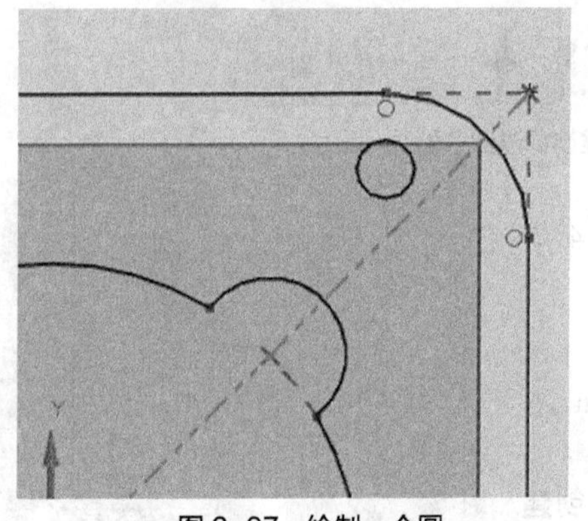

图 2-97　绘制一个圆

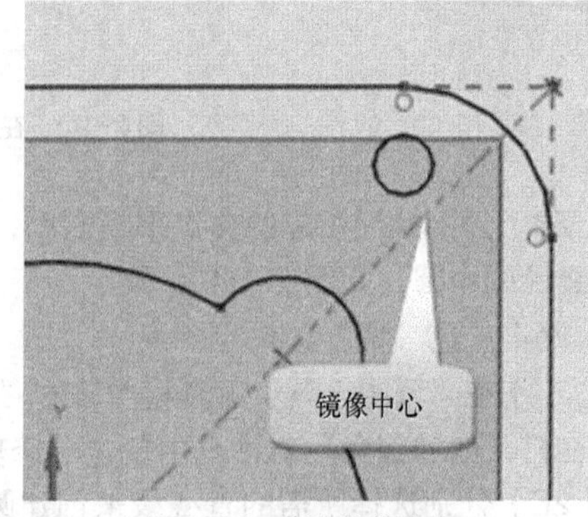

图 2-98　指定镜像中心

（34）在"镜像曲线"对话框的"设置"选项组中，取消勾选"转换要引用的中心线"复选框，如图 2-99 所示。

（35）在"镜像曲线"对话框中单击"确定"按钮，镜像结果如图 2-100 所示。

图 2-99　"镜像曲线"对话框

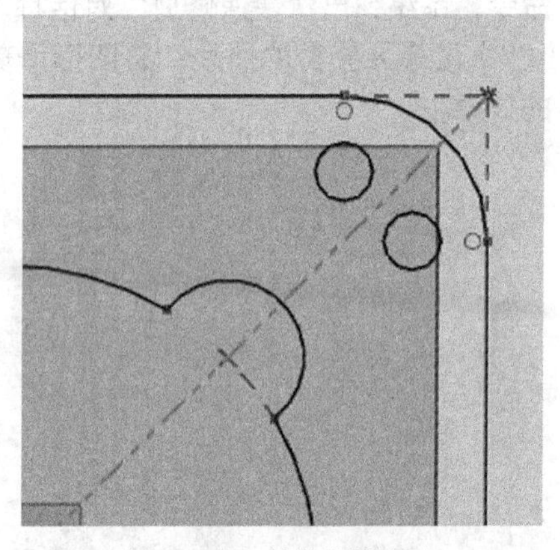

图 2-100　镜像曲线结果

（36）在"草图工具"工具栏中单击"直线"按钮，弹出"直线"对话框。

（37）将鼠标指针移至如图 2-101 所示的位置处，待出现"相切捕捉"图符时单击，接着将鼠标移到另一个小圆处，捕捉并单击一点作为另一个相切点，如图 2-102 所示。

（38）使用同样的方法绘制另一条相切直线，结果如图 2-103 所示。

（39）在"直线"对话框中单击"关闭"按钮。

（40）在"草图工具"工具栏中单击"快速修剪"按钮，或者在菜单栏中选择"编辑"|"曲线"|"快速修剪"命令，打开"快速修剪"对话框。

（41）单击要修剪的曲线，注意单击位置，快速修剪的结果如图 2-104 所示。

（42）在"快速修剪"对话框中单击"关闭"按钮。

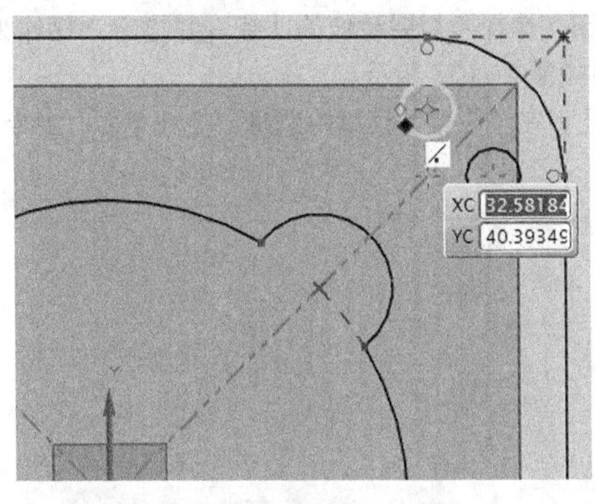

图 2-101　指定第一个切点

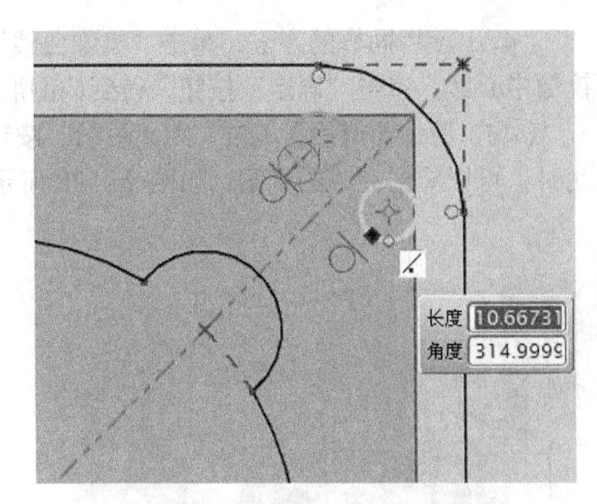

图 2-102　指定第二个相切点

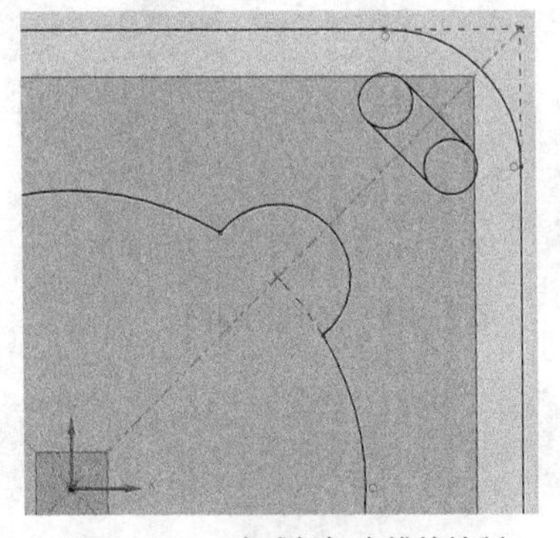

图 2-103　完成相切直线的绘制

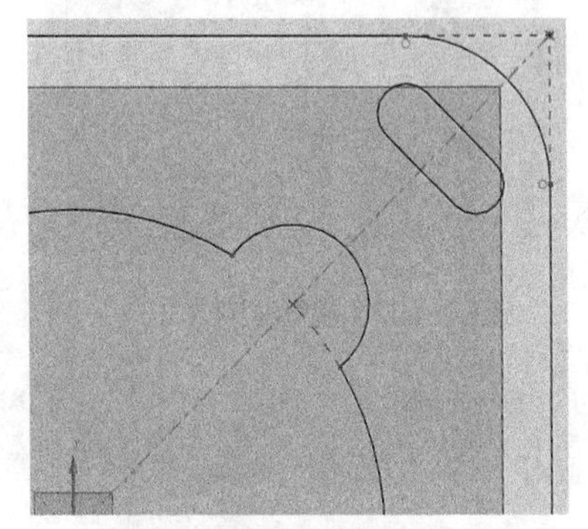

图 2-104　快速修剪结果

（43）在“草图工具”工具栏中单击“镜像曲线”按钮，或者在菜单栏中选择“插入”“来自曲线集的曲线”|“镜像曲线”命令，弹出“镜像曲线”对话框。

（44）选择要镜像的曲线，如图 2-105 所示，并在“设置”选项组中确保勾选“转换要引用的中心线”复选框。

（45）在“中心线”选项组中单击“选择中心线”按钮，在图形窗口中单击坐标系的 X 轴作为镜像中心线。

（46）在“镜像曲线”对话框中单击“确定”按钮，镜像结果如图 2-106 所示。

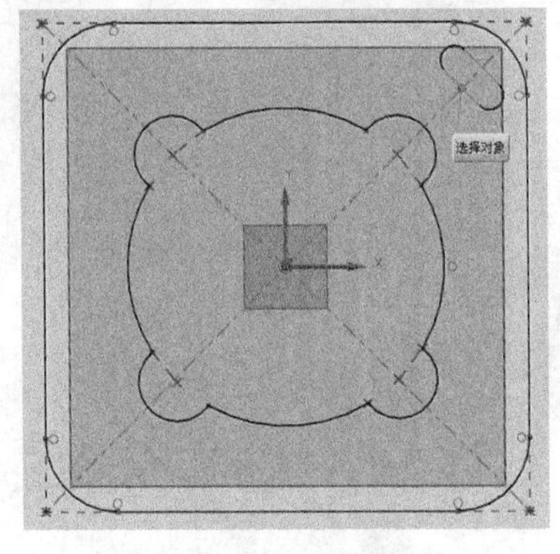

图 2-105　镜像曲线

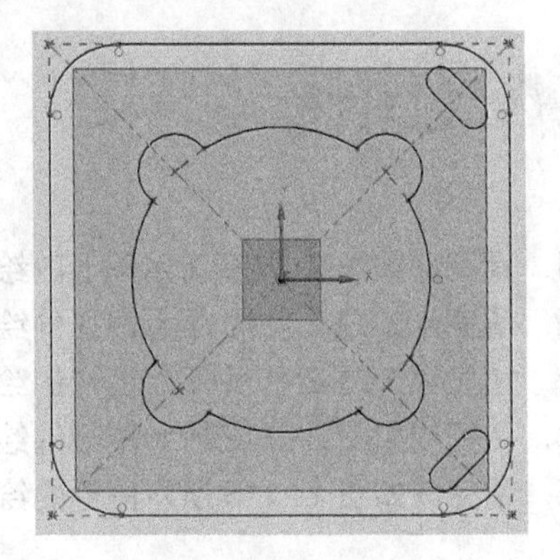

图 2-106　镜像结果（一）

（47）使用同样的方法，单击“镜像曲线”按钮，选择所需要镜像的曲线，并指定 *Y* 轴作为镜像中心线，单击“确定”按钮，得到的图形效果如图 2-107 所示。

（48）检查图形后，单击“完成草图”按钮，或者在“任务”菜单中选择“完成草图”命令。此时，可以看到完成的草图，如图 2-108 所示。

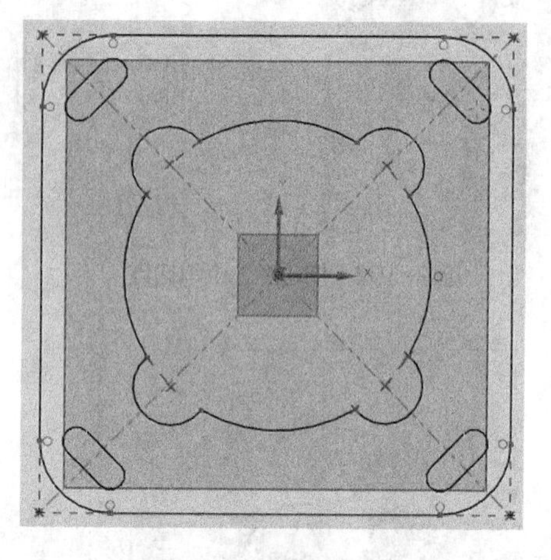

图 2-107 镜像结果（二）

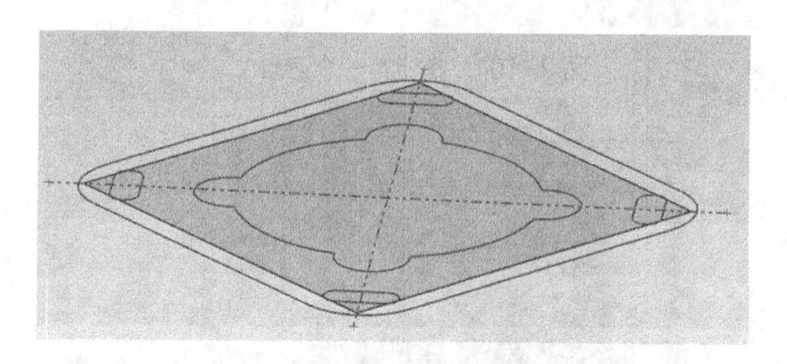

图 2-108 完成的草图

归纳总结

草图在 UG 软件中具有重要的作用，它是实体和曲面建模的基础，UG NX 8.0 为用户提供了强大而实用的草图绘制功能，在草图绘制过程中，可以对草图曲线进行几何约束和尺寸约束，从而精确地确定草图的形状和相互位置，满足用户的设计要求。

通过本项目学习，用户掌握了草图工作界面及草图环境预置、草图绘制的基本工具（包括点、直线、轮廓、圆、圆弧等基本草图工具）、几何图素的编辑（包括派生直线、快速修剪、快速延伸）、草图约束（包括几何约束、尺寸约束）、草图编辑操作（包括镜像曲线、阵列曲线、偏置曲线）等内容，培养了用户运用草图设计功能进行草图设计工作的能力。在学习过程中，要注意草图约束内容等重点、难点的理解与掌握。

课后训练

1. 请完成如图 2-109 所示图形的绘制。
2. 请完成如图 2-110 所示图形的绘制。
3. 请完成如图 2-111 所示图形的绘制。
4. 请完成如图 2-112 所示图形的绘制。
5. 请完成如图 2-113 所示图形的绘制。

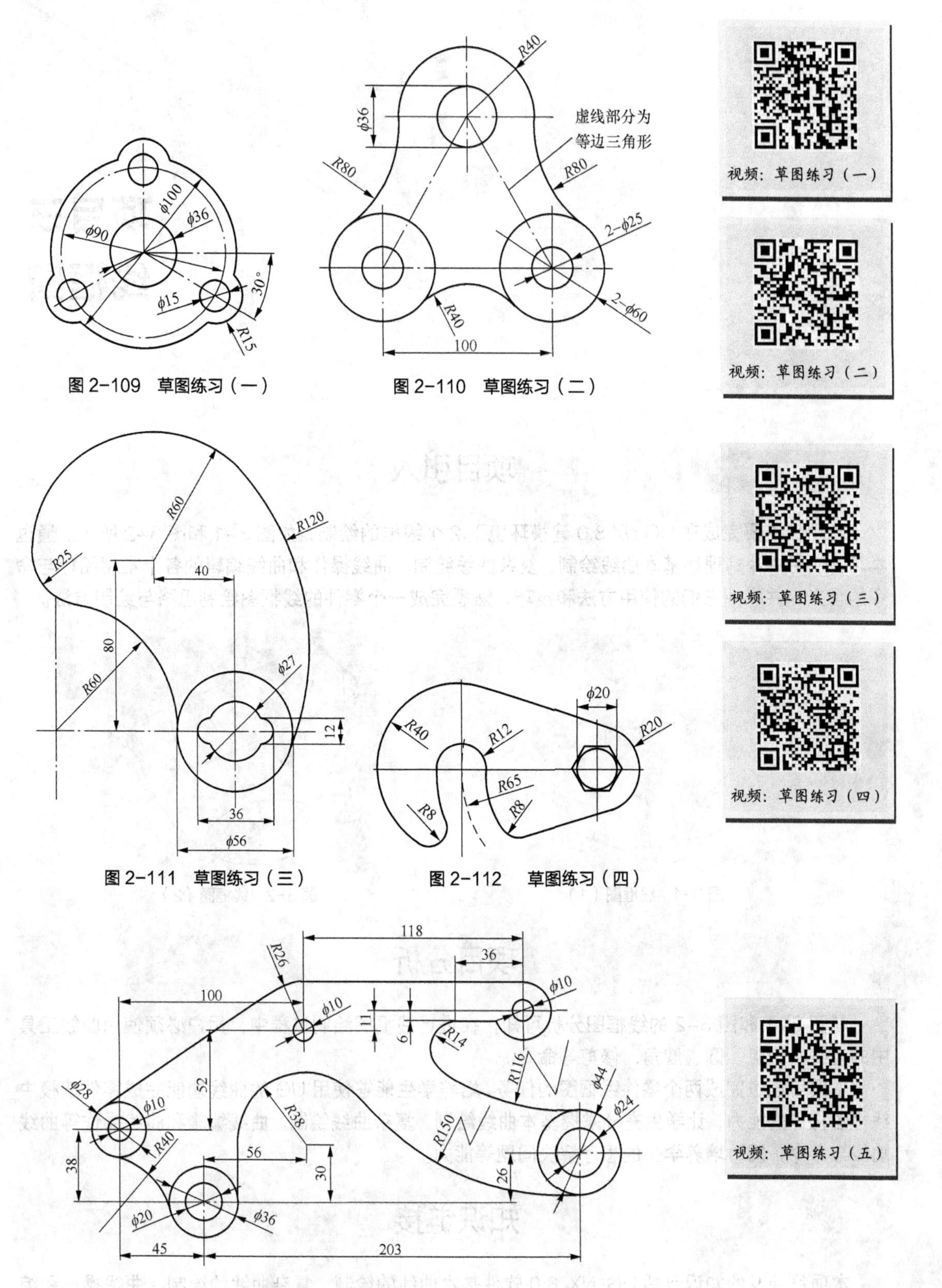

图 2-109　草图练习（一）

图 2-110　草图练习（二）

图 2-111　草图练习（三）

图 2-112　草图练习（四）

图 2-113　草图练习（五）

Item

3

项目三 线框图

项目引入

本项目主要完成在 UG NX 8.0 建模环境下 2 个线框的绘制，如图 3-1 和图 3-2 所示。通过学习，使用户深刻理解基本曲线绘制、复杂曲线绘制、曲线操作和曲线编辑的各个常用图标与命令的含义，并掌握它们的使用方法和技巧，熟悉完成一个零件的线框图绘制思路与绘制方法。

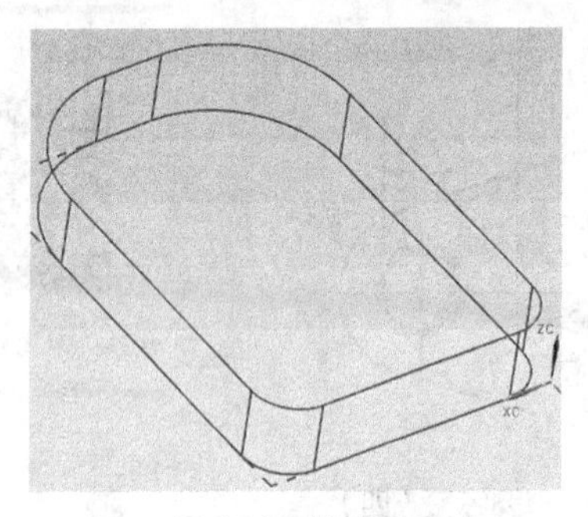

图 3-1　线框图（1）

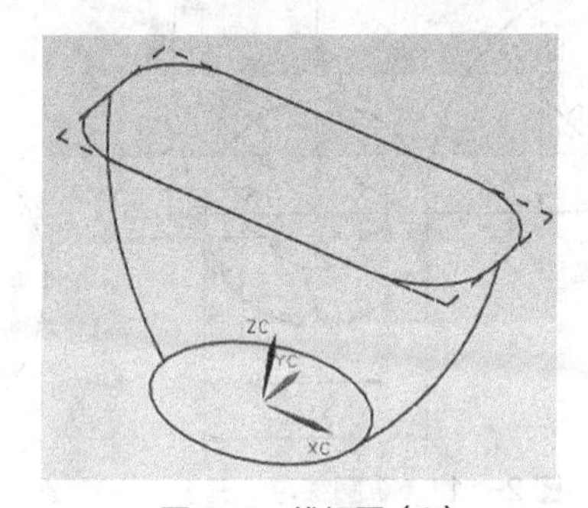

图 3-2　线框图（2）

项目分析

从图 3-1 和图 3-2 的线框图分析可知，在进行线框图绘制过程中，用户必须使用曲线工具中的直线、圆弧、圆、圆角、修剪等命令。

本项目通过完成两个零件线框图的任务，培养学生能够使用 UG 的曲线功能完成零件建模中线框图构建的能力，让学生充分掌握基本曲线绘制、复杂曲线绘制、曲线编辑和曲线操作等曲线功能与命令，同时培养学生的思考解决问题等能力。

知识链接

本项目涉及的知识包括 UG NX 8.0 软件基本曲线的绘制、复杂曲线的绘制、曲线操作和编辑曲线等操作，知识重点是基本曲线的绘制、曲线操作和编辑曲线功能的掌握，知识难点是曲线操作和编辑曲线。下面将详细介绍这些知识。

一、基本曲线的绘制

基本曲线是非参数化建模中最常用的工具，它作为一种基本的构造图元，可以创建实体特征和曲面的截面，还可以用作建模的辅助参照来帮助准确定位或定形操作。具体包括直线、圆、圆弧和基本曲线等功能。

1. 直线

"直线"命令／位于"曲线"工具栏中，使用"直线"命令／可以创建空间三维直线特征。在"曲线"工具栏中单击"直线"按钮／，将弹出"直线"对话框，如图 3-3 所示。绘制直线时，需通过"直线"对话框中的"起点选项"或"终点选项"分别设置直线的起点和终点。直线起点和终点的设置方式包括"自动判断""点"和"相切"3 种，如图 3-3 所示。其中，"自动判断"方式是根据光标所在的位置，系统自动判断拾取直线的起点或终点；"点"方式是使用点构造器指定直线的起点或终点；"相切"方式是选择圆弧或圆，将绘制圆弧或圆的相切线。

下面将以一个实例来介绍通过"直线"命令创建直线的步骤。

（1）在 NX 设计环境空间中，单击"曲线"工具栏中的"直线"按钮／，系统弹出如图 3-3 所示的"直线"对话框。

（2）单击"起点"选项组中的"选择对象"选项，接着选择相应的参照来定义起点。

（3）单击"终点或方向"选项组中的"选择对象"选项，接着选择相应的参照来定义起点。在"支持平面"选项组中设定平面选项，平面选项包括"自动平面""锁定平面"或"选择平面"。

（4）单击"直线"对话框中的"应用"按钮或"确定"按钮，从而完成在空间中创建一条直线，如图 3-4 所示。

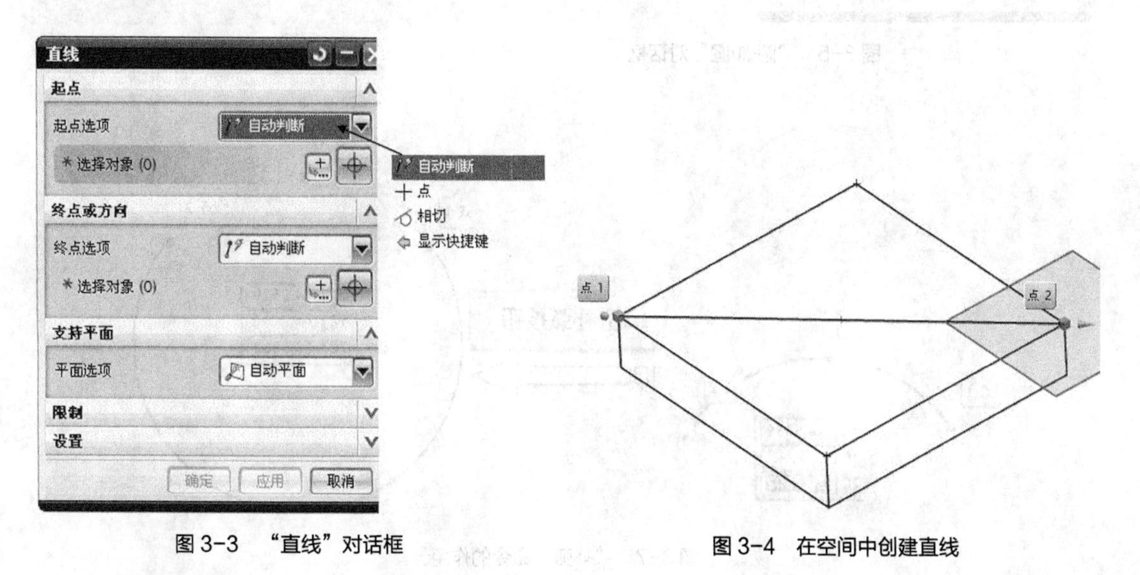

图 3-3 "直线"对话框　　　　图 3-4 在空间中创建直线

2. 圆弧和圆

"圆弧/圆"命令位于"曲线"工具栏中，单击"圆弧/圆"命令，系统将弹出"圆弧/圆"

对话框，如图 3-5 所示。在“类型”选项组中可以选择“三点画圆弧”类型选项或“从中心开始的圆弧/圆”类型选项。

当选择“三点画圆弧”类型选项时，需要指定 3 个点绘制圆弧或圆，如起点、终点和中间点。圆弧的中间点，可通过捕捉已存在的点，或使圆弧与某元素相切来确定。如需绘制圆弧，可在“限制”卷展栏（见图 3-6）中通过“起始限制”和“终止限制”两个选项设置圆弧的起始位置和终止位置；如需绘制圆，则勾选“整圆”复选框后可得到整圆。“限制”卷展栏中有个“补弧”选项，其作用如图 3-7 所示。

图 3-5 “圆弧/圆”对话框

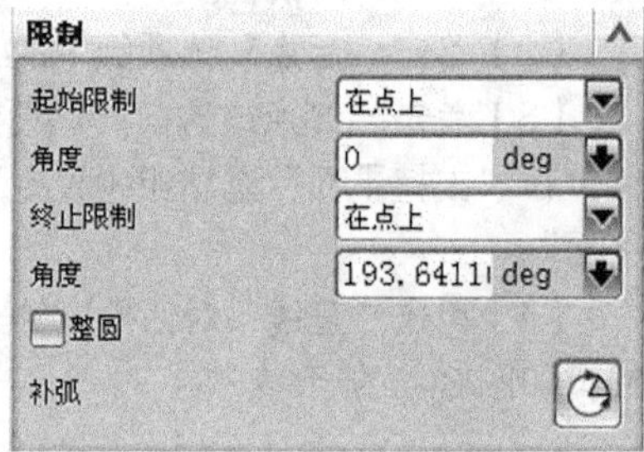

图 3-6 “限制”卷展栏

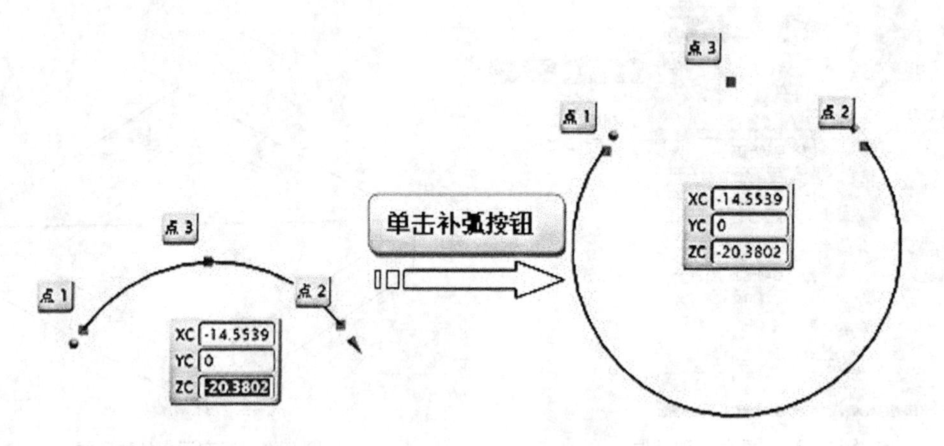

图 3-7 “补弧”命令的作用

当选择“从中心开始的圆弧/圆”类型选项时，需要先指定中心点，接着指定通过点或半径，然后设定限制条件等。

3. “直线和圆弧”命令集

“直线和圆弧”命令集如图 3-8 所示，其对应的工具按钮位于如图 3-9 所示的“直线和圆弧”工具栏中。如果设计界面没有显示“直线和圆弧”工具栏，那么需要由用户设置并将它调出来。

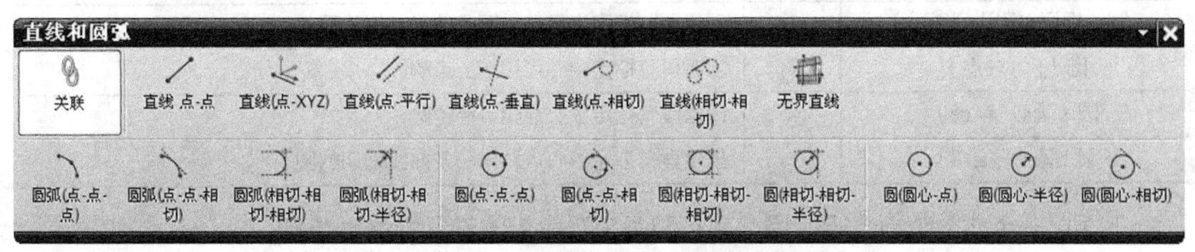

图 3-8　“直线和圆弧”工具栏

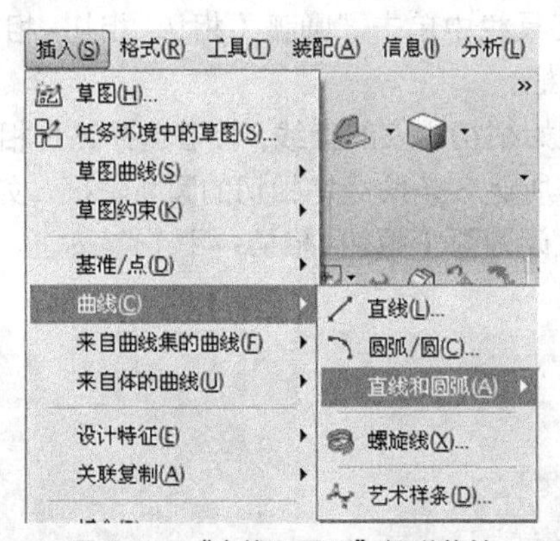

图 3-9　“直线和圆弧”级联菜单

“直线和圆弧”命令集中各命令的意义如表 3-1 所示。

表 3-1　“直线和圆弧”命令集功能

命令	按钮	功能
关联		此为复选按钮，用以控制活动的直线或圆弧命令是否创建关联特征
直线（点-点）		创建两点之间的直线
直线（点-XYZ）		创建从一点出发并沿 *XC*，*YC* 或 *ZC* 方向的直线
直线（点-平行）		创建从一点出发并平行于另一条直线的直线
直线（点-垂直）		创建从一点出发并垂直于另一条直线的直线
直线（点-相切）		创建从一点出发并与一条曲线相切的直线
直线（相切-相切）		创建与两条曲线相切的直线
无界直线		为复选按钮，确定活动的直线命令是否创建延伸至图形窗口边界的直线
圆弧（点-点-点）		创建从起点至终点并通过一个中间点的圆弧
圆弧（点-点-相切）		创建从起点至终点并与一条曲线相切的圆弧
圆弧（相切-相切-相切）		创建与其他 3 条曲线相切的圆弧
圆弧（相切-相切-半径）		创建与其他两条曲线相切并具有指定半径的圆弧
圆（点-点-点）		创建通过 3 点的圆

续表

命令	按钮	功能
圆（点-点-相切）		创建通过两点并与一条曲线相切的圆
圆（相切-相切-相切）		创建与其他 3 条曲线相切的圆
圆（相切-相切-半径）		创建具有指定半径并与两条曲线相切的圆
圆（圆心-点）		创建具有指定中心点和圆上点的圆
圆（圆心-半径）		创建具有指定中心点和半径的圆
圆（圆心-相切）		创建具有指定中心点并与一条曲线相切的圆

下面以一个典型范例介绍使用“直线和圆弧”命令集工具的操作步骤。

（1）在“插入”|“曲线”|“直线和圆弧”级联菜单中选择“圆弧（相切-相切-相切）”命令，或者在“直线和圆弧”工具栏中单击“圆弧（相切-相切-相切）”按钮，系统弹出“圆弧（相切-相切-相切）”对话框。

（2）在模型窗口中选择起始相切约束的直线，接着选择终止相切约束的直线，然后选择中间相切约束的直线，从而创建与所选 3 条曲线均相切的圆弧特征，如图 3-10 所示。

（3）在对话框中单击“关闭圆弧（相切-相切-相切）”按钮。

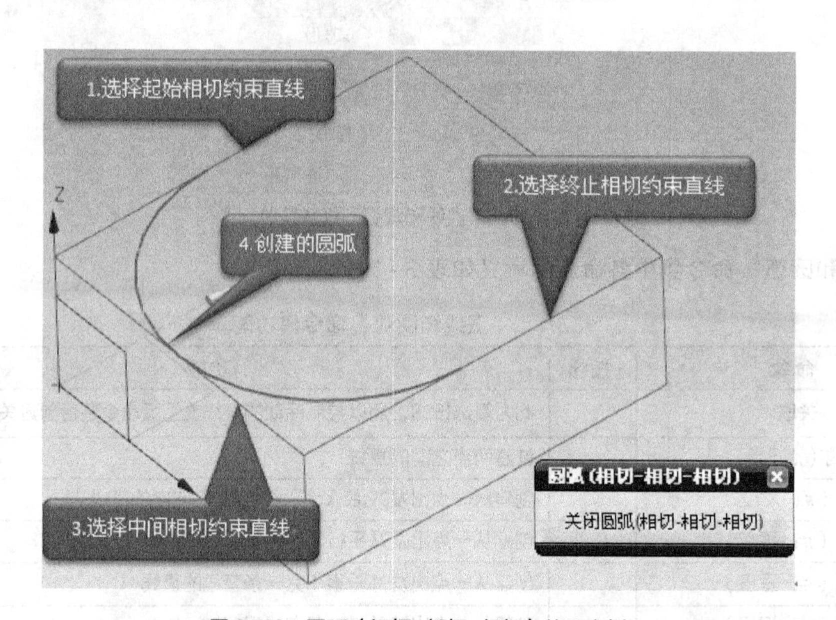

图 3-10 圆弧（相切-相切-相切）使用实例

4. 文字

使用“文本”命令可以通过指定的字体产生作为字符轮廓的线条和样条，创建的文本作为设计元素。在“曲线”工具栏中单击“文本”按钮，将弹出“文本”对话框，如图 3-11 所示。可以在“文本”对话框的“文本属性”卷展栏中输入文字，选择字体、样式属性，如图 3-11 所示。在“文本框”卷展栏中可以设置锚点放置、指定文本的尺寸等，如图 3-12 所示。

在“文本”对话框的“类型”卷展栏中，可以选择“平面的”“曲线上”和“面上”3 种类型放置文本，如图 3-13 所示。

图 3-11 “文本”对话框

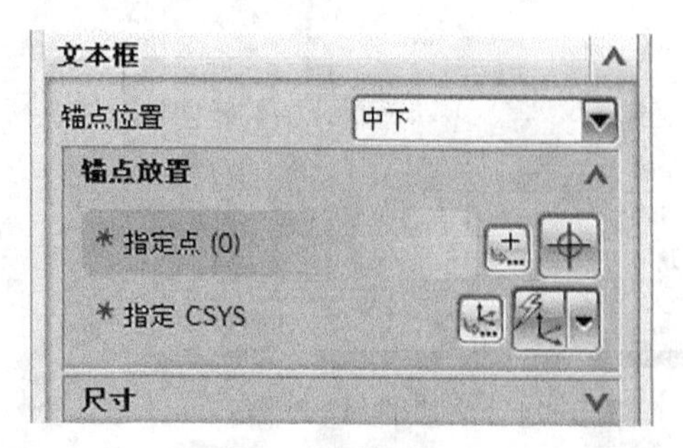

图 3-12 指定文本位置

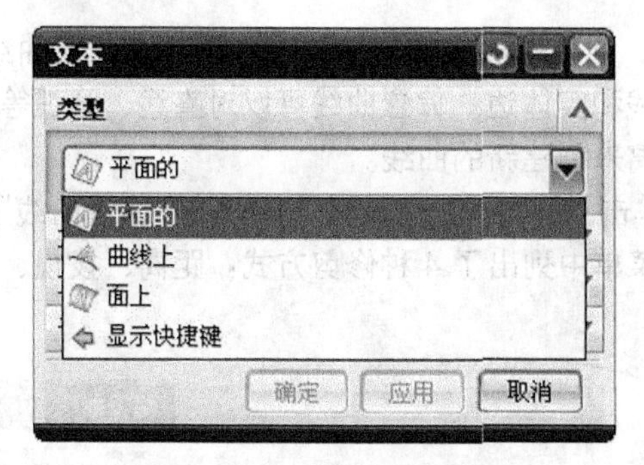

图 3-13 选择文本放置类型

二、曲线操作

曲线操作包括投影曲线、偏置曲线、桥接曲线、连结曲线、镜像曲线、相交曲线和抽取曲线等编辑操作方式。

1. 投影曲线

“投影曲线”命令的作用是将曲线、边或点投影至选定的面或平面上。如果投影曲线与面上的边缘相交，则投影曲线会被面上的孔和边缘所裁剪。进行曲线投影时，投影方向可以沿面的法向、沿矢量、与矢量成角度等进行。以下将以实例方式介绍“投影曲线”的操作步骤。

（1）在“曲线”工具栏中单击“投影曲线”按钮，系统弹出“投影曲线”对话框，如图 3-14 所示。

（2）在绘图窗口中选择圆弧为要投影的曲线，如图 3-15 所示。

（3）在“投影曲线”对话框“要投影的对象”选项组中单击“选择对象”按钮，在绘图窗口中选择投影面，如图 3-15 所示。

（4）在“投影曲线”对话框中设置投影方向为“沿面的法向”，单击“确定”按钮，创建的投影曲线效果如图 3-16 所示。

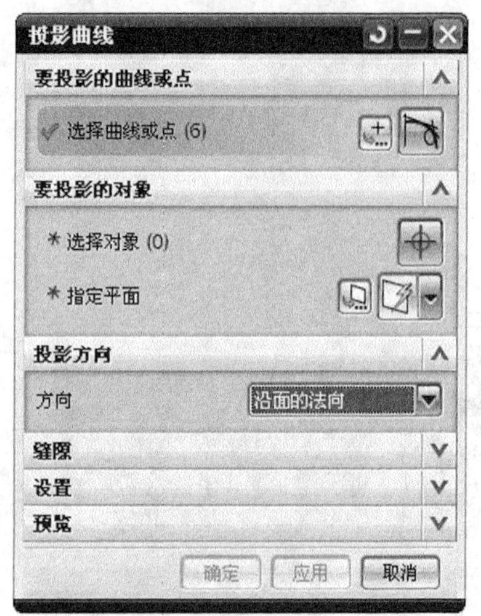

图 3-14 “投影曲线”对话框

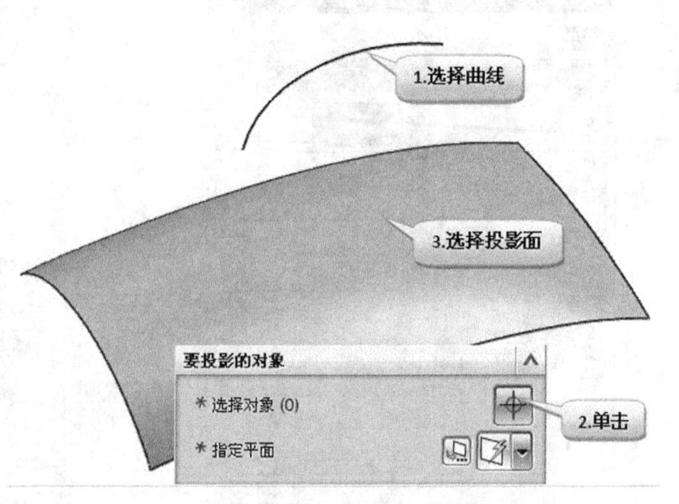

图 3-15 “投影曲线”操作步骤

2. 偏置曲线

偏置曲线是指对直线、圆弧等曲线进行偏移操作而生成的新曲线。偏置曲线的偏置对象包括共面或共空间的各类曲线和实体边。偏置曲线可以对直线、圆弧等特征按照特征原有的方向，向内或向外偏置指定的距离来创建新的曲线。

在“曲线”工具栏中单击“偏置曲线”按钮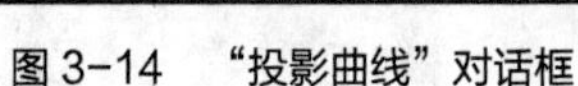，弹出“偏置曲线”对话框，如图 3-17 所示。在该话框中“类型”下拉菜单中列出了 4 种修剪方式：距离、拔模、规律控制和 3D 轴向。

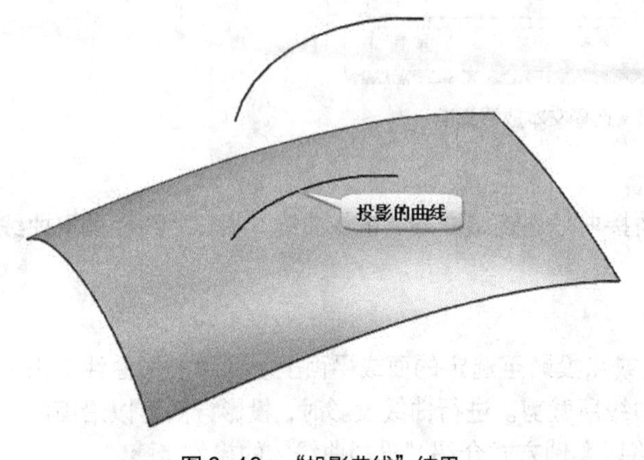

图 3-16 “投影曲线”结果

图 3-17 “偏置曲线”对话框

（1）距离。该方式是通过设定曲线偏置距离和偏置数量来偏置曲线。选择该方式后，先选择要偏置的曲线，然后在“偏置曲线”对话框中的“偏置”选项组中设置“距离”和“副本数”，并单击“确定”按钮，效果如图 3-18 所示。

（2）拔模。利用该方式对曲线进行偏置时，曲线按照指定的偏置角度偏置于一个平面上，该平面与曲线所在平面的距离为设定的偏置高度。偏置角度为偏移方向与原曲线所在平面的法线的夹角。操作时，先在“类型”下拉菜单中选择“拔模”方式，然后在“偏置”选项组的“高度”和“角度”文本框中分别输入拔模高度和拔模角度，最后再设置好其他参数即可，如图 3-19 所示。

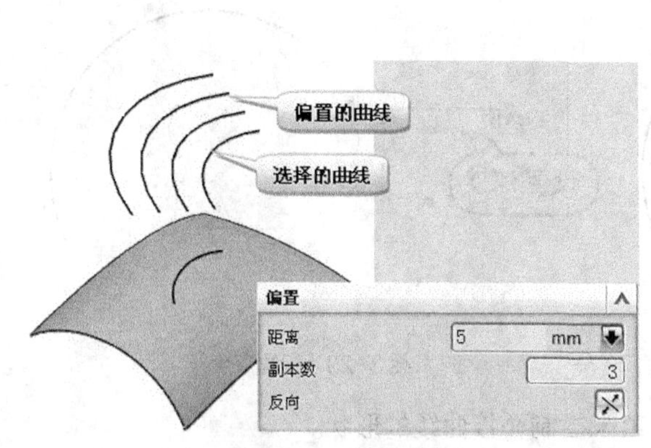

图 3-18 利用距离偏置曲线

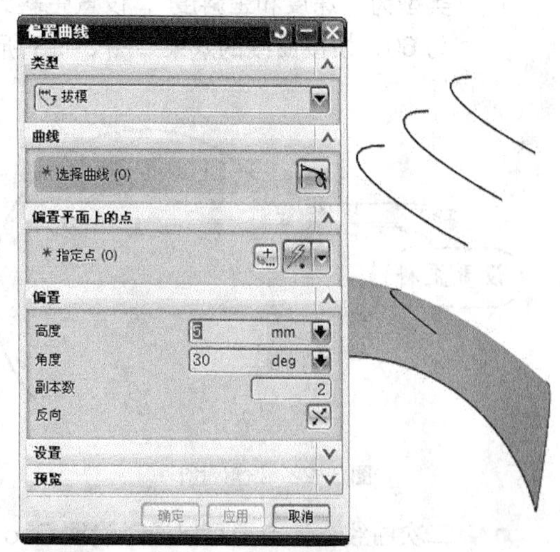

图 3-19 利用拔模偏置曲线

3. 桥接曲线

使用“桥接”命令可以创建使两条曲线连接的相切圆角曲线。单击“曲线”工具栏中的“桥接曲线”按钮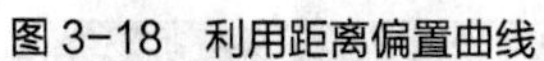，系统弹出“桥接曲线”对话框，如图 3-20 所示。在“桥接曲线”对话框的“形状控制”卷展栏中，可以设置 4 种形状控制方式，如图 3-21 所示。

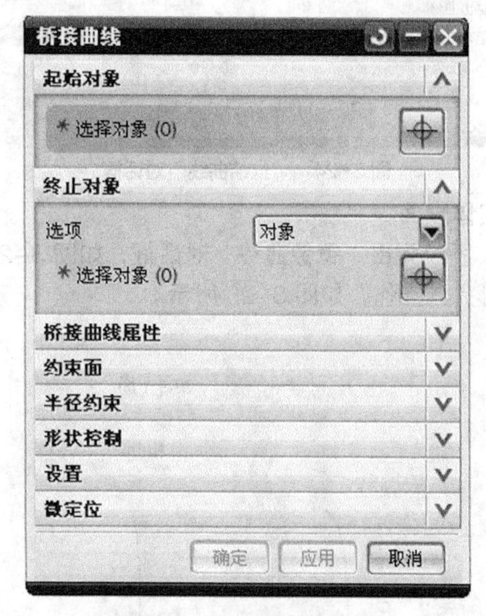

图 3-20 “桥接曲线”对话框

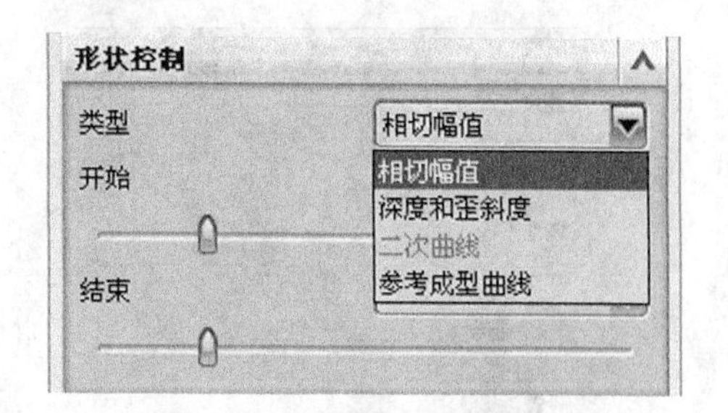

图 3-21 “形状控制”卷展栏

- 相切幅值：该方式通过改变桥接曲线与第一条曲线和第二条曲线连接点的相切幅值来控制桥接曲线的形状。

- 深度和歪斜度：在切线连续方式下选择该方式时，可以通过改变桥接曲线的桥接深度值和歪斜值来控制桥接曲线的形状。在“桥接曲线”对话框的“形状控制”卷展栏中设置类型为“深度和歪斜度”，设置歪斜为 50，桥接曲线的效果如图 3-22 所示。设置深度为 60，桥接曲线的效果如图 3-23 所示。

图 3-22　设置歪斜　　　　图 3-23　设置深度

- 二次曲线：该方式可以通过设置 Rho 值来控制桥接曲线的形状。
- 参考成型曲线：该方式通过选择一条成型的曲线作为桥接曲线。

4. 连结曲线

“连结”曲线命令用于将曲线链连接在一起以创建一些单条曲线，单击“插入”|“来自曲线集的曲线”|“连结”命令，系统弹出“连结曲线”对话框，如图 3-24 所示。

图 3-24　“连结曲线”对话框

5. 镜像曲线

“镜像曲线”命令的作用是对曲线进行镜像操作。可镜像的曲线包括任何封闭或非封闭的曲线，镜像的参考平面可以是基准平面、平面或者是实体表面。

单击“曲线”工具栏中的“镜像曲线”按钮，系统弹出“镜像曲线”对话框，如图 3-25 所示。然后选取要镜像的曲线，并选择基准平面即可完成操作，如图 3-26 所示。

图 3-25　“镜像曲线”对话框

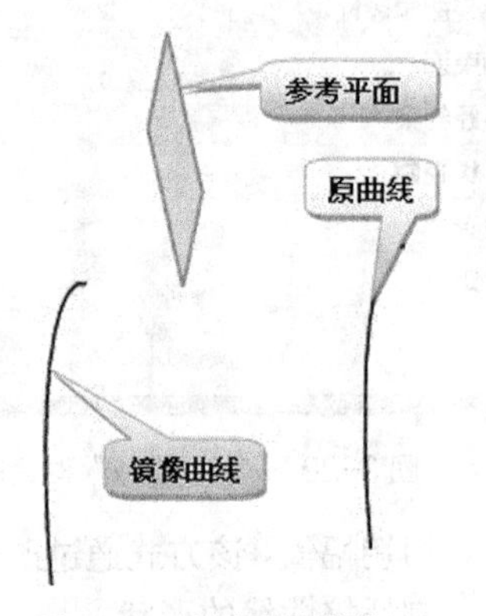

图 3-26　创建镜像曲线

6. 相交曲线

使用“相交曲线”命令可以创建两组面之间的相交曲线。可以选择实体或片体的面创建相交曲线，也可以使用平面工具指定平面来创建相交曲线。

（1）在“曲线”工具栏中单击“相交曲线”按钮，系统将弹出“相交曲线”对话框，该对话框提示选择第一组面，如图 3-27 所示。

（2）在绘图窗口中选择要创建相交曲线的第一组面。

（3）在“相交曲线”对话框的“第二组”卷展栏中单击“选择面”按钮，在绘图窗口中选择第二组面。

（4）在“相交曲线”对话框中单击“确定”按钮，创建的相交曲线如图 3-28 所示。

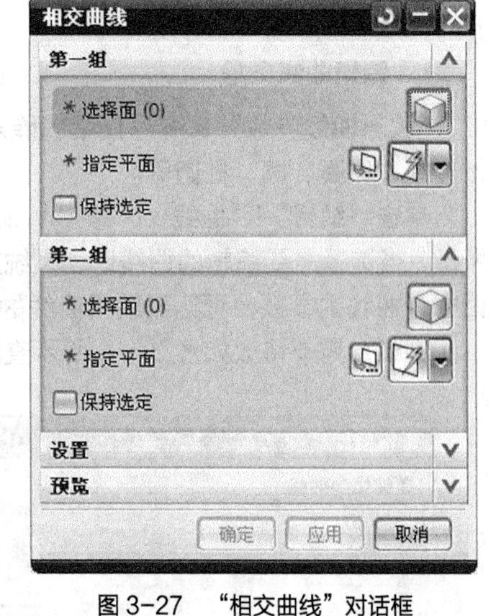

图 3-27 “相交曲线”对话框

7. 抽取曲线

使用“抽取曲线”命令可以由实体或片体的边创建曲线。单击“曲线”工具栏中的“抽取曲线”按钮，系统将弹出“抽取曲线”对话框，如图 3-29 所示。“抽取曲线”命令包含 6 种抽取曲线的方法，它们的含义如表 3-2 所示。

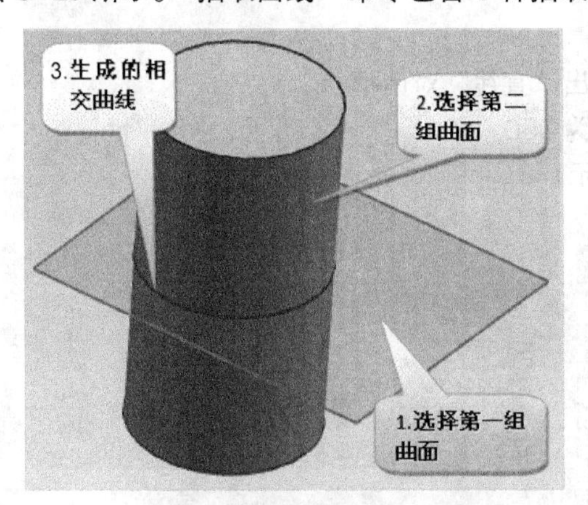

图 3-28 创建相交曲线

图 3-29 “抽取曲线”对话框

表 3-2 6 种抽取曲线方法

抽取曲线方法	含义
边曲线	使用此方法可以指定实体面的边缘创建曲线
等参数曲线	使用此方法可以在面上指定方向，并沿着指定的方向抽取曲线
轮廓线	使用此方法可以从轮廓设置为不可见的模型中抽取曲线
工作视图中的所有边	使用此方法可以抽取绘图窗口中所有实体和片体的边创建曲线
等斜度曲线	使用此方法可以利用定义的角度创建等斜线
阴影轮廓	使用此方法可以对选定的可见轮廓线创建抽取曲线

三、编辑曲线

编辑曲线包括编辑曲线参数、修剪曲线、分割曲线、拉长曲线和曲线长度等。下面将介绍这几种命令的操作。

1. 编辑曲线参数

"编辑曲线参数"命令可以编辑除双曲线、抛物线和一般二次曲线外的大多数曲线的参数，如直线、圆弧、圆、椭圆等。

单击"编辑"|"曲线"|"参数"命令，系统将弹出"编辑曲线参数"对话框，如图 3-30 所示。当选择需要编辑的曲线时，系统将自动弹出绘制该曲线所用命令的对话框，通过修改该对话框内曲线的参数，可达到编辑曲线的目的。

例如，需要修改如图 3-31 所示直线的长度，其操作步骤如下。

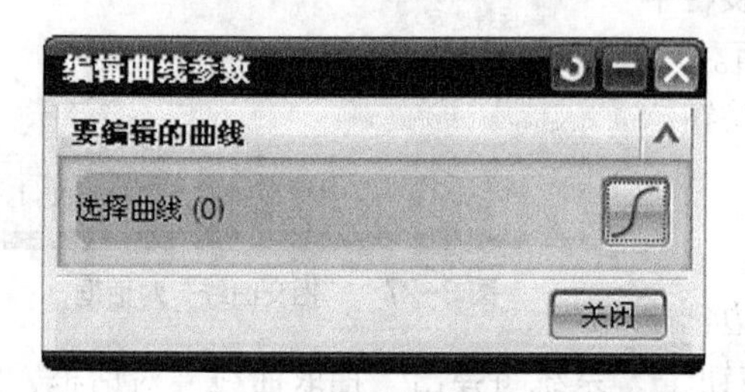

图 3-30 "编辑曲线参数"对话框

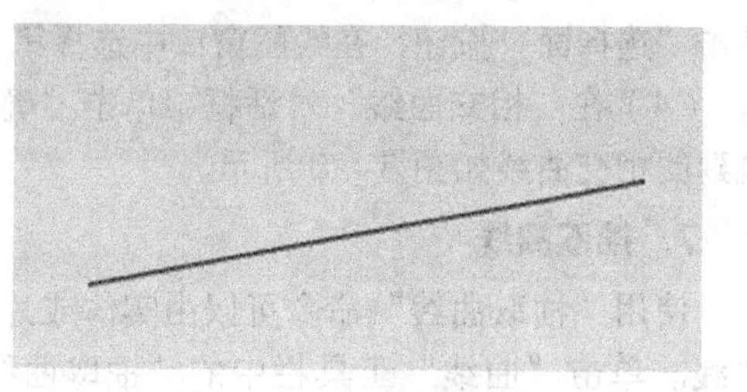

图 3-31 需修改的直线

（1）单击"编辑"|"曲线"|"参数"命令。

（2）选择绘图区中需要修改的直线，系统弹出"直线"对话框。

（3）将"直线"对话框中的"距离"参数改为 350。

（4）单击"确定"按钮，结果如图 3-32 所示。

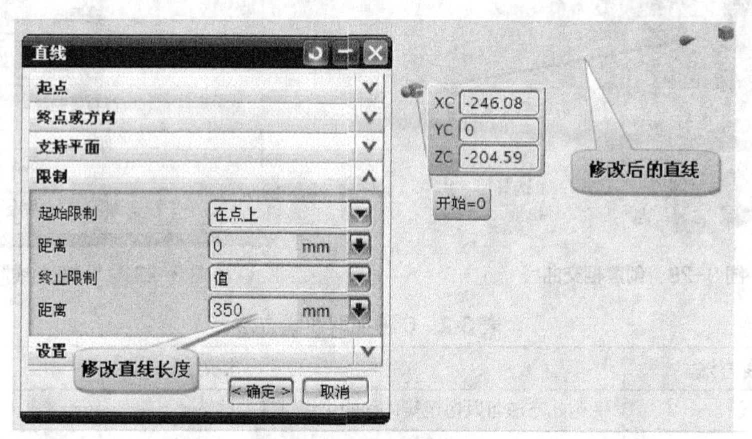

图 3-32 编辑直线长度

2. 修剪曲线

使用"修剪曲线"命令，可以修剪或延伸曲线到选定的边界。在"编辑曲线"工具栏中单击"修剪曲线"按钮，或单击"编辑"|"曲线"|"修剪"命令，系统将弹出"修剪曲线"对话框，如图 3-33 所示。

按照对话框的要求，首先选取要修剪的曲线，再选择边界对象 1 和边界对象 2。注意选取要修剪的曲线时，在对话框中要单击右侧相应的按钮。在"修剪曲线"对话框"交点"卷展栏的"方向"下拉列表中可以选择集中交点的确定方式，如图 3-34 所示。

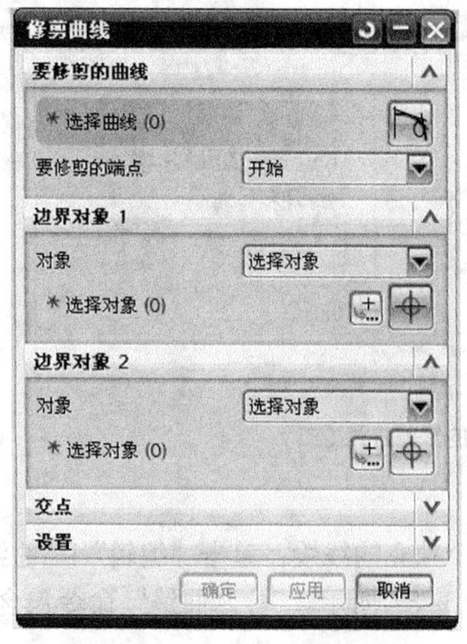

图 3-33　“修剪曲线”对话框

图 3-34　“交点”卷展栏

各种交点确定方式的意义如下。

- 最短的 3D 距离：选择该选项，按边界对象与待修剪的曲线之间沿 *ZC* 方向判断两者的交点，然后根据交点来修剪曲线。
- 相对于 WCS：选择该选项，系统将按照边界对象与待修剪的曲线之间的三维最短距离判断两者之间的交点来修建曲线。
- 沿一矢量方向：选择该选项，系统将按照在设定矢量方向上边界对象与待修剪曲线之间的最短距离来判断两者之间的交点，然后根据交点修剪曲线。
- 沿屏幕垂直方向：选择该选项，系统将按照当前屏幕视图法线方向上边界对象与待修剪曲线之间的最短距离来判断两者的交点，然后根据交点修剪曲线。

（1）三条曲线的修剪。几种修剪方式如图 3-35 和图 3-36 所示，在利用“修剪曲线”命令时，选择要修剪曲线的不同位置，会得到不同修剪结果。

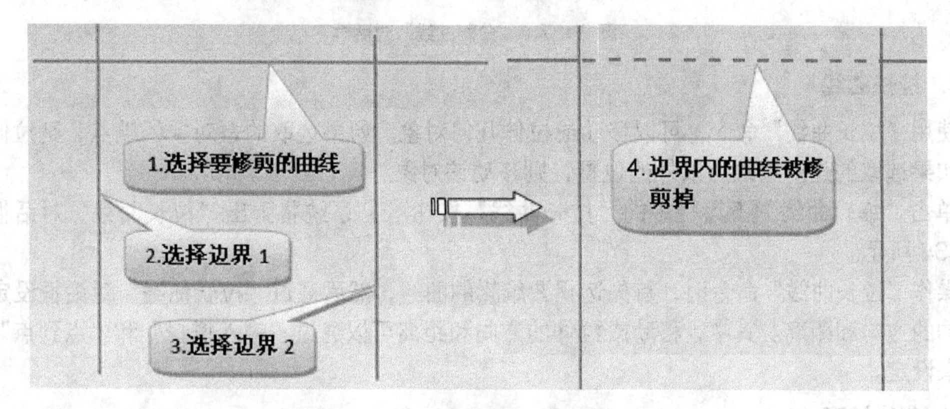

图 3-35　三条曲线的修剪方式（一）

（2）两条曲线的修剪。两条曲线的修剪较为简单，注意在选取被修剪曲线时，光标单击被修剪曲线的那一端将被认为是修剪部分。

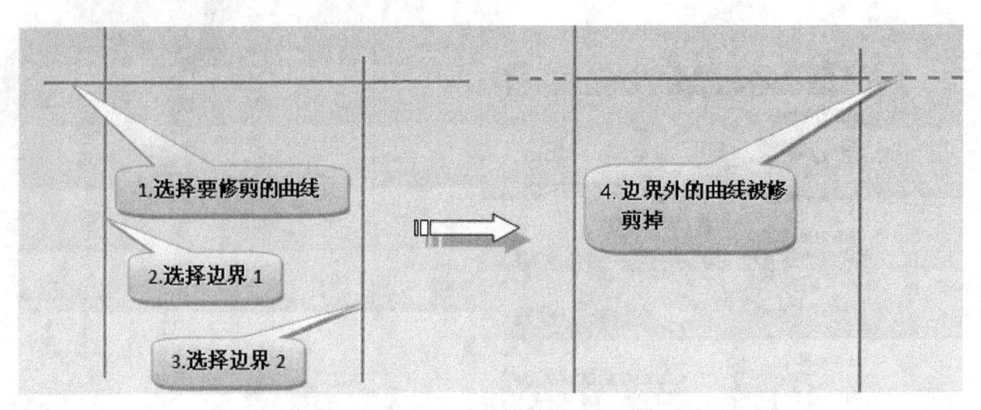

图 3-36 三条曲线的修剪方式（二）

3. 分割曲线

使用“分割曲线”命令可以将曲线分割成多个独立的线段，单击“编辑”|“曲线”|“分割”按钮，系统将弹出“分割曲线”对话框，如图 3-37 所示。“分割曲线”命令包含 5 种分割曲线的方式。

图 3-37 “分割曲线”对话框

4. 拉长曲线

使用“拉长曲线”命令，可以移动或拉伸几何对象。如果选取的是对象的端点，则拉伸该对象，如果选取的是对象端点以外的位置，则移动该对象。

单击“编辑曲线”工具栏中的“拉长曲线”按钮，系统将弹出“拉长曲线”对话框，如图 3-38 所示。

操作“拉长曲线”命令时，首先选择要编辑的曲线，然后通过“拉长曲线”对话框设定移动或拉伸的方向和距离。其中，移动或拉伸的方向和距离可以通过“输入增量”和“点到点”两种方式来设定。

5. 曲线长度

使用“曲线长度”命令可以调整曲线的长度。单击“编辑曲线”工具栏中“曲线长度”按钮，系统将弹出“曲线长度”对话框，如图 3-39 所示。

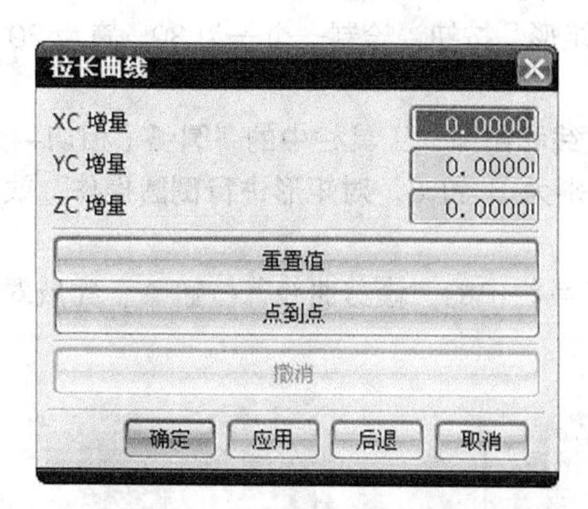

图 3-38 “拉长曲线”对话框

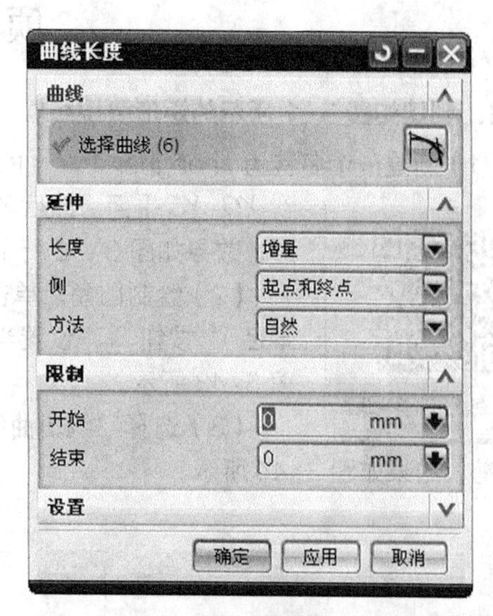

图 3-39 “曲线长度”对话框

操作步骤为：打开“曲线长度”对话框后，先在绘图区内选择要编辑的曲线，然后在“限制”选项组中输入曲线两端的长度值，最后单击“确定”按钮完成操作。

下面将以一实例来进一步介绍“曲线长度”命令的用法。

（1）在“编辑曲线”工具栏中单击“曲线长度”按钮，系统弹出如图 3-39 所示的对话框，设置“长度”为“增量”，“侧”为“起点和终点”，“方法”为“自然”。

（2）选择图形上方的曲线作为编辑曲线长度的对象。

（3）将“曲线长度”对话框中“开始”和“结束”的值分别设置为 10 和 20，如图 3-40 所示。

（4）单击“应用”按钮，然后单击“取消”按钮，完成曲线长度的编辑，效果如图 3-41 所示。

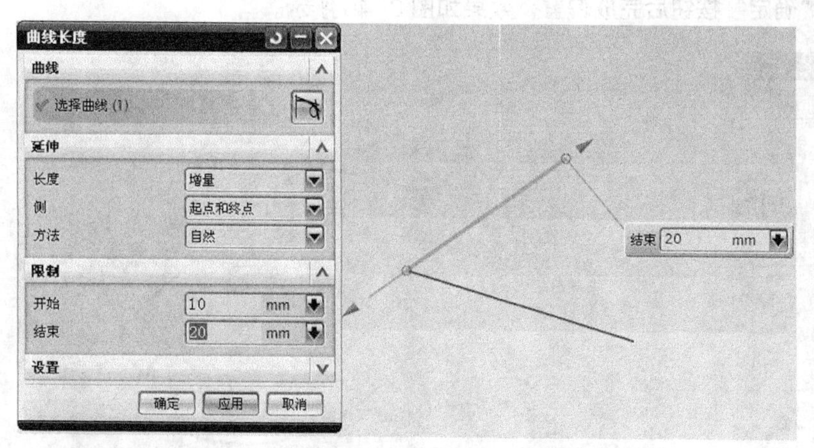

图 3-40 “曲线长度”参数设置

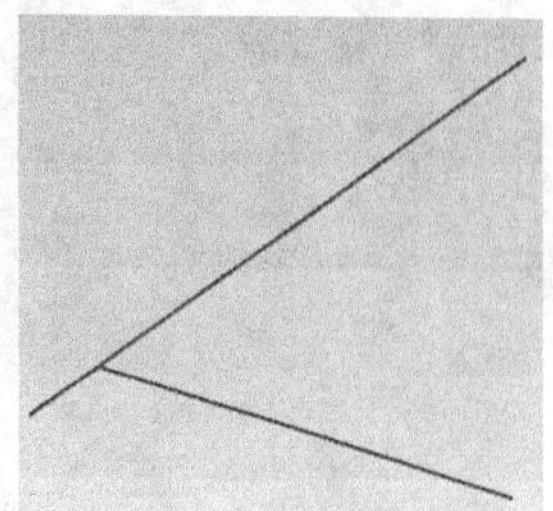

图 3-41 “曲线长度”实例

项目实施

1. 创建如图 3-1 所示的矩形垫块线框

（1）新建一个名称为 zhonghe-1 .prt 的部件文件。进入“建模”模块后，将工作界面转换到 *XC–YC* 平面。然后单击“矩形”按钮，绘制一个长为 30、宽为 20 的矩形，效果如图 3-42 所示。

视频：创建矩形垫块线框

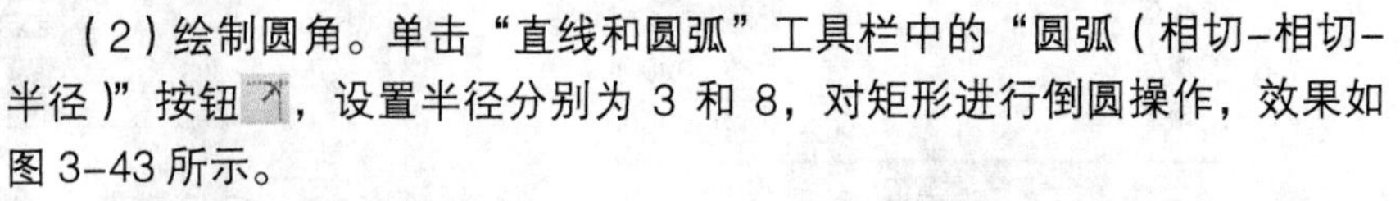

（2）绘制圆角。单击“直线和圆弧”工具栏中的“圆弧（相切-相切-半径）”按钮，设置半径分别为 3 和 8，对矩形进行倒圆操作，效果如图 3-43 所示。

（3）选择“编辑曲线”工具栏中的“修剪曲线”按钮，完成对圆角的修剪，结果如图 3-44 所示。

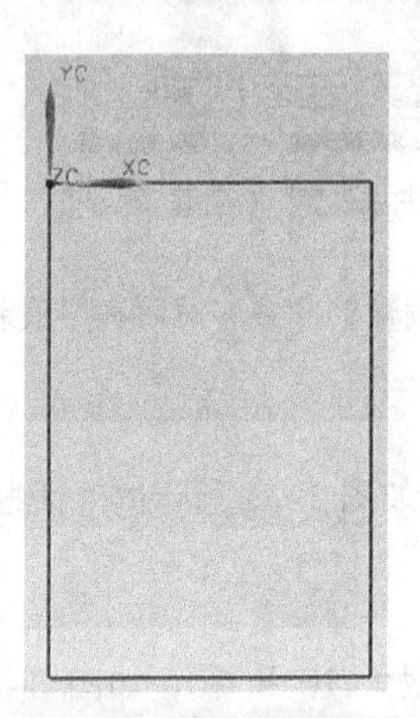

图 3-42　绘制矩形效果图

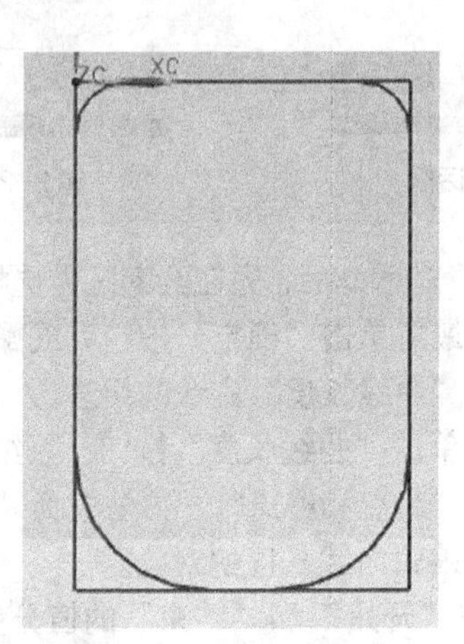

图 3-43　倒圆角效果

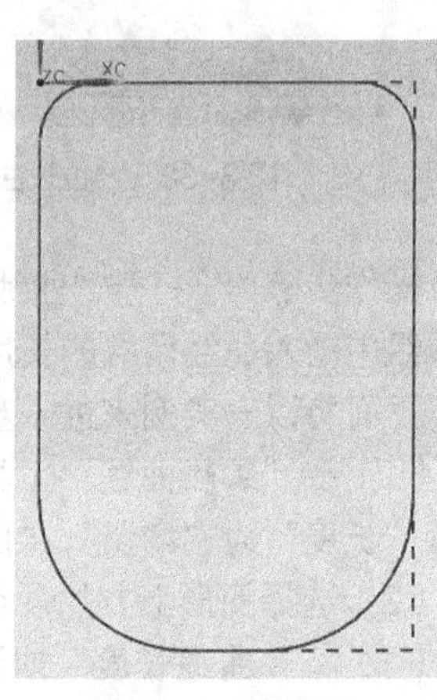

图 3-44　圆角效果

（4）偏置曲线。单击“偏置曲线”按钮，系统弹出如图 3-45 所示的“偏置曲线”对话框，选择上一步创建圆角后的曲线为偏置对象，并且设置偏置方向为 5，在“指定方向”下拉列表中选择 *Z* 轴正向，单击“确定”按钮后完成偏置，效果如图 3-46 所示。

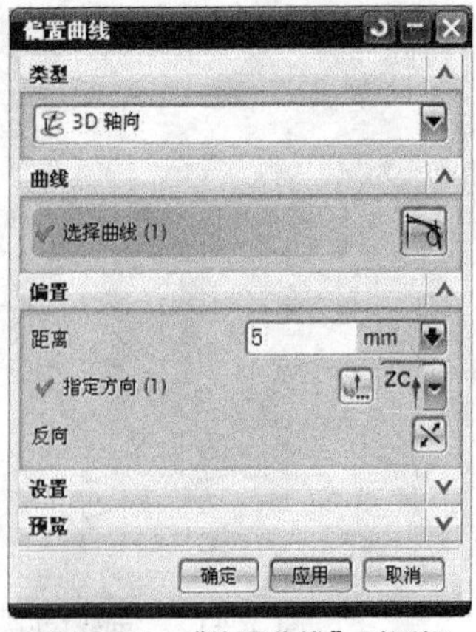

图 3-45　“偏置曲线”对话框

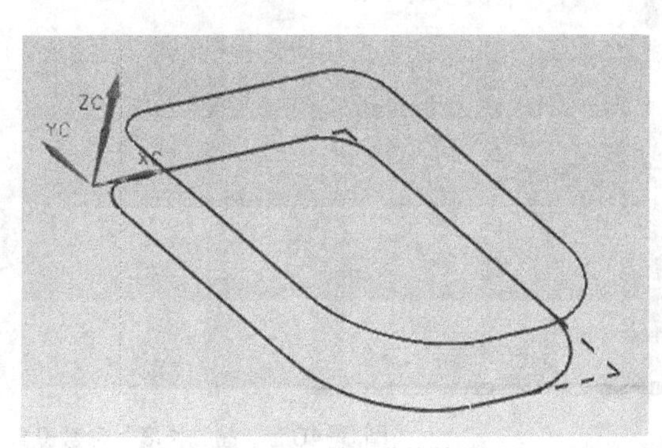

图 3-46　偏置曲线效果

（5）绘制直线。单击“直线和圆弧”工具栏中的“直线（点-XYZ）”按钮，选取最初绘制的矩形倒圆处的点为起始点，并利用直线捕捉方式使得直线沿 z 轴方向，同时输入距离为 5，单击“应用”按钮完成一条直线的创建，如图 3-47 所示。以相同的方式最终完成创建，效果如图 3-1 所示。

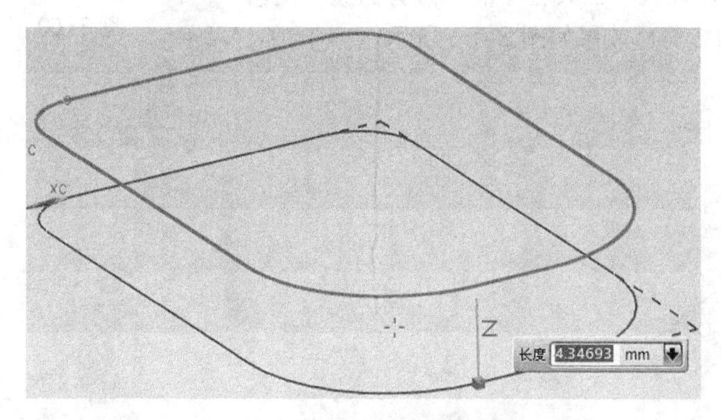

图 3-47 绘制单一直线

2. 创建如图 3-2 所示的线框

（1）单击“文件”|“新建”，或者单击图标，出现“新建”对话框，选择“模型”，然后在“模板”内，选择“毫米”为单位，选择“模型”为模板类型。

（2）在新文件名中输入文件名“zhonghe-2”，然后选择文件所放置的位置，单击“确定”按钮，即可建立文件名为“zhonghe-2”、单位为“毫米”的文件，并进入建模模块。

视频：创建线框

（3）单击“曲线”工具栏中的“矩形”按钮，系统弹出“点”对话框，在对话框的“坐标”选项组中输入矩形起点的坐标，如图 3-48 所示，单击“确定”按钮。再在对话框中输入终点的坐标，如图 3-49 所示，单击“确定”按钮，结果如图 3-50 所示。

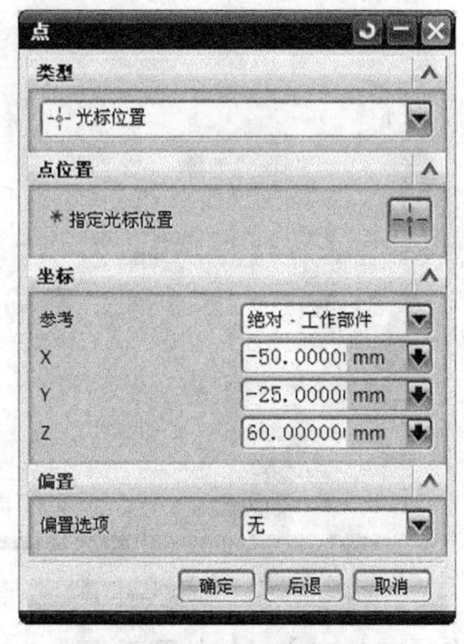

图 3-48 矩形起点设置参数

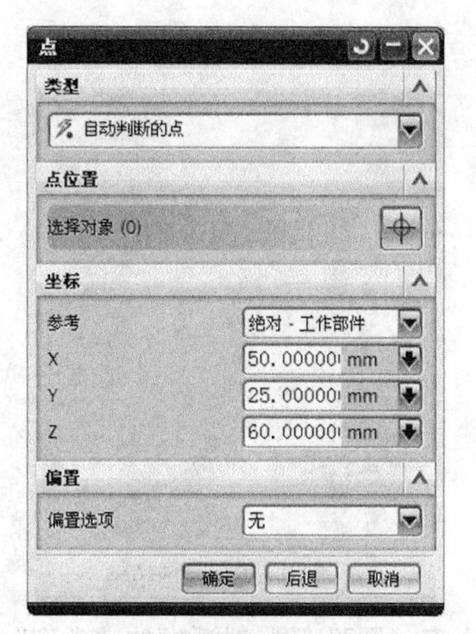

图 3-49 矩形终点设置参数

（4）绘制圆角。单击“直线和圆弧”工具栏中的“圆弧（相切-相切-半径）”按钮，设置半径为 16，对矩形一端进行倒圆操作，效果如图 3-51 所示。设置半径为 20，对矩形另一端进行倒圆操作，效果如图 3-52 所示。

（5）选择“编辑曲线”工具栏中的“修剪曲线”按钮，完成对圆角的修剪，效果如图 3-53 所示。

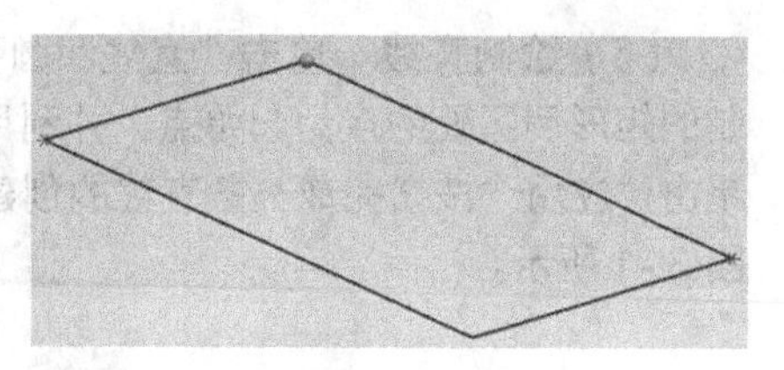

图 3-50　绘制矩形效果

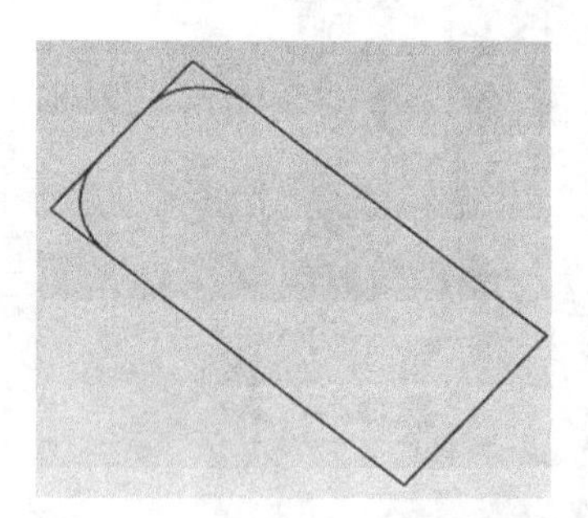

图 3-51　矩形起点设置结果

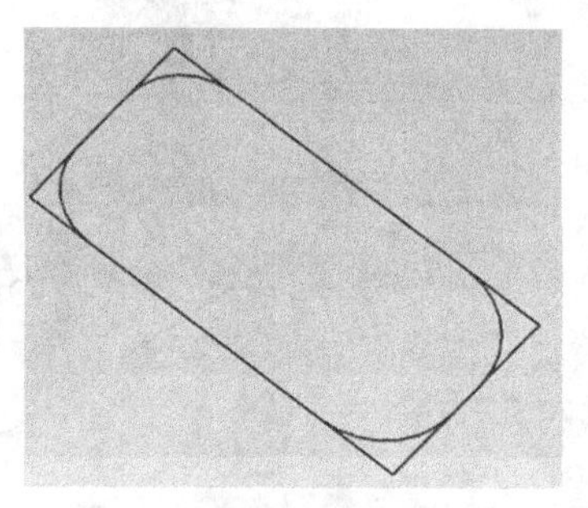

图 3-52　矩形终点设置结果

（6）单击“曲线”工具栏中的“圆弧/圆”按钮，系统弹出“圆弧/圆”对话框，选择“平面选项”下拉列表中的“选择平面”，在“指定平面”下拉列表中选择“*XC-YC* 平面”，如图 3-54 所示。

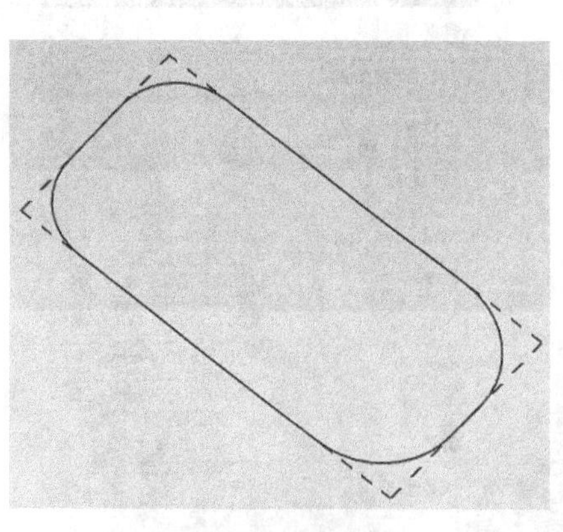

图 3-53　修剪结果

图 3-54　设置圆弧参数

（7）在“圆弧/圆”对话框的“类型”下拉列表中选择“从中心开始的圆弧/圆”，在“点参考”下拉列表中选择“绝对”选项，单击“选择点”按钮，系统弹出“点”对话框，在“坐标”选项组中设置 *X*、*Y*、*Z* 值为 0，如图 3-55 所示。单击“确定”按钮，系统回到“圆弧/圆”对话框，在该对话框“半径”文本框中输入圆的半径为 25，单击“确定”按钮，结果如图 3-56 所示。

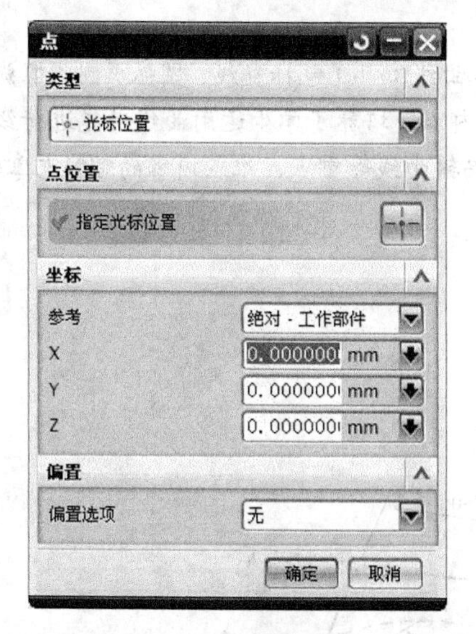

图 3-55　设置圆心坐标

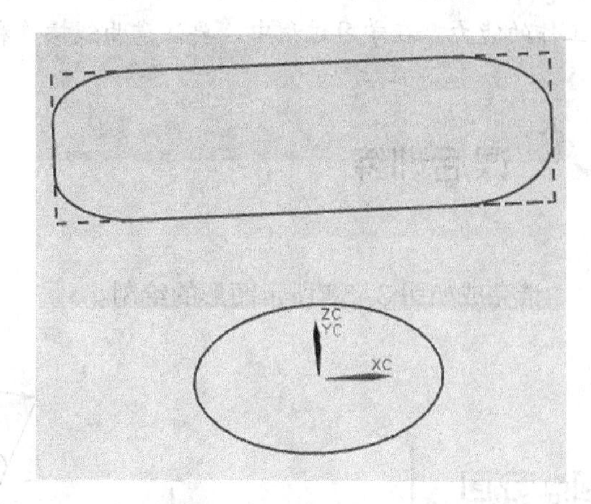

图 3-56　绘制圆

（8）单击“曲线”工具栏中的“圆弧/圆”按钮，系统弹出“圆弧/圆”对话框，选择“平面选项”下拉列表中的“选择平面”，在“指定平面”下拉列表中选择“XC-ZC 平面”。在“圆弧/圆”对话框的“类型”下拉列表中选择“三点画圆弧”，将“限制”选项组中的“整圆”复选框勾掉，“终点选项”设置为“半径”，在曲线上分别选择起点和终点，设置圆弧半径为 100，并通过“限制”选项组中的“补弧”备选项来调节圆弧，结果如图 3-57 所示。

（9）以相同的方法完成另一段圆弧的绘制，结果如图 3-2 所示。

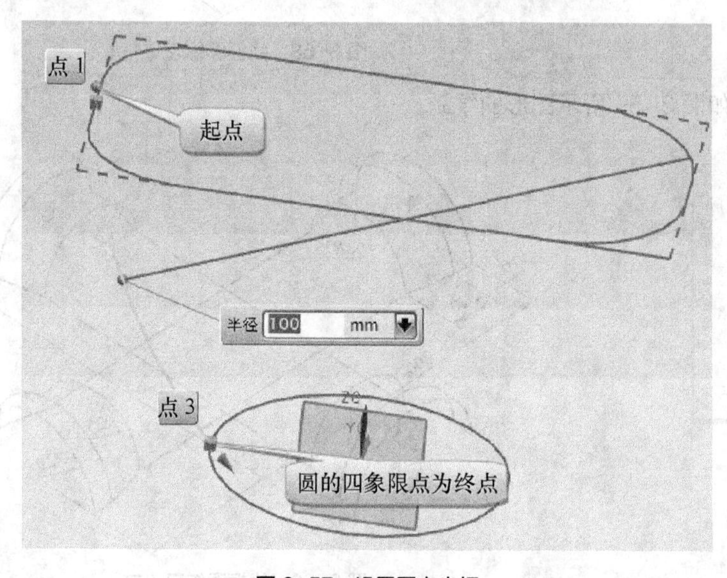

图 3-57　设置圆心坐标

归纳总结

曲线功能是实体设计和曲面设计的基础，是UG软件重要的功能模块，用户要认真学习，把握好本项目知识，为后面的学习打下良好的基础。

通过本项目学习，学生掌握了曲线相关工具、基本曲线工具（包括直线、圆弧、圆、螺旋线和艺术样条等）、复杂曲线工具、曲线操作和编辑曲线等内容，培养了学生运用曲线功能进行线框图设计工作的能力。在学习过程中，要注意曲线操作和编辑曲线等重点、难点内容的理解与掌握。

课后训练

1. 请完成如图 3–58 所示图形的绘制。

视频：线框图练习（一）

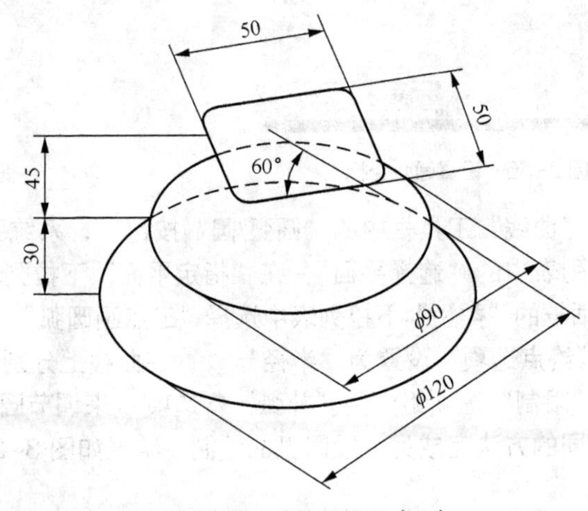

图 3–58　线框图练习（一）

2. 请完成如图 3–59 所示图形的绘制。

视频：线框图练习（二）

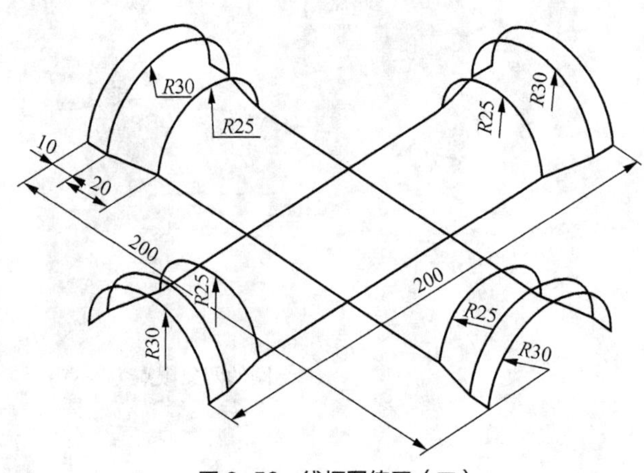

图 3–59　线框图练习（二）

3. 请完成如图 3-60 所示图形的绘制。

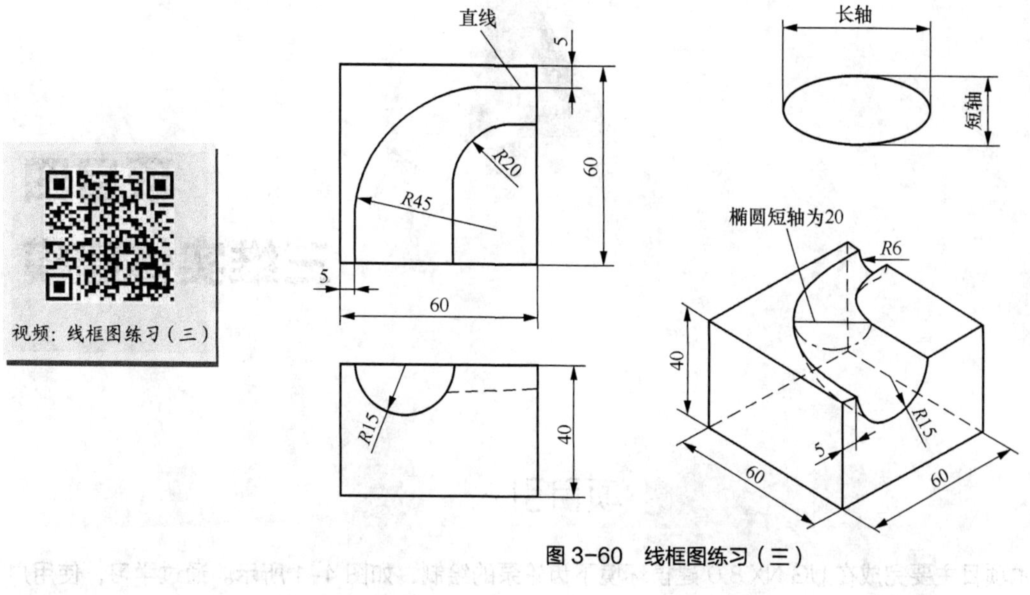

图 3-60　线框图练习（三）

Item

4 项目四 三维实体建模

项目引入

本项目主要完成在 UG NX 8.0 建模环境下齿轮泵的绘制，如图 4-1 所示。通过学习，使用户深刻理解实体建模的设计特征、细节特征、关联复制特征、修剪特征和抽壳等各个常用图标与命令的含义，并掌握它们的使用方法和技巧，从而掌握完成一个三维实体零件绘制思路与绘制方法。

图 4-1　齿轮泵零件

项目分析

从图 4-1 的齿轮泵零件分析可知，在进行零件的三维实体建模过程中，用户必须使用实体建模工具中的拉伸、长方体、孔、基准轴、基准平面、凸台、镜像特征、创建实例特征、拔模、面倒圆角和倒斜角等命令。

本项目通过完成齿轮泵零件任务，培养学生能够使用 UG 的三维实体建模功能完成零件三维实体建模的能力，让学生充分掌握设计特征、细节特征、关联复制特征和修剪特征等实体建模功能与命令，同时培养学生的思考解决问题等能力。

知识链接

本项目涉及的知识包括 UG NX 8.0 软件设计特征、细节特征、关联复制特征、抽壳和修剪特征等实体建模功能，知识重点是设计特征、细节特征和关联复制特征的掌握，知识难点是关联复制特征。下面将详细介绍这些知识。

一、实体建模概述

UG NX 8.0 具有强大的实体建模功能，实体造型能够方便迅速地创建三维实体模型。UG NX 8.0 的实体建模方式有 3 类：第一类是将二维截面的轮廓曲线通过相应的拉伸、旋转、扫掠等方式来产生实体特征，这些实体特征具有参数化设计的特点，当修改草图中的二维轮廓曲线时，相应的实体特征也会自动进行更新。第二类是具有标准设计数据库的体素特征，这类实体特征具有基本的解析形状，它本质上是可分析的，属于设计特征的一类。进行体素实体特征创建时，执行命令后，只需要输入相关参数即可生成实体特征，建模速很快。第三类是对实体模型进行各种操作和编辑，如对实体进行倒圆角、抽壳、螺纹、缩放、分割等操作，以获得更细的模型结构。

UG NX 8.0 提供各类工具栏，实体建模工具栏包括“特征”“建模”“编辑特征”和“同步建模”，这 4 个工具栏如图 4-2 所示，“特征”工具栏最为常用。工具栏中的一些命令在不同的工具栏中也可找到。

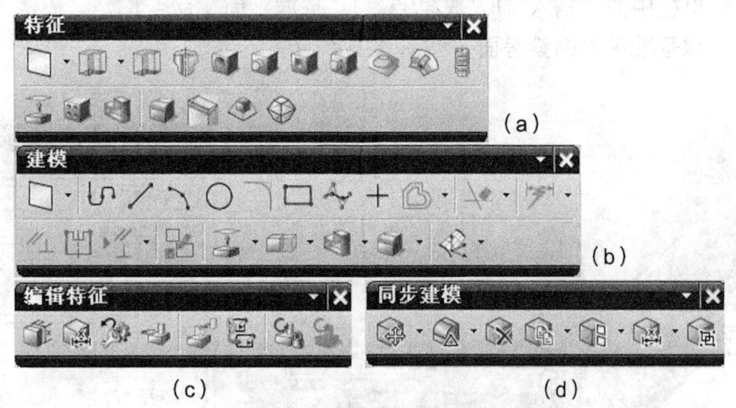

图 4-2　实体建模常用特征

如果在默认时没有显示出所需的工具栏，那么可以在非图形区右击，接着在弹出的快捷菜单选中所需的工具栏名称，工具栏名称前面标有“√”符号的表示该工具栏为显示状态。

通常为了便于设计工作，还需要在当前工具栏中添加更多的常用工具按钮。其方法是：单击指定工具栏下的倒三角形按钮▾，接着单击出现的“添加或移除”按钮，根据需要从打开的菜单中或子菜单中选择要添加的工具图标即可。

二、基准特征

1. 基准平面

单击菜单栏中的“插入”|“基准/点”|“基准平面”命令或单击“特征”工具栏中的“基准平面”按钮，系统将弹出“基准平面”对话框，如图 4-3 所示。在“基准平面”的“类型”下拉列表框中包含全部的相对基准平面和绝对基准平面的创建方法，如图 4-4 所示。

下面将以实例的方式介绍基准平面的创建方法。

（1）“自动判断”：该方式通过用户选取的对象自动判断生成基准平面。

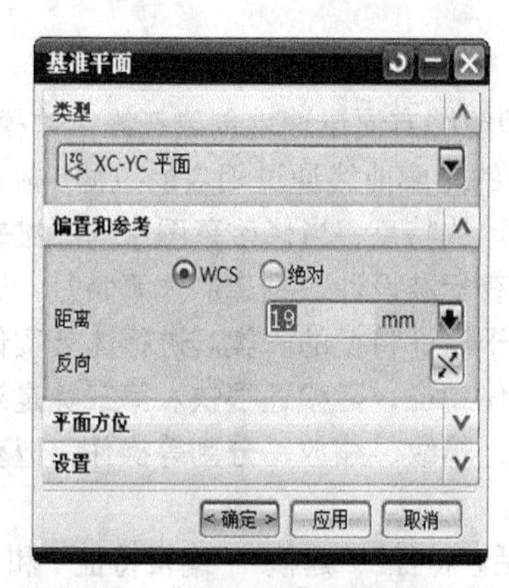

图 4-3 “基准平面”对话框（一）

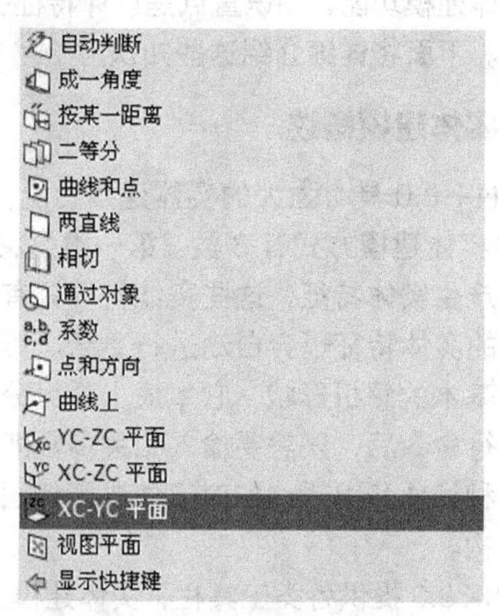

图 4-4 “类型”下拉列表

具体操作步骤如下所述。

- 单击菜单栏中的“插入”|“基准/点”|“基准平面”命令。
- 选择创建基准平面的参考面，如图 4-5 所示。

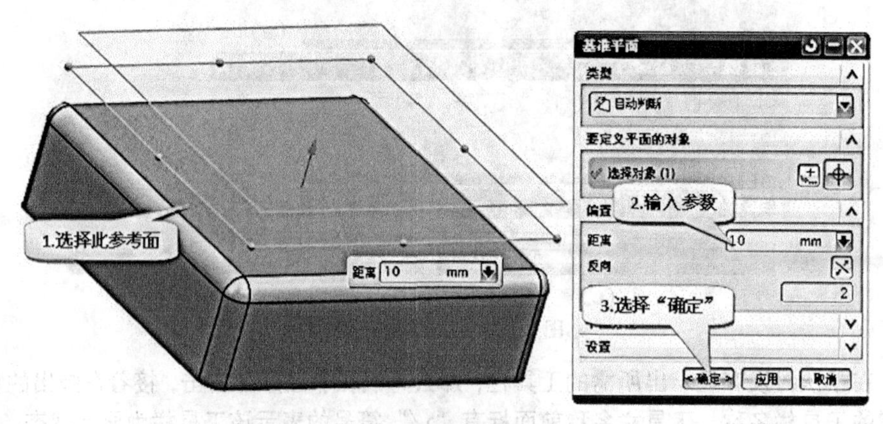

图 4-5 “基准平面”对话框（二）

- 在“基准平面”对话框中输入偏置距离为 10，平面的数量为 2。
- 单击“确定”按钮，生成的基准平面如图 4-6 所示。

（2）“成一角度”：该方式可以生成与一参考平面成一角度的基准平面。

具体操作步骤如下所述。

- 选取如图 4-7 所示平面为参考平面。
- 选取如图 4-7 所示实体边为参考线角度。
- 在“基准平面”对话框中输入相应角度值为 120。
- 单击“确定”按钮，生成的基准平面如图 4-8 所示。

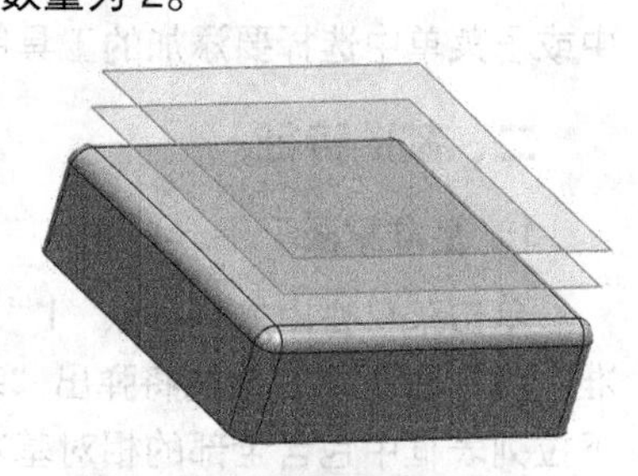

图 4-6 新建的基准平面（一）

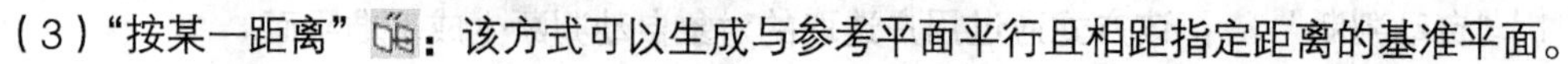

（3）“按某一距离”：该方式可以生成与参考平面平行且相距指定距离的基准平面。

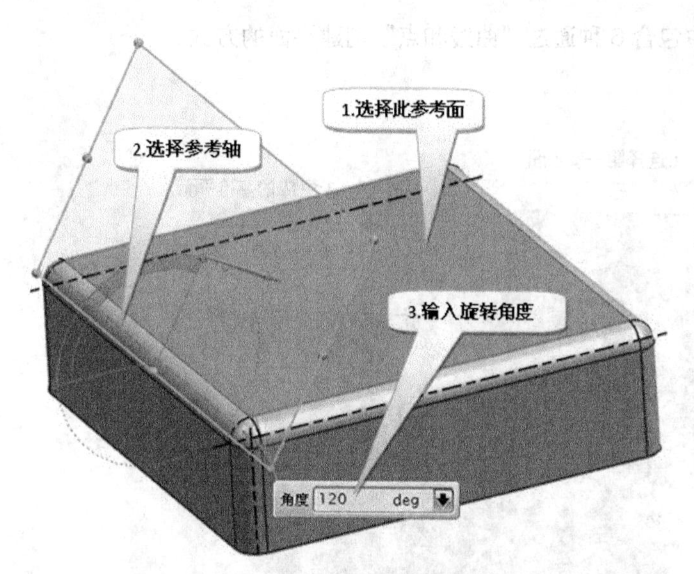

图 4-7　“成一角度”法创建基准平面

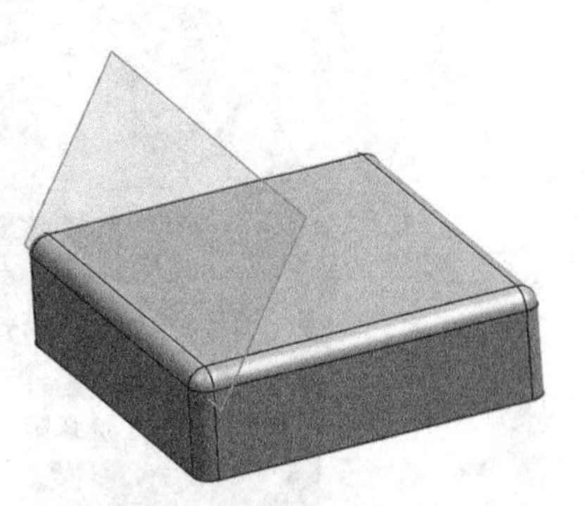

图 4-8　新建的基准平面（二）

具体操作步骤如下所述。

- 选取如图 4-9 所示的平面为参考平面。
- 在对话框中输入偏置距离为 10，平面的数量为 3。
- 单击“确定”按钮，生成的基准平面如图 4-10 所示。

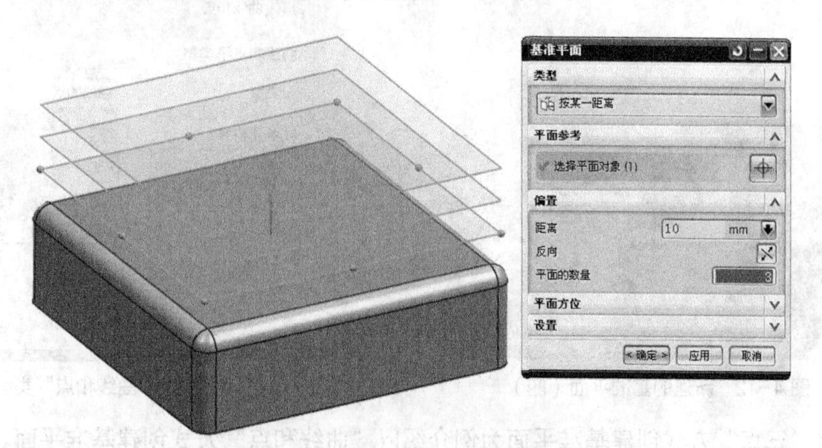

图 4-9　“按某一距离”法创建基准平面

（4）“二等分”：该方式可以生成一个处于两平面中间的基准平面。

具体操作步骤如下所述。

- 选取如图 4-11 所示两个参考面。
- 单击“确定”按钮，生成的基准平面如图 4-12 所示。

（5）“曲线和点”：该方式主要用于创建通过空间的一个点，并且与指定的曲线共同构成参考基准，然后创建基准平面。选择该选项时，“基准平面”对话框如图 4-13 所示，其中“曲线和点子类型”选项组中的“子类型”下拉列

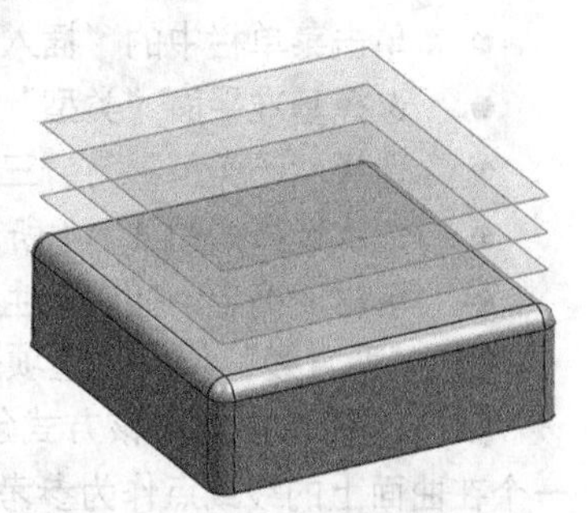

图 4-10　新建的基准平面（三）

表框如图 4-13 所示，在该列表框中包含 6 种通过“曲线和点”创建平面的方式。

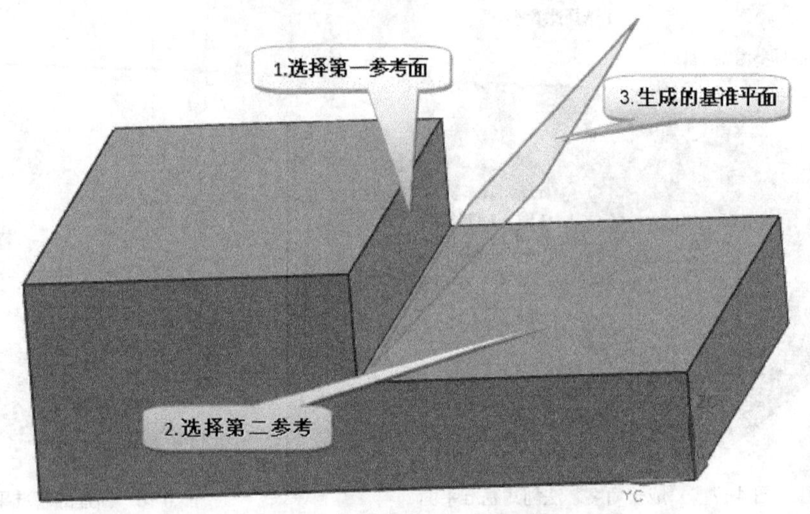

图 4-11 “二等分”法创建基准平面

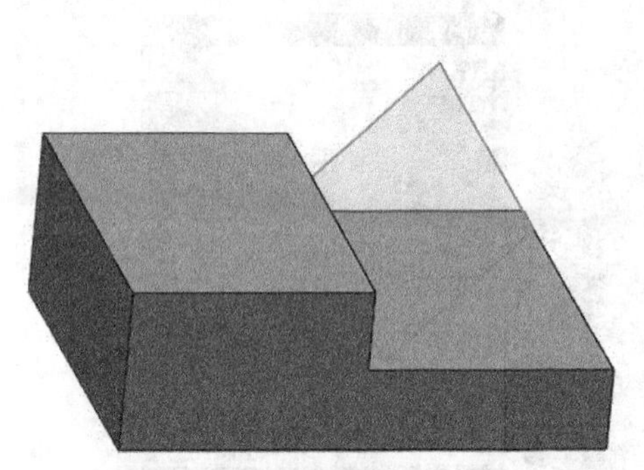

图 4-12 新建的基准平面（四）

图 4-13 “曲线和点”类型

下面以“三点”方式创建基准平面为例介绍以“曲线和点”方式创建基准平面。

具体操作步骤如下所述。

- 单击菜单栏中的“插入”|“基准/点”|“基准平面”命令。
- 选择基准平面“类型”为“曲线和点”。
- 选择“子类型”为“三点”。
- 依次选择如图 4-14 所示的 3 个点。
- 单击“确定”按钮，生成的基准平面如图 4-15 所示。

（6）“两直线”：该选项是通过选取两条直线来创建基准平面。

（7）“相切”：该方式创建的是与曲面相切的基准平面，首先选取一个曲面，然后选取一个在曲面上的线或点作为参考以生成基准平面。

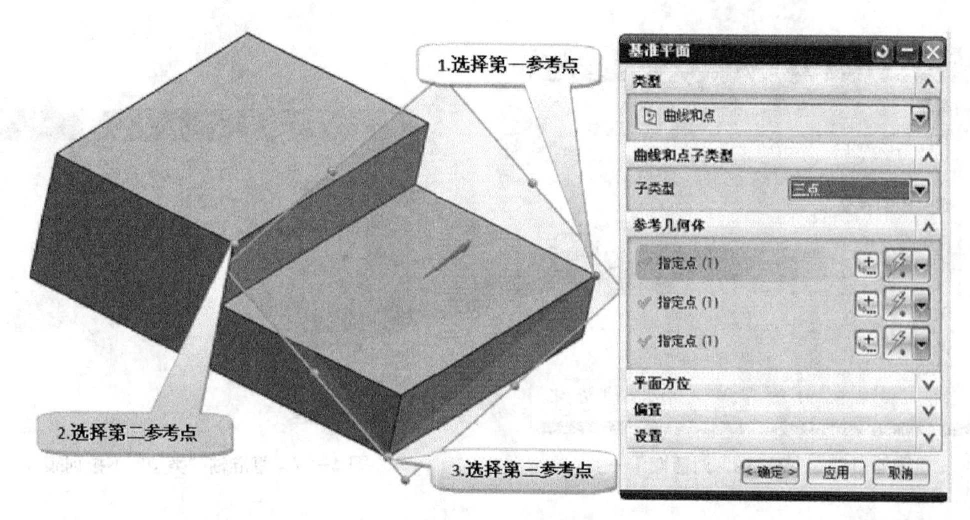

图 4-14 “曲线和点”方式创建基准平面

（8）“通过对象”：该方式用于在实体模型中选取的一个对象，程序自动根据选取的对象创建基准平面。

（9）“点和方向”：该方式通过在模型中选取一个点，程序自动生成一个平面，用户确定平面的方向后即生成基准平面。

（10）“曲线上”：该方式通过选取一条曲线或边线，再在该曲线的法线方向上创建基准平面，创建的位置由用户指定。

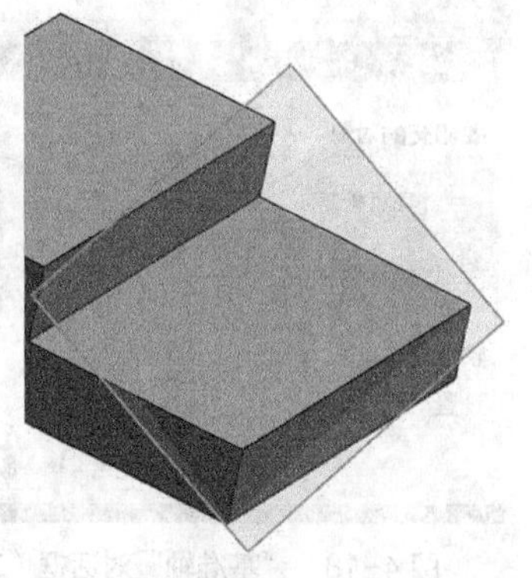

图 4-15 新建的基准平面（五）

固定基准面有以下 4 种生成方式。

- “YC-ZC 平面”：用于在工作坐标平面上产生 *XC-YC* 固定基准面。
- “XC-ZC 平面”：用于在工作坐标平面上产生 *XC-ZC* 固定基准面。
- “XC-YC 平面”：用于在工作坐标平面上产生 *YC-ZC* 固定基准面。
- “系数”：通过参数确定平面。

2. 基准轴

基准轴分为固定基准轴和相对基准轴两种。固定基准轴没有任何参考，是绝对的，不受其他对象约束。相对基准轴与模型中的对象（如曲线、平面或其他基准等）关联，并受其关联对象约束，是相对的。

单击菜单栏中的“插入”|“基准/点”|“基准轴”命令或者在“特征”工具栏中单击“基准轴”按钮，系统弹出如图 4-16 所示的“基准轴”对话框。

创建基准轴的类型有 9 种，如图 4-17 所示，各个选项含义如下。

- “自动判断”：该方式通过用户选取的对象自动判断生成基准轴的方式。
- “交点”：“交点”选项可以在两个平面的交线上生成基准轴。选择“交点”选项后，“基准轴”对话框变成如图 4-18 所示，然后在模型上依次选择两个相交的平面，在两平面的交线上将生成基准轴，如图 4-19 所示。

图 4-16 “基准轴”对话框（一）

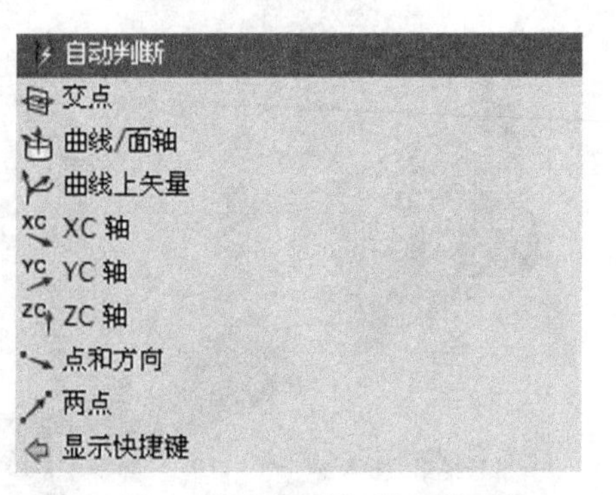

图 4-17 基准轴“类型”下拉列表

图 4-18 “基准轴”对话框（二）

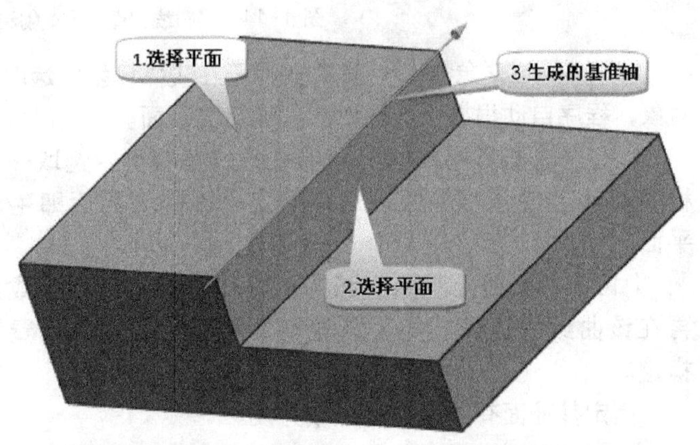

图 4-19 “交点”方式创建基准轴

- “曲线/面轴” ：该方式通过指定曲线或者面来确定基准轴的位置和方向。当选择的是实体的边时，基准轴与该边重合；当选择的是圆柱的表面时，基准轴与该圆柱面的中心轴重合。选择“曲线/面轴”选项后，“基准轴”对话框如图 4-20 所示。图 4-21 所示为选择实体边时生成的基准轴，图 4-22 所示为选择面时生成的基准轴形式。

图 4-20 “基准轴”对话框（三）

- “曲线上矢量” ：该方式可以通过曲线上一点及这点的矢量确定基准轴。选择该选项时，“基准轴”对话框如图 4-23 所示。操作时，先选择圆弧曲线上的任意点，然后通过对话框里的“曲线上的位置”选项组中的位置选项来修改和确定该点的具体位置，如图 4-24 所示，生成的基准轴如图 4-25 所示。

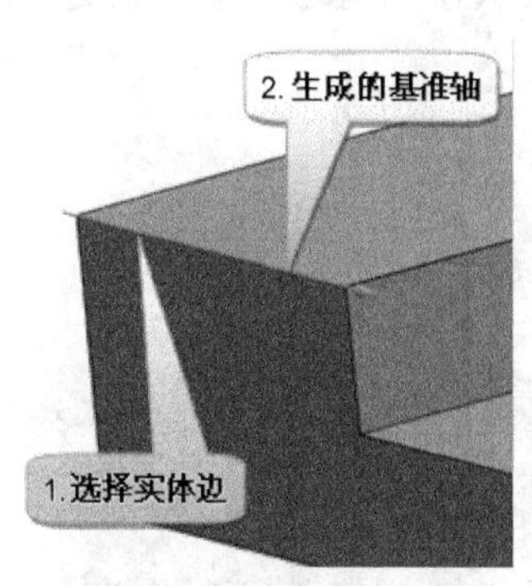

图 4-21　选择实体边（一）

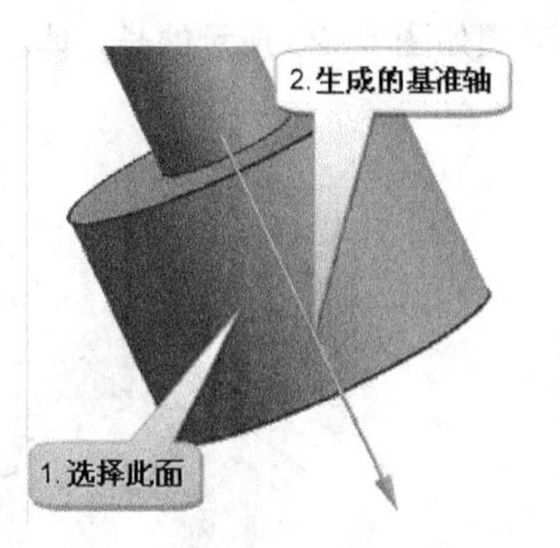

图 4-22　选择实体面（一）

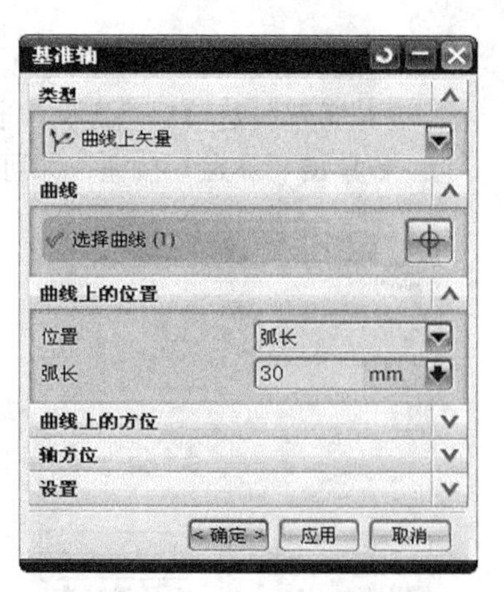

图 4-23　“基准轴”对话框（四）

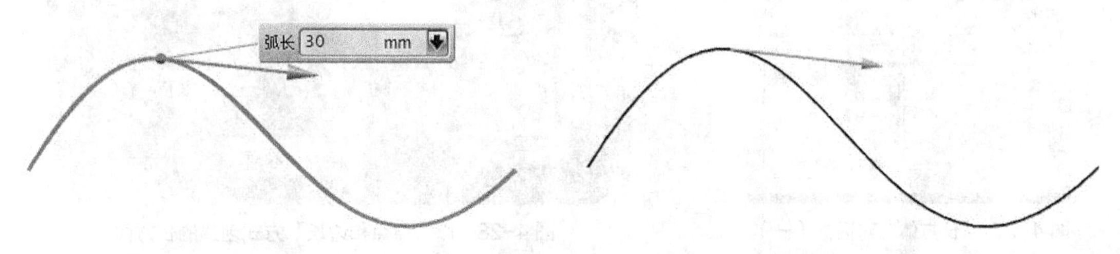

图 4-24　选择实体边（二）　　图 4-25　选择实体面（二）

- “XC 轴”，“YC 轴”，“ZC 轴”：用于创建固定基准轴，它与对象没有相关性，分别沿工作坐标系的 WCS 3 个坐标轴方向创建一个固定基准轴。
- “点和方向”：此方式通过给定的点和矢量方向来确定基准轴。此时的“基准轴”对话框如图 4-26 所示。

图 4-26　“基准轴”对话框（五）

三、体素特征

体素特征是一个基本解析形式的实体对象，它包括长方体、圆柱体、圆锥和球体等。建模时，通常先创建一个体素特征作为模型毛坯，然后再对该毛坯进行细化编辑，以完成实体模型的创建。

1. 长方体

单击“特征”工具栏中的“长方体”按钮，系统弹出如图 4-27 所示的“长方体”对话框。

“长方体”对话框的“类型”下拉列表框中列出了创建长方体特征的 3 种方式，包括“原点和边长”“两点和高度”和“两个对角点”。在“布尔”选项组中，可根据设计要求设置“布尔”选项，如“无”“求和”“求差”和“求交”。

- 原点和边长：该方式是按照块的一个原点位置和 3 条边的长度来创建长方体的。打开“长方体”对话框后，已处于此方式。选择此创建类型时，需要指定原点位置（放置基准），程序默认的原点是坐标原点，用户可使用“捕捉”工具栏中的点构造器功能来创建原点，确定原点后，在“尺寸”选项组中分别输入长方体的长度、宽度和高度参数值，并通过“布尔”选项组确定新建长方体与其他实体的关系（“无”“求和”“求差”和“求交”），单击“确定”按钮，即可创建如图 4-28 所示的长方体。

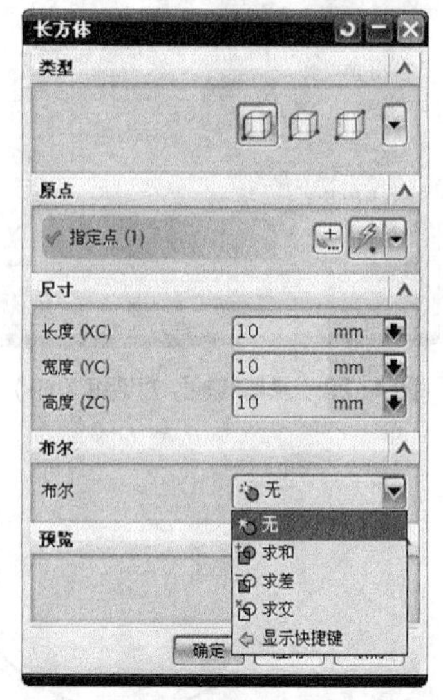

图 4-27 “长方体”对话框（一）

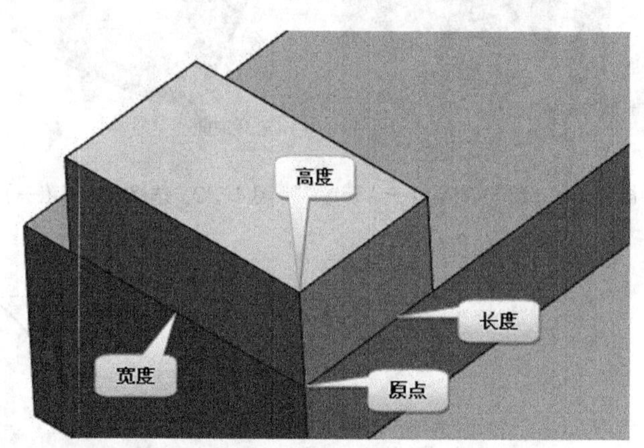

图 4-28 以“原点和边长”方式创建的长方体

- 两点和高度：该方式是通过指定长方体高度和底面的两个对角点来创建长方体的。选择“两点和高度”创建类型后，“长方体”对话框如图 4-29 所示。操作时，根据系统的提示分别指定两个点以定义长方体的底面，接着在“尺寸”选项组中设置长方体的高度参数值，如图 4-30 所示。

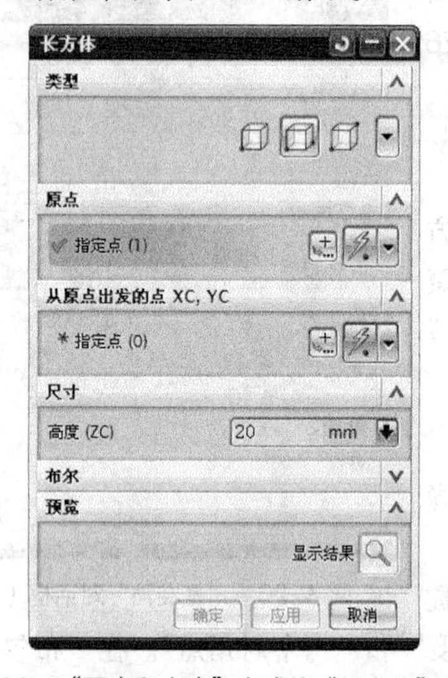

图 4-29 “两点和高度”方式的“长方体”对话框

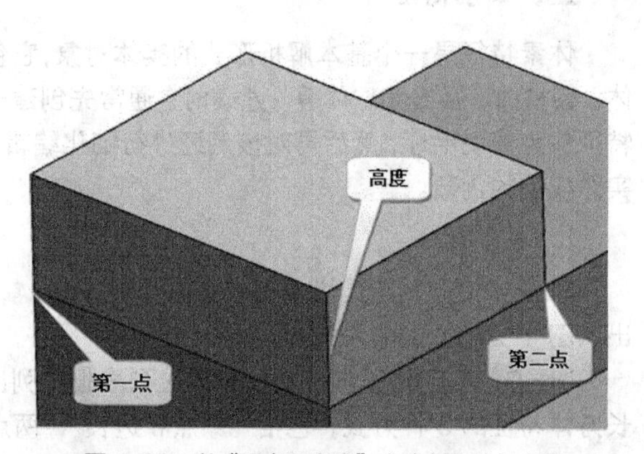

图 4-30 以“两点和高度”方式创建的长方体

- 两个对角点：该方式是通过指定长方体的两个对角点来创建长方体。此时“长方体”对话框如图 4-31 所示。选择“两个对角点”创建类型时，需要在绘图区中分别指定长方体的两个对角点，然后单击“确定”按钮，结果如图 4-32 所示。

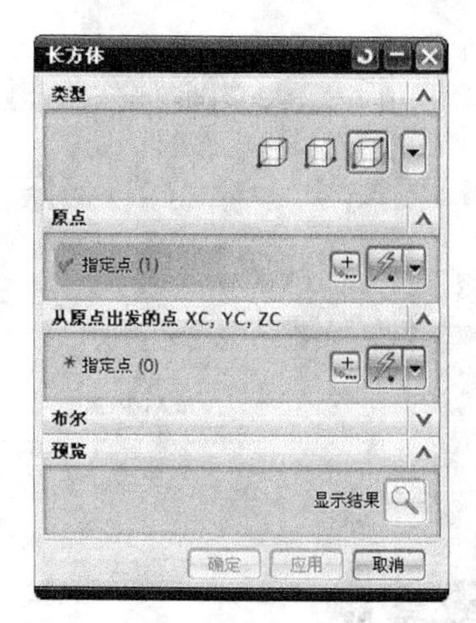

图 4-31 “两个对角点”方式的“长方体”对话框

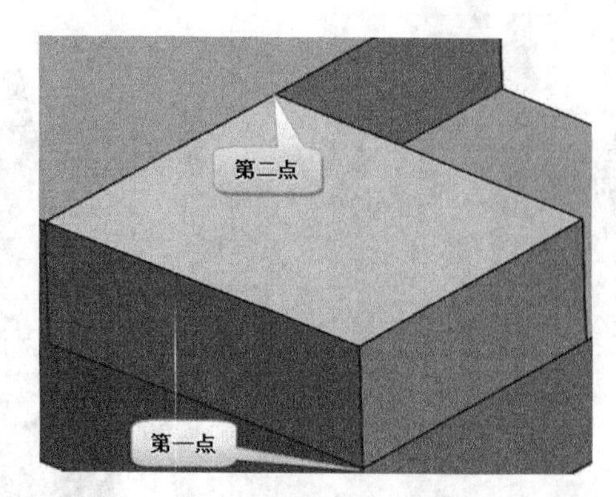

图 4-32 以“两个对角点”方式创建的长方体

2. 圆柱

要创建圆柱体，则在“特征”工具栏中单击“圆柱体”按钮，打开如图 4-33 所示“圆柱”对话框。“圆柱”对话框的“类型”选项组中列出了创建圆柱体特征的两种方式：“轴、直径和高度”和“圆弧和高度”。

- 轴、直径和高度：选择“轴、直径和高度”创建类型时，将通过指定轴矢量方向和原点位置来指定圆柱的轴线，确定圆柱体的轴线后，再在“尺寸”选项组中指定圆柱体的直径尺寸和高度尺寸来创建圆柱体，如图 4-34 所示。
- 圆弧和高度：选择“圆弧和高度”创建类型时，“圆柱”对话框如图 4-35 所示。操作时，先在绘图区中选择圆弧或圆（选择的圆弧或圆将作为圆柱的截面），然后在“尺寸”选项组中设置圆柱体的高度，如图 4-36 所示，最后单击“确定”按钮完成圆柱体的创建，如图 4-37 所示。

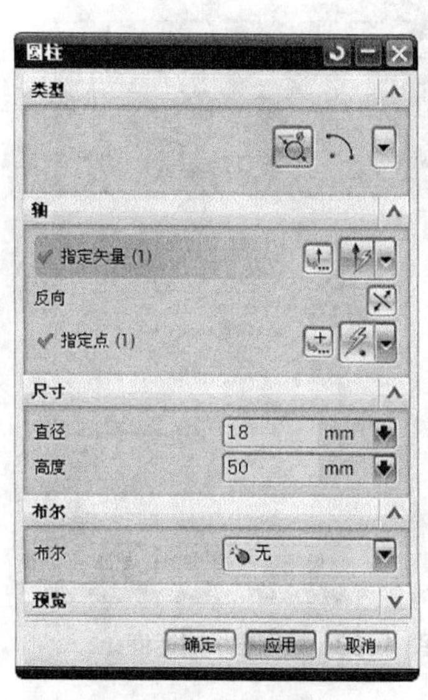

图 4-33 “圆柱”对话框（一）

图 4-34 以“轴、直径和高度”方式创建圆柱体

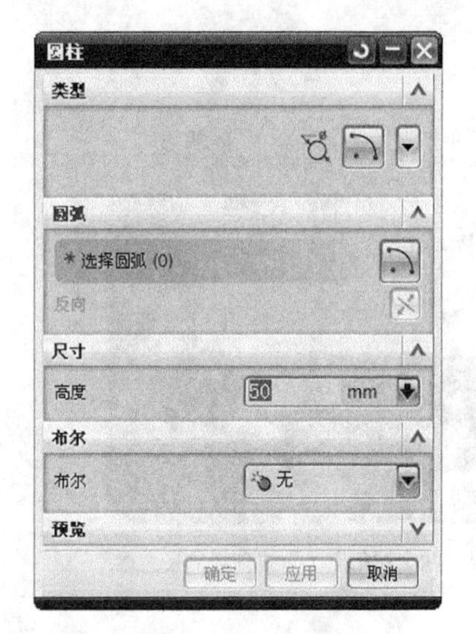

图 4-35 “圆柱”对话框（二）

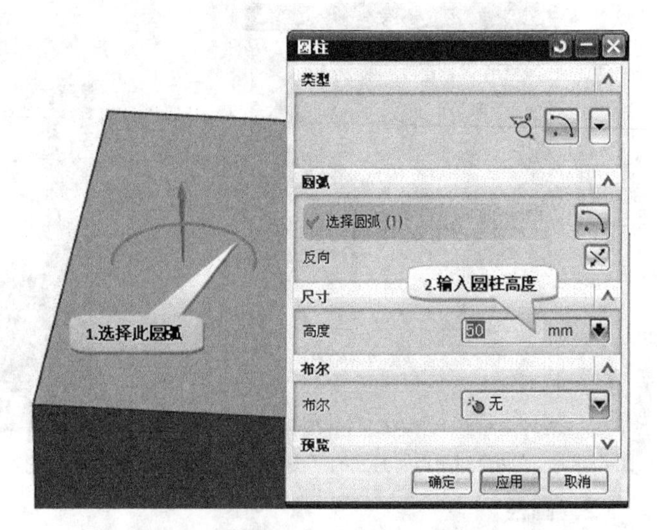

图 4-36 以“圆弧和高度”方式创建长方体

3. 圆锥

要创建圆锥体/圆台，则在“特征”工具栏中单击“圆锥”按钮，系统弹出“圆锥”对话框，如图 4-38 所示。“圆锥”对话框的“类型”下拉列表框提供了 5 种类型选项：“直径和高度”、“底部直径，高度和半角”、“顶部直径，高度和半角”、“直径和半角”、“两个共轴的圆弧”。

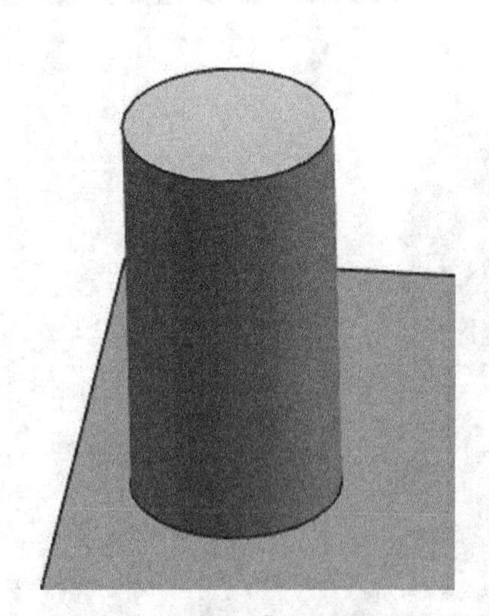

图 4-37 以“圆弧和高度”方式创建的长方体效果

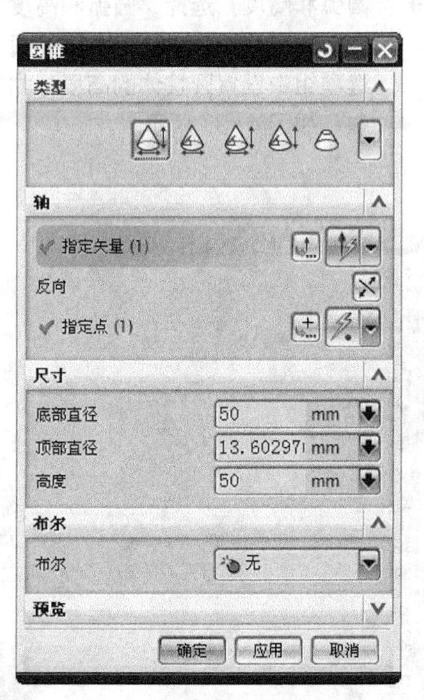

图 4-38 “圆锥”对话框

4. 球

要创建球体，则在“特征”工具栏中单击“球体”按钮，或者在菜单栏中选择“插入”|“设计特征”|“球”命令，系统弹出“球”对话框，如图 4-39 所示。在对话框的“类型”下拉列表框中可以选择创建球体的方式，即“中心点和直径”和“圆弧”。

图 4-39　“球”对话框

四、布尔运算

布尔运算是处理实体造型中多个实体或片体的关系，它包括求和、求差和求交运算。进行布尔运算操作时，首先应选择目标体，再选择工具体。目标体是指要与其他实体或片体合并的实体或片体，而工具体是指修改目标的实体。在完成布尔运算时，工具实体成为目标实体的一部分。目标体只能选取一个，而工具体可选取多个。

1. 求和

求和操作是将两个或两个以上的实体合并为一个实体。也可以多个实体相叠加，形成一个独立的特征。在合并模型时，可以设置合并模型后是否保留原来的模型。

在菜单栏中选择“插入”|“组合”|“求和”命令，系统将弹出如图 4-40 所示的“求和”对话框，依次选取要合并的两个实体后，在“求和”对话框中单击“确定”按钮，即完成实体的求和操作，如图 4-41 所示。其中选取的第一个实体为目标体，第二个实体为工具体。另外，求和运算不适用于片体，也就是说，片体只适用于减运算和求交运算。

- 保存目标：选择该复选框，在执行“求和”命令时，将不会删除选取的目标特征。
- 保存工具：选择该复选框，在执行“求和”命令时，并不删除之前选取的工具特征。
- 均不选择：系统默认情况下，即为两复选框均不选择。

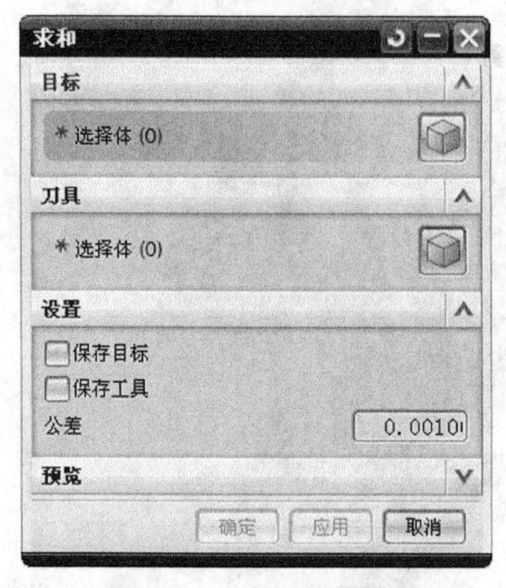

图 4-40　“求和”对话框

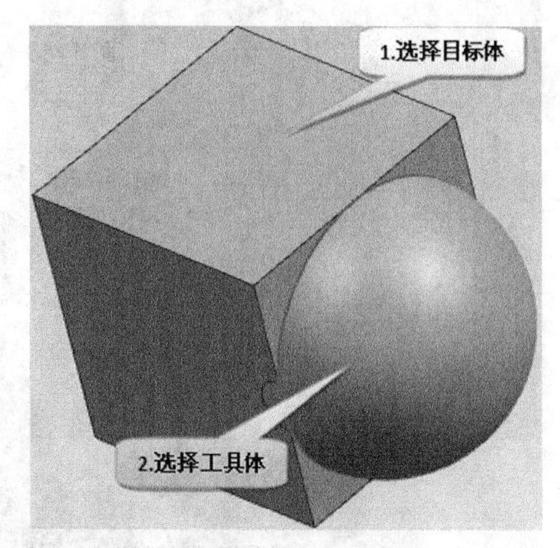

图 4-41　“求和”运算

2. 求差

求差运算操作是从目标体上减去与之相交的工具体，创建新的实体。与求和运算一样，操作时可以设置保留原来的目标体和工具体。

在菜单栏中选择“插入”|“组合”|“求差”命令，系统将弹出如图 4-42 所示的“求差”对话框，求差结果如图 4-43 所示。求差运算的操作方法与求和运算一样。需要注意的是，所选的工具实体必须与目标实体相交，否则，在相减时会产生出错信息。目标体只能有一个，工具体可以有多个。片体和片体之间不能用布尔运算进行相减。

图 4-42 “求差”对话框

3. 求交

求交操作是选取两个或两个以上的实体的公共部分来创建新的实体。其中，工具体必须与目标体具有重合的部分。求交运算的操作方式与求和运算及求差运算的操作方式相同，如图 4-44 所示。

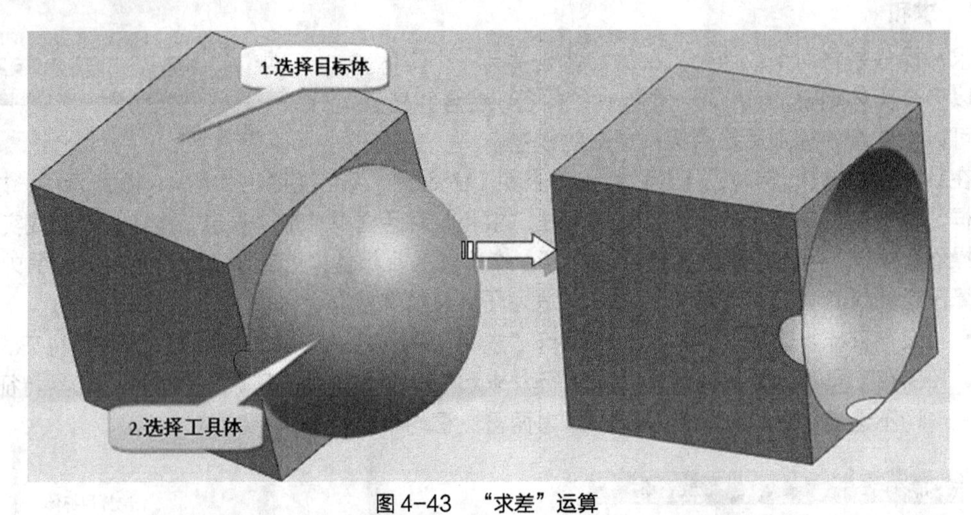

图 4-43 “求差”运算

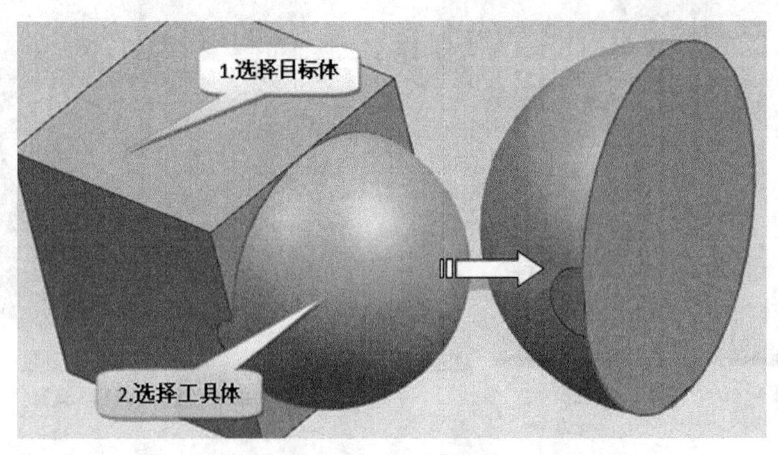

图 4-44 “求交”运算

五、设计特征

设计特征可以用于创建一些比较复杂的实体或片体，UG 常用的设计特征包括拉伸、回转、沿引导线扫掠、管道、孔等。

1. 拉伸

拉伸是将曲线按照一定的距离来拉长。拉伸的对象可以是已有的曲线，也可以是实体模型的边缘曲线。默认情况下，拉伸的对象是实体，用户也可以更改拉伸的类型。拉伸的曲线为封闭曲线时生成的对象是实体对象；拉伸的曲线为开放曲线时生成的对象将是片体。

如果要创建拉伸特征，那么在“特征”工具栏中单击“拉伸”按钮，或者从菜单栏中选择“插入”|“设计特征”|“拉伸”命令，系统弹出一个“拉伸”对话框，如图 4-45 所示。

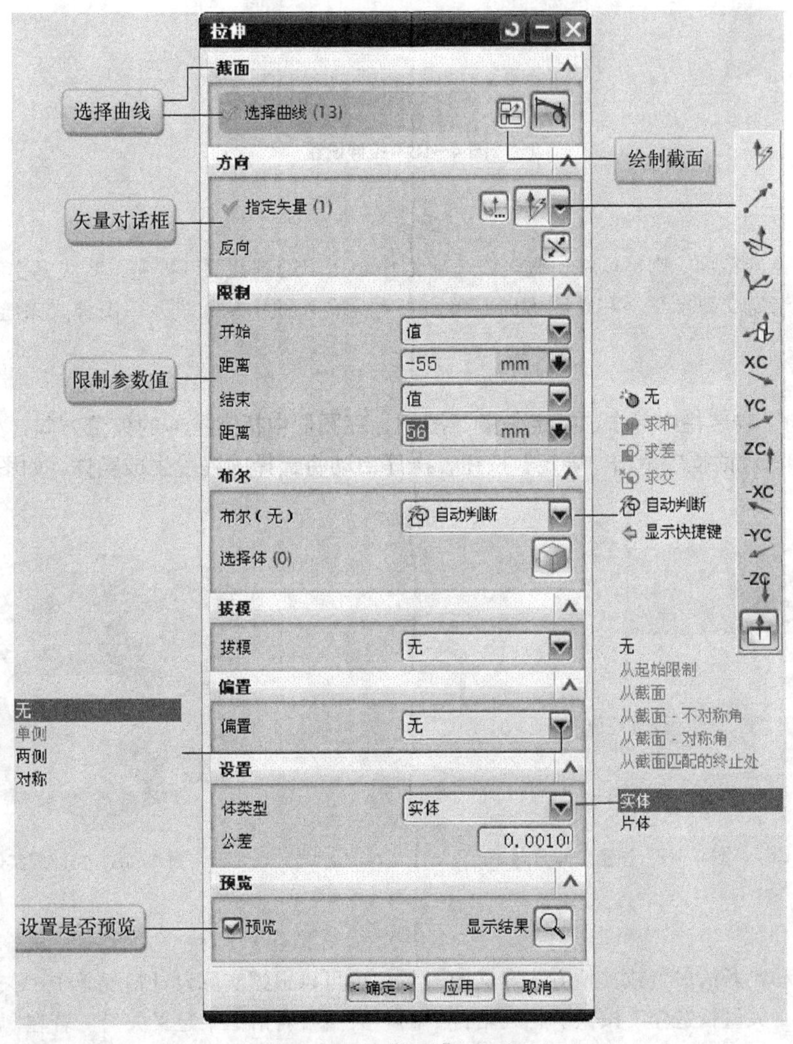

图 4-45 “拉伸”对话框

（1）拉伸为实体。在“截面”卷展栏中单击“选择曲线”按钮，在绘图窗口中选择要拉伸的线段，然后在“限制”卷展栏中输入拉伸参数，如图 4-46 所示。

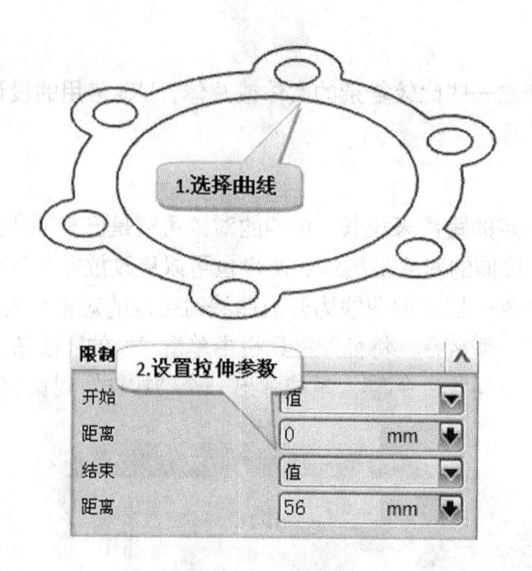

图 4-46　拉伸设置

若不存在所需的截面，则可以在“截面”选项组中单击“绘制截面”按钮，系统弹出“创建草图”对话框，接着定义草图平面和草图方向，单击“确定”按钮，从而进入草图模式来绘制所需的剖面曲线。

在“方向”卷展栏中单击“指定矢量”按钮，在图形中指定拉伸的矢量方向，如图 4-47 所示。在“拉伸”对话框中单击“确定”按钮，程序自动将选择的线段生成实体，如图 4-48 所示。

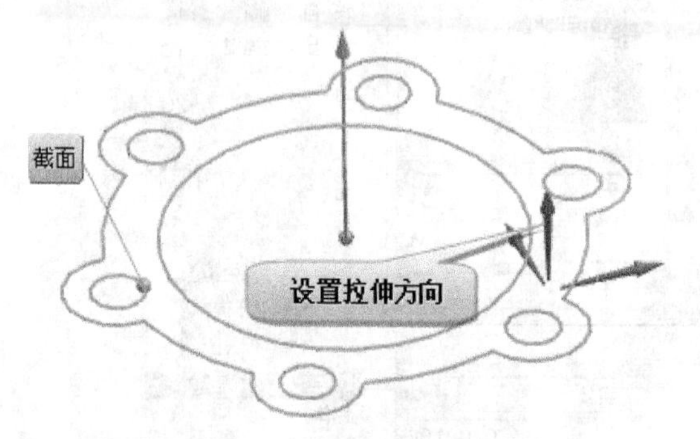

图 4-47　设置拉伸方向

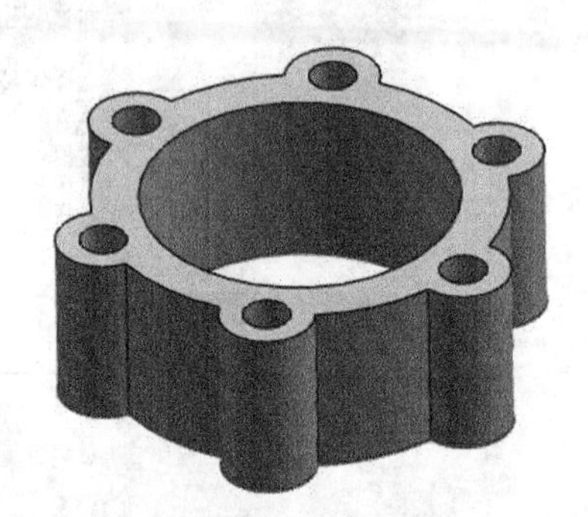

图 4-48　拉伸成实体

可以采用自动判断的矢量或其他方式定义的矢量，也可以根据实际设计情况单击“矢量对话框”按钮（也称“矢量构造器”按钮），利用打开的“矢量”对话框来定义矢量。若在“方向”选项组中单击“反向”按钮，则可以更改拉伸矢量方向。

在选择拉伸曲线的时候，由于选择的曲线不同，生成的拉伸效果也将不同，如图 4-49 和图 4-50 所示。

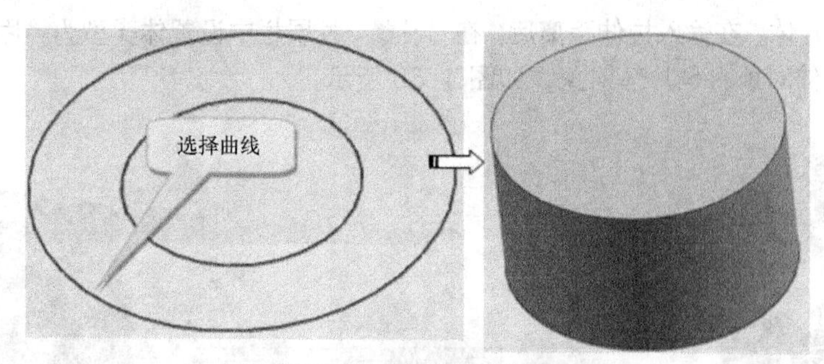

图 4-49　选择外曲线的拉伸效果

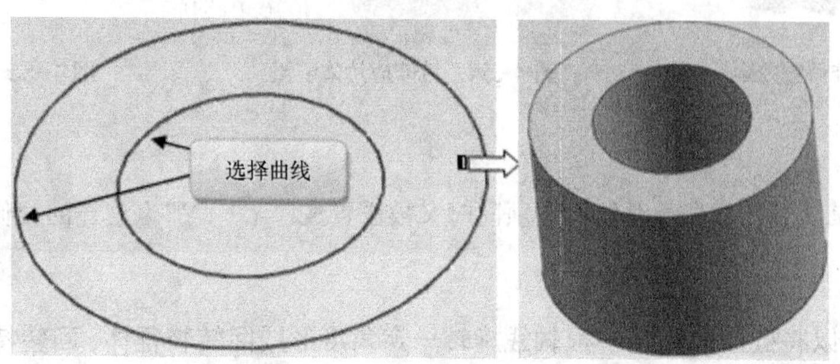

图 4-50　内外曲线同时选择的拉伸效果

（2）拔模拉伸。在拉伸对象的时候还可以添加拔模角度。添加拔模角度后，程序自动将曲线沿拉伸方向进行角度倾斜，如图 4-51 所示。

拔模的角度参数可以为正，也可以为负。

（3）拉伸偏置。在进行拉伸的时候还可以设置偏置距离，但必须先选择要拉伸的曲线才能激活该设置，如图 4-52 所示。设置偏置距离可以创建类似于管道的实体或是将拉伸的曲线进行放大或缩小，如图 4-53 所示。

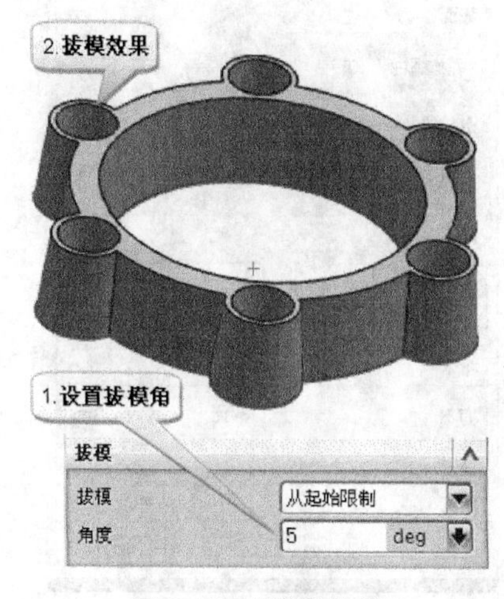

图 4-51　拔模拉伸效果

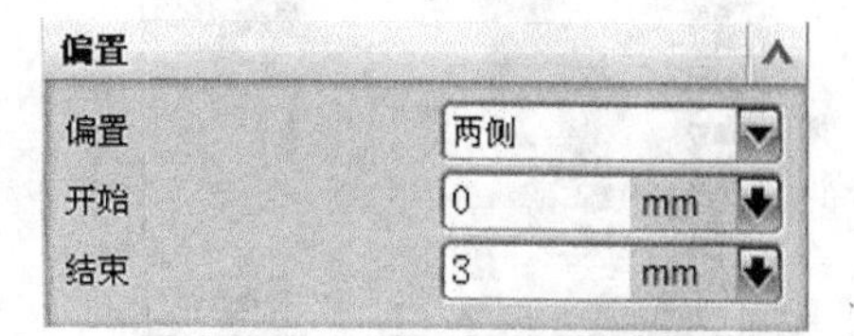

图 4-52　拉伸偏置设置

（4）拉伸成片体。在输入拉伸距离后，在“设置”卷展栏中设置体类型为“片体”，如图 4-54 所示。生成的拉伸对象将是片体对象，如图 4-55 所示。

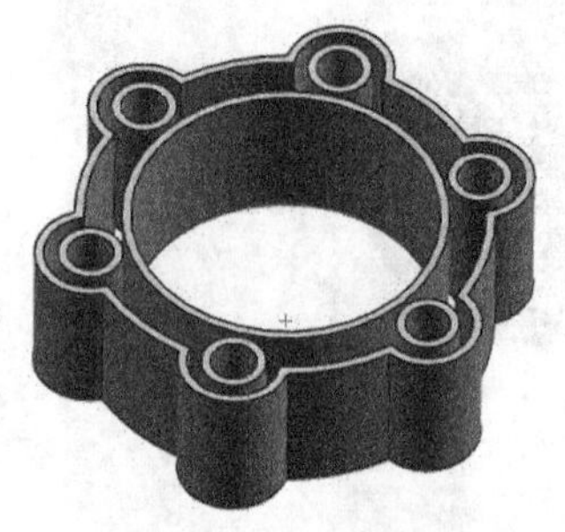

图 4-53 拉伸偏置效果

图 4-54 拉伸成片体设置

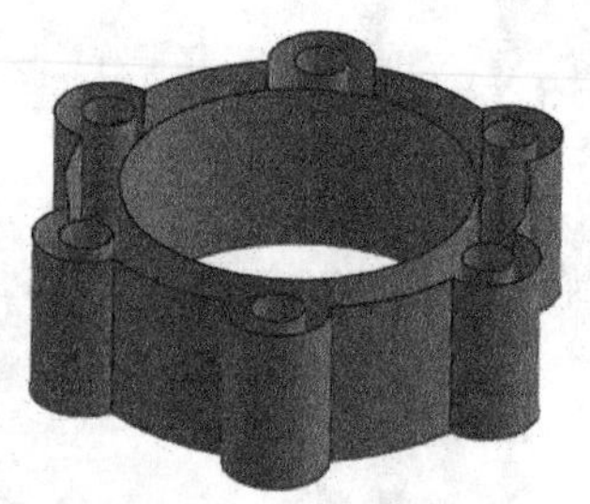

图 4-55 拉伸成片体效果

如果剖面图形是断开的线段，而偏置选项同时又被设置成“无”，那么创建的拉伸特征体为片体。

2. 回转体

回转特征可以将截面曲线绕一根轴线旋转一定角度形成回转特征体，回转特征又被称为旋转特征。

在“特征”工具栏中单击“回转”按钮，或者在菜单栏中选择‘插入”|“设计特征”|“回转”命令，系统弹出如图 4-56 所示的“回转”对话框。“回转”对话框的使用和前面介绍的“拉伸”对话框的使用很相似。

3. 沿引导线扫掠

沿引导线扫掠特征是将实体边线、曲线或草图沿着一定的轨迹进行扫描拉伸成实体或片体。在菜单栏中单击“插入”|“扫掠”|“沿引导线扫掠”命令，系统将弹出如图 4-57 所示的“沿引导线扫掠”对话框。

图 4-56 “回转”对话框

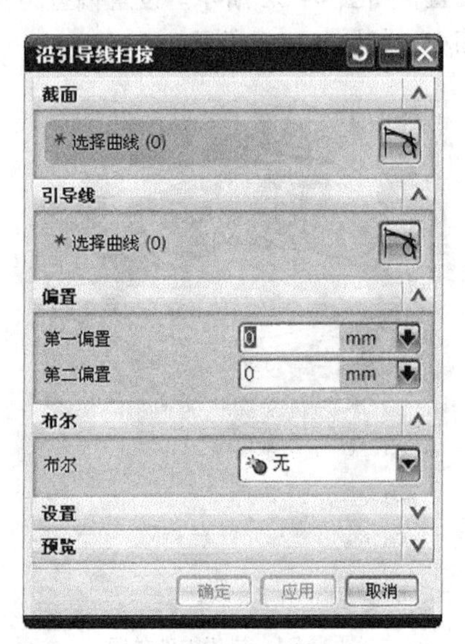

图 4-57 “沿引导线扫掠”对话框

指定引导线是创建此类扫掠特征的关键，它可以是多段光滑连接的曲线，也可以是具有尖角的曲线，但如果引导线具有过小尖角（如某些锐角），可能会导致扫掠失败。如果引导线是开放的，即具有开口，那么最好将截面线圈绘制在引导线的开口端，以防止可能出现预料不到的扫掠结果。

下面以一示例介绍沿引导线扫掠来创建实体的操作方法及步骤。

（1）在菜单栏中选择“插入”|“扫掠”|“沿引导线扫掠”命令，打开 “沿引导线扫掠”对话框。

（2）系统提示为截面选择曲线链，接着在绘图窗口中单击将作为扫描截面的曲线，如图 4-58 所示。

（3）在“沿引导线扫掠”对话框的“引导线”选项组中，单击“曲线”按钮，接着在绘图窗口中单击另一条相连曲线作为引导线的曲线链，如图 4-58 所示。

（4）在“偏置”选项组中，将“第一偏置”设置为 0mm，将“第二偏置”设置为 2mm；在“设置”选项组的“体类型”下拉列表框中选择“实体”选项，接受默认的“尺寸链公差”和“距离公差”，如图 4-59 所示。

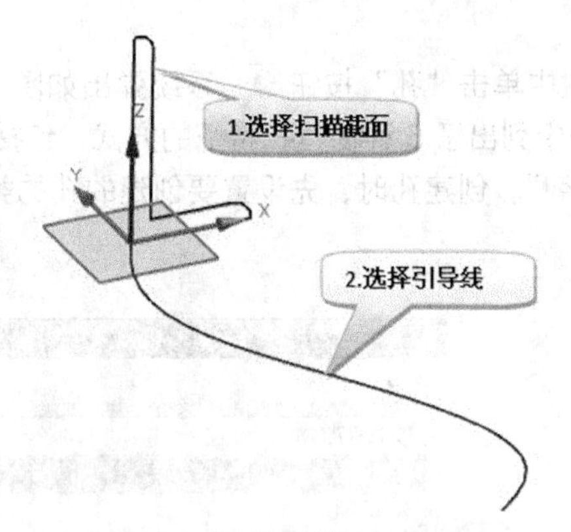

图 4-58 选择扫描截面和引导线

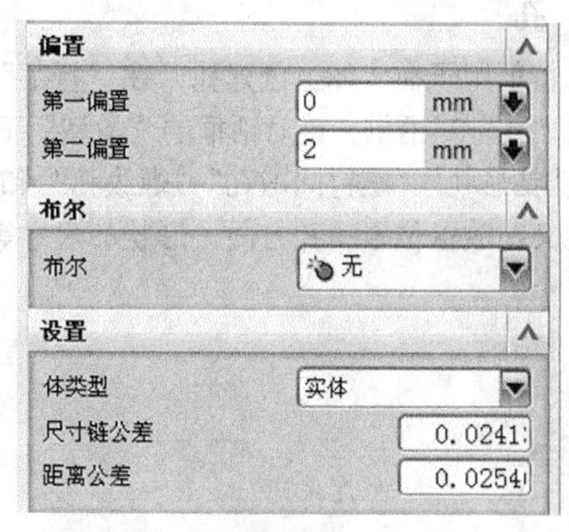

图 4-59 沿引导线扫掠参数设置

（5）在“沿引导线扫掠”对话框中单击“确定”按钮，创建引导线扫掠特征，如图 4-60 所示。

4. 管道

管道造型主要是构造各种管道实体。在菜单栏中单击“插入”|“扫掠”|“管道”命令，系统弹出如图 4-61 所示的“管道”对话框。

该对话框中的“横截面”选项组用于设置管道外径和内径。“外径”文本框用于设置管道外径，其值必须大于 0；“内径”文本框用于设置管道内径，其值必须大于或等于 0，且必须小于“外径”值。“设置”选项用于设置管道面的类型，“多段”选项用于设置管道为多段面的复合面。“单段”选项用于设置管道有一段或两段表面，且均为简单的 B 曲面，当“内径”等于 0 时，只有一段表面。

以下将以一实例介绍“管道”命令的用法。

（1）在菜单栏中单击“插入”|“扫掠”|“管道”命令。

（2）在绘图区内选择如图 4-62 所示的曲线。

（3）在“管道”对话框中输入管道的内径值为 13，外径值为 15，并确定输入类型为多段。

（4）单击“确定”按钮，系统生成如图 4-62 所示的封闭管道。

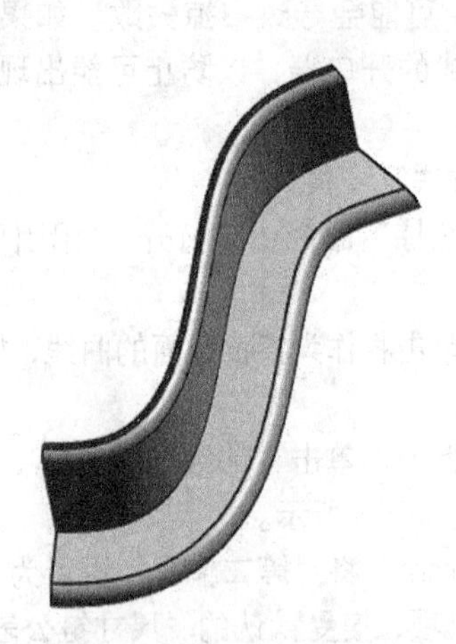

图 4-60 沿引导线扫掠结果

图 4-61 “管道”对话框

5. 孔

孔特征用于在实体上创建孔，在“特征”工具栏中单击“孔”按钮，系统弹出如图 4-63 所示的“孔”对话框，该对话框的“类型”下拉列表中列出了 5 种创建孔特征的方式，包括“常规孔”“钻形孔”“螺钉间隙孔”“螺纹孔”和“孔系列”。创建孔时，先设置要创建的孔的类型，然后定义孔放置位置、孔方向、形状和尺寸等参数。

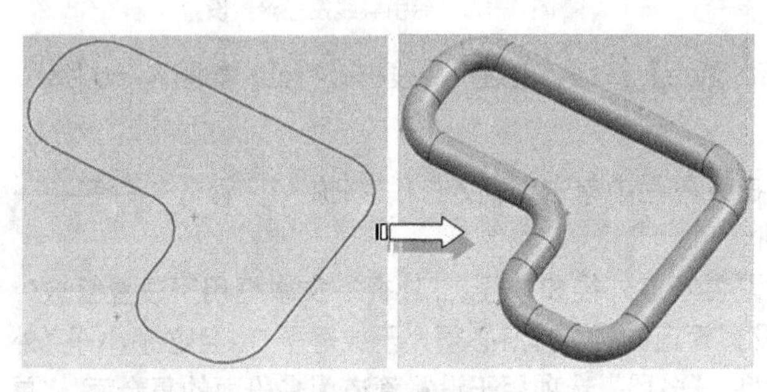

图 4-62 创建管道

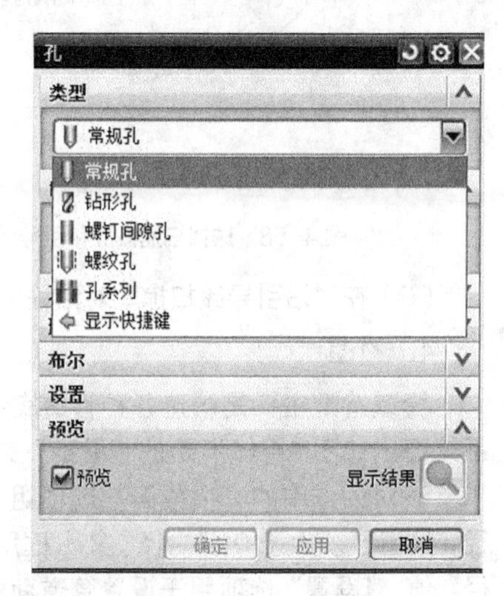

图 4-63 “孔”对话框

6. 垫块

“垫块”命令的作用是向实体添加材料，或用沿矢量对截面进行投影生成的面来修改片体，创建垫块的示例如图 4-64 所示。

单击“特征”工具栏中的“垫块”按钮，系统弹出如图 4-65 所示的“垫块”对话框。在对话框中可以选择“矩形”或者“常规”垫块构造方式，矩形垫块比较简单且规则，常规垫块比较复杂但灵活。

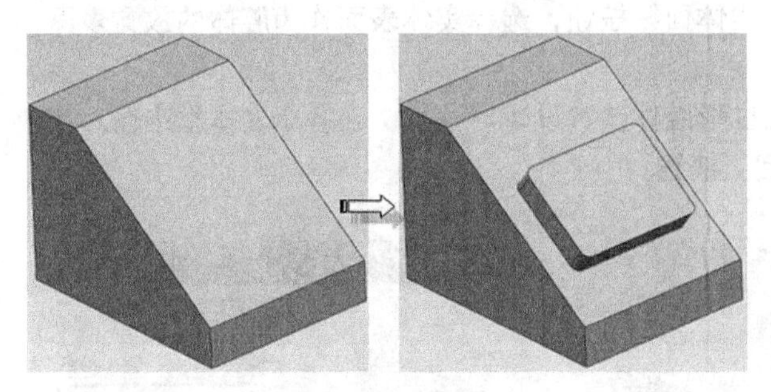

图 4-64 创建垫块

图 4-65 “垫块”对话框

7. 腔体

腔体是指从实体移除材料，它可以在模型表面上向实体内建立圆柱形或方形的腔，也可以建立由封闭曲线规定形状的一半腔，其类型主要包括柱形腔体、矩形腔体和一般腔体。

要在实体模型上创建腔体，则在“特征”工具栏中单击“腔体”按钮，系统弹出“腔体”对话框，如图 4-66 所示。该对话框提供了 3 种腔体的类型按钮，包括“柱坐标系”、“矩形”和“常规”，下面介绍这 3 种腔体的创建知识。

（1）“柱坐标系”腔体

在“腔体”对话框中单击“柱坐标系”按钮，打开如图 4-67 所示的“圆柱形腔体”对话框，利用该对话框指定圆柱形腔体的放置面，然后定义圆柱形腔体的参数（包括腔体直径、深度、底面半径和锥角，如图 4-68 所示）以及定位尺寸。

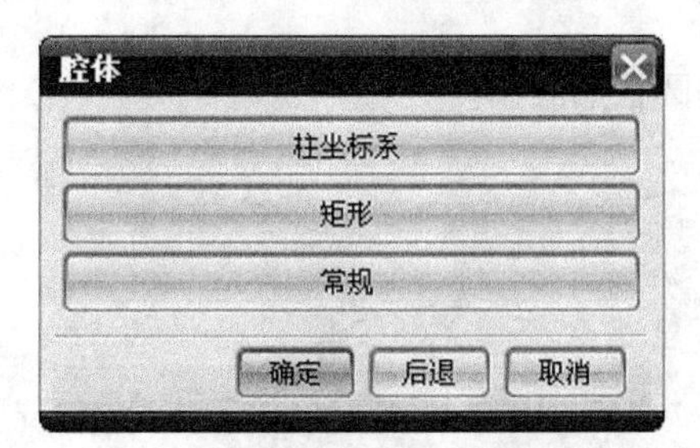

图 4-66 “腔体”对话框

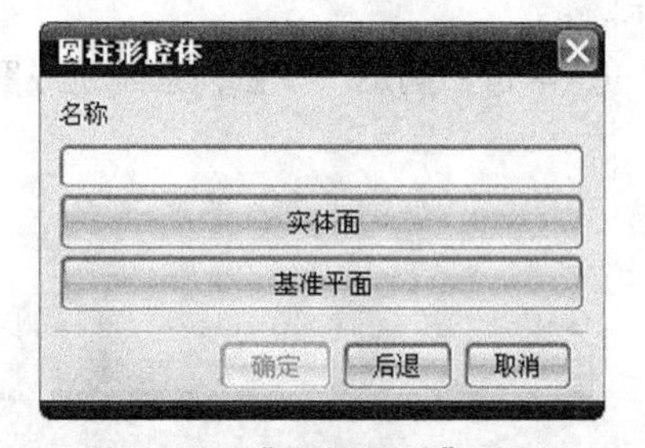

图 4-67 “圆柱形腔体”对话框

“圆柱形腔体”对话框中提供了“实体面”和“基准平面”两种腔体的放置方式，它们的基本含义如下。

- 实体面：选择实体表面作为腔体的放置表面。
- 基准平面：选择一个基准平面作为腔体的放置平面，用户可以选择“接受默认边”方向或“反向默认侧”方向作为腔体的生成方向。

下面将以一实例介绍圆柱形腔体的创建方法。

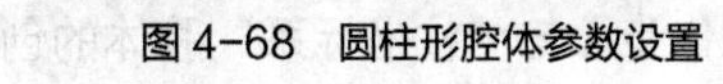

图 4-68 圆柱形腔体参数设置

① 在“特征”工具栏中单击“腔体”按钮，系统弹出“腔体”对话框。

② 在“腔体”对话框中单击“柱坐标系”按钮，系统弹出“圆柱形腔体”对话框。

③ 在“圆柱形腔体”对话框中单击“实体面”按钮，选择实体表面作为腔体的放置表面，如图 4-69 所示。

④ 确认腔体的放置面后，系统弹出圆柱形腔体参数设置对话框，在各个文本框中输入相应的参数，如图 4-70 所示，然后单击“确定”按钮。

图 4-69 腔体放置面

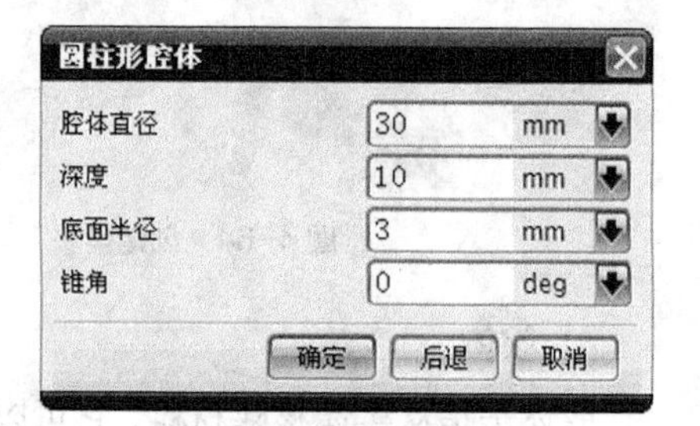

图 4-70 腔体参数设置

“腔体直径”和“深度”分别指的是圆柱形腔体的直径和型腔深度；“底面半径”指的是圆柱形型腔底面的圆弧半径。它必须大于或等于 0，小于腔体的深度，而且小于或等于腔体直径的一半。

⑤ 完成腔体放置面和参数设置后，系统弹出“定位”对话框，定位方法同孔的定位方法类似，因此不再赘述，此例中，圆柱形腔体中心点距左边 100mm，并位于条块的中心，如图 4-71 所示。

⑥ 单击“确定”按钮，系统生成图 4-71 所示的圆柱形腔体。

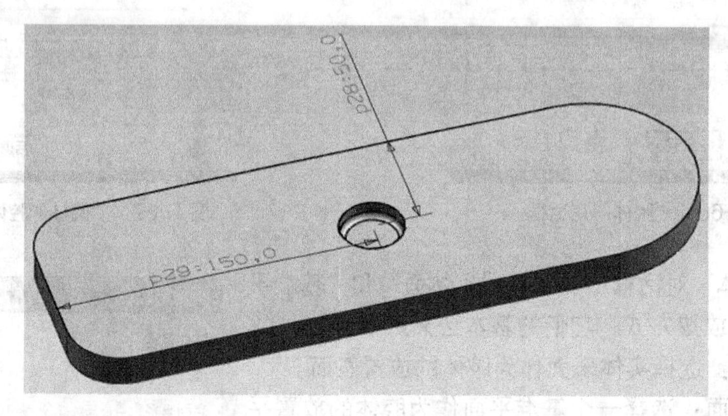

图 4-71 创建圆柱形腔体

(2)“矩形”腔体

在“腔体”对话框中单击“矩形”按钮，系统弹出如图 4-72 所示的“矩形腔体”对话框。其操作步骤与“柱坐标系”腔体的创建步骤类似。选择实体表面为腔体放置表面，单击“确定”按钮，系统弹出图 4-73 所示的矩形腔体参数设置对话框。

图 4-73 所示矩形腔体参数设置中各参数含义如下。

- 长度：设置矩形腔体的长度，沿水平参考方向进行测量。

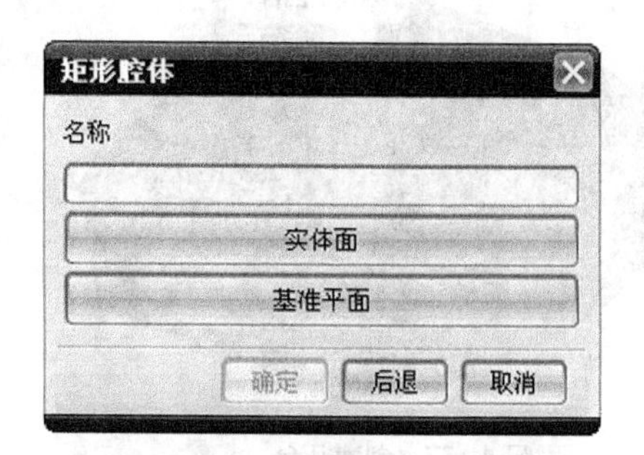

图 4-72　“矩形腔体”对话框

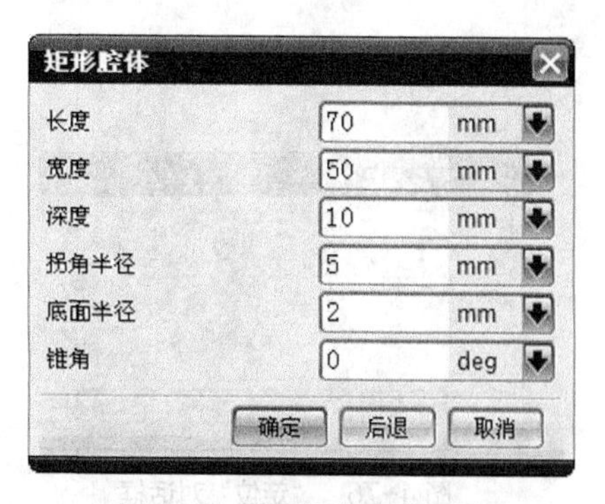

图 4-73　矩形腔体参数设置

- 宽度：设置矩形腔体的宽度，沿垂直参考方向（或水平参考垂直的方向）进行测量。
- 深度：设置矩形腔体的深度，从放置平面沿腔体的生成方向进行测量。
- 拐角半径：设置沿矩形腔体深度棱边处的圆弧半径，其值必须大于或等于 0，小于长度和宽度的一半。
- 底面半径：设置矩形型腔底面周边的圆弧半径，其值必须大于或等于 0，小于或等于拐角半径，小于矩形腔体的深度。
- 锥角：设置矩形腔体的拔模角度，该角度是腔体侧壁与垂直方向的夹角。

8. 凸台

凸台可以很方便地在实体的平面上添加一个圆柱形凸台，该凸台具有指定直径、高度和锥角的结构。下面结合一具体实例介绍凸台命令的使用方法。

（1）单击“特征”工具栏中的“凸台”按钮，系统弹出如图 4-74 所示的“凸台”对话框。

（2）单击如图 4-75 所示实体表面为凸台的放置面。

图 4-74　“凸台”对话框

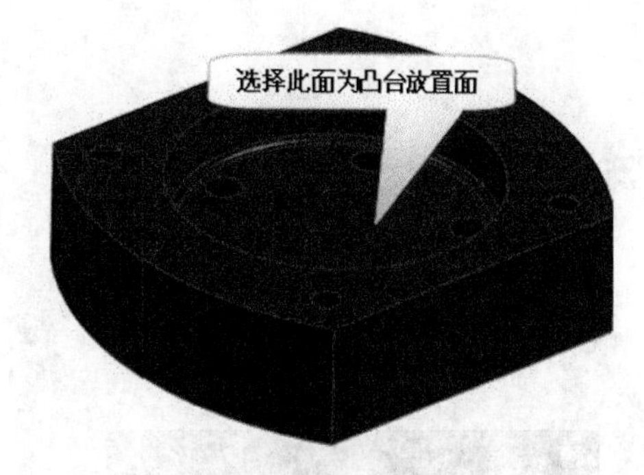

图 4-75　选择凸台放置面

（3）设置凸台的参数，包括设置直径、高度和锥角参数，具体参数设置如图 4-74 所示。

（4）在“凸台”对话框中单击“确定”按钮或“应用”按钮。

（5）系统弹出图 4-76 所示的“定位”对话框。利用“定位”对话框中的相关定位工具创建所需的定位尺寸来定位凸台。

（6）单击“确定”按钮或“应用”按钮，结果如图 4-77 所示。

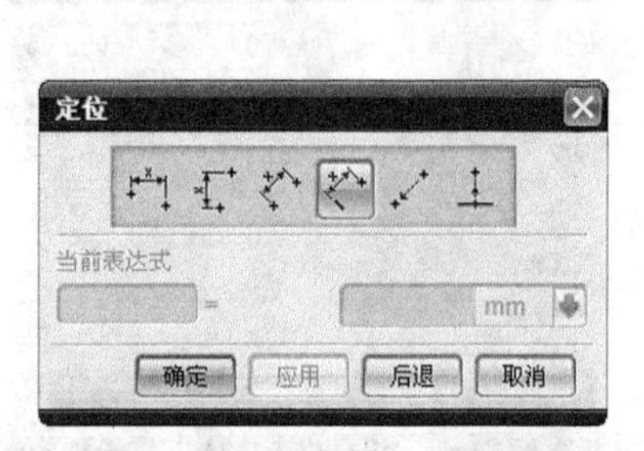

图 4-76 “定位”对话框

图 4-77 创建凸台

9. 沟槽

“沟槽”命令可以将一个外部或内部槽添加到一个实体的圆柱形或锥形表面。选择菜单工具栏中的“插入”|“设计特征”|“沟槽”命令，系统将弹出如图 4-78 所示的“槽”对话框，槽的类型包括“矩形”“球形端槽”和“U 形槽”。

10. 螺纹

螺纹是指对旋转体表面创建的螺纹特征。创建的螺纹有两种类型：一种是用符号表示出来的；另一种是切割出螺纹的具体形状。用户可以根据创建螺纹的需要来选择螺纹的类型。

在菜单栏中选择“插入”|“设计特征”|“螺纹”命令或者在“特征”工具栏中单击“螺纹”按钮，系统弹出如图 4-79 所示的“螺纹”对话框，表 4-1 中列出了该对话框中的主要选项的含义。

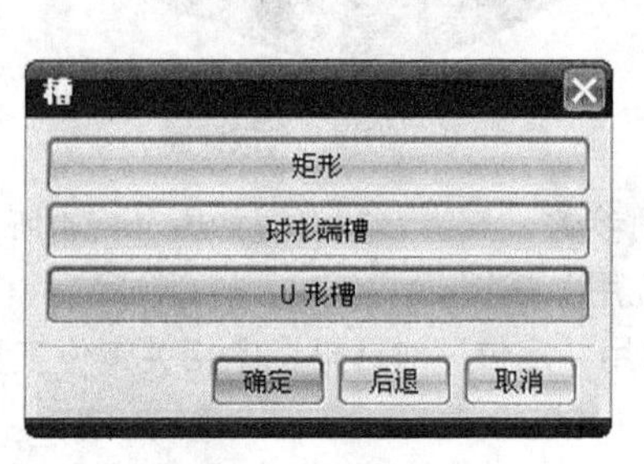

图 4-78 “槽”对话框

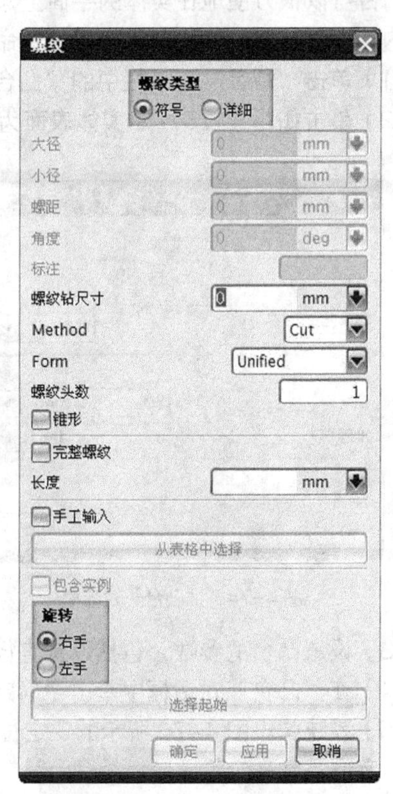

图 4-79 “螺纹”对话框

表 4-1 “螺纹”对话框中各选项含义

序号	选项	含义
1	符号	该类型用于创建符号螺纹，符号螺纹是指用虚线圆表示，而不显示螺纹实体，在工程图中用于表示螺纹和标注螺纹
2	详细	该类型用于创建细节螺纹，选择该单选按钮后出现“螺纹”对话框
3	大径	该文本框用于设置螺纹大径，默认值是根据所选择的圆柱面直径和内、外螺纹的形式螺纹参数得到的
4	小径	该文本框用于设置螺纹小径，默认值是根据所选择的圆柱面直径和内外螺纹的形式螺纹参数得到的
5	螺距	该文本框用于设置螺距，默认值是根据所选择的圆柱面查螺纹参数表得到的
6	角度	该文本框用于设置螺纹牙型角，默认值为螺纹的标准值 60°
7	标注	该文本框用于标记螺纹，默认值是根据所选择的圆柱面查螺纹参数表得到的
8	螺纹钻尺寸	该文本框用于设置螺纹轴的尺寸或内螺纹的钻孔尺寸，查螺纹参数表得到
9	Method	Method 下拉列表框用于指定螺纹的加工方法，包含 Cut（车螺纹）、Rolled（滚螺纹）、Ground（磨螺纹）和 Milled（扎螺纹）4 个选项
10	Form	用于指定螺纹的标准，共有 12 种
11	螺纹头数	该文本框用于设置创建单头或多头螺纹的头数
12	长度	该文本框用于设置螺纹的长度，默认值是根据所选择的圆柱面查螺纹参数表得到的，螺纹长度从起始面开始设置
13	手工输入	该复选框用于设置从键盘输入螺纹的基本参数
14	从表格中选择	该按钮用于指定螺纹参数从螺纹参数表中选择
15	包含实例	选择该复选框，对阵列特征中的一个成员进行操作，则该阵列中的所有成员全部被攻螺纹
16	旋转	该选项组用于指定螺纹的旋转方向，包括右手和左手两个选项
17	选择起始	该按钮用于指定一个实体平面或基准平面作为螺纹的起始位置

11. 凸起

使用“凸起”命令可以在实体曲面上生成与封闭曲线在该曲面上的投影一致的实体，如图 4-80 所示。

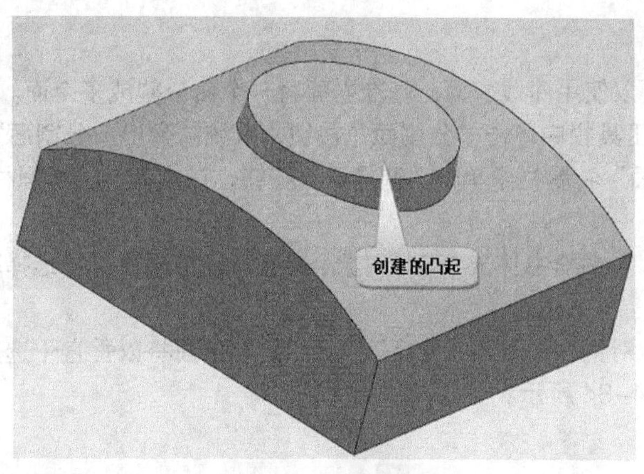

图 4-80　创建凸起

选择“插入”|“设计特征”|“凸起”命令，或者在“特征”工具栏中单击“凸起”按钮，系统将打开如图 4-81 所示的“凸起”对话框。

图 4-81 “凸起”对话框

六、修剪特征

1. 分割面

“分割面”命令可以使用曲线、面、基准平面将一个面分割成多个面。

（1）在“特征”工具栏中单击“分割面”按钮，系统将弹出“分割面”对话框，如图 4-82 所示。在“要分割的面”卷展栏中单击“选择面”按钮，在模型上选择圆柱面为要分割的面，如图 4-83 所示。

（2）在“分割面”对话框中单击“选择对象”按钮，在绘图窗口中选择基准平面为分割对象，如图 4-83 所示。

（3）在“分割面”对话框中单击“确定”按钮，基准平面将以垂直于选定面的方向切割平面，并显示分割线，如图 4-84 所示。

2. 修剪体

修剪实体是将实体一分为二，保留一边而切除另一边，并且仍然保留参数化模型。其中修剪的基准面和片体相关，实体修剪后仍保留参数化实体。

图 4-82 “分割面”对话框

图 4-83 选择分割面和分割对象

（1）在菜单栏中选择“插入”|“修剪”|“修剪体”命令，或者在“特征”工具栏中单击“修剪体”按钮，系统弹出如图 4-85 所示的“修剪体”对话框。

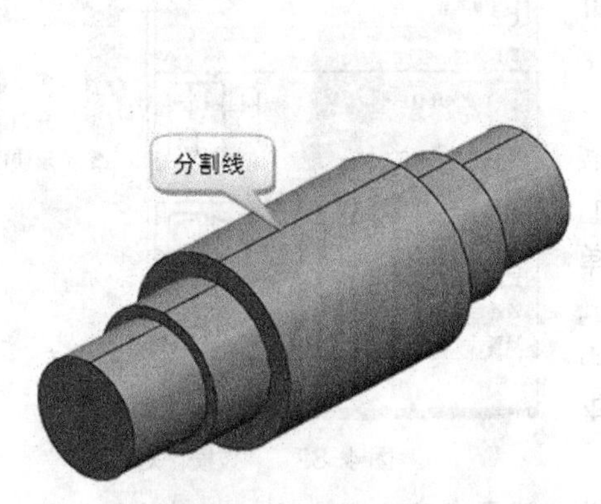

图 4-84 分割面效果

图 4-85 “修剪体”对话框

（2）在该对话框中，先单击“目标”选项组中的“选择体”按钮，然后选择绘图区中需要分割的实体。

（3）在“刀具”选项组的“刀具选项”下拉列表中选择“面或平面”选项，并单击“选择面或平面”按钮，然后选择如图 4-86 所示的基准面。

（4）单击“确定”按钮，完成对实体的裁剪，如图 4-87 所示。

七、细节特征

在 UG NX 8.0 中，细节特征是对实体特征的必要补充，利用细节特征工具可以创建更加复杂的特征。可以对实体特征添加的细节特征包括拔模、边倒圆、面倒圆、软倒圆、倒斜角等。

1. 拔模

拔模是指对实体的面创建一定的倾斜角度，使设计的注塑和压铸模具等产品具有一定的拔模斜度，以达到生产时顺利脱模的目的。可以选择“从平面”“从边”“与多个面相切”“至分型边”等多种拔模类型对实体进行拔模。

图 4-86　选择修剪目标和修剪工具

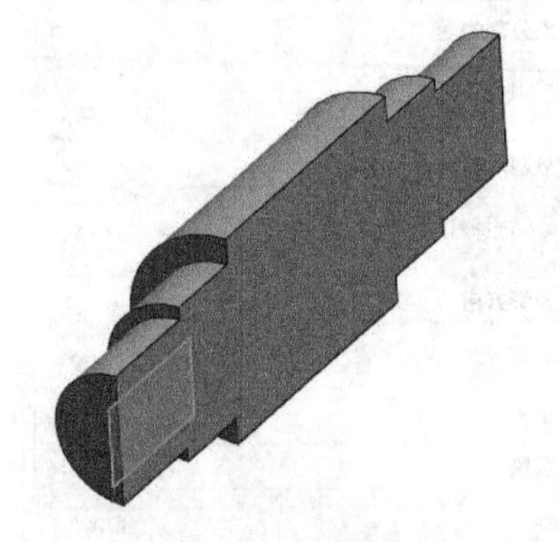

图 4-87　实体修剪结果

在“特征”工具栏中单击“拔模”按钮，或选择菜单栏中的“插入”|“细节特征”|“拔模”命令，系统弹出如图 4-88 所示的“拔模”对话框，在“类型”下拉列表框中包括 4 种拔模类型，即“从平面”“从边”“与多个面相切”“至分型边”。

（1）从平面。“从平面”拔模先要指定脱模方向，然后在实体中选择固定平面，最后选择要拔模的面并设置拔模角度。“从平面”拔模类型的操作步骤如下。

① 在“特征”工具栏中单击“拔模”按钮，系统将弹出“拔模”对话框，在“类型”下拉列表中选择拔模类型为“从平面”，默认脱模方向为 *z* 轴。

② 在“拔模”对话框的“固定面”卷展栏中单击“选择平面”按钮，然后在模型上选择固定平面。

③ 在“拔模”对话框“要拔模的面”卷展栏中单击“选择面”按钮，然后在模型中选择竖直平面为要拔模的面，如图 4-89 所示。

图 4-88　“拔模”对话框

④ 在“拔模”对话框的“要拔模的面”卷展栏中设置角度为 20，单击“确定”按钮，创建的拔模面如图 4-90 所示。

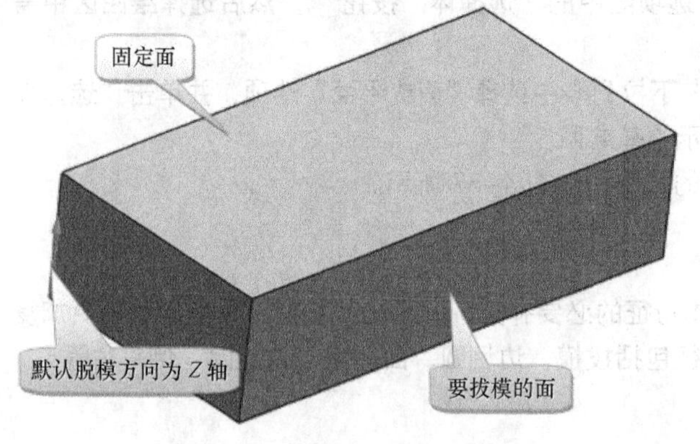

图 4-89　设置固定面和拔模面

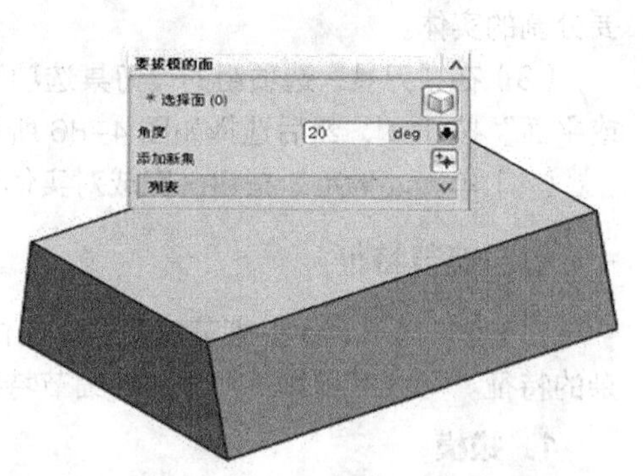

图 4-90　“从平面”实体拔模结果

注意

可以同时选择多个拔模面，且每个拔模面的拔模角度可不相同。

（2）从边。“从边”拔模是指选择固定边缘，在脱模方向上与边相连的实体面将被拔模。“从边”拔模类型的操作步骤如下。

① 在“特征”工具栏中单击“拔模”按钮，系统将弹出“拔模”对话框，设置拔模类型为“从边”，默认脱模方向为 z 轴，如图 4–91 所示。

② 在“拔模”对话框的“固定边缘”卷展栏中单击“选择边”按钮，然后选择实体下方的边，此时可预览拔模结果，如图 4–91 所示。也可以通过“固定边缘”选项组中的“反侧”按钮变换拔模方向。

③ 在“拔模”对话框的“固定边缘”卷展栏中设置角度为 20，单击“确定”按钮，创建的拔模面如图 4–92 所示。

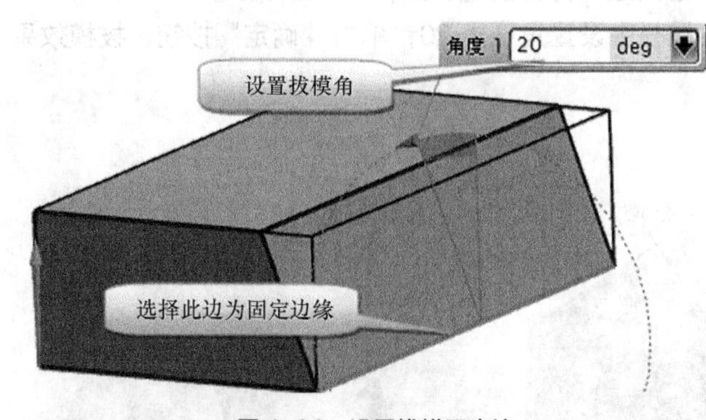

图 4–91 设置拔模固定边

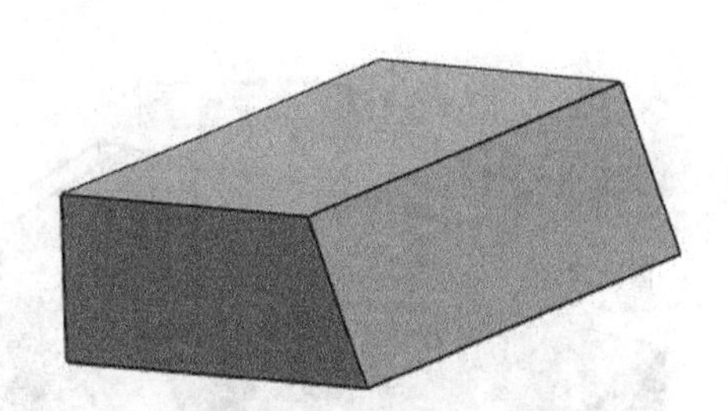

图 4–92 “从边”实体拔模结果

（3）与多个面相切。与多个面相切是指对实体中具有相切的面拔模时需要使用的拔模方法。“与多个面相切”拔模类型的操作步骤如下。

① 在“特征”工具栏中单击“拔模”按钮，系统将弹出“拔模”对话框，设置拔模类型为“与多个面相切”，默认脱模方向为 z 轴，如图 4–93 所示。

② 在“拔模”对话框的“相切面”卷展栏中单击“选择面”按钮，然后在模型中选择相切面，如图 4–93 所示。

③ 在“拔模”对话框的“相切面”卷展栏中设置角度为 20，单击“确定”按钮，拔模效果如图 4–94 所示。

（4）至分型边。至分型边是指定一个固定平面，固定平面上的边作为分型边，程序将对分型边上方和下方的实体面拔模。“至分型边”拔模类型的操作步骤如下。

① 在“特征”工具栏中单击“拔模”按钮，系统将弹出“拔模”对话框，设置拔模类型为“至分型边”，默认脱模方向为 z 轴，如图 4–95 所示。

② 在“拔模”对话框的“固定面”卷展栏中单击“选择平面”按钮，然后在模型中选择水平面为固定面，如图 4–95 所示。

③ 在“拔模”对话框的“分型边”卷展栏中单击“选择边”按钮，然后在模型中选择固定平面上的边作为分型边，如图 4–95 所示。

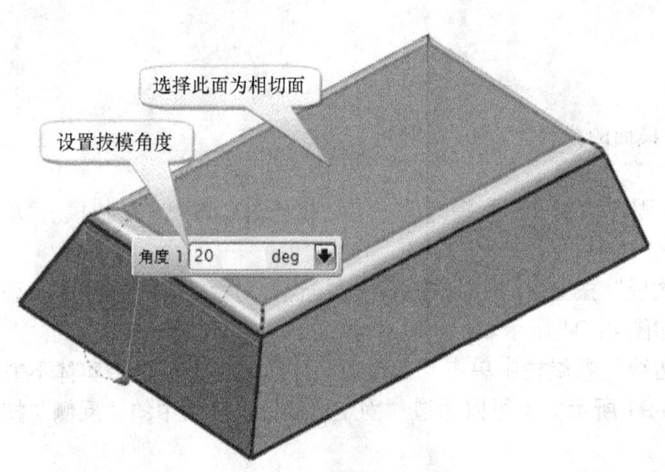

图 4-93　设置拔模相切面

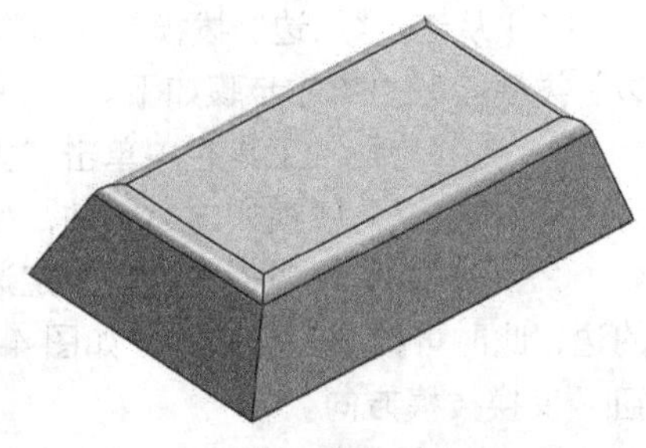

图 4-94　“与多个面相切”实体拔模结果

④ 在实体的另一侧继续选择固定平面上的边作为分型边，如图 4-95 所示。

⑤ 在“拔模”对话框的“分型边”卷展栏中设置角度为 20，单击“确定”按钮，拔模效果如图 4-96 所示。

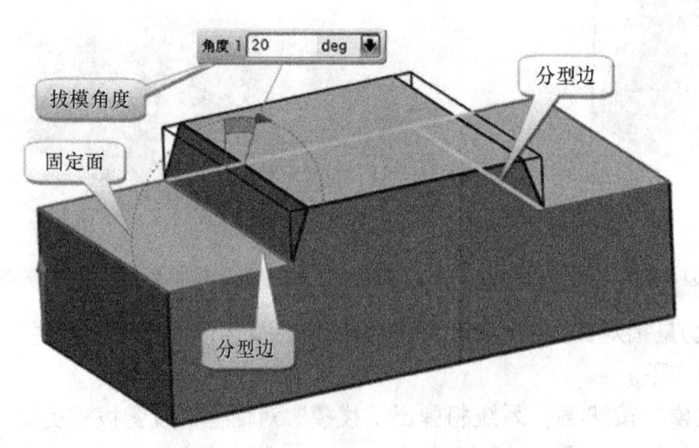

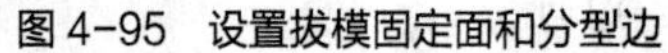

图 4-95　设置拔模固定面和分型边

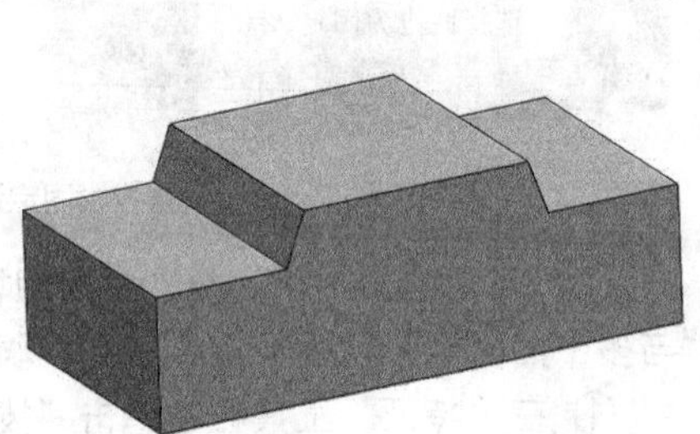

图 4-96　“至分型边”实体拔模结果

2. 边倒圆

边倒圆是指对选定面之间的锐边进行倒圆处理，其半径可以是常数或变量。对于凹边，边倒圆操作会添加材料；对于凸边，边倒圆操作会减少材料。在“特征”工具栏中单击“边倒圆”按钮，或者在菜单栏中选择“插入”|“细节特征”|“边倒圆”命令，系统弹出如图 4-97 所示的“边倒圆”对话框。

用“边倒圆”命令对实体进行倒圆角操作，可实现简单倒圆角和变半径倒圆角两种功能。对实体边进行简单倒圆时，同一实体边的圆角半径不能改变。对实体边进行变半径倒圆时，可通过修改控制点处的圆角半径，从而实现一个实体边内出现不同圆角半径的目的。修改圆角半径的方法是：先在半径列表中选择某个控制点，然后输入半径即可。该选项只有选择了一个控制点才会被激活。

下面介绍变半径倒圆角的操作步骤。

图 4-97 “边倒圆”对话框

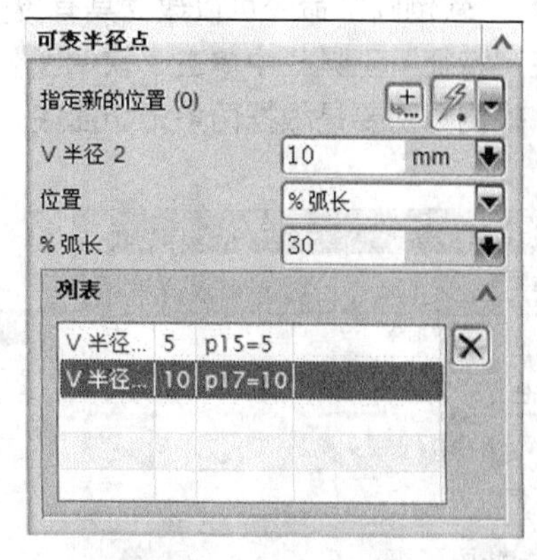

图 4-98 可变半径参数

（1）在“特征”工具栏中单击“边倒圆”按钮，弹出“边倒圆”对话框。

（2）选择要倒圆角边，然后在“Radius1”文本框中输入圆角半径值为 10。输入完成后，在如图 4-98 所示的“可变半径点”选项组的“指定新的位置”选项中，通过捕捉点或点构造器在边倒圆中输入变半径线段的起始位置点和终止位置点，系统提供预览效果如图 4-99 所示，并在文本框内输入该段圆角半径分别为 5 和 10。

（3）单击“确定”按钮，系统生成如图 4-100 所示的变半径倒圆角结果。

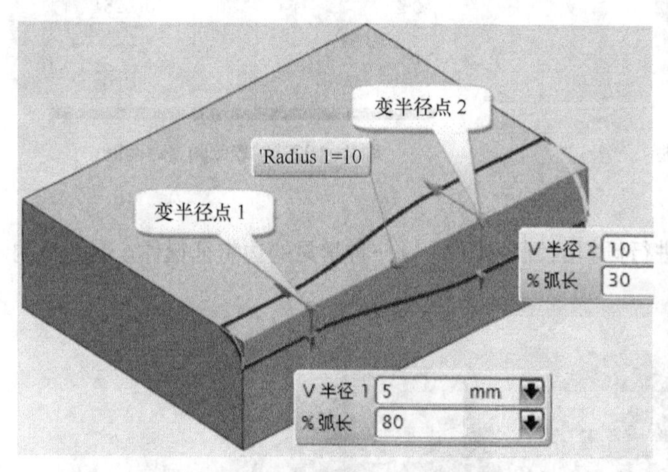

图 4-99 指定倒圆角的边和变半径点

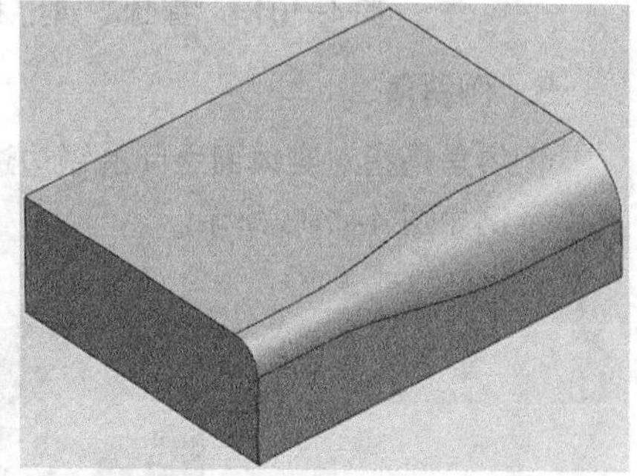

图 4-100 变半径倒圆角结果设置

3. 面倒圆

面倒圆是指在选定的两个实体面或曲面之间添加一个圆角曲面，该圆角曲面的横截面形状有 3 种类型，分别是圆形、二次曲线和规律控制。在“特征”工具栏中单击“面倒圆”按钮，弹出“面倒圆”对话框，如图 4-101 所示。“类型”下拉列表列出了面倒圆的两种类型，即两个定义面链和 3 个定义面链。对话框的“倒圆横截面”选项组的“指定方位”下拉列表中列出了倒圆横截面的两个类型：滚球和扫掠截面。

4. 软倒圆

软倒圆是指沿着相切控制线相切于指定的面，选项操作过程同面倒圆相似。相较于其他倒圆角命令，“软倒圆”命令可以建立具有更多美感的圆角。

在“特征”工具栏中单击“软倒圆”按钮，系统将弹出如图 4-102 所示的“软倒圆”对话框。软倒圆主要是根据两条相切曲线，以及形状控制参数来控制软倒圆形状。

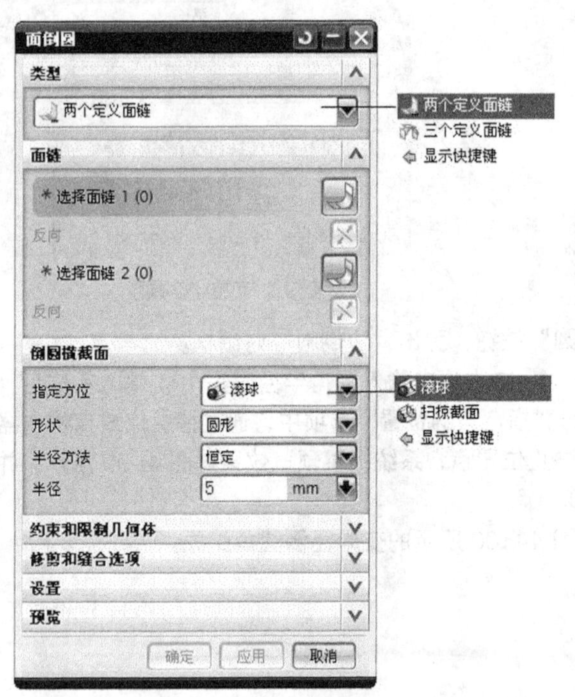

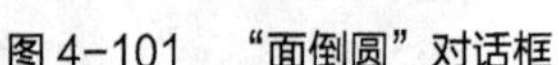
图 4-101 “面倒圆”对话框

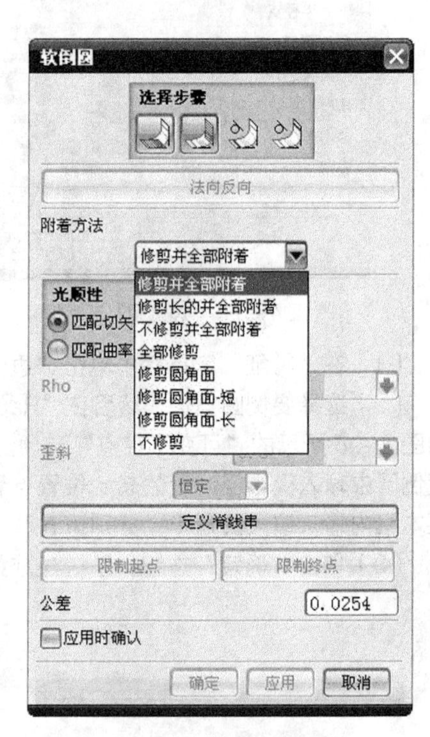

图 4-102 “软倒圆”对话框

5. 倒斜角

倒斜角是指对实体面之间的锐边进行倾斜的倒角处理，是一种常见的边特征操作。倒斜角的典型示例如图 4-103 所示。

图 4-103 倒斜角

在“特征”工具栏中单击“倒斜角”按钮，或者在菜单栏中选择“插入”|“细节特征”|“倒斜角”命令，打开图 4-104 所示的“倒斜角”对话框。

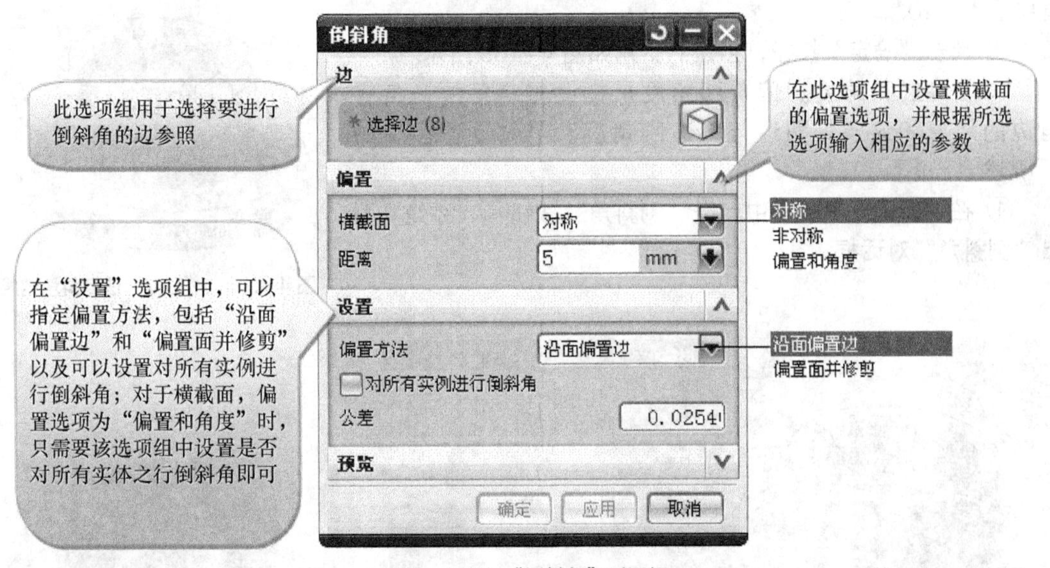

图 4-104 “倒斜角”对话框

倒斜角的方式有“对称”“非对称”和“偏置和角度”3 种，以下将结合实例介绍如何对实体进行简单倒斜角。

（1）对称。对称是指斜角横截面的直角边相等。具体操作步骤如下所述。

① 在“特征”工具栏中单击“倒斜角”按钮，系统将弹出“倒斜角”对话框。

② 选择如图 4-105 所示实体边为要倒斜角的边，在“倒斜角”对话框的“偏置”选项组的“横截面”下拉列表中选择“对称”选项，在“距离”文本框中输入“5”，设置倒角距离为 5。

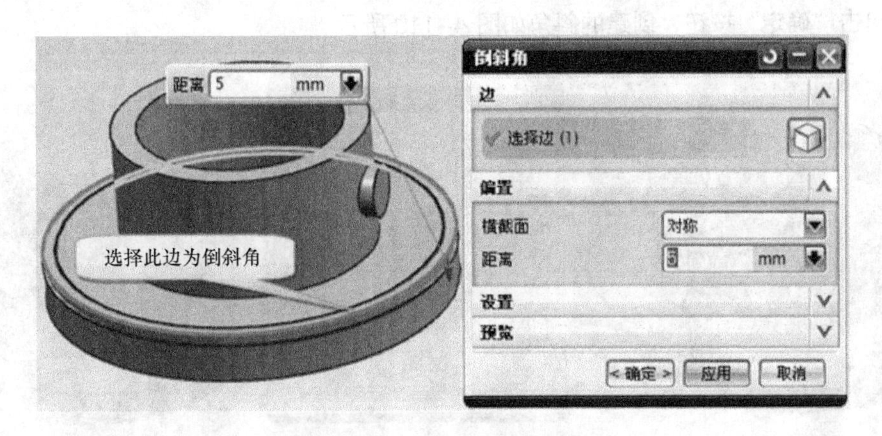

图 4-105 “对称”法选择实体边

③ 单击“确定”按钮，创建的斜角如图 4-106 所示。

（2）非对称。非对称是指斜角横截面的直角边可以不相等。具体操作步骤如下所述。

① 在“特征”工具栏中单击“倒斜角”按钮，系统将弹出“倒斜角”对话框。

② 选择如图 4-107 所示实体边为要倒斜角的边，在“倒斜角”对话框的“偏置”选项组的“横截面”下拉列表中选择“非对称”选项，在“距离 1”文本框中输入“3”，在“距离 2”文本

框中输入“10”。

③ 单击“确定”按钮，创建的斜角如图 4-108 所示。

（3）偏置和角度。偏置和角度是指设置斜角的一条直角边的距离和这条直角边与斜边的角度。具体操作步骤如下所述。

① 在“特征”工具栏中单击“倒斜角”按钮，系统将弹出“倒斜角”对话框。

图 4-106 “对称”法倒斜角结果

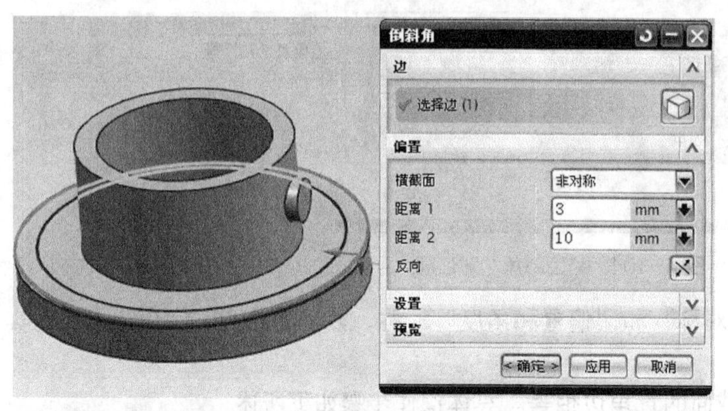

图 4-107 “非对称”法选择实体边

图 4-108 “非对称”法倒斜角结果

② 选择图 4-109 所示实体边为要倒斜角的边，在“倒斜角”对话框的“偏置”选项组的“横截面”下拉列表中选择“偏置和角度”选项，在“距离”文本框中输入“3”，在“角度”文本框中输入“80”。

③ 单击“确定”按钮，创建的斜角如图 4-110 所示。

图 4-109 “偏置和角度”法选择实体边

图 4-110 “偏置和角度”法倒斜角结果

八、关联复制特征

1. 实例特征

实例特征是指将指定的一个或一组特征，按一定的规律复制已存在特征，建立一个特征阵列。阵列中的各个成员保持相关性，当其中某一成员被修改，阵列中的其他成员也会相应自动变化，

“实例特征”命令适用于创建同样参数且呈一定规律排列的特征命令。

在菜单栏中选择“插入”|“关联复制”|“实例特征”命令或者在“特征”工具栏中单击“实例特征”按钮，系统弹出图 4-111 所示的“实例”对话框。该对话框中包含了全部的阵列方式，选择其中的一种阵列方式，再选择需要阵列的特征，然后在输入阵列方式对话框中输入相应的阵列参数，即可完成特征的阵列。

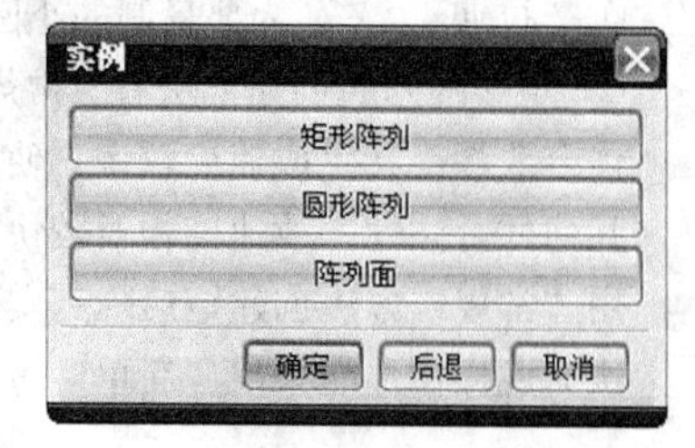

图 4-111　“实例”对话框（一）

实例特征的阵列方式有 3 种，包括矩形阵列、圆形阵列和阵列面。

（1）矩形阵列。矩形阵列是指依据工作坐标系 WCS，沿 *XC*、*YC* 方向，按设定的 *XC* 方向的偏移和 *YC* 方向的偏移，生成与选择的主特征相同参数的阵列成员特征。矩形阵列操作必须在 *XC*-*YC* 坐标系平面或者平行于 *XC*-*YC* 坐标系平面上进行。因此，在执行矩形操作之前，需要调整好坐标系的方位。此外，在执行阵列操作时，必须确保阵列后的所有成员都能与目标特征所在的实体接触。

下面结合如图 4-112 所示的实例来辅助介绍矩形阵列操作方法。

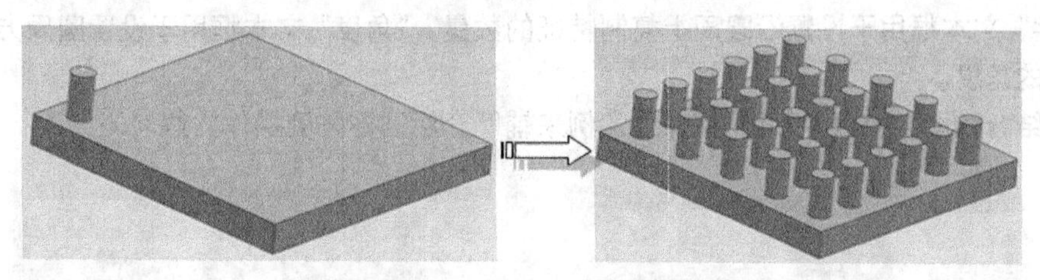
图 4-112　创建矩形陈列实例

① 在“特征”工具栏中单击“实例特征”按钮，或者在菜单栏中选择“插入”|“关联复制”|“实例特征”命令，系统弹出“实例”对话框。

② 在“实例”对话框中单击“矩形阵列”按钮，系统弹出如图 4-113 所示的“实例”对话框。

③ 在该“实例”对话框中选择“拉伸（2）”，然后单击“确定”按钮。

④ 系统弹出“输入参数”对话框，在该对话框中，设置“方法”选项为“常规”，“XC 向的数量”为 5，“XC 偏置”为 20mm，“YC 向的数量”为 6，“YC 偏置”为 15mm。

⑤ 单击“确定”按钮，结果如图 4-114 所示。

图 4-113　选择要复制的特征

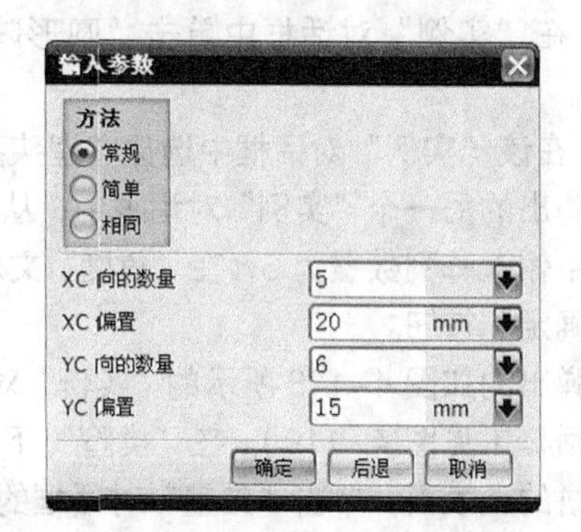

图 4-114　“输入参数”对话框

注意

①“拉伸（2）”为要复制的小圆柱代号。

② 矩形阵列的创建方法有“常规”“简单”和“相同”。使用“常规”方法时，需验证所有几何体合法性，其生成速度较慢；使用“简单”方法时和“常规”方法类似，但不需要进行验证所有几何体合法性，故速度相对较快；使用“相同”方法时，特征生成速度最快。需要注意的是，采用“常规”方法创建矩形阵列实例时，如果创建的引用实例超出几何体外，则出现错误消息，无法完成操作。而采用“简单”方法和“相同”方法时，则不会出现这种情况。

（2）圆形阵列。圆形阵列是指选定的主特征绕一个参考轴，以参考点为旋转中心，按指定的数量和旋转角度复制若干个成员特征。创建回转轴有两种方式，分别为“点和方向”和“基准轴”。单击“点和方向”按钮，则主特征以指定的矢量为旋转轴线，绕给出的参考点旋转复制；选择“基准轴”则主特征以指定的基准轴为旋转轴线，绕基准轴所处的位置为原点旋转复制。

圆形阵列时，“实例”对话框中的“方法”选项的 3 种阵列方式与矩形阵列中介绍的用法相同。“数字”文本框用于设置沿圆周上复制特征的数量。“角度”文本框用于设置圆周方向上复制特征之间的角度。

下面结合如图 4-115 所示典型操作实例来辅助介绍圆形阵列操作方法。

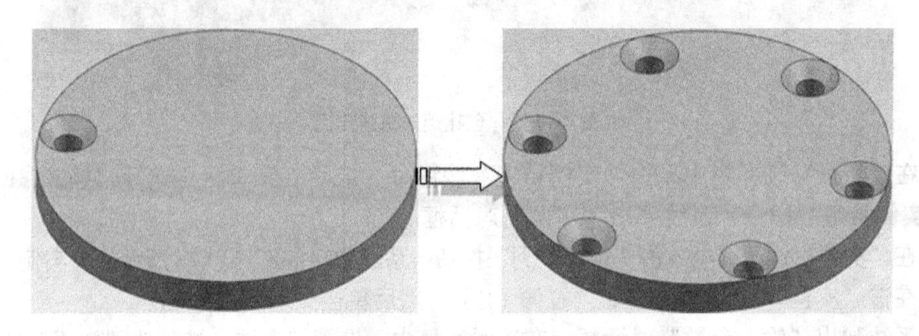

图 4-115　创建圆形阵列实例

① 在“特征”工具栏中单击“实例特征”按钮，或者在菜单栏中选择“插入”|“关联复制”|“实例特征”命令，系统弹出“实例”对话框。

② 在“实例”对话框中单击“圆形阵列”按钮，系统弹出如图 4-116 所示的“实例”对话框。

③ 在该“实例”对话框中选择“埋头孔（2）”，然后单击“确定”按钮。

在弹出的另一个“实例”对话框中，从“方法”选项组中选择“常规”单选按钮，在“数量”文本框中输入阵列数量为 6，在“角度”文本框中输入阵列角度为 60°，如图 4-117 所示，然后单击“确定”按钮。

在弹出的如图 4-118 所示的“实例”对话框中单击“点和方向”按钮，此时系统将弹出“矢量”对话框（见图 4-119），在“类型”下拉列表中选择“面/平面法向”，接着选择如图 4-120 所示圆饼的上表面，单击“矢量”对话框的“确定”按钮，此时系统弹出“点”对话框，选择圆曲线，在弹出的“创建实例”对话框中单击“是”按钮，生成的阵列结果如图 4-120 所示。

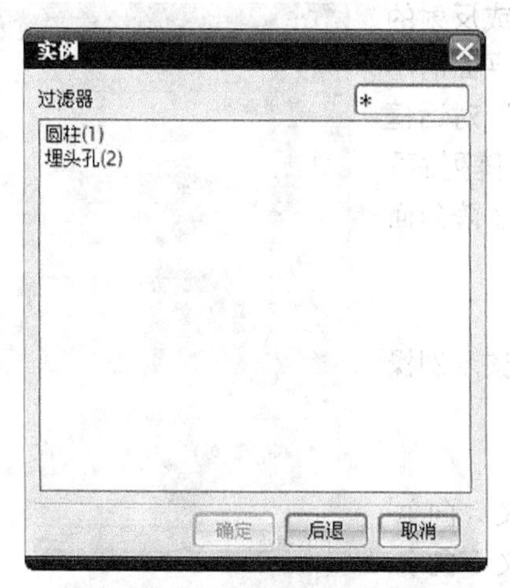

图 4-116　选择要复制的特征

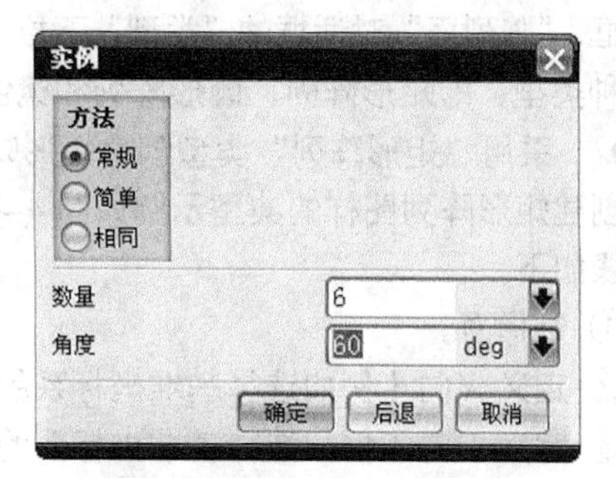

图 4-117　输入“实例”参数

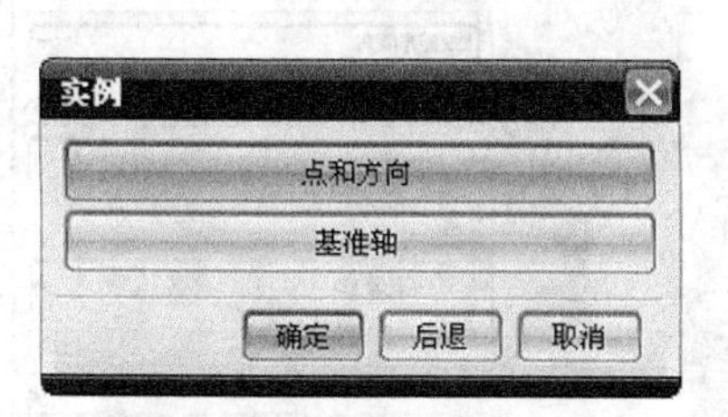

图 4-118　选择“点和方向”

图 4-119　“矢量”对话框

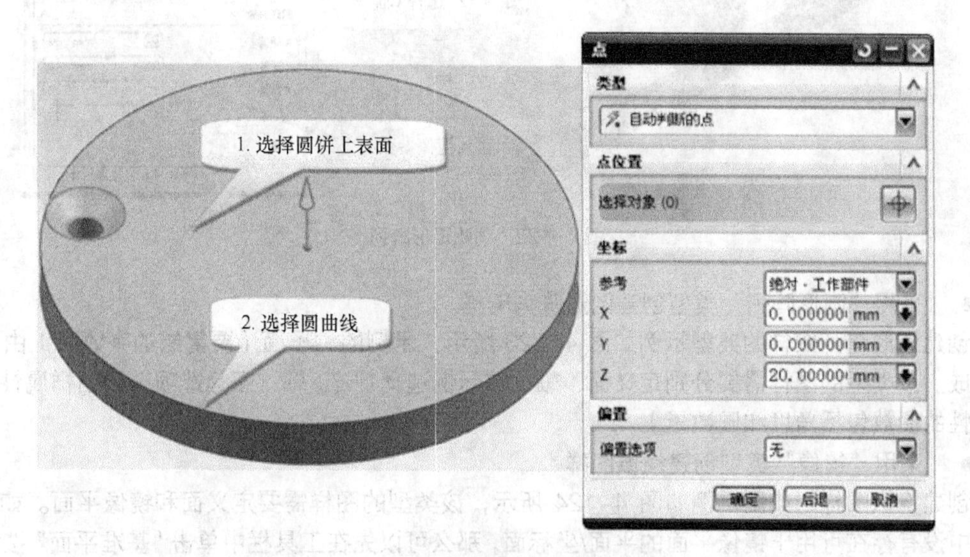

图 4-120　选择平面和圆曲线

（3）阵列面。“阵列面”命令可以按照矩形、圆形或反射的阵列方式，复制一组平面，它要求阵列的对象是一组平面而不是特征，因而使用起来更加方便、直接。单击“实例”对话框中的“阵列面”选项，系统弹出如图 4-121 所示的“阵列面”对话框，“阵列面”对话框的“类型”下拉列表中提供了阵列面的 3 种类型，即矩形阵列、圆形阵列和镜像。

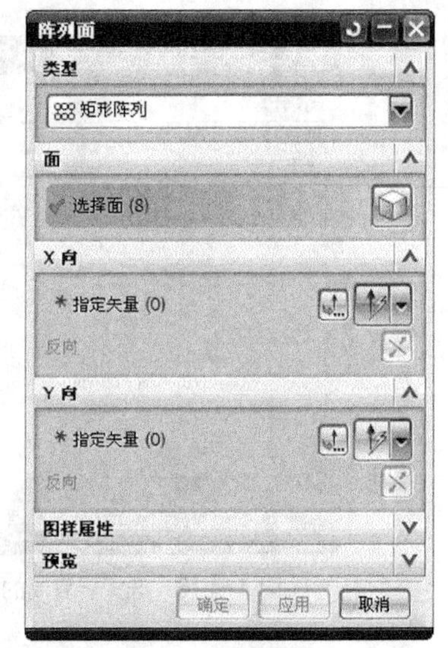

图 4-121　“阵列面”对话框

- 采用“矩形阵列”类型创建矩形阵列图样

创建矩形阵列图样的典型示例如图 4-122 所示，该示例操作步骤如下。

① 选择面。

② 定义 X 向（例如选择基准坐标系的 X 轴来定义 X 向）。

③ 定义 Y 向（例如选择基准坐标系的 Y 轴来定义 Y 向）。

④ 在“图样属性”选项组中定义图样属性，图样属性参数包括 X 距离、Y 距离、X 数量和 Y 数量。

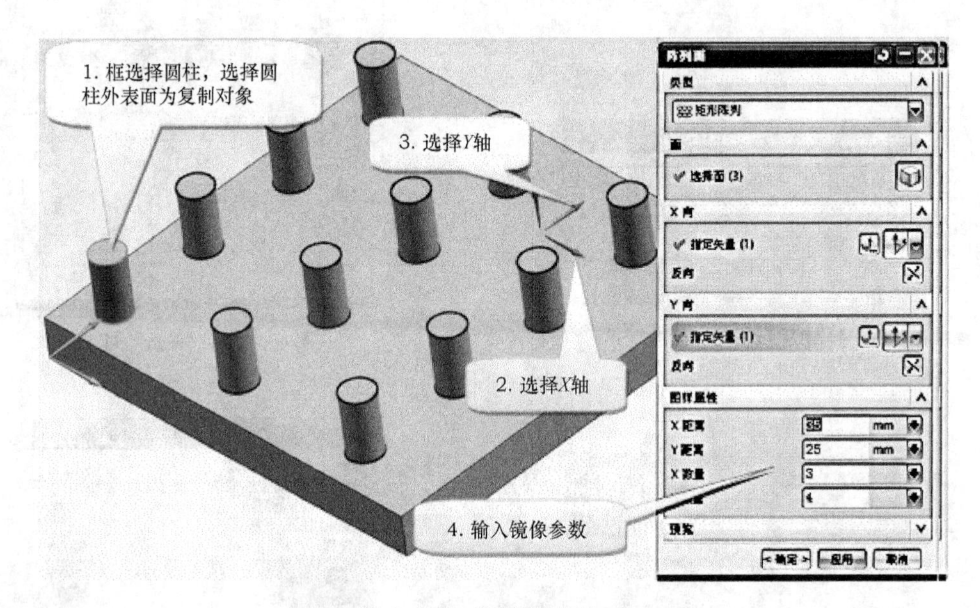

图 4-122　创建矩形阵列

- 采用“圆形阵列”类型创建圆形阵列图样

创建圆形阵列图样的典型示例如图 4-123 所示，示例的种子面（要复制的有效面）由 3 个面组成。该类型的图样需要分别定义面、轴（该示例选择“ZC 轴”图标选项）和图样属性（图样属性的参数包括角度和圆数量）。

- 采用“镜像”类型创建镜像图样

创建镜像图样的典型示例如图 4-124 所示，该类型的图样需要定义面和镜像平面。如果在模型中没有存在可用于镜像平面的平面/坐标面，那么可以先在工具栏中单击“基准平面”按钮□来创建所需的基准平面。

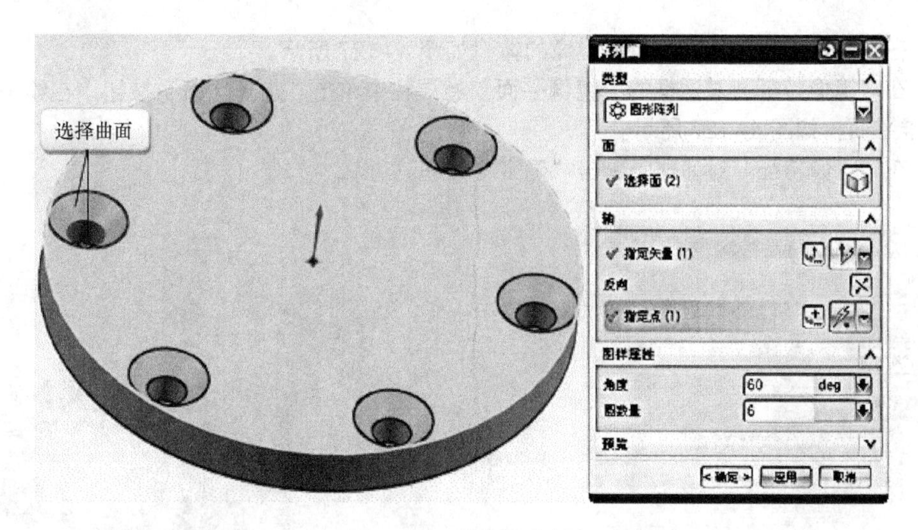

图 4-123　创建圆形阵列

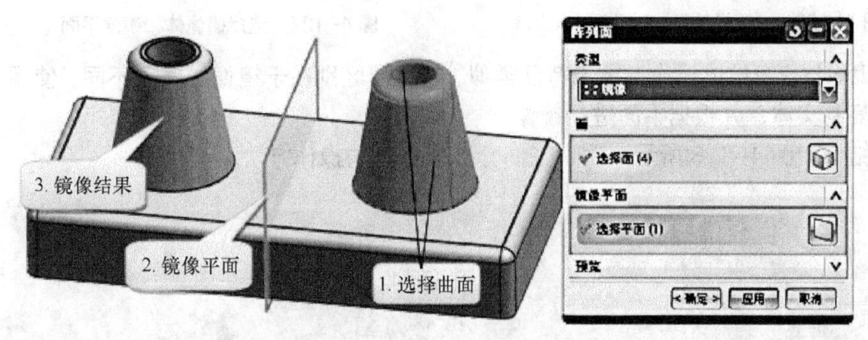

图 4-124　创建镜像

2. 镜像特征

实体镜像命令有两个：一个是“镜像特征”命令；另一个是“镜像体”命令，下面分别介绍。

(1) 镜像特征。镜像特征是将实体或实体中的部分特征沿指定的基准平面镜像，在镜像实体中的特征时，不能将特征镜像到实体外部。下面结合图 4-125 所示的典型操作实例来辅助介绍镜像特征的操作方法。

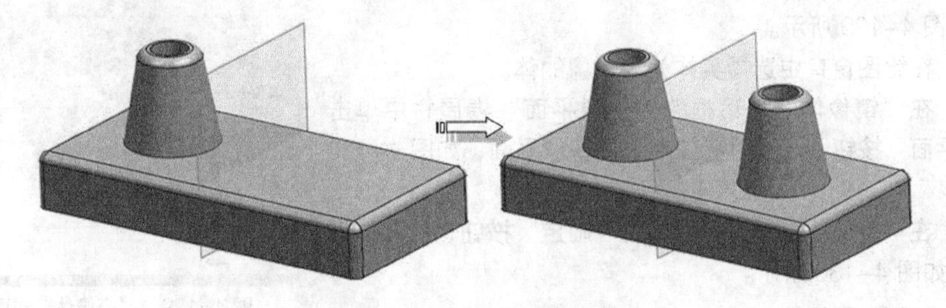

图 4-125　创建镜像特征

① 在菜单栏中选择“插入”|“关联复制”|“镜像特征”命令，系统将弹出“镜像特征”对话框，该对话框提示选择镜像特征，如图 4-126 所示。

② 在绘图窗口中选择实体为要镜像的体，如图 4–127 所示。

③ 在“镜像特征”对话框的“镜像平面”卷展栏中单击“选择平面”按钮，在绘图窗口中选择基准平面，如图 4–127 所示。

④ 在“镜像特征”对话框中单击“确定”按钮。

图 4–126 “镜像特征”对话框

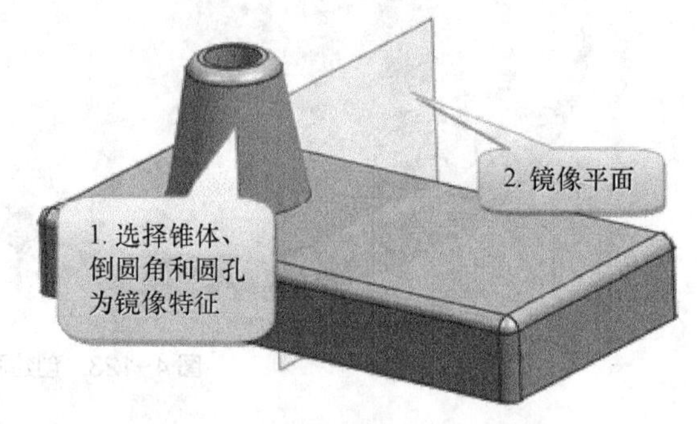

图 4–127 选择镜像体和镜像平面（一）

（2）镜像体。镜像体操作与镜像特征类似，其主要区别在于镜像的对象不同，使用“镜像体”命令可以复制实体，并根据平面进行镜像。

下面结合如图 4–128 所示实例来辅助介绍镜像体的操作方法。

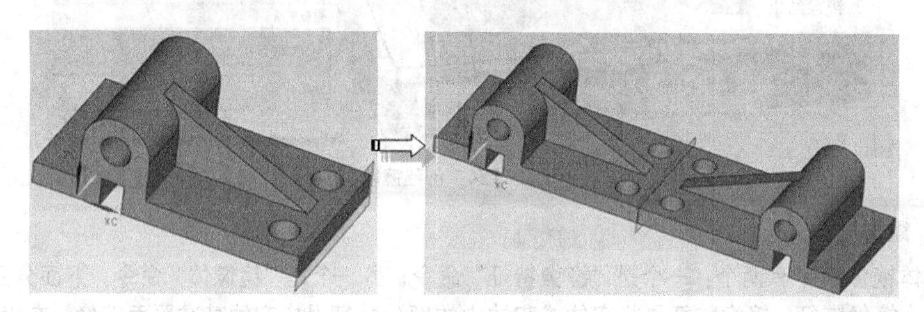

图 4–128 创建镜像体

① 在菜单栏中选择“插入”|“关联复制”|“镜像体”命令，系统将弹出“镜像体“对话框，对话框提示选择镜像体，如图 4–129 所示。

② 在绘图窗口中选择实体为要镜像的体。

③ 在“镜像体”对话框的“镜像平面”卷展栏中单击“选择平面”按钮，在绘图窗口中选择基准平面，如图 4–130 所示。

④ 在“镜像体”对话框中单击“确定”按钮，镜像体后的效果如图 4–130 所示。

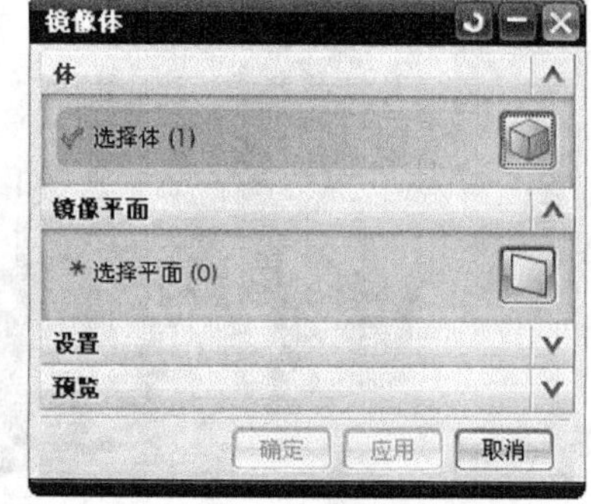

图 4–129 “镜像体”对话框

3. 实例几何体

实例几何体命令可以将几何特征复制到各种图样阵列中。

在菜单栏中选择“插入”|“关联复制”|“生成实例几何特征”命令，或者在“特征”

工具栏中单击“实例几何体”按钮，系统将弹出如图 4-131 所示的“实例几何体”对话框。在“实例几何体”对话框的“类型”下拉列表框中提供了多种类型选项，包括“来源/目标”“镜像”“平移”“旋转”和“沿路径”选项。下面结合实例来介绍如何创建这些类型的实例几何体。

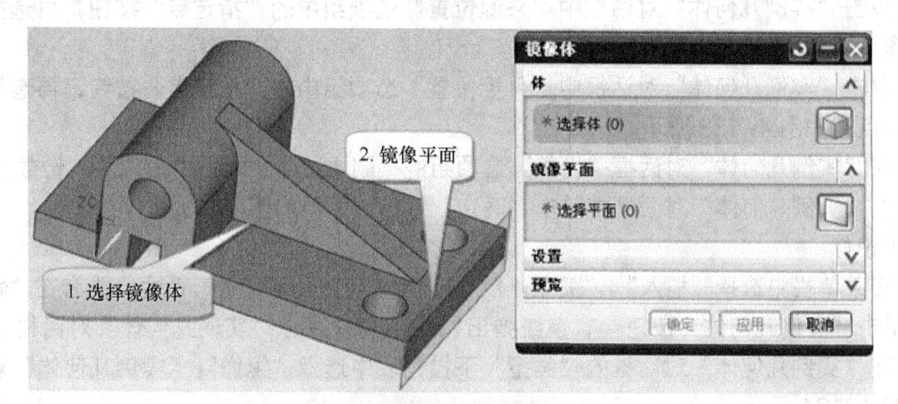

图 4-130　选择镜像体和镜像平面（二）

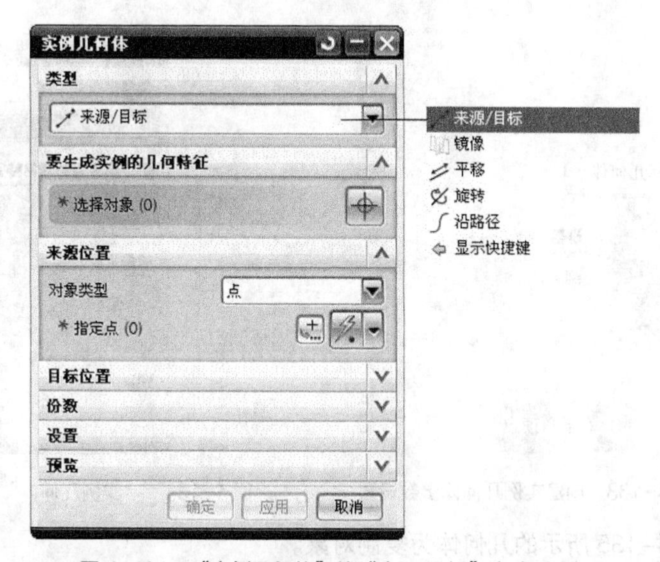

图 4-131　“实例几何体”的“来源/目标”方式对话框

（1）来源/目标。选择该类型选项，将通过指定来源位置和目标位置来创建实例几何体，可以设定要复制的副本数、几何体关联性，还可以设置是否隐藏原先的几何体等，如图 4-132 所示。

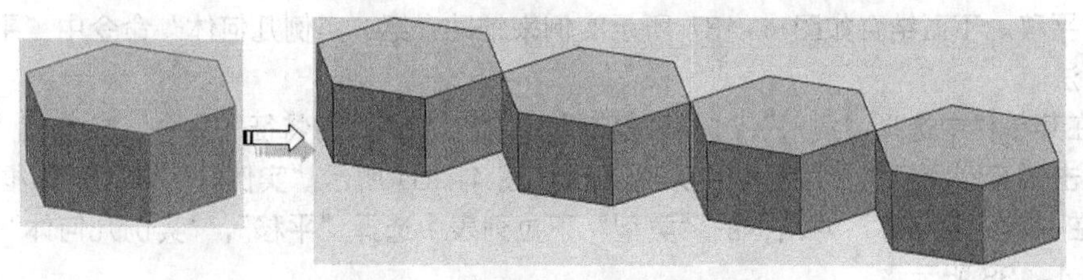

图 4-132　以“来源/目标”方式创建实例几何体

① 在菜单栏中选择“插入”|“关联复制”|“生成实例几何特征”命令，或者在“特征”工具栏中单击“实例几何体”按钮，系统弹出如图 4-131 对话框。

② 在“实例几何体”对话框的“类型”下拉列表中选择“来源/目标”。

③ 选择如图 4-133 所示的几何体为复制对象。

④ 单击“实例几何体”对话框中“来源位置”选项组中的“指定点”按钮，再选择六面体左下角顶点，如图 4-133 所示。

⑤ 单击“实例几何体”对话框中“目标位置”选项组中的“指定点”按钮，再选择六面体右下角顶点，如图 4-133 所示。

⑥ 在“实例几何体”对话框“份数”选项组的“副本数”文本框中输入复制份数为 3。

⑦ 在“实例几何体”对话框中单击“确定”按钮，效果如图 4-132 所示。

（2）镜像。

① 在菜单栏中选择“插入”|“关联复制”|“生成实例几何特征”命令，或者在“特征”工具栏中单击“实例几何体”按钮，系统弹出如图 4-131 所示“实例几何体”对话框。

② 在“实例几何体”对话框的“类型”下拉列表中选择“镜像”，“实例几何体”对话框转换成如图 4-134 所示。

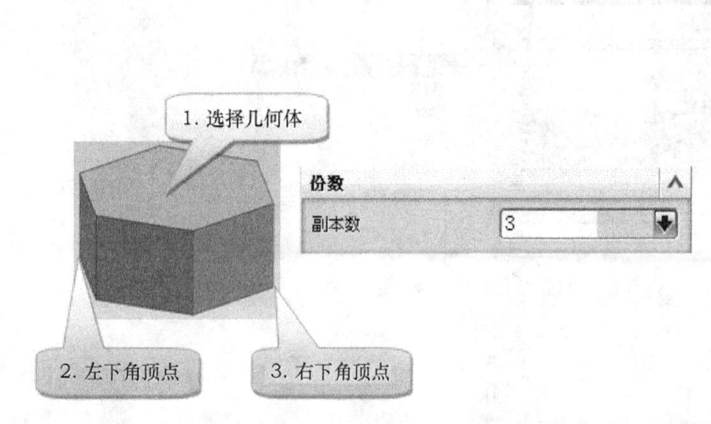

图 4-133　创建实例几何体参数设置

图 4-134　“实例几何体”的“镜像”方式对话框

③ 选择如图 4-135 所示的几何体为复制对象。

④ 单击“实例几何体”对话框中“镜像平面”选项组中的“指定平面”按钮，再选择复制几何体的右侧，如图 4-135 所示。

⑤ 在绘图区的“距离”文本框中输入镜像距离为 10，如图 4-135 所示。

⑥ 在“实例几何体”对话框中单击“确定”按钮，效果如图 4-136 所示。

（3）平移。下面结合如图 4-137 所示实例来辅助介绍“实例几何体”命令中“平移”方式的操作方法。

① 在菜单栏中选择“插入”|“关联复制”|“生成实例几何特征”命令，或者在“特征”工具栏中单击“实例几何体”按钮，系统弹出如图 4-131 所示“实例几何体”对话框。

② 在“实例几何体”对话框的“类型”下拉列表中选择“平移”，“实例几何体”对话框转换成如图 4-138 所示。

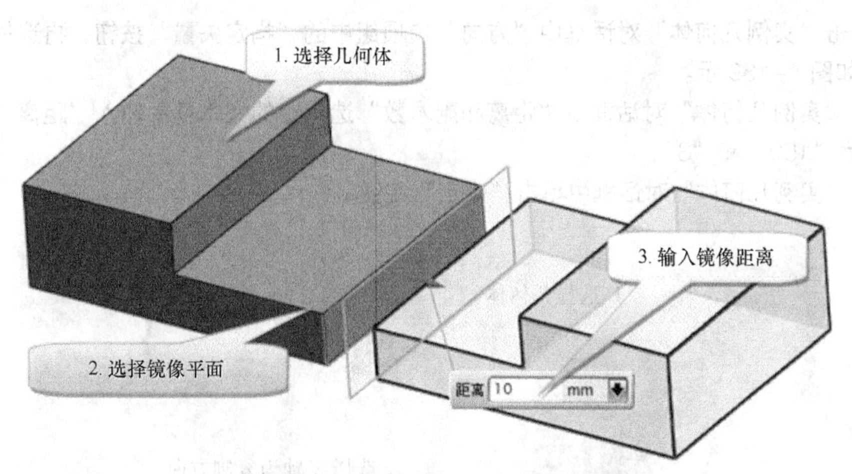

图 4-135　创建实例几何体参数设置

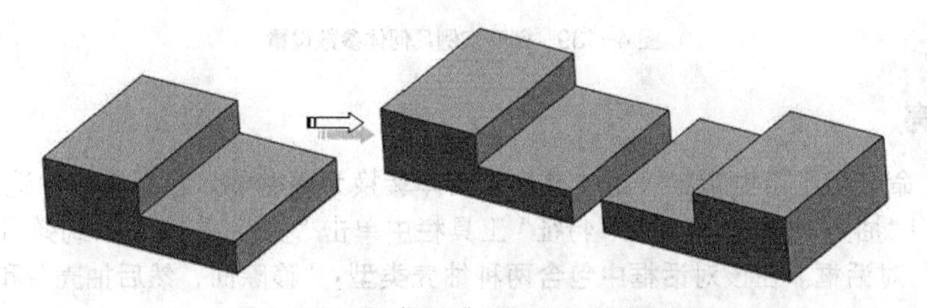

图 4-136　以“镜像”方式创建实例几何体

图 4-137　以“平移”方式创建实例几何体

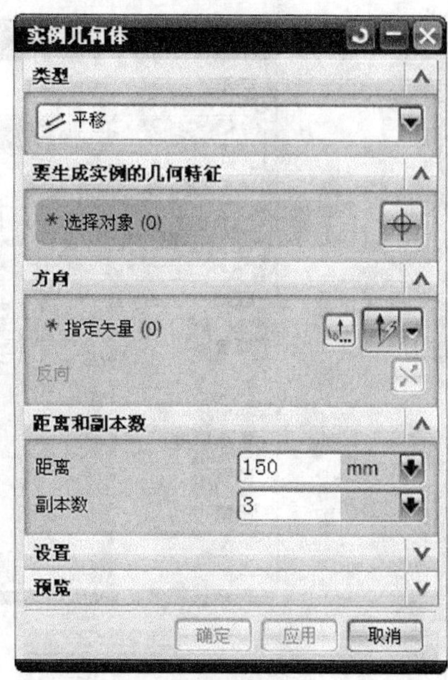

图 4-138　“实例几何体”的“平移”方式对话框

③ 选择如图 4-139 所示的几何体为复制对象。

④ 单击“实例几何体”对话框中“方向”选项组中的“指定矢量”按钮，再选择绘图区中的 X 轴，如图 4-139 示。

⑤ 在“实例几何体”对话框中“距离和副本数”选项组的文本框中输入“距离”和“副本数”分别为“150”和“3”。

⑥ 在“实例几何体”对话框中单击“确定”按钮。

图 4-139 创建实例几何体参数设置

九、抽壳

“抽壳”命令用于通过指定一定的厚度将实体转换为薄壁体。在菜单栏中选择“插入”|“偏置/缩放”|“抽壳”命令，或者在“特征”工具栏中单击“抽壳”按钮，系统弹出如图 4-140 所示的“壳”对话框。在该对话框中包含两种抽壳类型：“移除面，然后抽壳”和“对所有面抽壳”。

图 4-140 “壳”对话框

1. 移除面，然后抽壳

下面结合图 4-141 所示的操作实例来辅助介绍“抽壳”命令中“移除面，然后抽壳”方式的操作方法。

(1) 在菜单栏中选择“插入”|“偏置/缩放”|“抽壳”命令，或者在“特征”工具栏中单击“抽壳”按钮，系统弹出如图 4-140 所示的“壳”对话框。

(2) 在“壳”对话框的“类型”下拉列表中选择“移除面，然后抽壳”。

(3) 选择如图 4-142 所示的面。

(4) 在“壳”对话框的“厚度”文本框中输入壳的厚度“5”。

(5) 单击“确定”按钮，结果如图 4-141 所示。

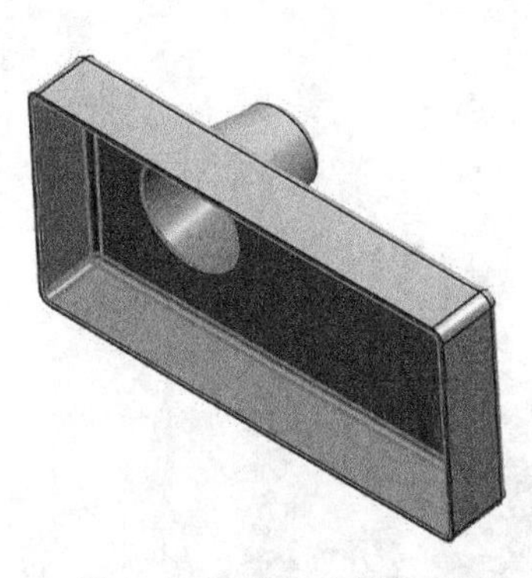

图 4-141　抽壳实例（一）

图 4-142　选择抽壳面

2. 对所有面抽壳

下面结合图 4-143 所示的实例来辅助介绍“抽壳”命令中“对所有面抽壳”方式的操作方法。

(1) 在菜单栏中选择“插入”|“偏置/缩放”|“抽壳”命令，或者在“特征”工具栏中单击“抽壳”按钮，系统弹出“壳”对话框。

(2) 在“壳”对话框的“类型”下拉列表中选择“对所有面抽壳”。

(3) 选择要抽壳的几何体。

(4) 在“壳”对话框的“厚度”文本框中输入壳的厚度 5。

(5) 单击“确定”按钮。

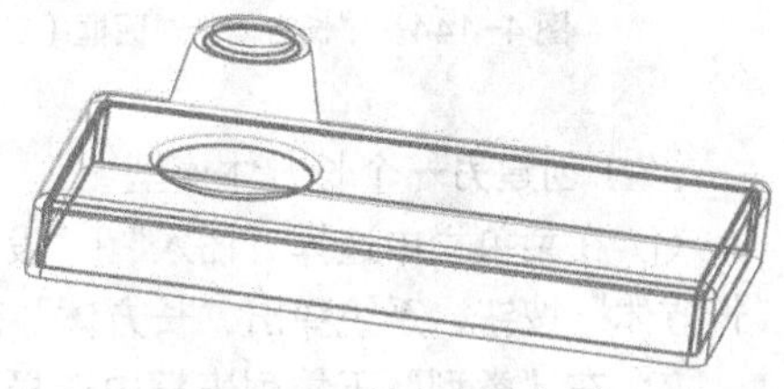

图 4-143　抽壳实例（二）

项目实施

齿轮泵零件设计步骤如下。

(1) 新建文件

① 在工具栏中单击“新建”按钮，或者在菜单栏中选择“文件”|“新建”命令，系统弹出“新建”对话框。

② 在“模型”选项卡的“模板”列表中选择名称为“模型”的模板，在“新文件名”选项组的“名称”文本框中输入“zhongheshili”，并指定要保存到的文件夹。

视频：齿轮泵零件的建模操作

③ 在“新建”对话框中单击“确定”按钮。

（2）创建长方体模型

① 在菜单栏中选择“插入”|“设计特征”|“长方体”命令，或者在“特征”工具栏中单击“长方体”按钮，系统弹出“长方体”对话框。

② 在“类型”下拉列表框中选择“原点和边长”选项，接着在“尺寸”选项组中设置长方体“长度”为 86mm、“宽度”为 20mm、“高度”为 10mm，如图 4-144 所示。

③ 在“长方体”对话框中单击“确定”按钮，创建的长方体如图 4-145 所示。

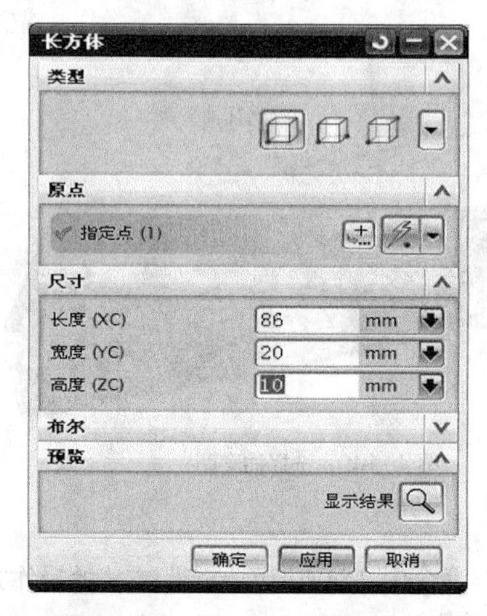

图 4-144 “长方体”对话框（二）

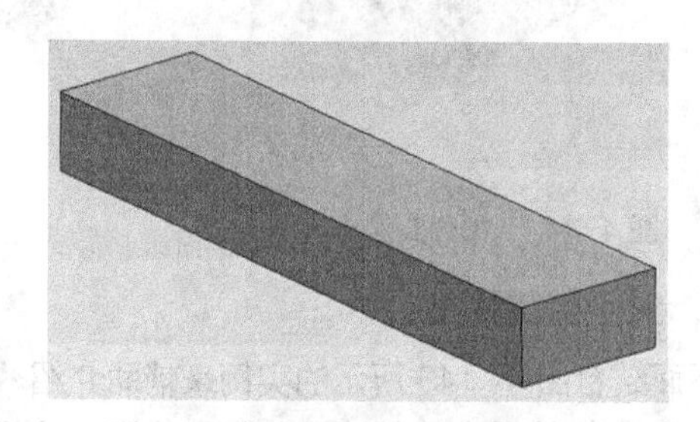

图 4-145 创建的长方体

（3）创建另一个长方体模型

① 在菜单栏中选择“插入”|“设计特征”|“长方体”命令，或者在“特征”工具栏中单击“长方体”按钮，系统弹出“长方体”对话框。

② 在“类型”下拉列表框中选择“原点和边长”选项，在“原点”选项组中单击“点对话框”按钮，打开“点”对话框。

③ 在“点”对话框的“坐标”选项组中，默认参考选项为“WCS”，将 *XC* 值设置为 20mm，*YC* 值为 0.000000mm，*ZC* 值为 0.000000mm，如图 4-146 所示，然后单击“确定”按钮。

④ 返回“长方体”对话框，在“尺寸”选项组中将长方体“长度”设置为 46mm，“宽度”为 20mm、“高度”为 3mm。

⑤ 在“布尔”选项组的“布尔”下拉列表框中选择“求差”选项，默认体对象。

⑥ 在“长方体”对话框中单击“确定”按钮，完成该步骤，得到的模型效果如图 4-147 所示。

（4）创建拉伸特征

① 在“特征”工具栏中单击“拉伸”按钮，或者从菜单栏中选择“插入”|“设计特征”|“拉伸”命令，系统弹出“拉伸”对话框。

② 在“截面”选项组中单击“绘制截面”按钮，系统弹出“创建草图”对话框，“类型”选项为“在平面上”，“平面方法”为“现有平面”，在现有基准坐标系中单击“XC-ZC”坐标面，如图 4-148 所示，然后单击“确定”按钮。

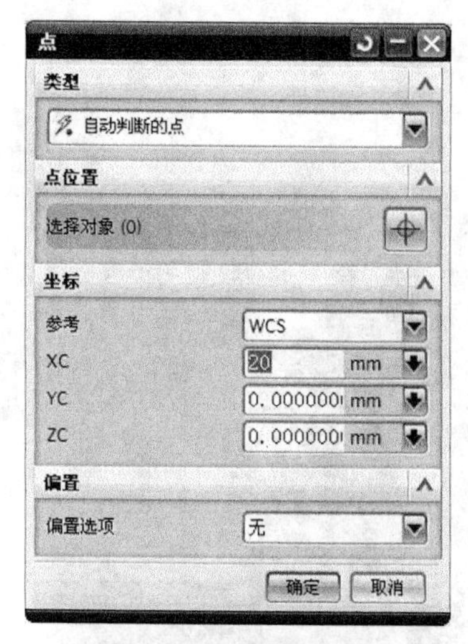

图 4-146 设置点坐标

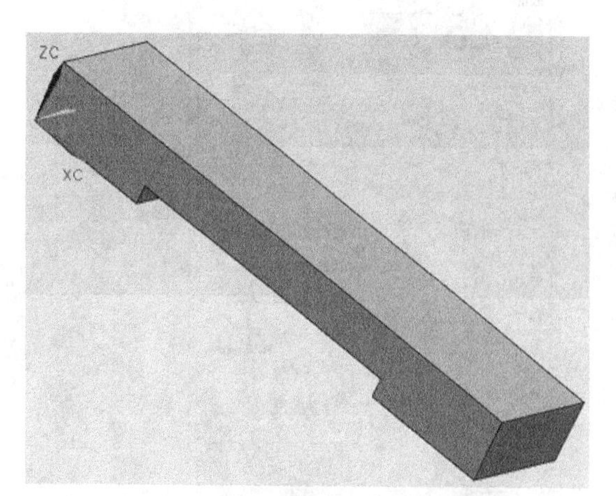

图 4-147 创建另一个长方体结果

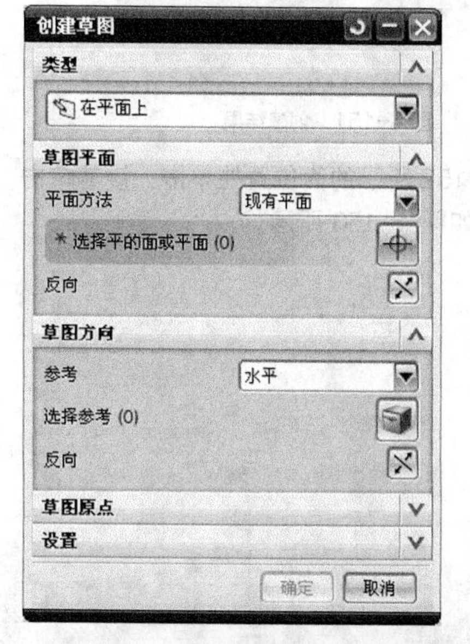

图 4-148 "创建草图"对话框（六）

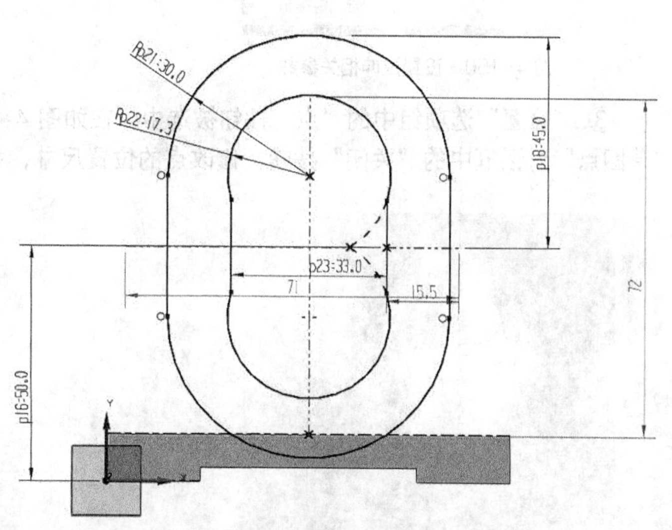

图 4-149 绘制草图

③ 绘制如图 4-149 所示的草图，然后单击"完成草图"按钮。

④ 返回"拉伸"对话框，在"方向"选项组的"指定矢量"下拉列表框中选择"YC 轴"图标选项，接着分别设置限制参数、布尔选项、体类型选项等，如图 4-150 所示。

⑤在"拉伸"对话框中单击"确定"按钮，完成该拉伸实体特征后的模型效果如图 4-151 所示。

（5）创建沉头孔特征

① 在"特征"工具栏中单击"孔"按钮，或者在菜单栏中选择"插入"|"设计征特"|"孔"命令，打开"孔"对话框。

② 在"孔"对话框的"类型"选项组的下拉列表框中"形状和尺寸"选项组的"成形"下拉列表框中选择"沉头"选项。

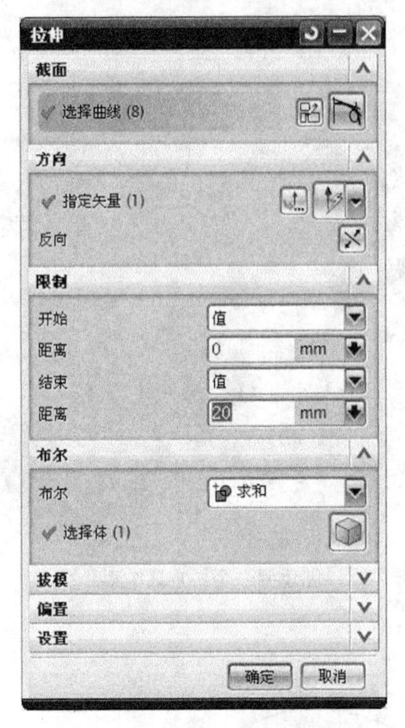

图 4-150　设置拉伸相关参数

图 4-151　创建结果

③ “位置”选项组中的“点”按钮被选中，在如图 4-152 所示的面位置处单击，接着单击“草图点”对话框中的“关闭”按钮。修改点的位置尺寸，如图 4-153 所示。

图 4-152　在指定面单击一点

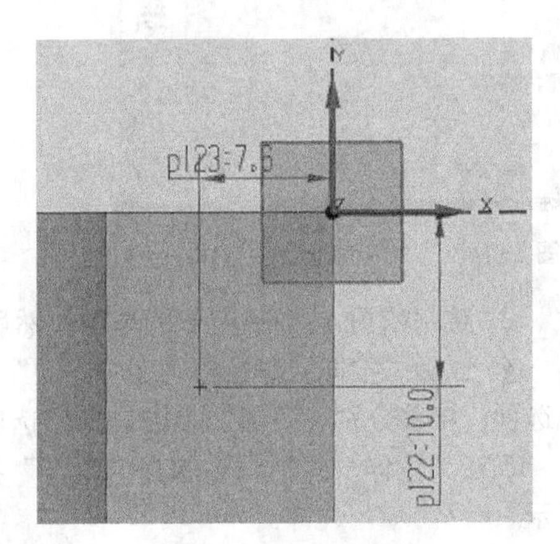

图 4-153　修改点位置尺寸

④ 单击“完成草图”按钮。

⑤ 在“孔”对话框的“形状和尺寸”选项组中分别设置“沉头孔直径”“沉头孔深”“直径”和“深度限制”选项，如图 4-154 所示。

⑥ 在“孔”对话框中单击“确定”按钮，创建的第一个沉头孔如图 4–155 所示。

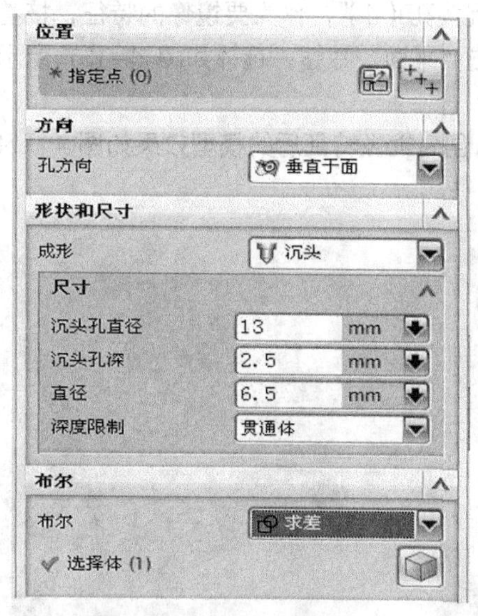

图 4–154　设置孔相关参数

图 4–155　创建一个沉头孔

（6）创建基准平面

① 在“特征”工具栏中单击“基准平面”按钮，或者在菜单栏中选择“插入”|“基准/点”|“基准平面”命令，弹出“基准平面”对话框。

② 在“类型”选项组的下拉列表框中选择“两直线”选项。

③ 在模型中分别捕捉并选择如图 4–156 所示的两个圆柱面的轴线。

④ 在“基准平面”对话框中单击“确定”按钮，完成过两个轴线创建一个基准平面。

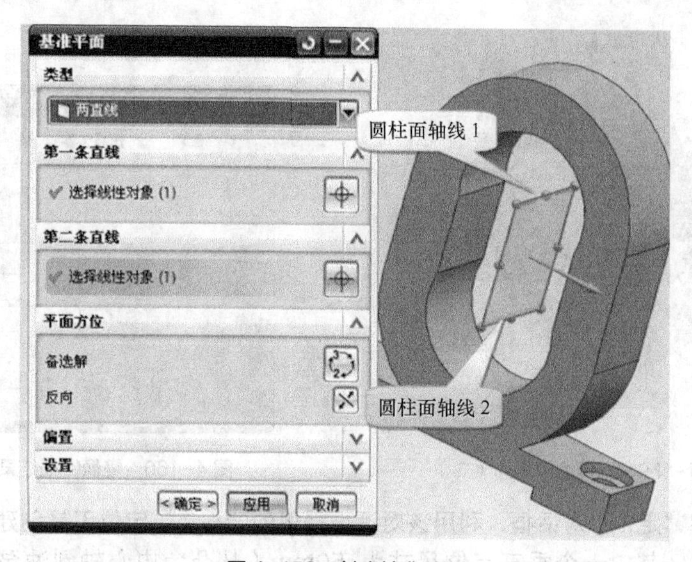

图 4–156　创建基准平面

（7）创建镜像特征

从菜单栏中选择“插入”|“关联复制”|“镜像特征”命令，或者在“特征”工具栏中单击

“镜像特征”按钮，系统弹出“镜像特征”对话框。

在“镜像特征”对话框的特征列表中选择“沉头孔（4）”，作为要镜像的特征，接着在“镜像平面”选项组中选择“现有平面”选项，并单击“平面”按钮，选择如图 4-157 所示的基准平面作为镜像平面。

在“镜像特征”对话框中单击“确定”按钮，创建镜像特征后的模型效果如图 4-158 所示。

图 4-157　选择镜像平面（一）

图 4-158　镜像特征结果（一）

（8）创建圆柱形凸台

① 在“特征”工具栏中单击“凸台”按钮，系统弹出“凸台”对话框。

② 系统提示选择平的放置面。选择如图 4-159 所示平的实体面。

③ 在“凸台”对话框中设置“直径”为 18mm，“高度”为 10mm，“锥角”为 0，如图 4-160 所示，然后单击“确定”按钮。

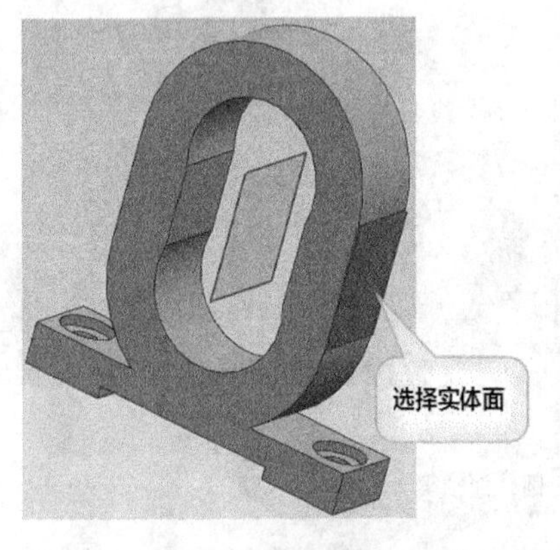

图 4-159　选择镜像平面（二）

图 4-160　镜像特征结果（二）

④ 系统弹出“定位”对话框，利用该对话框提供的“垂直”定位工具创建如图 4-161 所示的两个定位尺寸，其中一个垂直定位尺寸为 50mm（从凸台中心轴到油泵底部的垂直距离为 50mm），另一个为 10mm（从凸台中心轴到相邻侧边的距离为 10mm）。最终完成的凸台如图 4-162 所示。

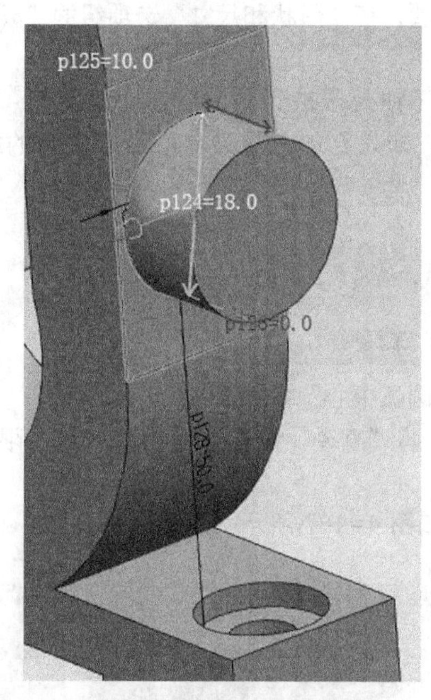

图 4-161 定位凸台

图 4-162 创建一个凸台

（9）使用镜像的方法创建另一个凸台

使用镜像法创建，注意在选择“插入”|“关联复制”|“镜像特征”命令或在“特征”工具栏中单击“镜像特征”按钮后，系统除弹出“镜像特征”对话框之外，还同时弹出图 4-163 所示的提示对话框，单击“确定”按钮，然后选择原凸台特征，指定镜像平面，即可产生第二个凸台，如图 4-164 所示。

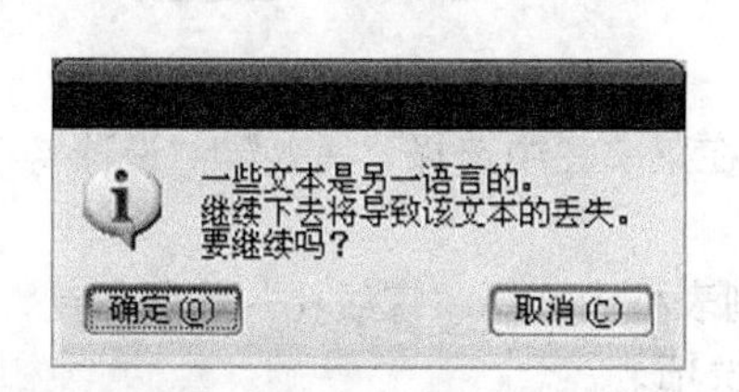

图 4-163 提示对话框

图 4-164 创建第二个凸台

（10）创建简单直孔特征

① 在“特征”工具栏中单击“孔”按钮，或者在菜单栏中选择“插入”|“设计特征”|“孔”命令，打开“孔”对话框。

② 在“孔”对话框的“类型”选项组的下拉列表框中选择“常规孔”选项，在“方向”选

项组的“孔方向”下拉列表框中选择“垂直于面”选项，在“形状和尺寸”选项组的“成形”下拉列表框中选择“简单”选项。

③ 确保“选择条”工具栏中的“圆弧中心”按钮处于被选中的状态，如图 4-165 所示。接着在模型中选择如图 4-166 所示的圆中心，即是孔的放置面中心点与圆台的端面圆心保证一致。

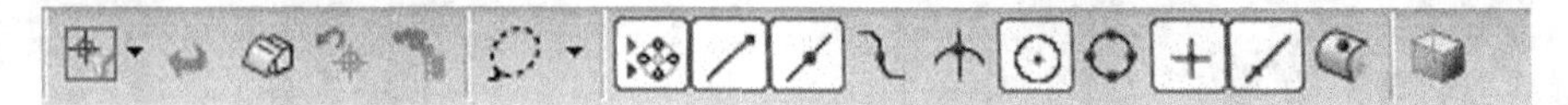

图 4-165 “选择条”工具栏

④ 图 4-165 确保选中“选择条”工具栏中的“圆弧中心”按钮。

⑤ 在“孔”对话框的“形状和尺寸”选项组中，将“直径”设置为 10mm，“深度限制”设置为“贯通体”。

⑥ 在“孔”对话框中单击“确定”按钮，效果如图 4-167 所示。

图 4-166 选择圆中心

图 4-167 创建通孔

(11) 创建螺纹孔特征

① 在“特征”工具栏中单击“孔”按钮，或者在菜单栏中选择“插入”|“设计特征”|“孔”命令，打开“孔”对话框。

② 在“孔”对话框的“类型”选项组的下拉列表框中选择“螺纹孔”选项，在“方向”选项组的“孔方向”下拉列表框中选择“垂直于面”选项。

③ 在如图 4-168 所示的实体面上单击一点以定义孔放置面。接着单击“草图点”对话框中的“关闭”按钮，并修改点的尺寸，如图 4-169 所示，然后单击“完成草图”按钮。

④ 在“形状和尺寸”选项组中设置图 4-170 所示的相关参数和选项。

⑤ 在“孔”对话框中单击“确定”按钮，完成创建第一个螺纹孔，此时模型效果如图 4-171 所示。

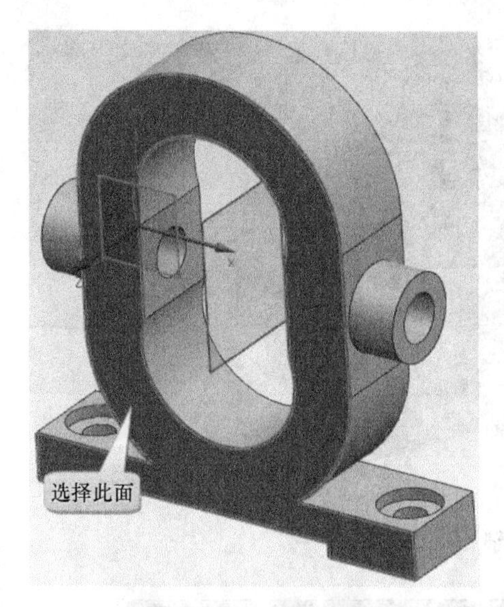

图 4-168　选择放置面

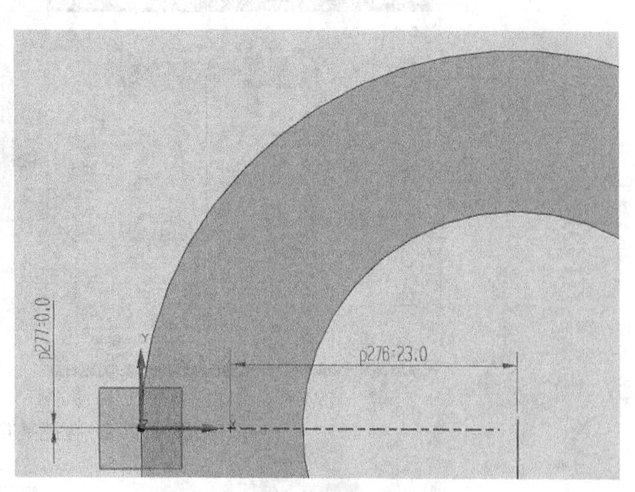

图 4-169　确定孔中心位置

图 4-170　设置螺孔相关参数

图 4-171　完成第一个螺纹孔

（12）创建基准轴特征

① 在“特征”工具栏中单击“基准轴”按钮，或者在菜单栏中选择“插入”|“基准/点”|“基准轴”命令，系统弹出“基准轴”对话框。

② 从“类型”下拉列表框中选择“曲线/面轴”选项，接着在模型中单击显示的一根轴线，如图 4-172 所示。

③ 在“基准轴”对话框中单击“确定”按钮。

（13）创建实例特征

① 在“特征”工具栏中单击“实例特征”按钮，或者在菜单栏中选择“插入”|“关联复制”|“实例特征”命令，系统弹出如图 4-173 所示的“实例”对话框。

② 单击“圆形阵列”按钮，系统弹出另一个“实例”对话框，如图 4-174 所示，从中选择“螺纹孔（12）”特征，单击“确定”按钮。

③ “实例”对话框变为如图 4-175 所示，在“方法”选项组中选择“常规”单选按钮，在“数量”文本框中输入“3”，在“角度”文本框中输入“90”，然后单击“确定”按钮。

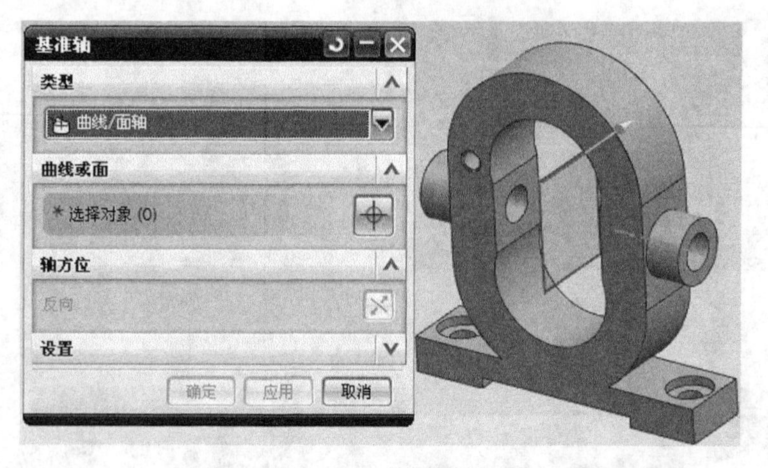

图 4-172　创建基准轴

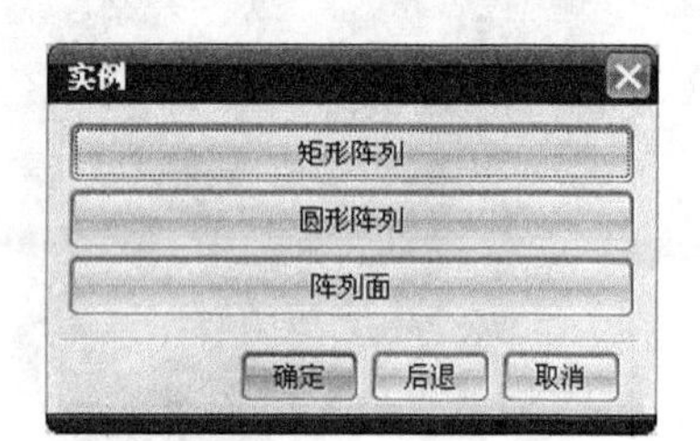

图 4-173　“实例”对话框（二）

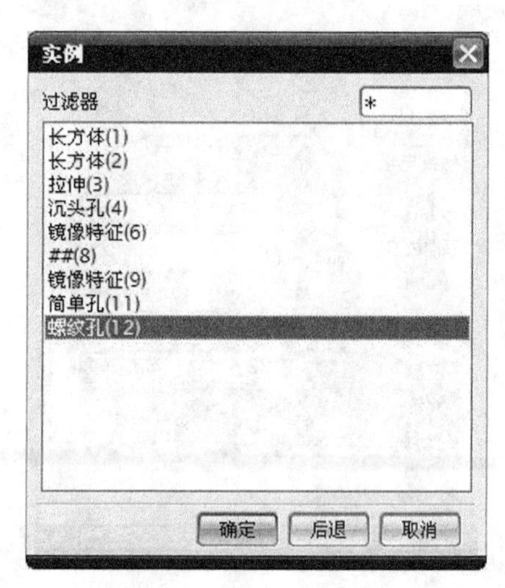

图 4-174　“实例”对话框（三）

④ 在弹出的如图 4-176 所示的“实例”对话框中单击“基准轴”按钮。

图 4-175　“实例”对话框（四）

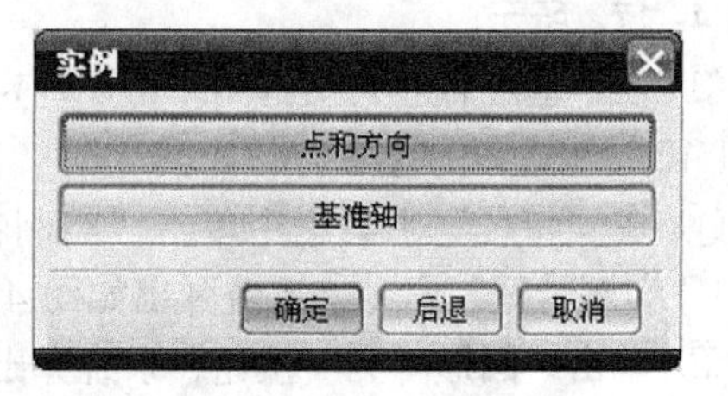

图 4-176　“实例”对话框（五）

⑤ 系统弹出如图 4-177 所示的“选择一个基准轴”对话框。选择如图 4-178 所示的基准

轴，系统弹出“创建实例”对话框。

图 4-177　“选择一个基准轴”对话框

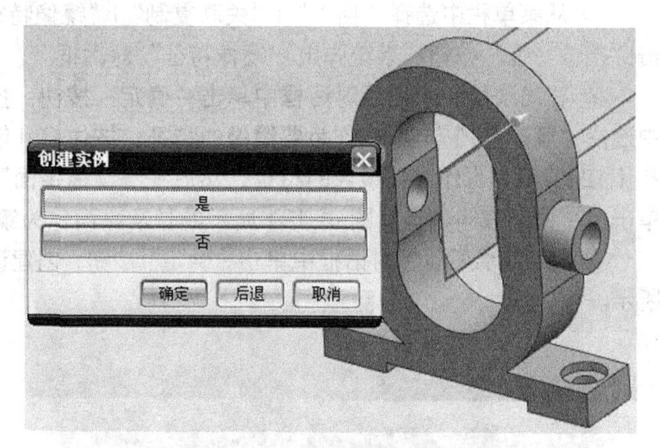

图 4-178　选择所需的基准轴

⑥ 在“创建实例”对话框中单击“是”按钮，完成创建的圆形阵列实例，如图 4-179 所示。然后关闭“实例”对话框。

（14）创建基准平面

① 在“特征”工具栏中单击“基准平面”按钮，或者在菜单栏中选择“插入”|“基准/点”|“基准平面”命令，弹出“基准平面”对话框。

② 在“类型”选项组的下拉列表框中选择“自动判断”选项（“自动判断”为默认的类型选项）。

③ 在模型中依次选择指定 3 个中点，即可定义相应的一个基准平面，如图 4-180 所示。

④ 在“基准平面”对话框中单击“确定”按钮，从而完成过指定的 3 个点创建一个基准平面。

图 4-179　完成创建圆形阵列

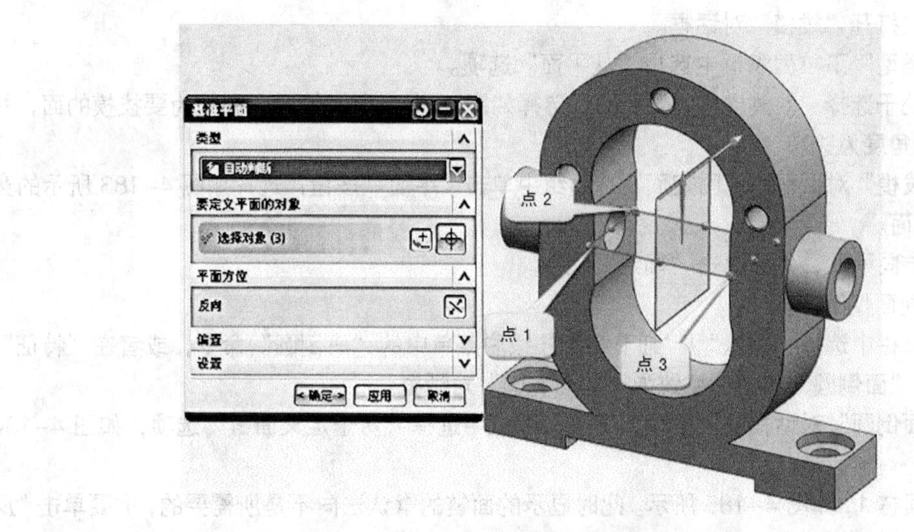

图 4-180　创建基准平面

（15）创建镜像特征

① 从菜单栏中选择“插入”|“关联复制”|“镜像特征”命令，或者在“特征”工具栏中单击“镜像特征”按钮，系统弹出“镜像特征”对话框。

② 在出现的一个提示对话框中单击“确定”按钮，接着在“镜像特征”对话框的特征列表中选择“圆形阵列（14）”作为要镜像的特征，按住 Ctrl 键或 Shift 键选择“实例[0]（12）/螺纹孔（12）”将其也作为要镜像的特征，然后在“镜像平面”选项组中选择“现有平面”选项，并单击“平面”按钮，选择图 4-181 所示的基准平面作为镜像平面。

③ 在“镜像特征”对话框中单击“确定”按钮，创建该镜像特征后的模型效果，如图 4-182 所示。

图 4-181　选择镜像平面

图 4-182　镜像后的效果

（16）创建拔模特征

① 在“特征”工具栏中单击“拔模”按钮，或者在菜单栏中选择“插入”|“细节特征”|“拔模”命令，打开“拔模”对话框。

② 从“类型”下拉列表框中选择“从平面”选项。

③ 确保处于选择“要拔模的面”状态，选择如图 4-183 所示的两个面作为要拔模的面，并设置要拔模的角度为 10。

④ 在“拔模”对话框的“固定面”选项组中单击“平面”按钮，选择如图 4-183 所示的实体面作为固定面。

⑤ 脱模方向默认，然后单击“确定”按钮。

（17）创建面倒圆特征 1

① 在菜单栏中选择“插入”|“细节特征”级联菜单中的“面倒圆”命令，或者在“特征”工具栏中单击“面倒圆”按钮，系统弹出“面倒圆”对话框。

② 在“面倒圆”对话框的“类型”下拉列表框中选择“两个定义面链”选项，如图 4-184 所示。

③ 选择面链 1，如图 4-185 所示。此时显示的面链的默认法向不是所需要的，需要单击“反向”按钮，使面的法向反向，如图 4-186 所示。

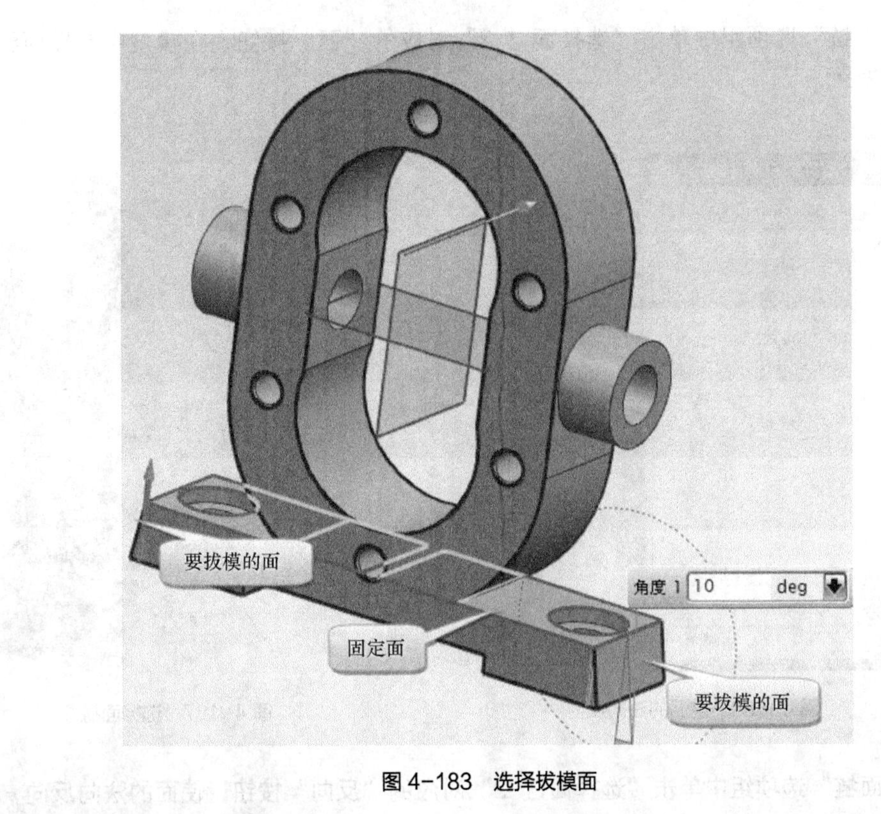

图 4-183　选择拔模面

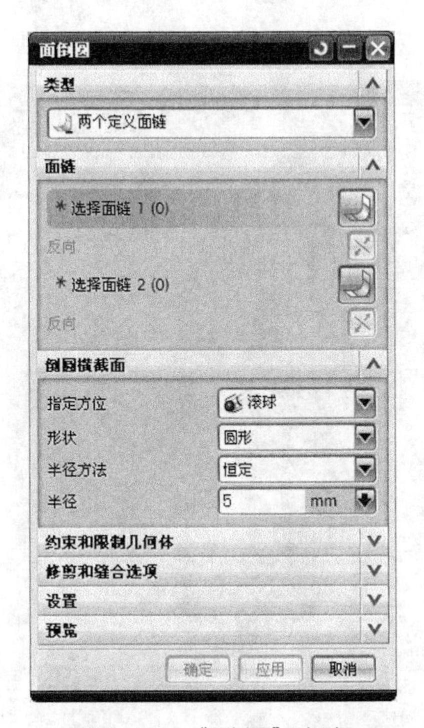

图 4-184　“面倒圆”对话框

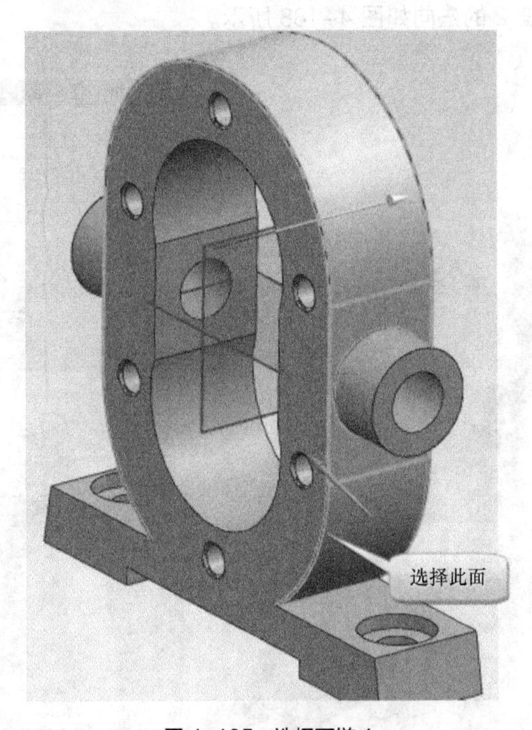

图 4-185　选择面链 1

④ 在“面链”选项组中单击“选择面链 2”对应的“面”按钮，在模型中选择面链 2，如图 4-187 所示。

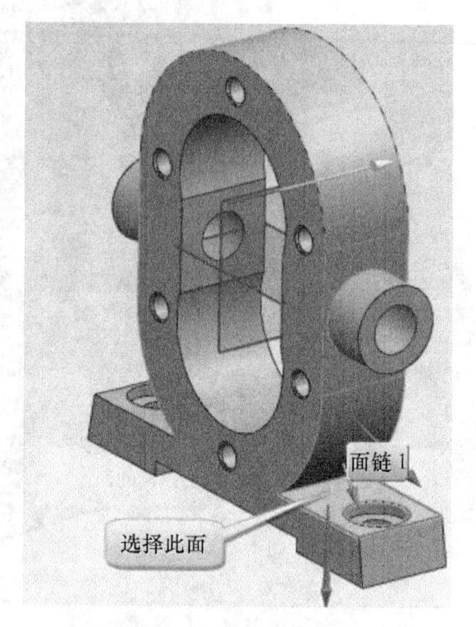

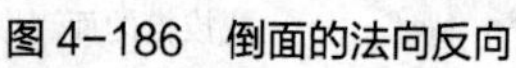

图 4-186 倒面的法向反向

图 4-187 选择面链 2

⑤ 在“面链”选项组中单击“选择面链 2”对应的“反向”按钮，使面的法向反向，即使面链 2 的法向如图 4-188 所示。

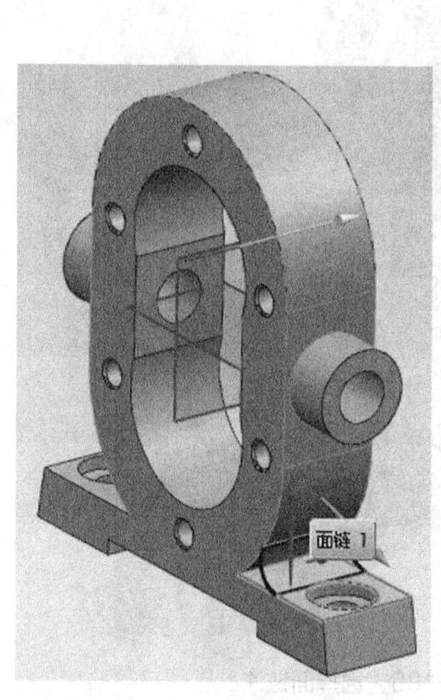

图 4-188 反向面的法向

图 4-189 绘制面倒圆的其他参数和选项

⑥ 在“面倒圆”对话框中分别设置如图 4-189 所示的参数和选项。

⑦ 在“面倒圆”对话框中单击“确定”按钮，创建的该面倒圆特征如图 4-190 所示。

（18）创建面倒圆特征 2

用同样的方法，创建另一个面倒圆特征，完成效果如图 4-191 所示。

图 4-190 创建面倒圆特征 1

图 4-191 完成另一个面倒圆

（19）创建边倒圆

① 在“特征”工具栏中单击“边倒圆”按钮，或者在菜单栏中选择“插入”|“细节特征”|“边倒圆”命令，系统弹出“边倒圆”对话框。

② 在“要倒圆的边”选项组中设置圆角半径为 5mm，接着选择 4 条要倒圆的边，如图 4-192 所示。

③ 在“边倒圆”对话框中单击“确定”按钮。

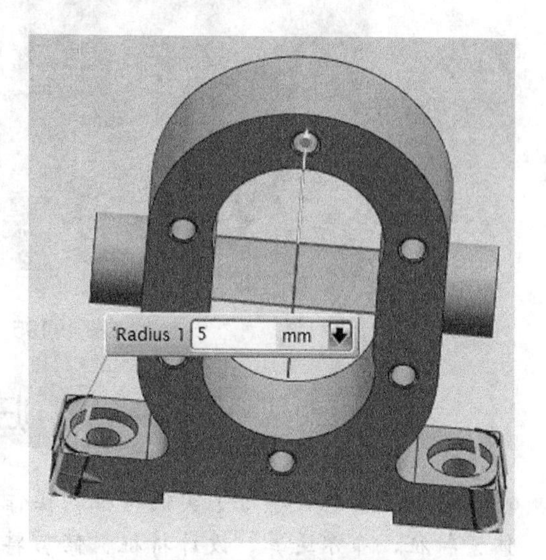

图 4-192 创建边倒圆

（20）创建倒斜角

① 在“特征”工具栏中单击“倒斜角”按钮，或者在菜单栏中选择“插入”|“细节特征”|“倒斜角”命令，打开“倒斜角”对话框。

② 在“倒斜角”对话框的“偏置”选项组中，从“横截面”下拉列表框中选择“对称”选项，在“距离”文本框中输入“l”，如图 4-193 所示。“设置”选项组中的“偏置方法”选项为“沿面偏置边”。

③ 选择要倒斜角的 4 条边，如图 4-194 所示。

④ 在“倒斜角”对话框中单击“确定”按钮，完成倒斜角后的模型效果如图 4-195 所示。

（21）隐藏基准平面和保存文档

① 选择要隐藏的基准平面或基准轴，利用右键快捷菜单将其隐藏起来。

② 单击“保存”按钮来保存该模型文件。

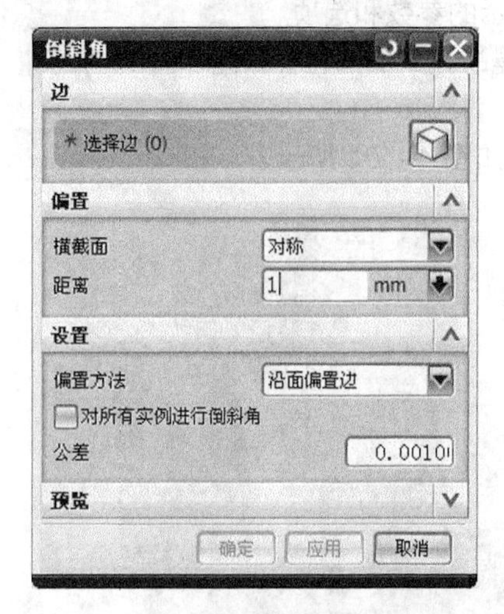

图 4-193 设置“倒斜角”参数

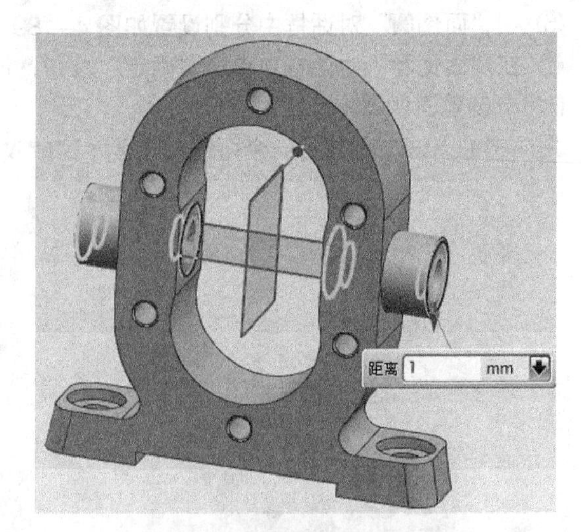

图 4-194 选择要倒斜角的 4 条边

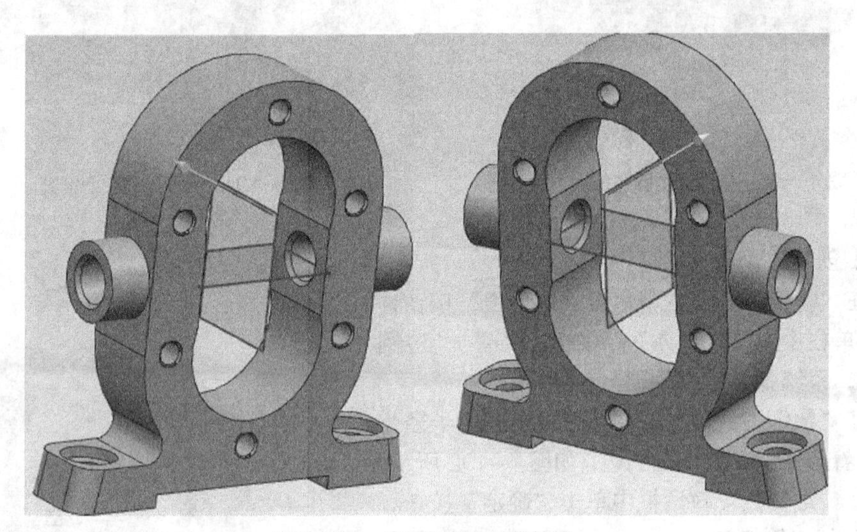

图 4-195 完成倒斜角后的效果

归纳总结

通过本项目，学习了实例特征的操作及编辑，具体内容包括实体建模概述、基准特征、体素特征、布尔运算、设计特征、修剪特征、细节特征、关联复制和偏置/缩放特征等。其中细节特征主要包括倒斜角、边倒圆、面倒圆和拔模等，布尔运算包括求和、求差和求交，关联复制的命令则主要包括抽取体、复合曲线、实例特征、镜像特征、镜像体和生成实例几何。

本项目通过完成齿轮泵零件的三维实体建模的任务，培养学生能够使用 UG 的实体建模功能完成零件三维实体造型的能力，让学生充分掌握实体建模的相关功能与命令，同时培养学生的信息获取、团队协作和思考解决问题等能力。

课后训练

1. 请完成如图 4-196 所示图形的实体建模。

视频: 实体建模练习(一)

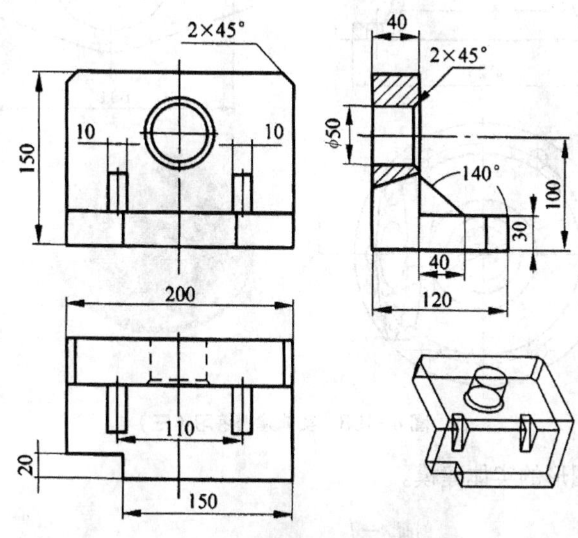

图 4-196　实体建模练习 (一)

2. 请完成如图 4-197 所示图形的实体建模。

视频: 实体建模练习(二)

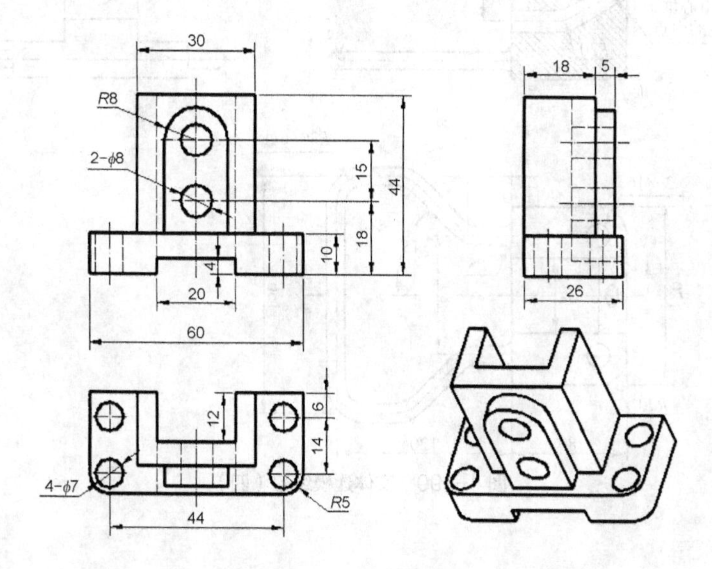

图 4-197　实体建模练习 (二)

3. 请完成如图 4-198 所示图形的实体建模。

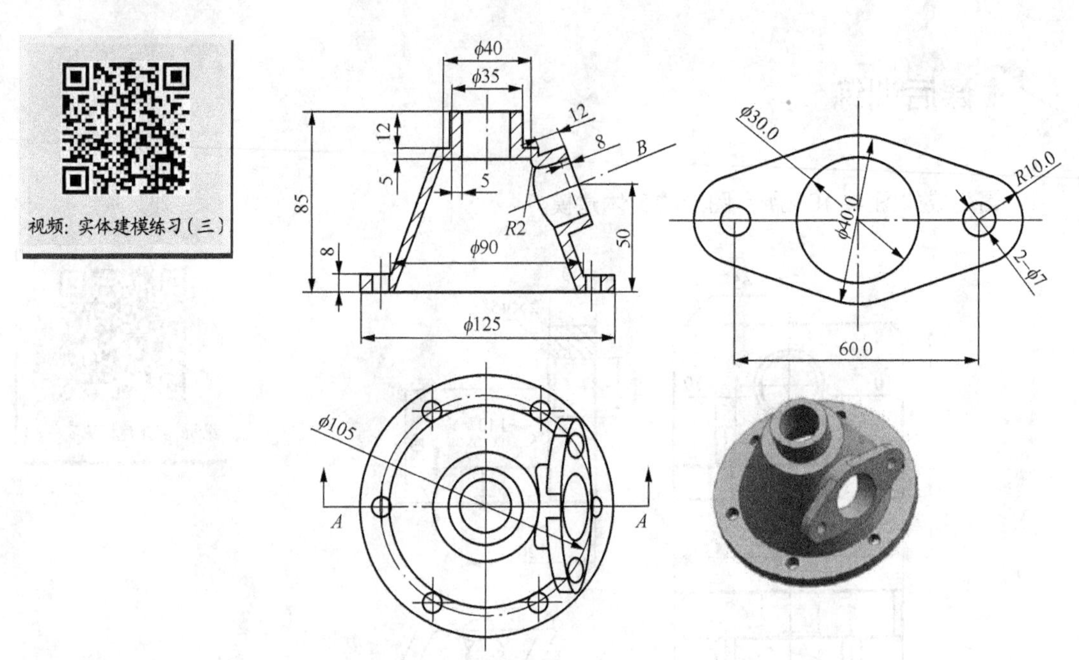

图 4-198　实体建模练习（三）

4. 请完成如图 4-199 所示图形的实体建模。

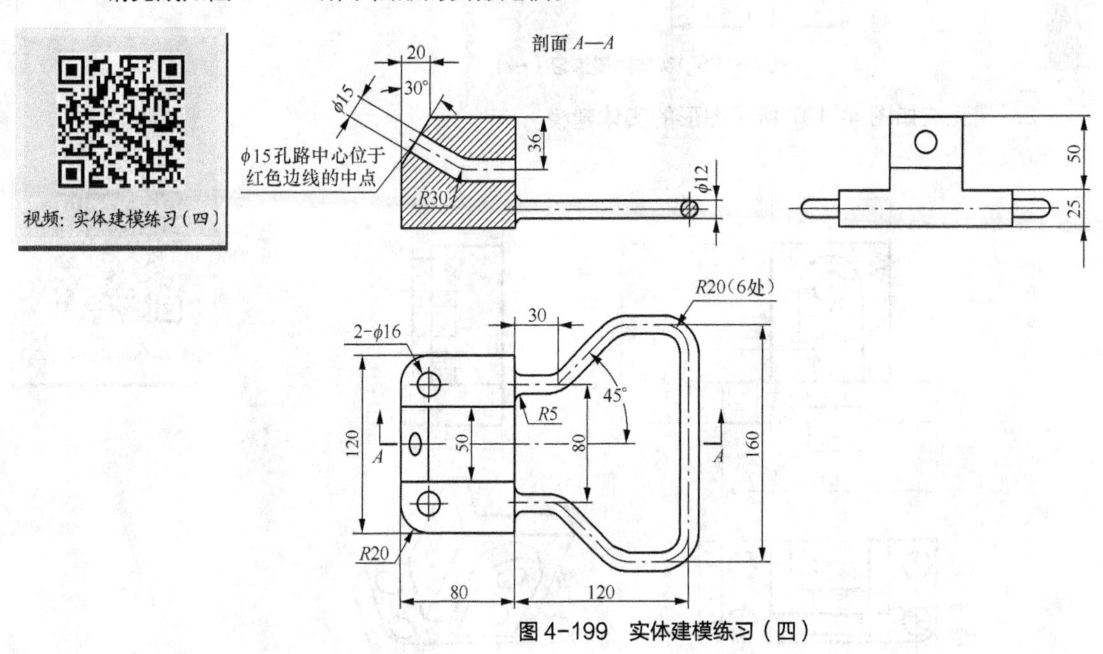

图 4-199　实体建模练习（四）

Item

5 项目五 曲面建模

项目引入

本项目主要完成在 UG NX 8.0 建模环境下饮料瓶子的绘制，如图 5-1 所示。通过学习，使用户深刻理解曲面建模的基本工具、曲面编辑等各个常用图标与命令的含义，并掌握它们的使用方法和技巧，从而掌握中等复杂程度三维零件的曲面建模思路与方法。

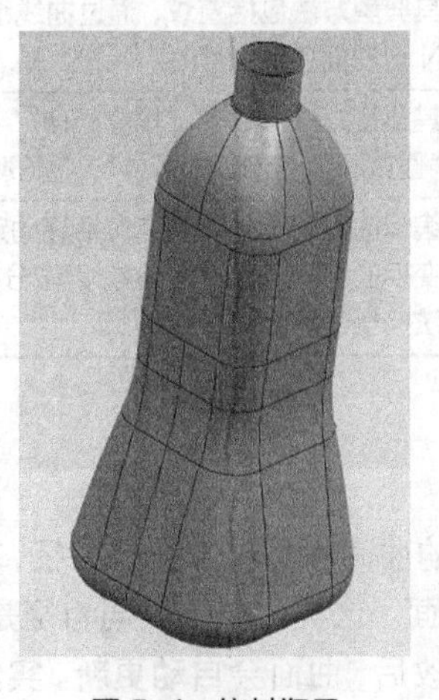

图 5-1　饮料瓶子

项目分析

我们从图 5-1 的饮料瓶子分析知道，在进行零件的曲面建模过程中，用户必须使用曲面建模工具中的通过曲线组、通过曲线网格、扫掠曲面、N 边曲面、规律延伸等命令，以及实体建模中的基准平面、镜像曲线、草图等命令。

本项目通过完成饮料瓶子曲面建模任务，培养学生能够使用 UG 的曲面建模工具完成中等复杂程度零件曲面建模的能力，让学生充分掌握通过曲线网格、N 边曲面、扫掠曲面等曲面建模功能与命令，同时培养学生的思考解决问题等能力。

知识链接

本项目涉及的知识包括 UG NX 8.0 软件曲面创建与编辑工具，包括通过曲线网格、扫掠、通过曲线组、N 边曲面、规律延伸等操作，知识重点是通过曲线网格、扫掠、通过曲线组的掌握，知识难点是通过曲线网格、扫掠、通过曲线组 3 个命令。下面将详细介绍这些知识。

一、曲面功能概述

1. 曲面的基本概念、分类

曲面分为基本曲面和自由曲面。基本曲面通常利用点和曲线构建曲面骨架进而获得基本曲面，UG NX 8.0 提供包括直纹面、通过曲线、通过曲线网络、扫掠、截面体等多种基本曲面构造工具。自由曲面特征常用于构造用标准建模方法无法创建的复杂形状。与一般曲面相比，自由曲面的创建更加灵活，其要求也更高。自由曲面是一种概念性较强的曲面形式，同时也是艺术性和技术性相对完美结合的曲面形式。表 5–1 列出了一般曲面相关的创建和编辑知识。

表 5-1　一般曲面相关的创建和编辑

序号	主类别	典型方法或主要知识点
1	依据点创建曲面	依据点创建曲面的方法主要有：通过点；从极点；从点云；快速造面
2	由曲线创建曲面	其典型方法包括直纹、通过曲线组、通过曲线网格、扫掠、剖切曲面、桥接、N 边曲面和过渡等
3	曲面的其他创建方法	其典型方法命令有“规律延伸”“轮廓线弯边”“偏置曲面”“可变偏置”“偏置面”“修剪的片体”“修剪与延伸”和“分割面”等
4	编辑曲面	编辑曲面的主要知识点包括移动定义点、移动极点、匹配边、使曲面变形、变换曲面、扩大、等参数修剪/分割、边界、更改边、更改阶次、更改刚度、法向反向和光顺极点等

2. 曲面常用术语

（1）全息片体

在 UG 中，大多数命令所构造的曲面都是参数化的特征，在自由曲面特征中被称为全息片体。全息片体是指全关联、参数化的曲面。这类曲面的共同特征是都由曲线生成，曲面与曲线具有关联性。当构造曲面的曲线被编辑修改后，曲面会自动更新。实体是指具有一定厚度和封闭的体积，而片体的厚度为零，只有空间形状，没有实际厚度。

（2）行与列

行定义了片体的 *U* 方向，而列是大致垂直于片体行的纵向曲线方向（*V* 方向）。

（3）曲面的阶次

阶次是一个数学概念，表示定义曲面的 3 次多项式方程的最高次数。UG 程序中使用相同的概念定义片体，每个片体均含有 *U*、*V* 两个方向的阶次。UG 中建立片体的阶次必须介于 2 ~ 24 之间。阶次过高会导致系统运算速度变慢，同时容易在数据转换时产生错误。

（4）公差

某些自由曲面特征在建立时使用近似的方法，因此需要使用公差来限制。曲面的公差一般有两种：距离公差和角度公差。距离公差是指建立的近似片体与理论上精度片体所允许的误差；角度公差是指建立的近似片体的面法向与理论上的精确片体的面法向角度所允许的误差。

（5）补片的类型

补片是指构成曲面的片体，在 UG 中主要有两种补片类型。一般情况下，均适用单补片的形式，这样生成的曲面有利于控制和编辑。

单补片：建立的曲面只含有单一的补片。

多补片：建立的曲面是一系列单补片的阵列。

在本章中，有些命令要求选取曲面，则该曲面可以是片体，也可以是实体的表面，而有些命令要求选取曲面，则只能选取没有实际厚度的片体。

3. 曲面工具

UG NX 8.0 有关曲面的工具栏包括“曲面”工具栏、“编辑曲面”工具栏和“剖切曲面”工具栏等。如果在用户界面中没有显示所需要的工具栏，那么可以在现有工具栏中右击，接着从出现的快捷菜单中选中所需工具栏的名称，从而成功地调出不需要的工具栏。

（1）“曲面”工具栏

“曲面”工具栏如图 5-2 所示，该工具栏中的工具主要用于创建曲面。

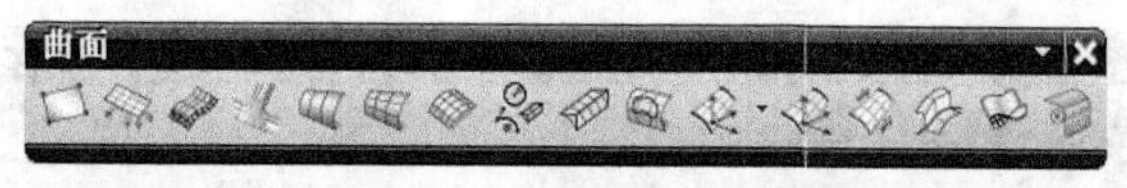

图 5-2　“曲面”工具栏

用户可以定制“曲面”工具栏中显示的工具按钮，即添加或移除按钮，如图 5-3 所示。

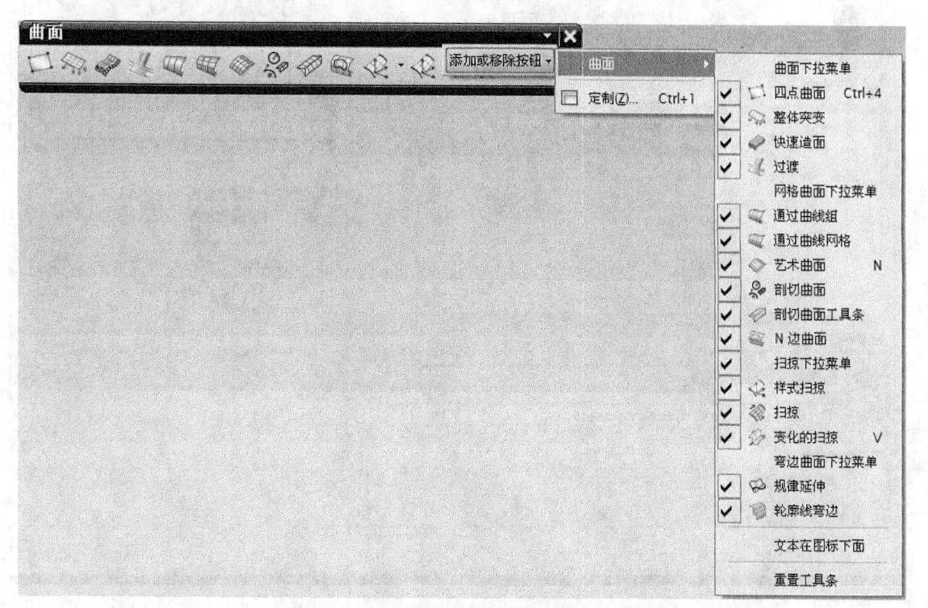

图 5-3　在“曲面”工具栏中添加或移除工具按钮

（2）“编辑”曲面工具栏

“编辑曲面”工具栏如图 5-4 所示。该工具栏中的工具主要用于对曲面进行编辑操作。另外，从菜单栏的相关菜单中，也可以选择编辑曲面的某些命令。

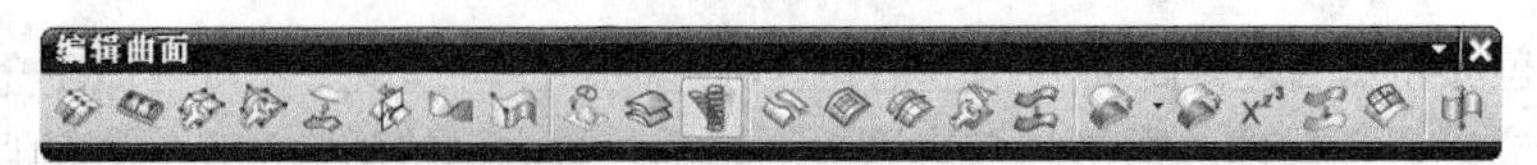

图 5-4 “编辑曲面”工具栏

（3）“剖切曲面”工具栏

可以将剖切曲面看作是自由曲面形状中的一种，“剖切曲面”工具栏如图 5-5 所示。

图 5-5 “剖切曲面”工具栏

（4）“外观造型设计”模块

“外观造型设计”模块集中了更多的曲面功能，在该模块下可更便捷地进行曲面造型。

要进入“外观造型设计”模块，可以在工具栏中单击“新建”按钮，或者在菜单栏中选择“文件”|“新建”命令，打开“新建”对话框，接着在“模型”选项卡的“模板”列表中选择名为“外观造型设计”的模块，设置模板单位为 mm（毫米），如图 5-6 所示。接着指定文档名称和要保存的文件夹等，单击“确定”按钮即可。

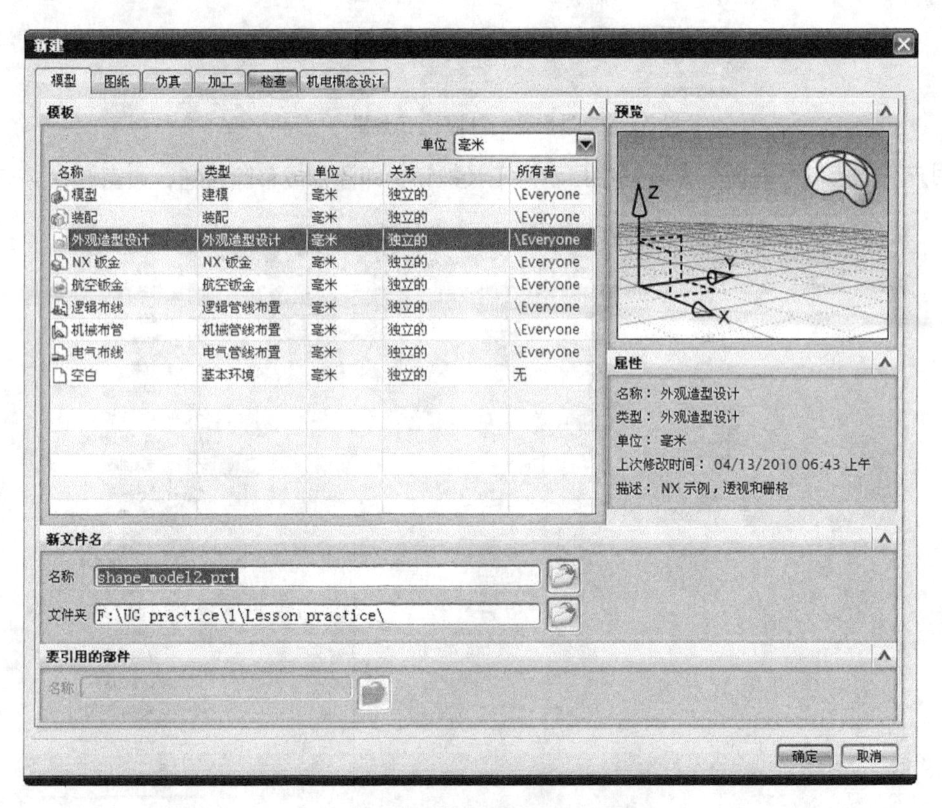

图 5-6 选择“外观造型设计”模块

另外，在“模型”等其他模式下，也可以快速切换到“外观造型设计”模式。其方法为：在菜单栏中选择“开始”|“所有应用模块”|“外观造型设计”命令，切换后的软件界面如图 5-7 所示。

图 5-7 “外观造型设计”软件界面

没有特别说明，本项目默认采用“外观造型设计”模块来进行介绍。

二、由点创建曲面

由点创建曲面的方法包括：通过点构造曲面、从极点创建曲面、从点云创建曲面、快速造面。

1. 通过点构造曲面

“通过点”命令是指通过定义曲面的控制点来创建曲面。控制点对曲面的控制是以组合链的方式来实现的，链的数量决定了曲面的圆滑程度。通过点构造曲面的操作步骤如下。

单击“编辑曲面”工具栏中的“通过点”按钮，或在菜单栏中选择“插入”|“曲面”|“通过点”命令，系统弹出如图 5-8 所示的“通过点”对话框，该对话框中各个选项的含义如下。

- 补片类型：用于设置创建片体的类型，可以选择创建单个或多个面的片体。
- 沿...向封闭：用于设置曲面的闭合方式，可以选择行和列方向闭合或都不合。
- 行阶次、列阶次：用于设置曲面上的点的次数。
- 文件中的点：单击此按钮，将弹出“点文件”对话框，可以选择文件中已定义的点作为曲面上的点。

在“通过点”对话框中设置各个选项的参数后，单击“确定”按钮，系统弹出如图 5-9 所示的“过点”对话框，该对话框用于设置指定选取点的方法，下面介绍这些方法选项的功能含义。

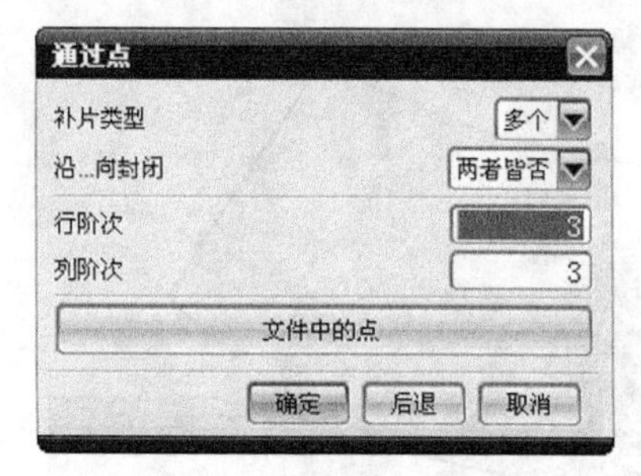

图 5-8 “通过点”对话框

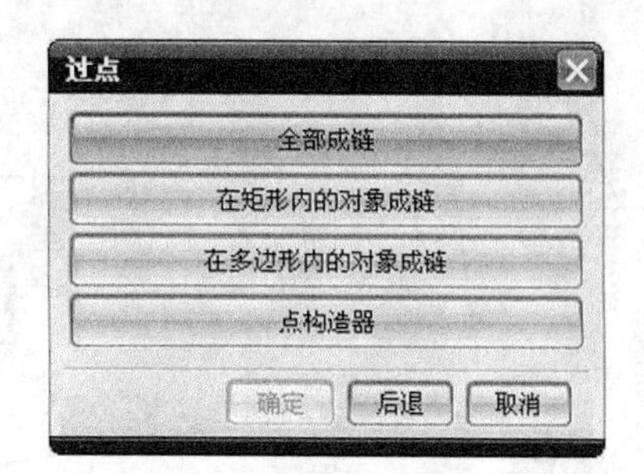

图 5-9 “过点”对话框（一）

“全部成链”按钮：单击该按钮，可根据提示在绘图区选择一个点作为起始点，接着再选择一个点作为终点，系统自动将起始点和终点之间的点连接成链。

- “在矩形内的对象成链”按钮：单击该按钮，系统提示指定成链矩形，指出拐角，将位于成链矩形内的点连接成链。
- “在多边形内的对象成链”按钮：单击该按钮，系统提示指定成链多边形，指出顶点，将位于成链多边形内的点连接成链。
- “点构造器”按钮：单击该按钮，弹出如图 5-10 所示的“点”对话框。利用“点”对话框来选择用于构造曲面的点。

完成选择构造曲面的点后，如果选择的点满足曲面的参数要求，则会弹出如图 5-11 所示的“过点”对话框，从中根据设计实际情况执行“所有指定的点”按钮功能或“指定另一行”按钮功能。

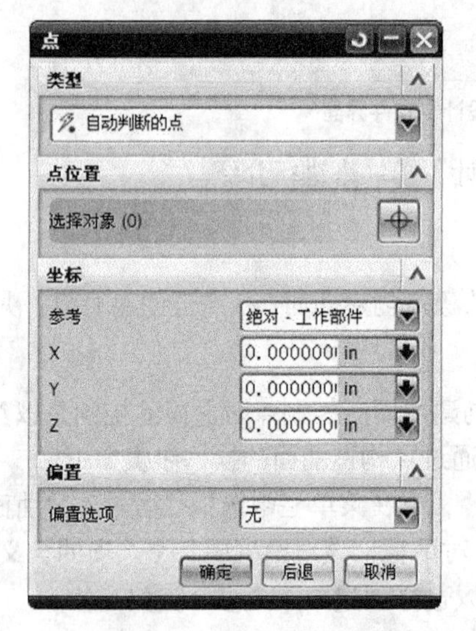

图 5-10 设置“点”对话框参数

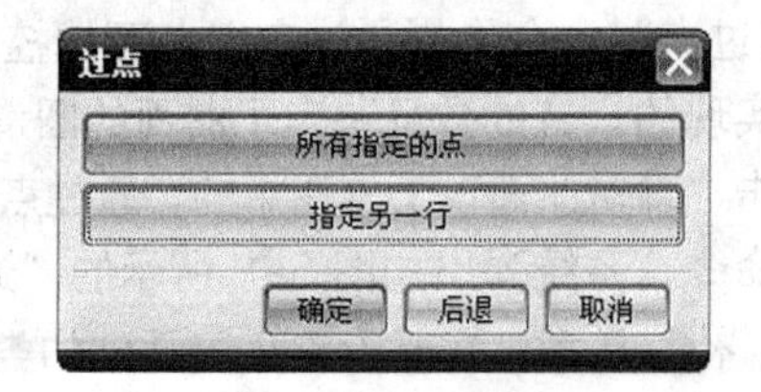

图 5-11 “过点”对话框（二）

- “所有指定的点”按钮：单击“所有指定的点”按钮，则系统根据已经选取的所构造曲面的点来创建曲面。
- “指定另一行”按钮：用于指定另一行点。单击该按钮，系统弹出“指定点”对话框，由用户继续指定构建曲面的点，直到指定所有的所需点。

下面结合如图 5-12 所示实例来介绍“通过点”命令的操作方法。

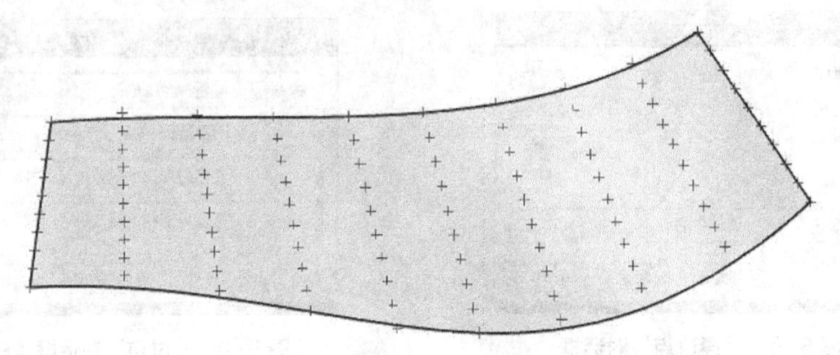

图 5-12 “通过点”命令构建曲面

（1）单击“编辑曲面”工具栏中的“通过点”按钮，或在菜单栏中选择“插入”|“曲面”|“通过点”命令，系统弹出如图 5-8 所示的“通过点”对话框。

（2）在“通过点”对话框的“补片类型”下拉列表中选择“多个”，在“沿...向封闭”下拉列表中选择“两者皆否”，在“行阶次”和“列阶次”文本框中输入 3，单击“确定”按钮，系统弹出如图 5-9 所示“过点”对话框。

（3）在“过点”对话框中选择“点构造器”按钮，系统弹出如图 5-10 所示的“点”对话框，并依次选择图 5-13 所示的 5 个点。

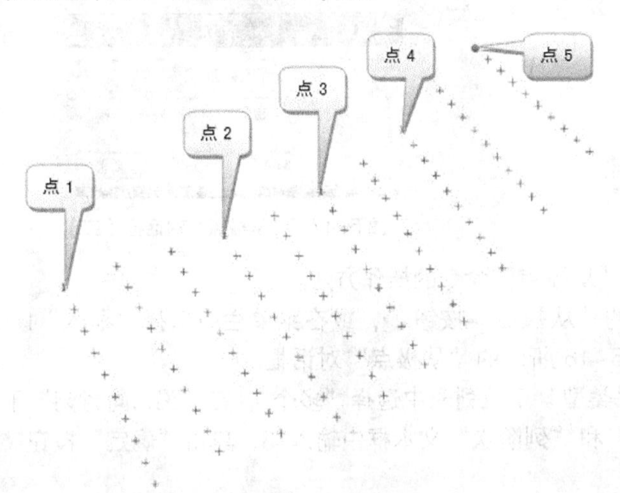

图 5-13　选择点

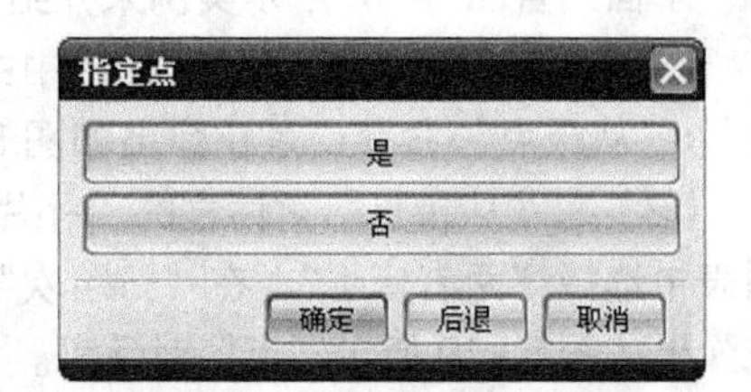

图 5-14　“指定点”对话框

（4）单击“点”对话框中的确定按钮，系统弹出“指定点”对话框，如图 5-14 所示，单击对话框中的“是”按钮，系统弹出如图 5-10 所示“点”对话框，依次选择如图 5-15 所示的 5 个点。

（5）单击“点”对话框中的“确定”按钮，系统弹出如图 5-14 所示的“指定点”对话框，单击对话框中的“是”按钮，系统弹出如图 5-11 所示“过点”对话框，单击“所有指定的点”按钮，结果如图 5-12 所示。

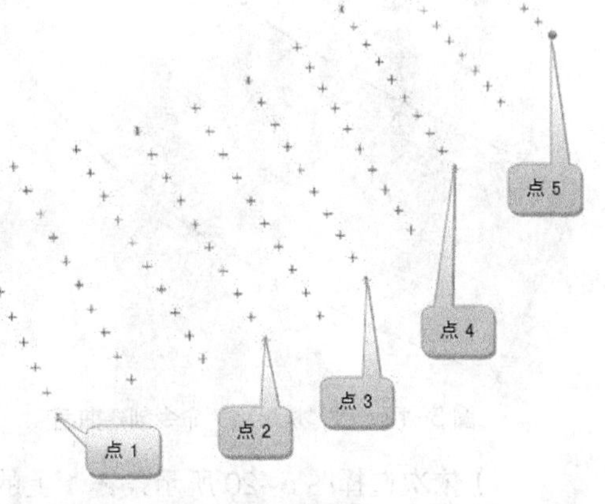

图 5-15　选择点

2. 从极点创建曲面

该方式与通过点方式构造曲面类似，不同之处在于选取的点将成为曲面的控制极点。

单击“编辑曲面”工具栏中的“从极点”按钮，弹出如图 5-16 所示的“从极点”对话框，使用默认设置。单击“确定”按钮，进行点的选取。系统弹出如图 5-10 所示的“点”对话框，要求选取定义点，在绘图工作区中依次选取要成为第一条链的点，选取完成后，在“点”对话框中单击“确定”按钮。此时弹出如图 5-14 所示的“指定点”对话框，单击“是”按钮，接受选取的点，完成第一条链的定义。系统弹出如图 5-10 所示的“点”对话框，继续选择组成第二条链的点，选取完成后，在“点”对话框中单击“确定”按钮。此时弹出如图 5-14 所示的“指定点”对话框，单击“是”按钮，接受选取的点，完成第二条链的定义。系统弹出如图 5-17 所示的“从极点”对话框，选择“指定另一行”按钮，使用同样的方法，在绘图工作区中创建其他条链。当定义了所有条链后，系统将弹出“从极点”对话框，单击“所有指定的点”按钮，随即生成曲面，该曲面是由极点控制的。

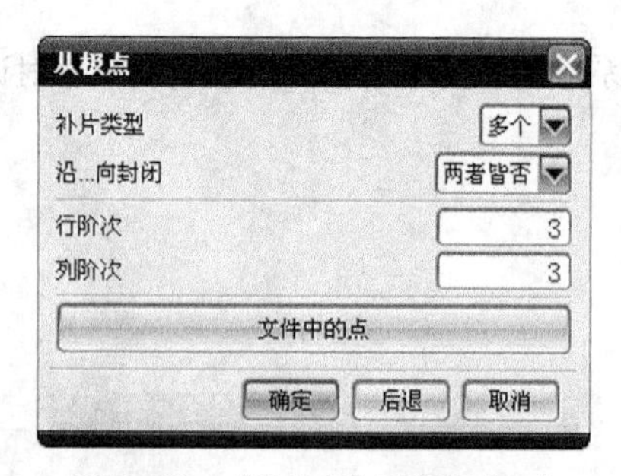

图 5-16 “从极点”对话框（一）

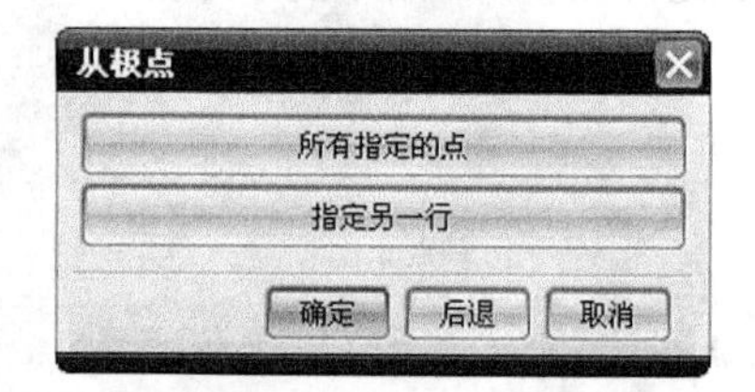

图 5-17 “从极点”对话框（二）

下面结合图 5-18 所示实例来介绍“从极点”命令的操作方法。

（1）单击“编辑曲面”工具栏中的“从极点”按钮，或在菜单栏中选择“插入”|“曲面”|“从极点”命令，系统弹出如图 5-16 所示的“从极点”对话框。

（2）在“从极点”对话框的“补片类型”下拉列表中选择“多个”，在“沿...向封闭”下拉列表中选择“两者皆否”，在“行阶次”和“列阶次”文本框中输入 3，单击“确定”按钮，系统弹出如图 5-19 所示“点”对话框。

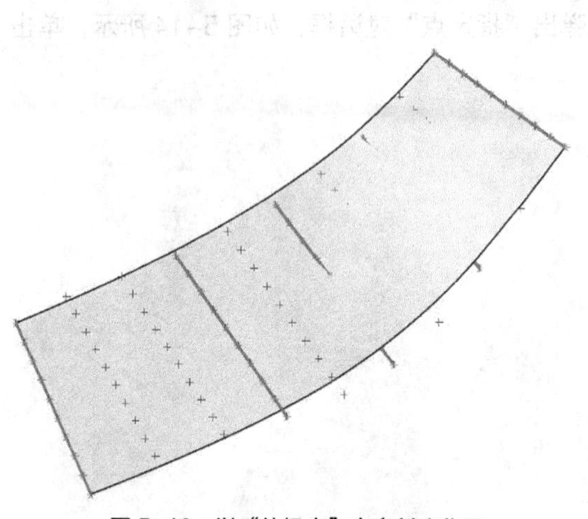

图 5-18 以“从极点”命令创建曲面

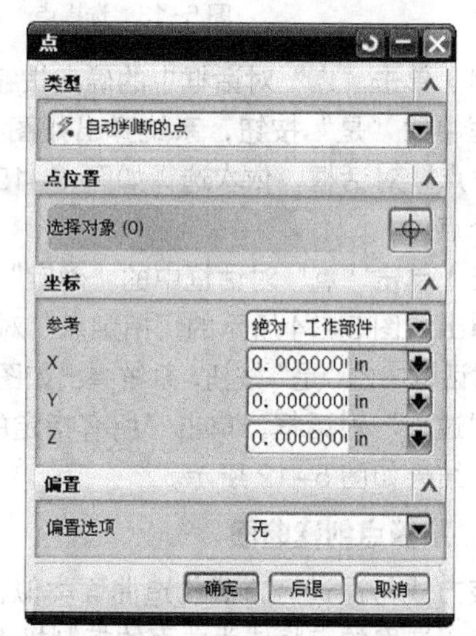

图 5-19 “从极点”参数设置后的“点”对话框

（3）依次选择图 5-20 所示条链 1 上的点。选取完成后，在“点”对话框中单击“确定”按钮。此时弹出如图 5-14 所示的“指定点”对话框，单击“是”按钮，接受选取的点，完成第一条链的定义。

（4）系统弹出如图 5-10 所示的“点”对话框，继续选择组成第二条链的点，如图 5-19 所示。选取完成后，在“点”对话框中单击“确定”按钮。此时弹出如图 5-14 所示的“指定点”对话框，单击“是”按钮，接受选取的点，完成第二条链的定义。

（5）系统弹出图 5-17 所示的“从极点”对话框，选择“指定另一行”按钮，使用同样的方法，在绘图工作区中创建其他条链，如图 5-20 所示。

（6）当定义了所有条链后，程序将弹出图 5-17 所示的“从极点”对话框，单击“所有指定的点”按钮，随即生成图 5-18 所示的曲面，该曲面是由极点控制的。

3. 从点云创建曲面

从点云创建曲面可以创建逼近大片数据点的片体。在“编辑曲面”工具栏中单击“从点云”按钮，将弹出“从点云”对话框，如图 5-21 所示，在对话框中可以设置 *U* 向阶次，*V* 向阶次和 *U* 向补片数、*V* 向补片数。“坐标系”选项用于改变 *U*、*V* 方向及片体法线方向的坐标系，当改变坐标系后，其所产生的片体也会随着坐标系的改变而产生相应的变化，对话框提供了 5 种定义坐标系的方式，如图 5-21 所示。

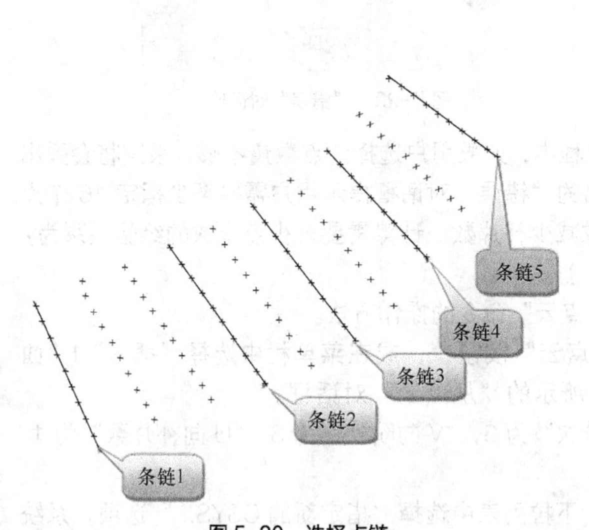

图 5-20　选择点链

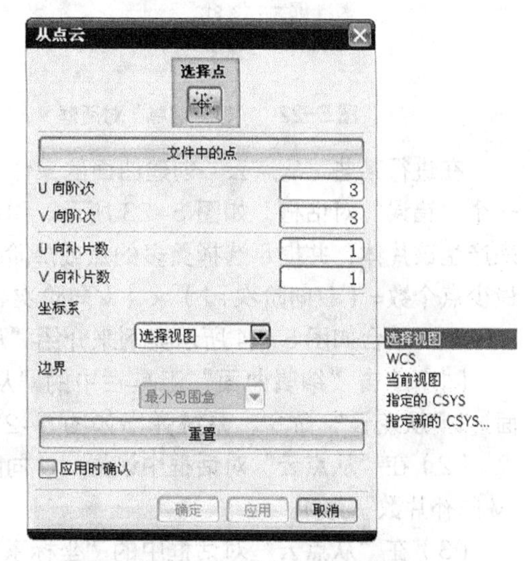

图 5-21　“从点云”对话框

下面简单介绍“从点云”对话框中各选项的功能含义。

- “选择点”：在“选择点”选项组中选中“点云”按钮，此时用户可以在模型窗口（绘图区域）选择构建曲面的点群。
- “文件中的点”：单击此按钮，读取来自文件中的点来构建曲面。
- “U 向阶次”：设置曲面行方向（*U* 向）的阶次。
- “V 向阶次”：设置曲面列方向（*V* 向）的阶次。
- “U 向补片数”：设置曲面行方向（*U* 向）的补片数。
- “V 向补片数”：设置曲面列方向（*V* 向）的补片数。
- “坐标系”下拉列表框：在该下拉列表框中可供选择的选项有“选择视图”“WCS”“当前视图”“指定的 CSYS”和“指定新的 CSYS...”。当选择“选择视图”选项时，由所选视图定义曲面的 *U* 方向和 *V* 方向向量；当选择“WCS”选项，系统将工作坐标系作为创建曲面的坐标系；当选择“当前视图”选项时，系统把当前视图作为曲面的 *U* 方向和 *V* 方向向量；当选择“指定的 CSYS”选项时，由指定的 CSYS 作为创建曲面的坐标系；当选择“指定新的 CSYS...”选项时，由用户指定新的 CSYS 作为创建曲面的坐标系。

- “边界”下拉列表框：该下拉列表框用来设置选择点的边界。
- “重置”按钮：单击此按钮，将取消当前所有的曲面参数设置，以重新设置曲面参数。
- “应用时确认”复选框：该复选框设置是否要应用时确认。

在“从点云”对话框中设置好曲面的相关参数，并在绘图区域选择一定数量的有效点后，单击“确定”按钮，系统创建“点云”曲面，同时弹出如图 5-22 所示的“拟合信息”对话框，从中显示了距离偏差的平均值和最大值。所述的距离偏差平均值是指根据用户指定约点云创建的曲面和理想基准曲面之间的平均误差值；距离偏差最大值是指根据用户指定的点云创建的曲面和理想基准曲面之间的最大误差值。

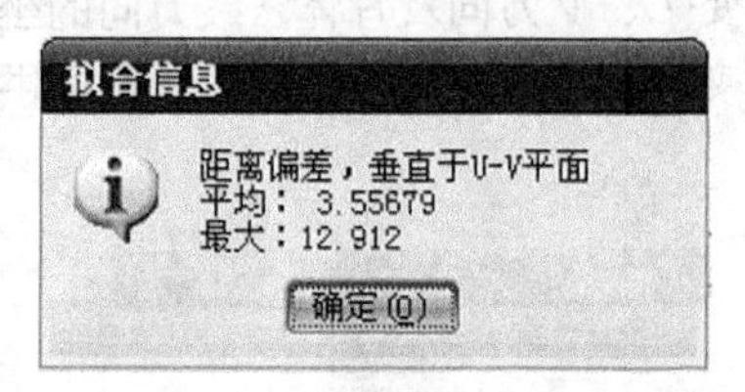

图 5-22 “拟合信息”对话框

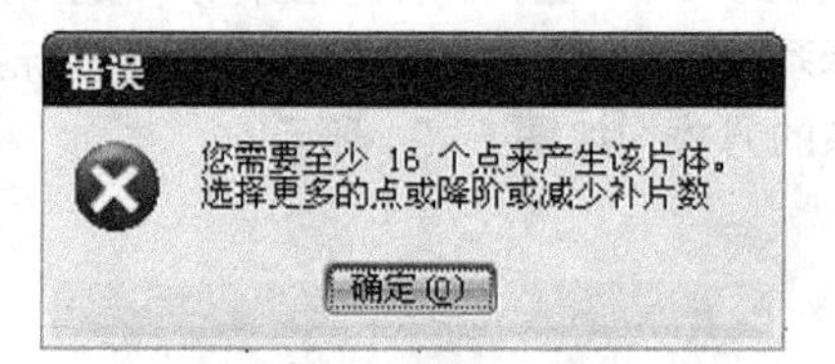

图 5-23 “错误”对话框

在进行某些“从点云”创建曲面的操作过程中，如果用户选择的点数量不够，系统将会弹出一个“错误”对话框，如图 5-23 所示。弹出的“错误”对话框提示用户需要至少指定 16 个点来产生该片体，并提示选择更多的点或降阶或减少补片数。计算需要至少点个数的经验关系为：最少点个数=（*U*向阶次+1）×（*V*向阶次+1）。

下面结合如图 5-24 所示实例来介绍“从点云”命令的操作方法。

（1）单击“编辑曲面”工具栏中的“从点云”按钮，或在菜单栏中选择“插入”|“曲面”|“从点云”命令，系统弹出如图 5-21 所示的“从点云”对话框。

（2）在“从点云”对话框中设置“U 向阶次”为 3，“V 向阶次”为 3，“U 向补片数”为 1，“V 向补片数”为 1。

（3）在“从点云”对话框中的“坐标系”下拉列表中选择“指定新的 CSYS...”选项，系统弹出如图 5-25 所示的“CSYS”对话框，按系统提示依次选择如图 5-26 所示点为新建坐标系的原点、*X*轴点和 *Y*轴点。

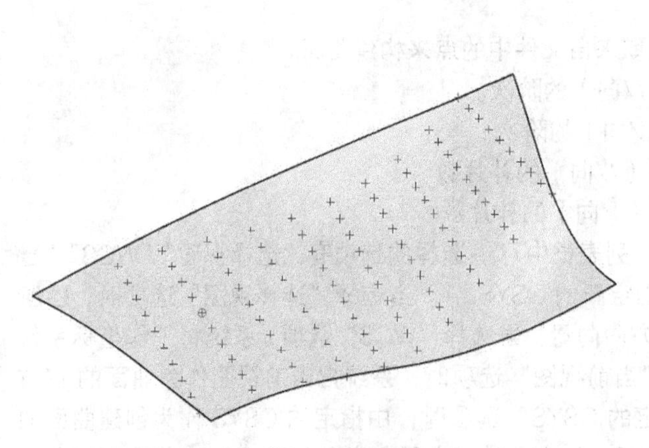

图 5-24 以“从点云”命令创建曲面

图 5-25 设置“CSYS”参数

（4）单击“CSYS”对话框中的“确定”按钮，以框选方式选择绘图区中所有的点，如图 5-27 所示。

（5）单击“确定”按钮，结果如图 5-24 所示。

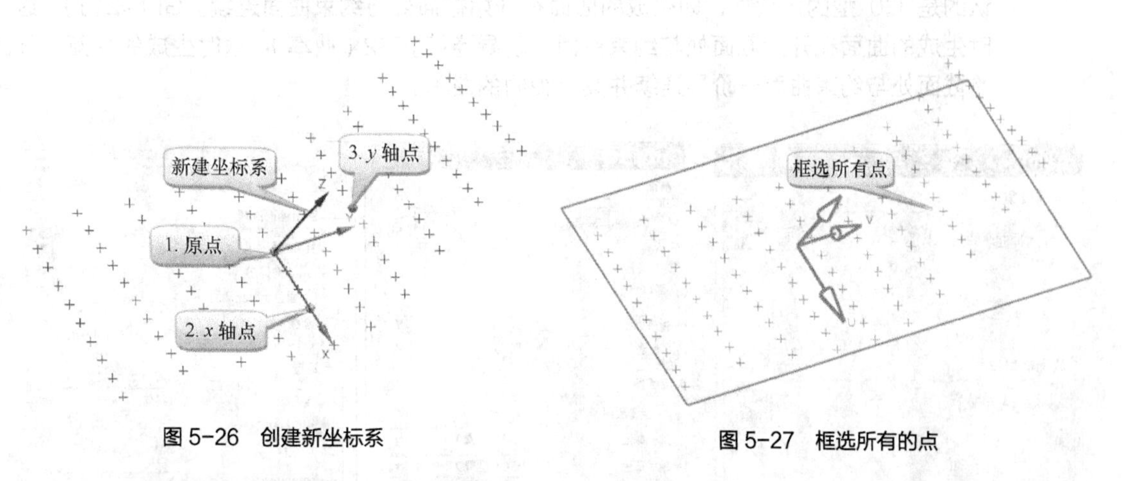

图 5-26 创建新坐标系

图 5-27 框选所有的点

三、由线创建曲面

UG NX 8.0 提供了创建全息片体的功能，即创建全参数化曲面，也就是由曲线创建曲面的功能。本节将介绍“直纹面”“通过曲线组”“通过曲线网格”“扫掠”“剖切曲面”“N 边曲面”“规律延伸”“偏置曲面”“修剪的片体”“修剪和延伸”“轮廓线弯边”等由线创建曲面指令。

1. 直纹面

直纹方法是通过两条截面线串生成曲面，每条截面线串可以由多条连续的曲线、体边界或多个体表面组成。

选择菜单栏中的“插入”|“网格曲面”|“直纹面”命令，系统弹出如图 5-28 所示的“直纹”对话框。此时“截面线串，”选项组处于第一步，要求选择第一条曲线。在绘图工作区中选取第一条曲线，单击曲线的一段即可，曲线被选取后，将显示曲线的方向。单击“直纹”对话框中的“截面线串 2”按钮，在绘图工作区中选取第二条曲线，选取的位置应在第一条曲线的同一侧，否则生成的曲面将被扭曲变形。接着单击“确定”按钮，即可完成操作。

2. 通过曲线组

“通过曲线组”命令可以通过一组截面曲线创建片体或实体，截面曲线确定了片体或实体的截面形状。创建曲面时，选择截面曲线至少两条以上。在“曲面”工具栏中单击“通过曲线组”按钮，或选择菜单栏中的“插入”|“网格曲面”|“通过曲线组”命令，系统将弹出“通过曲线组”对话框，如图 5-29 所示。在对话框的“连续性”选项组中，可以设置第一截面和最后截面的连续性，可以选择用户约束片体使得它和一个或多个选定的面相切或曲率连续。

“通过曲线组”对话框中各选项的功能含义如下。

- 截面：用于依次选择通过的截面线串。
- 列表：用于显示所选择的截面线串，并且对其进行编辑。编辑包括删除和改变截面顺序等。

- 连续性：用来设置约束面对哪个截面起连续性上的约束，如果选择了“全部应用”复选框，约束对于两者均起作用。系统提供了 3 种连续性的选择：G0、G1 和 G2。系统默认的是 G0 型的连续性，即生成的曲面在开始截面处与约束曲面连续。Gl（相切）：这时生成的曲面在开始截面处与约束曲面一阶导连续。G2（曲率）：这时生成的曲面在开始截面处与约束曲面一阶导连续并具有相同的曲率。

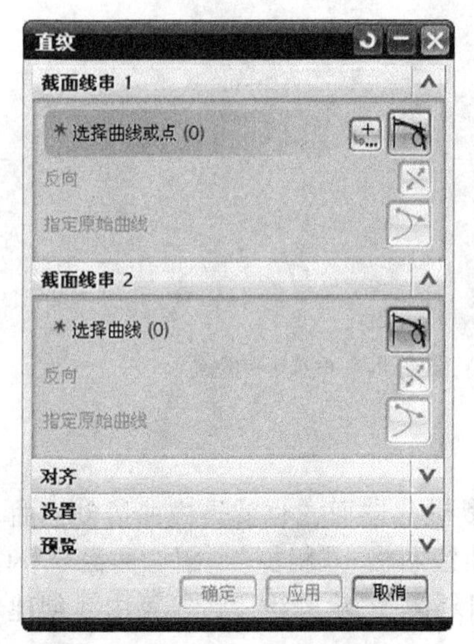

图 5-28 “直纹”对话框

图 5-29 “通过曲线组”对话框

- 对齐：在“对齐”下拉列表框包含 7 个选项，前面 6 种和“直纹”中的含义一样。其中，样条定义点的含义为：若选取样条定义点，则所产生的片体会以所选取曲线的相等切点为穿越点，但其所选取的样条则限定为 B 曲线。
- 输出曲面选项：用于设置产生曲面的类型，其中在“补片类型”下拉列表框中有 3 个选项：单个、多个和匹配线串。选择“单个”和“多个”选项与通过直纹面建立曲面差不多，选择“匹配线串”选项时，表示不需要选择 *V* 向阶次，系统将按照所选的截面线串数，自动定义 *V* 向阶次。
- 构造：用于设置生成的曲面符合各条曲线的程度，共有 3 个选项。
- 正常：选择该选项，系统将按照正常的过程创建实体或者曲面，该选项具有最高的精度，因此将生成较多的块，占据最多的存储空间。
- 样条点：该选项要求选择的曲线必须是具有与选择的点数目相同的单一 B 样条曲线。这时生成的实体和曲面将通过控制点，并在该点处与选择的曲线相切。
- 简单：该选项可以对曲线的数学方程进行简化，以提高曲线的连续性。运用该选项生成的曲面或者实体具有最好的光滑度，生成的块数也最少，因此占用最少的存储空间。
- *V* 向封闭:如果选中该复选框，那么所创建的曲线会在 *V* 方向上闭合。
- 公差：该选项用于设置所产生的片体与所选取的截面曲线之间的误差值。

图 5-30 所示为“通过曲线组”命令创建曲面效果。

3. 通过曲线网格

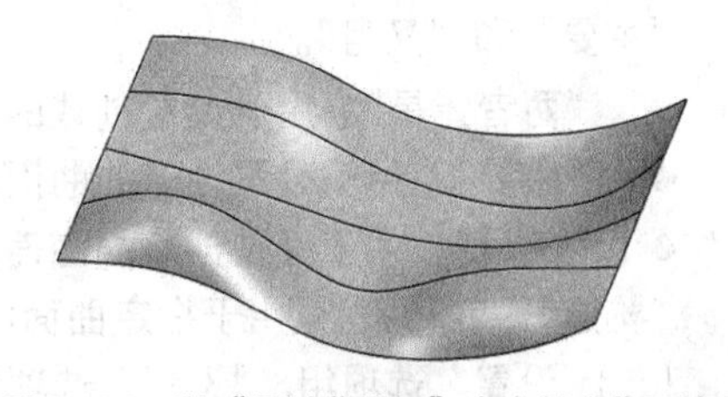
图 5-30 以“通过曲线组”命令创建曲面效果

通过曲线网格方法使用一系列在两个方向的截面线串建立片体或实体。截面线串可以由多段连续的曲线组成。这些线可以是曲线、体边界或体表面等几何体。构造曲面时应将一组同方向的截面线定义为主曲线，而另一组大致垂直于主曲线的截面线则形成横向曲线。

单击“曲面”工具栏中的“通过曲线网格”按钮，或选择菜单栏中的“插入”|“网格曲面”|“通过曲线网格”命令，系统弹出如图 5-31 所示的对话框。

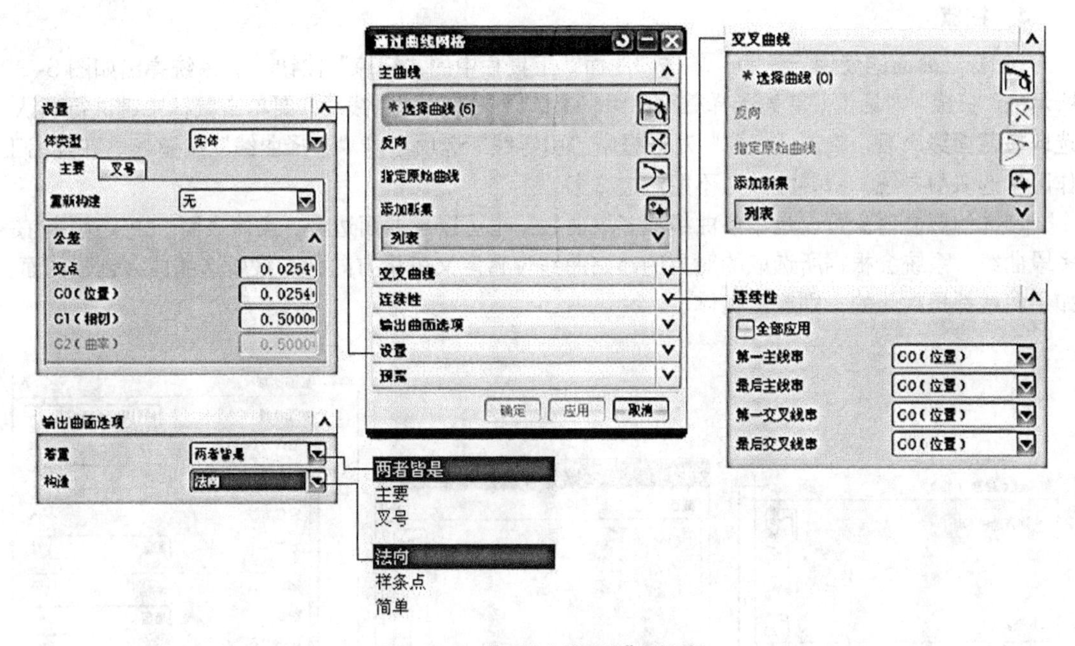

图 5-31 “通过曲线网格”对话框

（1）“主曲线”选项组。该选项组用于选择主曲线，所选主曲线会显示在列表中。需要时可以单击“反向”按钮切换曲线方向等。如果需要多个主曲线，那么在选择一个主曲线后，单击鼠标中键，或单击“添加新集”按钮，则可继续选择另一个主曲线。在定义主曲线时，务必要特别注意设置曲线原点方向。

（2）“交叉曲线”选项组。单击“交叉曲线”选项组中的“选择曲线”按钮，选择所需的交叉曲线，并可进行反向设置和设置其原点方向。可根据设计要求选择多条交叉曲线，所选交叉曲线将显示在其列表中。

（3）“连续性”选项组。可以将曲面连续性设置应用于全部，即选中“全部应用”复选框。在“第一主线串”下拉列表框、“最后主线串”下拉列表框、“第一交叉线串”下拉列表框和“最后交叉线串”下拉列表框中分别指定曲面与体边界的过渡连续性方式，如设置为“G0（位置）”“G1（相切）”或“G2（曲率）”。

（4）“输出曲面选项”选项组。“输出曲面选项”包括两方面的内容，即“着重”和“构造”。“着重”下拉列表框用来设置创建的曲面更靠近哪一组截面线串，其提供的可选选项有“两者皆是”“主要”和“叉号”。

- “两者皆是”：用于设置创建的曲面既靠近主线串也靠近交叉线串。
- “主要”：用于设置创建的曲面靠近主线串，即创建的曲面尽可能通过主线串。
- “叉号”：用于设置创建的曲面靠近交叉线串，即创建的曲面尽可能通过交叉线串。

“构造”下拉列表框用于指定曲面的构建方法，包括“法向”“样条点”和“简单”。

（5）“设置”选项组。“设置”选项组，从中可以设置体类型选项（可供选择的体类型选项有“实体”和“片体”），设置主线串或交叉（十字）线串重新构建的方式，如重新构建的方式为“无”“手工”或“高级”。例如，当选择重新构建的方式选项为“手工”时，可设置阶次。另外，在“设置”选项组中可以设置相关公差。

4. 扫掠

“扫掠”曲面的使用方法为：单击“曲面”工具栏中的“扫掠”按钮，系统弹出如图 5-32 所示的“扫掠”对话框。首先选择截面曲线，每选择一条截面曲线后，要单击鼠标中键进行确认，选取按截面线串后，单击“扫掠”对话框中“引导线”选项组的“选择曲线”按钮，在绘图工作区中选取引导线，引导线数量不能超过 3 条。

选择的截面对象可以是单条曲线或多段曲线，也可以是曲面边界、实体表面。如果选择的是多段曲线，系统会根据所选取的对象的起始曲线位置定义矢量方向，并按所选的曲线创建曲面，如果曲线都是封闭的，则产生实体。

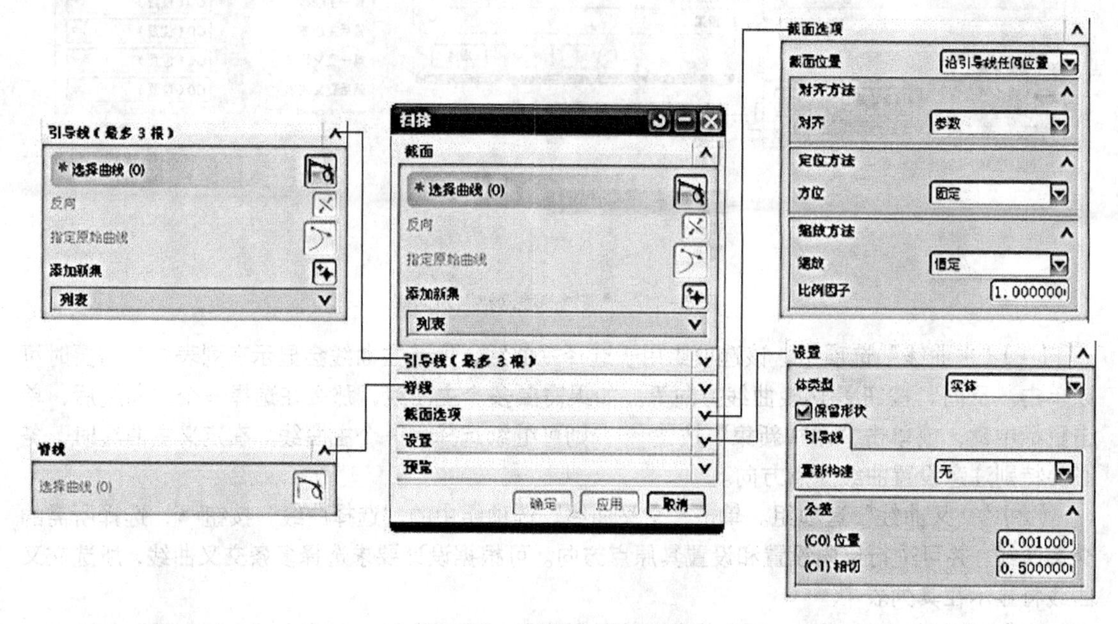

图 5-32 “扫掠”曲面对话框

“扫掠”曲面对话框中常用选项的功能含义如下。

（1）截面

- 对齐方法：它包括参数和圆弧长。参数：空间中点沿着定义曲线通过相等参数区间，其曲线的全部长度完全被等分。弧长：空间中的点沿着定义曲线将通过等弧长区间，其曲线部分长度将被完全等分。

- 定位方法：包括 6 种定位方法。固定：选择该选项时，不需要重新定义方向，截面线将按照其所在的平面的法线方向生成片体，并将沿着导线保持这个方向。面的法向：选择该选项，系统会要求选取一个曲面，以所选取的曲面向量方向和沿着引导线的方向产生片体。矢量方向：所创建的曲面会以所定义向量为方位，并沿着引导线的长度创建。另一条曲线：定义平面上的曲线或实体边线为平滑曲面方位控制线。一个点：可用“点”对话框定义一点，使断面曲线沿着引导线的长度延伸到该点的方向。强制方向：利用矢量构造器定义一个矢量，强制断面曲线沿轨迹线扫描创建曲面的方向为矢量方向。

（2）脊线

该选项用于在定义平滑曲面的对齐方式及各项参数后，定义所要创建曲面的脊线，其定义脊线的选项为选择性的。若不定义脊线，则可单击“确定”按钮生成实体或曲面。

（3）缩放方法

该选项用于在选取单一轨迹时，要求定义所要创建曲面的比例变化。比例变化用于设置截面线在通过轨迹时，截面曲线尺寸的放大与缩小比例。“缩放”下拉列表中包括以下几种方式。

- 恒定：选取该选项时，系统在其下方提示输入比例因子。输入数值后，系统将按照所输入的数值，在坐标系的各个方向上进行比例缩放。
- 倒圆函数：选择该选项，系统要求选择另一曲线作为母线，沿轨迹线创建曲面。
- 另一条曲线：若选取该选项，所产生的片体将以所指定的另一曲线为一条母线沿引导线创建。
- 一个点：选取该选项时，系统会以断面、轨迹和点这 3 个对象定义产生的曲面缩放比例。
- 面积规律:该选项可用法则曲线定义曲面的比例变化方式。
- 周长规律：该选项与面积规律选项相同，不同之处在于使用周长规律时，曲线 y 轴定义的终点值为所创建片体的周长，而面积规律定义为面积大小。

5. 剖切曲面

剖切曲面方式是指从截面的曲线上建立曲面，主要是利用与截面曲线和相关条件来控制一组连续截面曲线的形状，从而生成一个连续的曲面。

单击“曲面”工具栏中的“剖切曲面”按钮，系统弹出如图 5-33 所示的“剖切曲面”对话框，对话框中列出了 20 种构建截面的方式。选择其中任一种方式，或在菜单栏“插入”|“网格曲面”|“截面”直接选择需要的截面方式，系统弹出如图 5-34 所示的“剖切曲面”对话框，此对话框“类型”下拉列表所列的构建曲面的方式与如图 5-33 所示的“剖切曲面”对话框的方式是一致的。

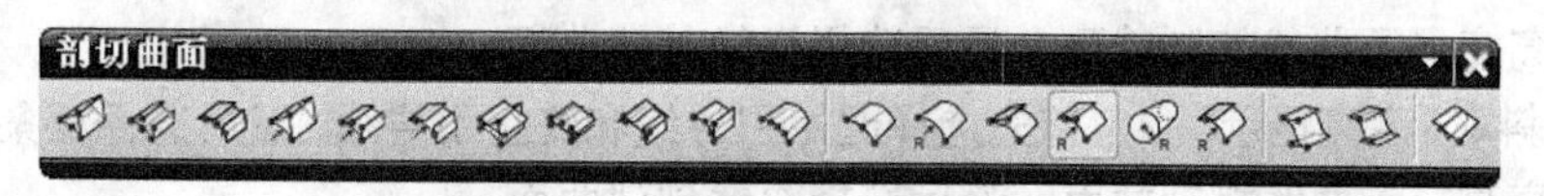

图 5-33 “剖切曲面”对话框（一）

（1）截面类型

截面类型一共有 20 种，在此作简单介绍。

“端点-顶点-肩点”：首先选择起始引导线和终止引导线，再选择顶线控制斜率，然后选择肩曲线定义曲面穿越的曲线。当选取完肩曲线后，系统会要求选取脊线，定义脊线后，系统自动依定义开始创建曲面。

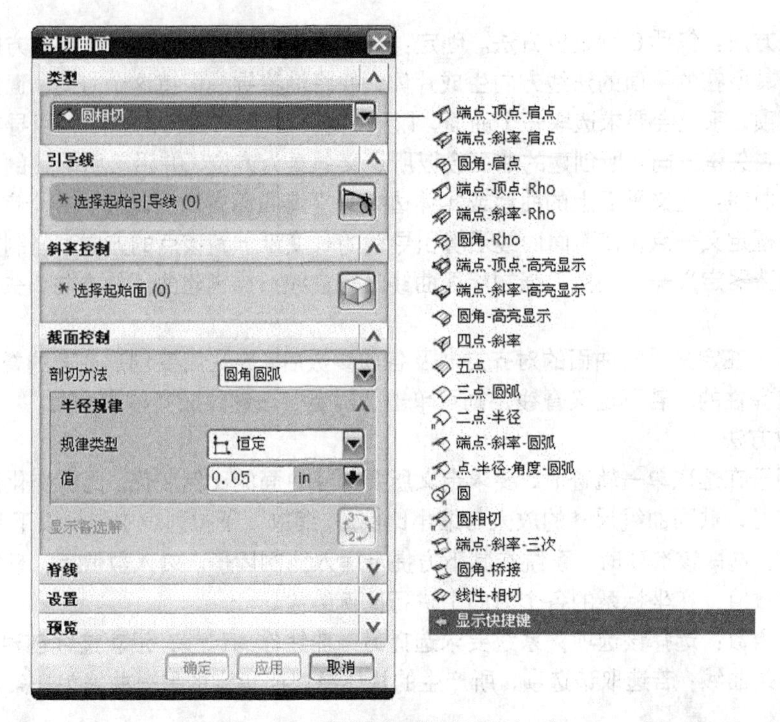

图 5-34 “剖切曲面”对话框（二）

“端点-斜率-肩点”：首先选择起始边，再选取起始边斜率控制线，选取肩线，再选取结束边，接着再选取终边斜率控制线，定义脊线后，系统自动依定义开始产生片体。

“圆角-肩点”:首先选择起始引导线和终止引导线，再选择起始面和终止面以定义斜率，接着再选择控制截面的肩曲线。当选取完肩曲线后，系统会要求选取脊线，定义脊线后，系统自动依定义开始创建曲面。

“端点-顶点-Rho”：首先选择起始引导线和终止引导线，然后选择控制斜率的顶线，接着设置 Rho 值以控制截面，最后选择一条脊线完成定义。

“端点-斜率-Rho”：首先选择起始引导线和终止引导线，然后选择斜率控制线，接着设置 Rho 值以控制截面，再选择一条脊线完成定义。

“圆角-Rho”：首先选择起始引导线和终止引导线，然后选择起始面和终止面定义斜率，接着设置 Rho 值以控制截面，再选择一条脊线完成定义。

“端点-顶点-高亮显示”：首先选择起始引导线和终止引导线，然后选择一条斜率控制线，再选择两条高亮显示曲线控制截面，最后选择脊线创建曲面。

“端点-斜率-高亮显示”：首先选择起始引导线和终止引导线，然后选择两条斜率控制线，再选择两条高亮显示曲线控制截面，最后选择脊线创建曲面。

“圆角-高亮显示”：首先选择起始引导线和终止引导线，然后选择两个斜率控制面，再选择两条高亮显示曲线控制截面，最后选择脊线创建曲面。

“四点-斜率”：首先选择起始引导线和终止引导线，然后指定两条内部引导线，再指定起始斜率曲线和脊线创建曲面。

“五点”：首先选择起始引导线和终止引导线，然后选择 3 条内部引导线，再指定脊线创建曲面。

"三点-圆弧"：首先选择起始边，再选取第一内部点，再选取结束边，当选取完成后，系统会要求选取脊线，定义脊线后，系统自动按定义产生片体（注意：生成的圆弧弧度要小于180°，否则系统将会出现错误提示）。

"二点-半径"：首先选择起始引导线和终止引导线，然后设置截面半径，截面半径值必须大于始边与终边弦长，再指定脊线完成曲面的创建。

"端点-斜率-圆弧"：首先选择起始引导线和终止引导线，然后选择一条斜率控制线，最后指定脊线完成曲面的创建。

"点-半径-角度-圆弧"：首先选择一条起始引导线，再选择起始面控制斜率，然后在对话框中设置半径值和角度值以控制截面，再指定脊线完成曲面创建。

"圆"：首先选择起始引导线和终止引导线，设置半径规律类型，最后选择一条脊线完成曲面创建。

"圆相切"：此方法可生成与面相切的圆弧截面曲面。可以选择起始引导线、起始面和脊线，并定义曲面的半径来创建曲面。

"端点-斜率-三次"：首先选择起始引导线和终止引导线，然后选择起始斜率曲线，再选择脊线创建曲面。

"圆角-桥接"：首先选择起始引导线和终止引导线，然后选择起始面和终止面定义斜率，可以在对话框的"深度和歪斜度"栏中设置深度和歪斜度控制曲面的形状。此方法可以不选择脊线。

"线性-相切"：首先选择一条引导线、一条斜率控制线，设置角度规律类型，最后选择一条脊线来创建曲面。

（2）截面类型（*U*向）

截面类型（*U*向）用于控制截面体在*U*方向的阶次和形状，就是截面体在垂直于脊线的截面内的形状，有以下3种类型。

二次曲线：表示一个精确的二次形状，而且曲线不改变曲率方向。

三次曲线：采用逼近方法使生成的截面曲线逼近二次曲线的形状。

五次曲线：表示曲面的形状是由五次多项式控制的。

（3）拟合类型（*V*向）

这个选项控制*V*方向的次数和形状，即与脊线平行方向的曲线形状。

三次曲线：表示*V*方向上曲线的阶次为3。

五次曲线：表示*V*方向上曲线的阶次为5。

（4）创建顶线选择创建顶线选项后，系统会在创建圆弧曲面的同时，自动产生圆弧曲面的顶点曲线。

6. N边曲面

利用曲线（不受条数限制）或边构成一个简单的封闭环，该环构成一张新曲面，指定一个约束曲面（边界曲面），将新曲面补在边界曲面上，形成一个光滑的曲面。创建*N*边曲面的典型示例如图5-35所示。

在"曲面"工具栏中单击"N边曲面"按钮，打开图5-36所示的"N边曲面"对话框。在"N边曲面"对话框的"类型"下拉列表框中可以选择"已修剪"类型选项或"三角形"类型选项。当选择"已修剪"类型选项时，选择用来定义外部环的曲线组（串）必须闭合；而当选择"三角形”类型选项时，选择用来定义外部环的曲线组（串）必须封闭，否则系统提示线串不封闭。

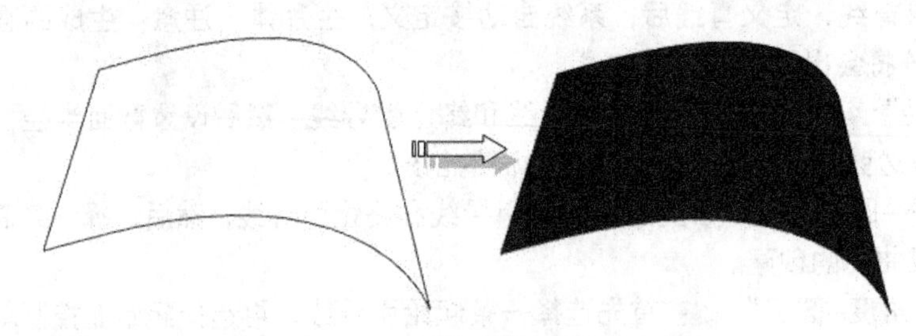

图 5-35 “构建曲面”效果

图 5-36 “N 边曲面”对话框

需要注意的是，在创建“已修剪”类型的 N 边曲面时，可以进行 UV 方位设置，还可以在“设置”选项组中选中“修剪到边界”复选框，从而将边界外的曲面修剪掉。而在创建“三角形”类型的 N 边曲面时，“设置”选项组中的“修剪到边界”复选框换成了“尽可能合并面”复选框。

7. 规律延伸

“规律延伸”命令的应用是比较灵活的，它是指动态地或基于距离和角度规律，从基本片体创建一个规律控制的延伸曲面。

在“曲面”工具栏中单击“规律延伸”按钮，或者在菜单栏中选择“插入”|“弯边曲面”|“规律延伸”命令，系统弹出如图 5-37 所示的“规律延伸”对话框，以下将介绍对话框中各选项和参数设置。

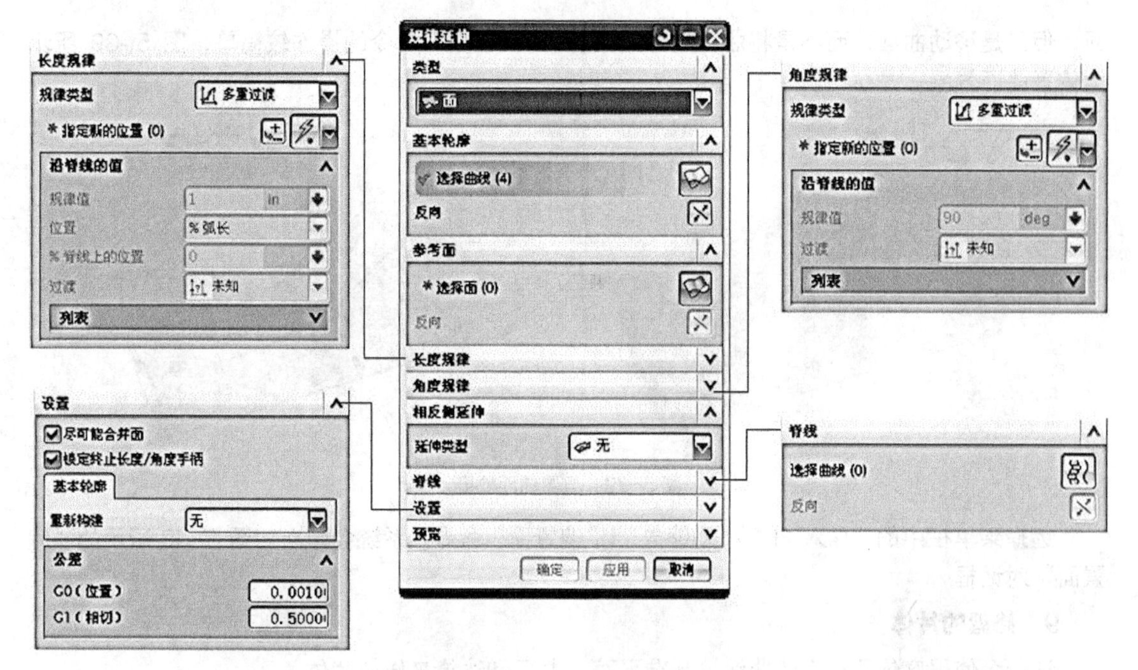

图 5-37　“规律延伸”对话框

- “类型”：规律延伸的类型有两种：“面”和“矢量”，它们可以在“类型”选项组中指定。当选择“面”选项时，由于选择的参考对象为参考面，需要在“参考面”选项组中单击“面”按钮，然后选择参考面。当选择“矢量”选项时，由于选择的参考对象为参考矢量，需要在“参考矢量”选项组中使用矢量构造器等来定义。
- “基本轮廓”：“基本轮廓”选项组用于选择基本曲线轮廓，该基本轮廓作为始边。
- “脊线”：脊线轮廓用来控制曲线的大致走向。如果需要，可以展开“脊线”选项组，单击“曲线”按钮，然后选择脊线轮廓，并指定其方向。

注意

定义基本轮廓、参考对象（参考面或参考矢量）和脊线轮廓时，用户要特别注意其方向设置。

- “长度规律”：如图 5-38 所示，“长度规律”选项组的“规律类型”下拉列表中列出了可供选择 8 种选项，根据所选的“长度规律”类型选项，可设置相应的参数。
- “角度规律”：“角度规律”类型与“长度规律”类型相同，它们在“角度规律”选项组的“规律类型”下拉列表中可以进行选择。
- 相反侧延伸：在“相反侧延伸”选项组中，可以从“延伸类型”下拉列表框中选择“无”“对称”或“非对称”选项，以定义相反侧延伸情况。

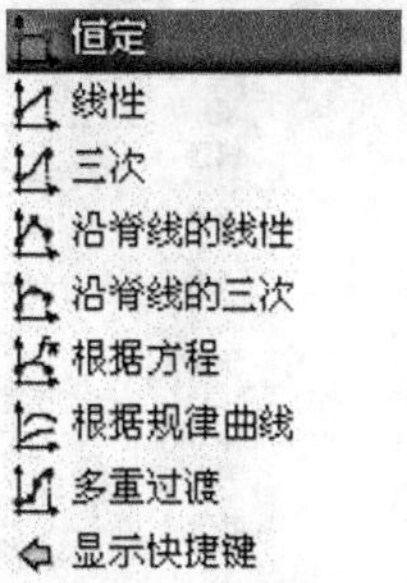

恒定
线性
三次
沿脊线的线性
沿脊线的三次
根据方程
根据规律曲线
多重过渡
显示快捷键

图 5-38　“长度规律”类型

8. 偏置曲面

偏置面是指按指定的距离将实体的表面向内或向外偏置以增加实体的体积，也可以偏置曲面，但只是移动曲面，而不是将曲面创建成实体。“偏置面”命令的操作较简单，图 5-39 所示为偏置曲面效果。

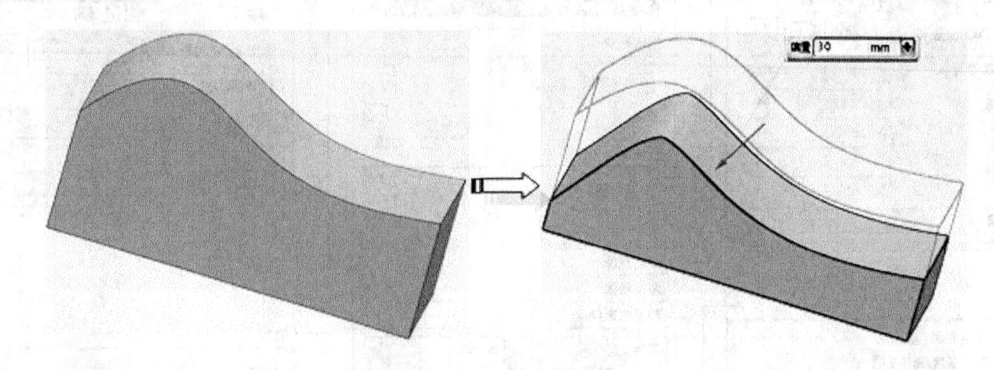

图 5-39　偏置曲面效果

选择菜单栏中的“插入”|“偏置/缩放”|“偏置面”命令，系统会弹出如图 5-40 所示的“偏置面”对话框。

9. 修剪的片体

该命令使程序依照指定的曲线、基准平面、曲面和边缘来修剪片体。

选择菜单栏中的“插入”|“修剪”|“修剪的片体”命令，系统弹出如图 5-41 所示的对话框，在绘图工作区中选取要修剪的片体。接着选取工具片体或曲线等修剪参照体，单击“确定”按钮，完成操作，如图 5-42 所示。“修剪的片体”对话框中的“区域”按钮用于控制选取有多个修剪工具体时片体需要保留的部分。

图 5-40　“偏置面”对话框

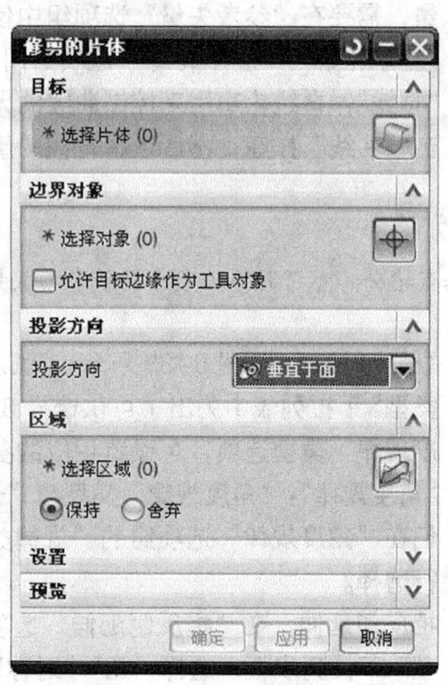

图 5-41　“修剪的片体”对话框

10. 修剪和延伸

“修剪和延伸”命令，可以按距离或与另一组面的交点修剪或延伸一组面。使用该功能延伸后的曲面将和原来的曲面形成一个整体，当然也可以设置作为新面延伸，而保留已有的面。

在菜单栏中选择“插入”|“修剪”|“修剪和延伸”命令，系统弹出图 5-43 所示的“修剪和延伸”对话框。在“类型”选项组的“类型”下拉列表框中提供了 4 个类型选项，即“按距离”“已测量百分比”“直至选定对象”和“制作拐角”。

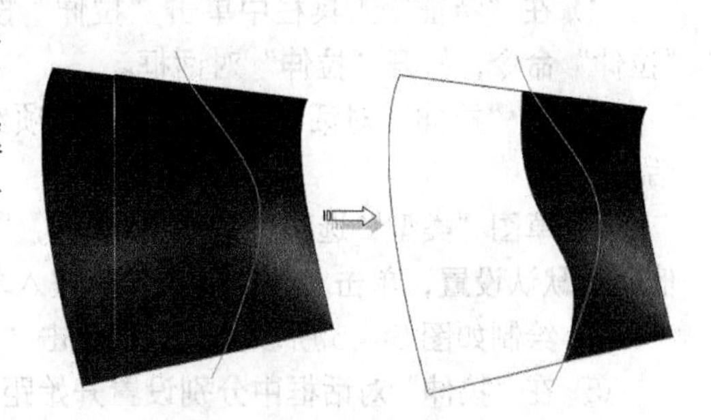

图 5-42 “修剪的片体”效果

11. 轮廓线弯边

“轮廓线弯边”命令可以创建具备光顺边细节、最优化外观形状和斜率连续性的 A 类曲面。

选择菜单栏中的“插入”|“弯边曲面”|“轮廓线弯边”命令，系统将弹出“轮廓线弯边”对话框，如图 5-44 所示。

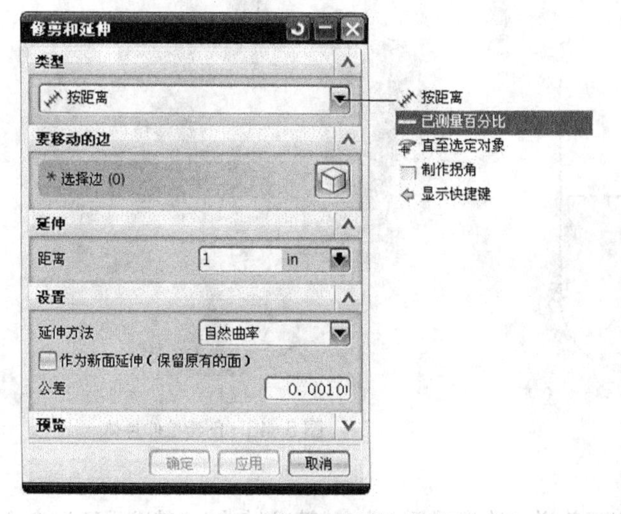

图 5-43 “修剪和延伸”对话框

图 5-44 “轮廓线弯边”对话框

项目实施

如图 5-1 所示饮料瓶子的建模步骤如下。

（1）新建所需的文件

① 在工具栏中单击“新建”按钮，或者在菜单栏中选择“文件”|“新建”命令，系统弹出“新建”对话框。

② 在“模型”选项卡的“模板”列表中选择名称为“模型”的模板，在“新文件名”选项组的“名称”文本框中输入“zhonghe”，并指定要保存到的文件夹。

视频：饮料瓶子的建模操作

③ 在“新建”对话框中单击“确定”按钮。

（2）准备好相关的工具栏

在用户界面中确保添加“特征”工具栏、“编辑特征”工具栏、“曲面”工具栏、“曲线”工具栏和“编辑曲面”工具栏等。

（3）创建拉伸片体

① 在“特征”工具栏中单击“拉伸”按钮，或者从菜单栏中选择“插入”|“设计特征”|“拉伸”命令，打开“拉伸”对话框。

② 在“拉伸”对话框的“截面”选项组中单击“绘制截面”按钮，弹出“创建草图”对话框。

③ 草图“类型”选项为“在平面上”，“平面方法”为“现有平面”，选择 *XC–YC* 坐标，其他采用默认设置，单击“确定”按钮，进入草图模式。

④ 绘制如图 5-45 所示的草图，单击“完成草图”按钮。

⑤ 在“拉伸”对话框中分别设置开始距离值为 0，结束距离值为 50，体类型为“片体”，单击“确定”按钮，创建的拉伸片体如图 5-46 所示。

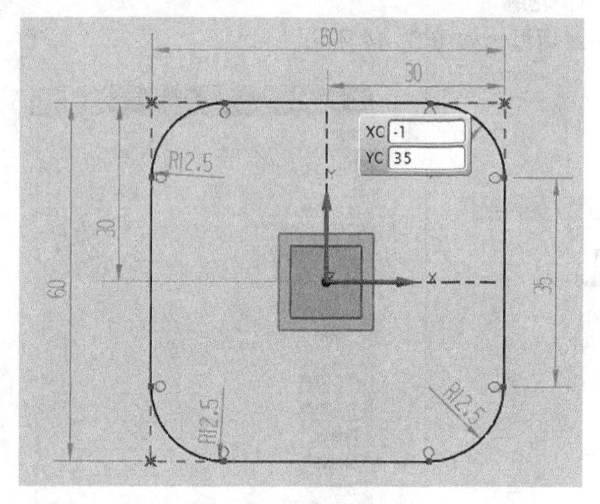

图 5-45 饮料瓶子草图

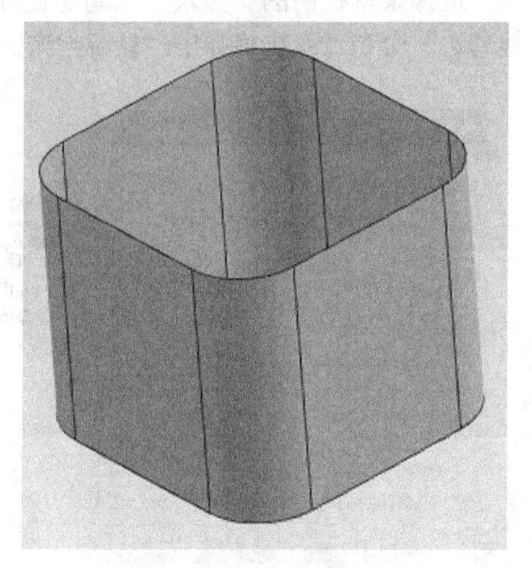

图 5-46 创建拉伸片体

（4）创建基准平面

① 单击“基准平面”按钮，或者在菜单栏中选择“插入”|“基准/点”|“基准平面”命令，打开“基准平面”对话框。

② 从“类型”下拉列表框中选择“按某一距离”选项，选择 *XC–YC* 面作为参考平面。在“偏置”选项组中输入偏置距离为 95mm，设置“平面的数量”为 1，在“设置”选项组中勾选“关联”复选框，如图 5-47 所示。

③ 单击“基准平面”对话框中的“确定”按钮。

（5）创建草图 1

① 在“特征”工具栏中单击“任务环境中的草图”按钮，或者在菜单栏的“插入”菜单中选择“任务环境中的草图”命令，系统弹出“创建草图”对话框。

② 草图“类型”选项为“在平面上”，“平面方法”为“现有平面”，指定刚创建的基准平面作为草图平面，其他设置采用默认设置，单击“确定”按钮，进入草图模式。

③ 绘制图 5-48 所示的一个圆。

④ 单击“完成”按钮。

（6）创建草图 2

① 在“特征”工具栏中单击“任务环境中的草图”按钮，或者在菜单栏的“插入”菜单中

选择“任务环境中的草图”命令，系统弹出“创建草图”对话框。

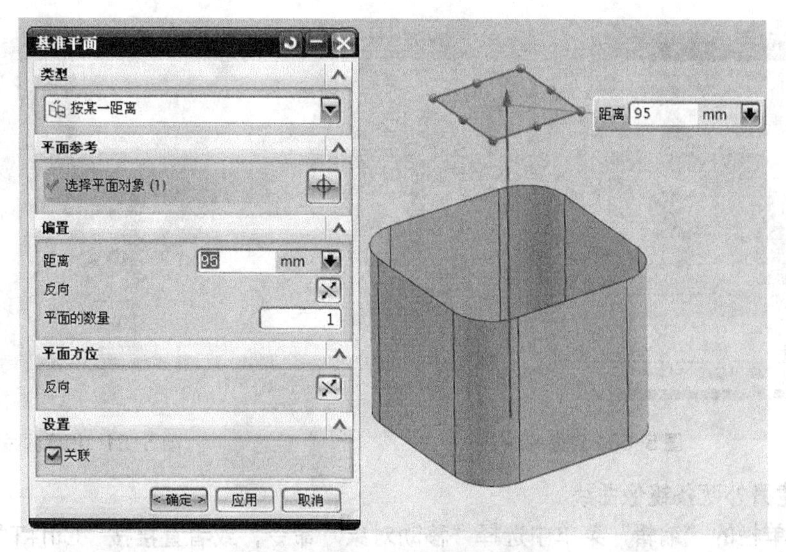

图 5-47 按某一距离创建基准平面

② 草图“类型”选项为“在平面上”，“平面方法”为“现有平面”，接着指定 *XC-ZC* 作为草图平面，单击“确定”按钮，进入草图模式。

③ 绘制如图 5-49 所示的一个圆弧，注意其几何约束和尺寸约束。

④ 单击“完成草图”按钮。

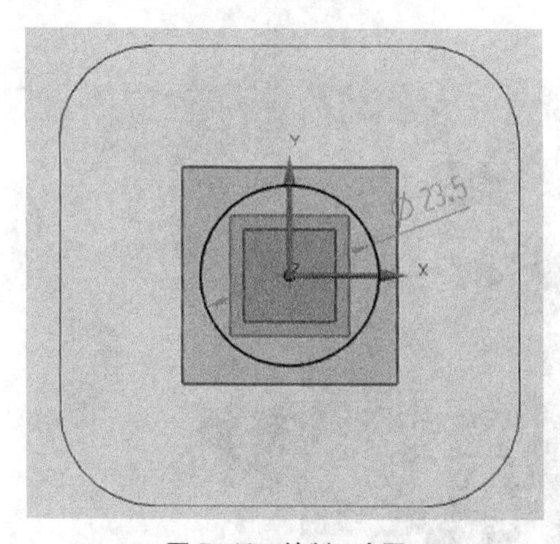

图 5-48 绘制一个圆

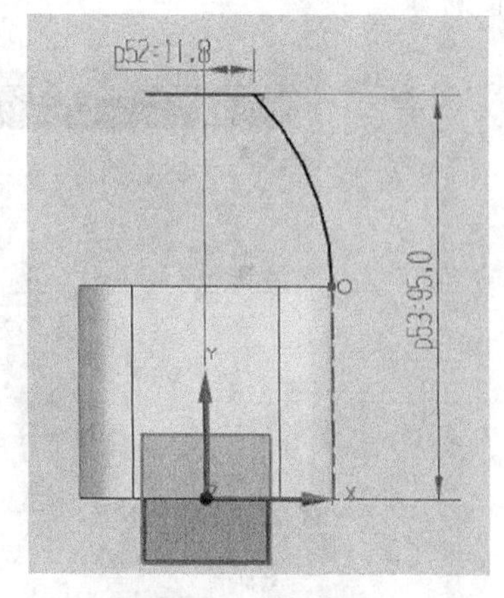

图 5-49 绘制圆弧

(7) 创建镜像曲线

① 在“曲线”工具栏中单击“镜像曲线”按钮，系统弹出“镜像曲线”对话框。

② 选择步骤（6）在指定草图平面内绘制的圆弧。

③ 从“镜像平面”对话框的“镜像平面”选项组的“平面”下拉列表框中选择“新平面”选项，单击“指定平面”按钮，选择 *YC-ZC* 面，如图 5-50 所示。

④ 在“设置”选项组中，勾选“关联”复选框，并从“输入曲线”下拉列表框中选择“保持”选项。

⑤ 单击“镜像曲线”对话框中的“确定”按钮，创建镜像曲线的效果如图 5-51 所示。

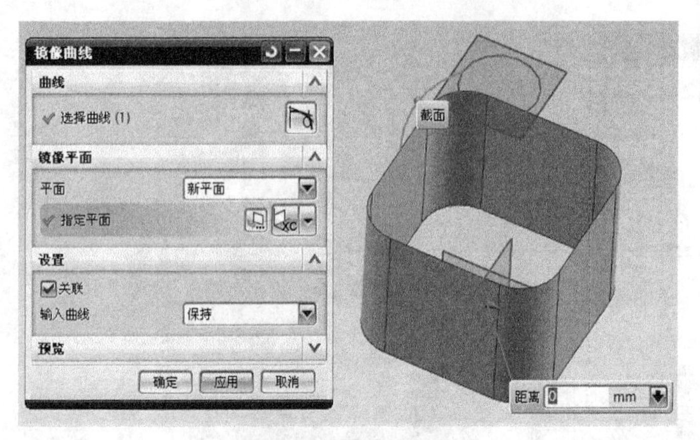

图 5-50 镜像曲线（一）

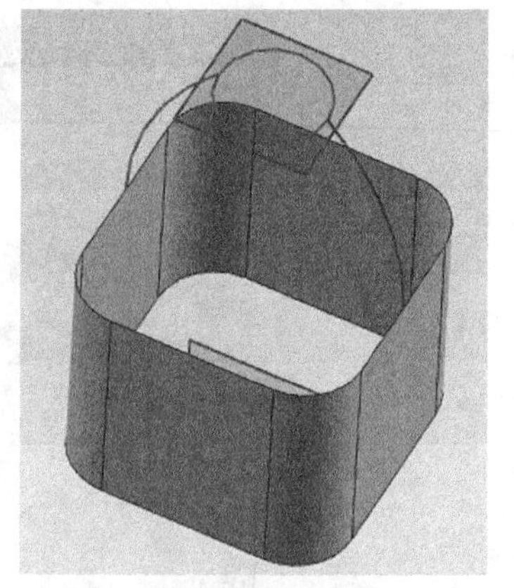

图 5-51 镜像曲线结果（三）

（8）创建另外两条镜像曲线

① 在菜单栏的“编辑”菜单中选择“移动对象”命令，或者直接按“Ctrl+T”快捷键，打开“移动对象”对话框。

② 选择要移动的对象，接着在“变换”选项组的“运动”下拉列表框中选择“角度”选项，设置旋转角度为 90°。并在“结果”选项组中选择“复制原先的”单选按钮，设置“距离/角度分割”值为 1，“非关联副本数”为 1，然后激活“变换”选项组中的“指定矢量”选项，选择“Z 轴”，或选择“ZC 轴”图标选项，并利用“点对话框”按钮来指定轴点位于原点处，如图 5-52 所示。

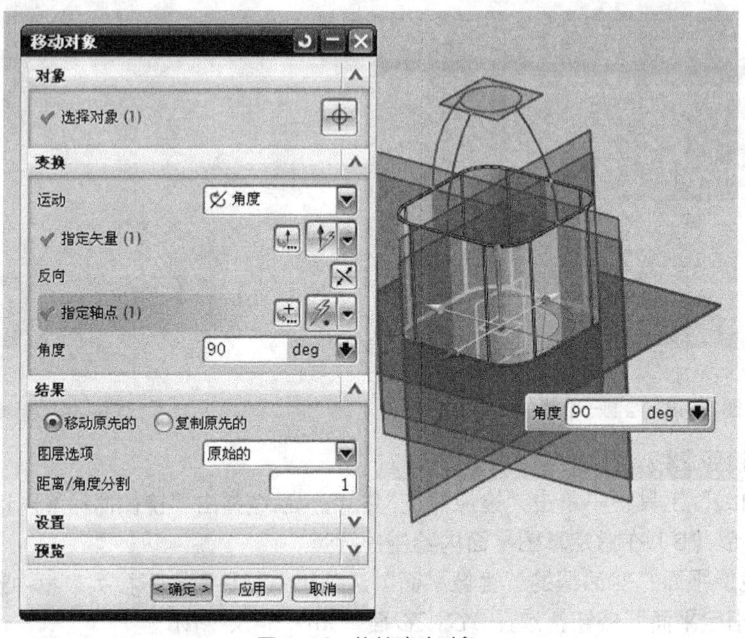

图 5-52 旋转移动对象

③ 在“移动对象”对话框中单击“确定”按钮。此时曲线如图 5-53 所示。

④ 在“曲线”工具栏单击“镜像曲线”按钮，打开“镜像曲线”对话框。选择刚通过旋转变换创建的一段圆弧作为要镜像的曲线，从“平面”下拉列表框中选择“现有平面”选项，单击“平面或面”按钮，选择 *XC*–*ZC* 坐标平面，“输入曲线”选项默认为“保持”，单击“确定”按钮。完成的镜像曲线如图 5–54 所示。

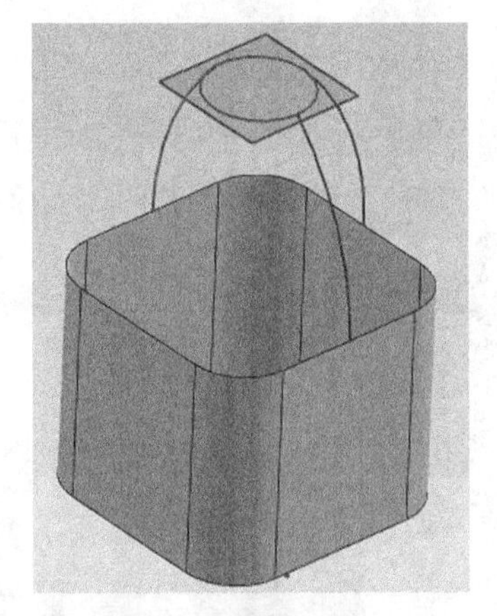

图 5–53　镜像曲线（二）

图 5–54　镜像曲线结果（四）

（9）使用“通过曲线网格”命令创建曲面

① 在“曲面”工具栏中单击“通过曲线网格”按钮，或者在菜单栏中选择“插入”|“网格曲面”|“通过曲线网格”命令，系统弹出“通过曲线网格”对话框。

② 选择草图圆作为第一主曲线，在“主曲线”选项组中单击“添加新集”按钮，在拉伸片体上边缘的合适位置处单击，以定义第 2 主曲线（可巧用位于绘图区域上方的曲线规则下拉列表框来设置曲线规则，例如选择“相切曲线”等），并注意应用“Specify Origin Curve（定义曲线原点）”按钮和“反向”按钮，以确保指定两条主曲线的原点方向一致，如图 5–55 所示。

③ 在“交叉曲线”选项组中单击“交叉曲线”按钮，按照顺序依次选择 3 条圆弧线作为交叉曲线，注意每选择完一个交叉曲线时，可单击鼠标中键确定。此时，模型预览如图 5–56 所示。

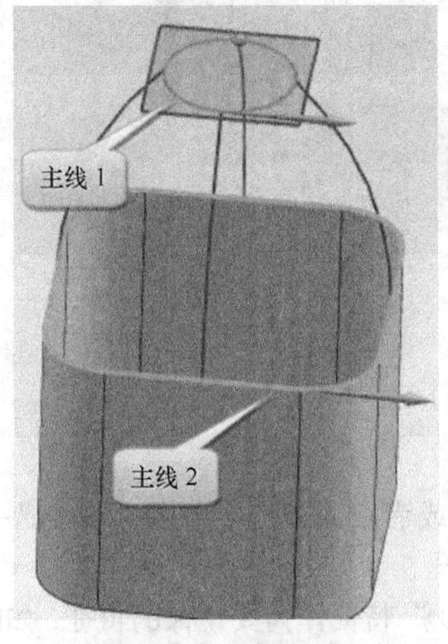

图 5–55　镜像曲线（三）

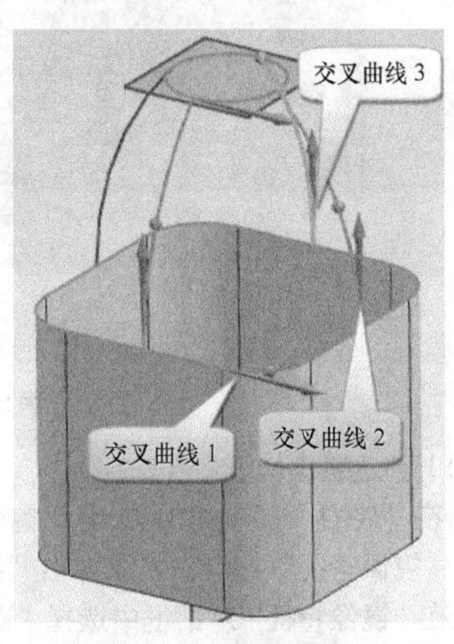

图 5–56　镜像曲线结果（五）

④ 在“连续性”选项组中，从“最后主线串”下拉列表框中选择“G1（相切）”选项，然后单击“面”按钮，在曲面模型中单击拉伸曲面片体，如图 5-57 所示。

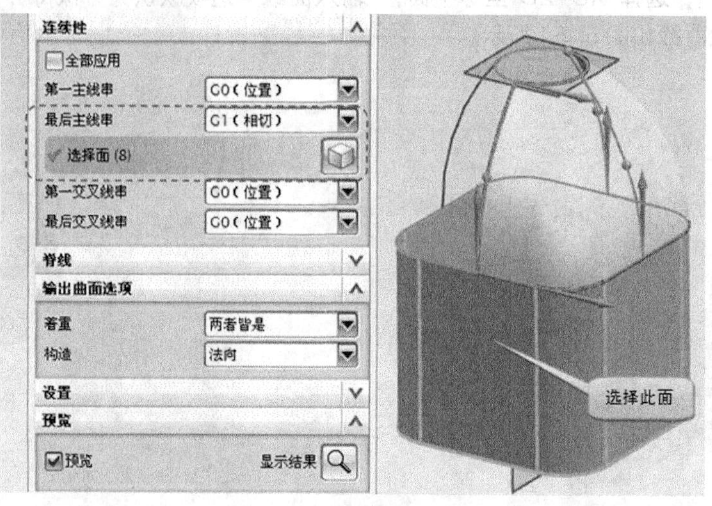

图 5-57　设置连续性选项

⑤ 设置输出曲面选项，在“设置”选项组的“体类型”下拉列表框中选择“片体”选项，如图 5-58 所示。

⑥ 在“通过曲线网格”对话框中单击“确定”按钮。可以将之前创建的基准平面隐藏起来，曲面模型效果如图 5-58 所示。

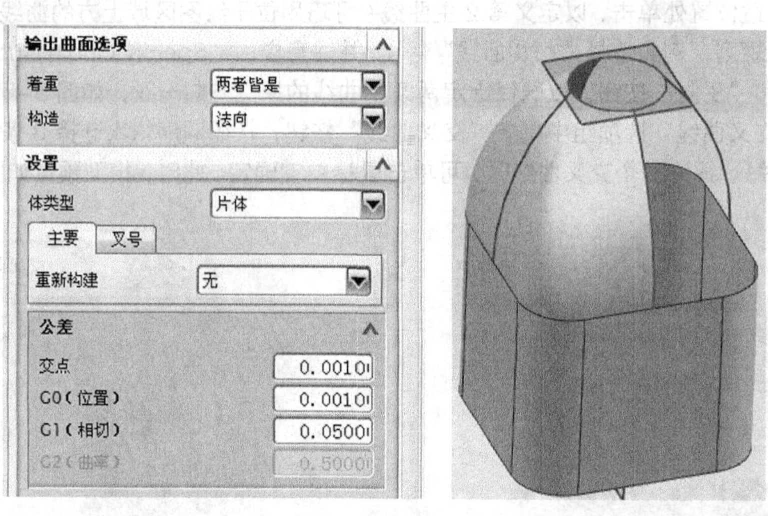

图 5-58　镜像曲线（四）

（10）创建镜像特征

① 在“特征”工具栏中单击“镜像特征”按钮，或者在菜单栏中选择“插入”|“关联复制”|“镜像特征”命令，系统弹出“镜像特征”对话框。

② 在“镜像特征”对话框中选择“通过曲线网格（10）”特征作为要镜像的特征，如图 5-59 所示。

③ “平面”选项为“现有平面”，单击“平面”按钮，选择 *XC–ZC* 坐标面作为镜像平面。

④ 单击“镜像特征”对话框中的“确定”按钮，镜像特征结果如图 5-59 所示。

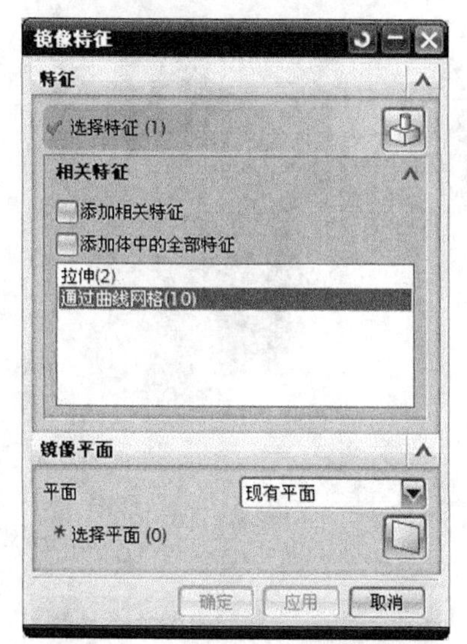

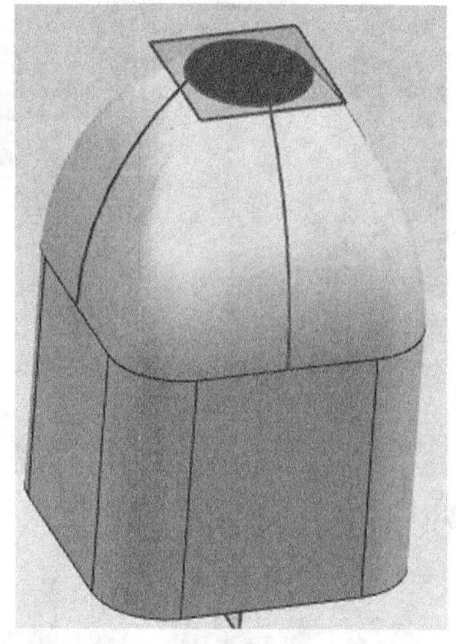

图 5-59 创建镜像特征

(11) 创建将用作扫掠截面的草图

① 在“特征”工具栏中单击“任务环境中的草图”按钮，或者在菜单栏的“插入”菜单中选择“任务环境中的草图”命令，系统弹出“创建草图”对话框。

② 从“类型”选项组的“类型”下拉列表框中选择“在平面上”选项，从“草图平面”选项组的“平面方法”下拉列表框中选择“现有平面”选项，在“设置”选项组中勾选“关联原点”复选框和“创建中间基准 CSYS”复选框。

③ 选择 *XC–ZC* 坐标面作为草图平面，单击“确定”按钮，进入草图绘制环境。

④ 绘制如图 5-60 所示的草图截面，注意相关的相切约束关系。

⑤ 单击“完成草图”按钮。

(12) 创建扫掠曲面

① 在“曲面”工具栏中单击“扫掠”按钮，系统弹出“扫掠”对话框。

② 在“选择条”工具栏中设置曲线规则为“相切曲线”[相切曲线]，选择步骤(11)所绘制草图截面曲线作为扫掠截面，如

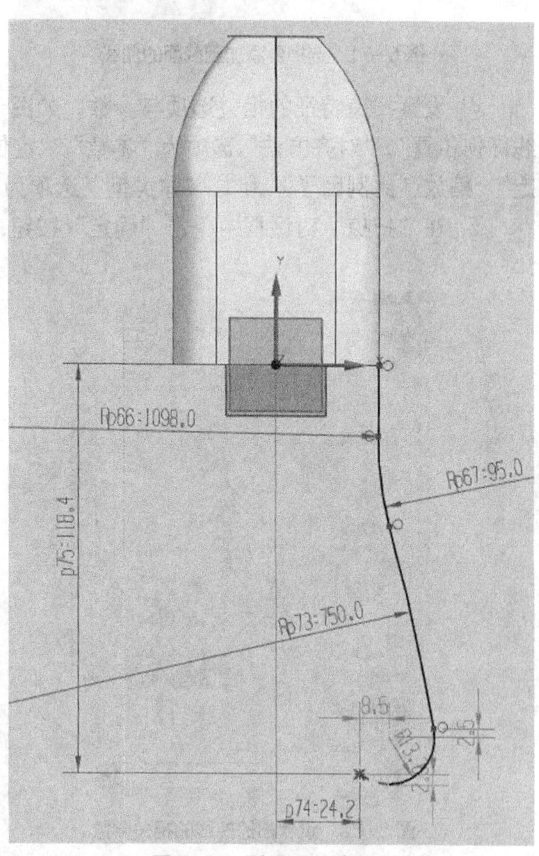

图 5-60 绘制开放式截面

图 5-61 所示，注意其原点方向。

③ 在“引导线（最多 3 根）”选项组中单击“引导线”按钮，单击如图 5-62 所示的曲面边线（曲线规则为“相切曲线”），注意其方向。

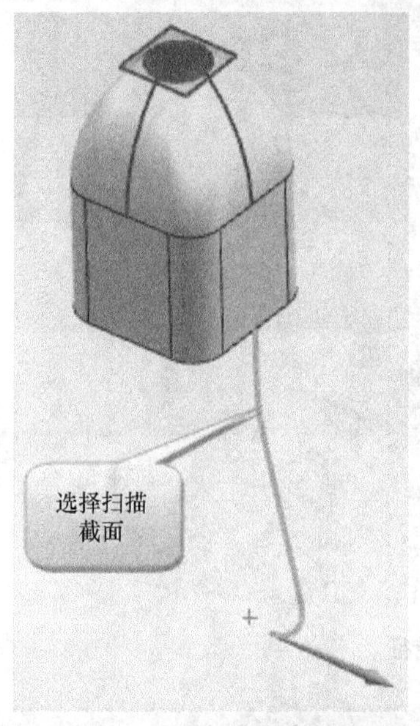

图 5-61 选择要添加到截面的曲线

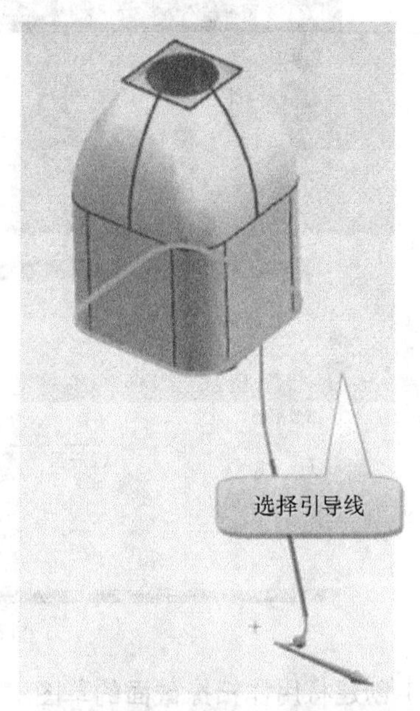

图 5-62 选择引导线

④ 设置扫掠特征的相关选项与参数，如图 5-63 所示。例如“截面位置”选项为“沿引导线任何位置”，“对齐方法”选项为“参数”，“定位方法”选项为“固定”，“缩放方法”选项为“恒定”，缩放“比例因子”为 1，“体类型”选项为“片体”等。

⑤ 在“扫掠”对话框中单击“确定”按钮，创建的扫掠片体（曲面）如图 5-64 所示。

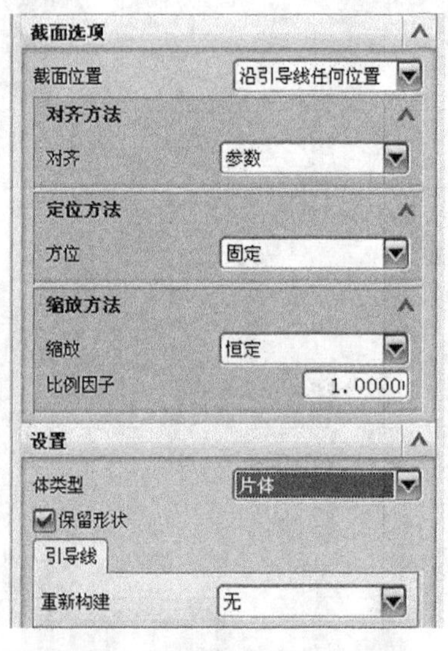

图 5-63 设置扫掠曲线的相关参数

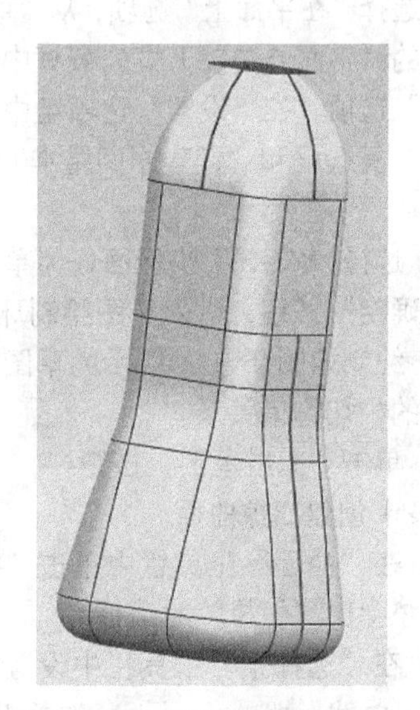

图 5-64 扫掠曲线完成结果

（13）创建 N 边曲面

① 在“曲面”工具栏中单击“N 边曲面”按钮，系统弹出“N 边曲面”对话框。

② 从“类型”选项组的“类型”下拉列表框中选择“已修剪”选项。

③ 选择外环的曲线链，如图 5-65 所示。

④ 在“约束面”选项组中单击“面”按钮，接着单击图 5-66 所示的扫掠曲面作为约束面，此时，“形状控制”选项组中的“连续性”选项被设置为“G1 （相切）”。

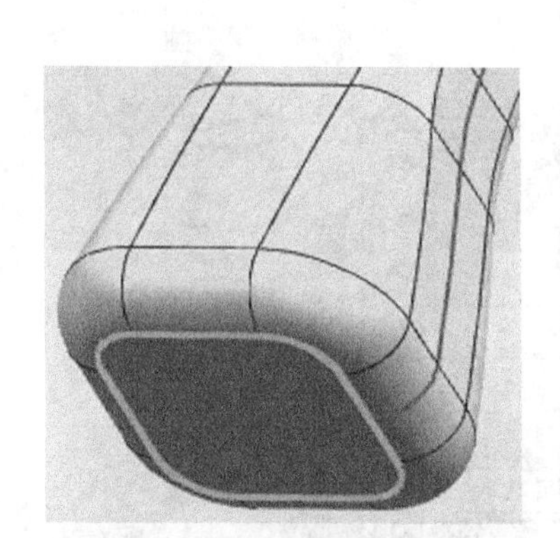

图 5-65　定义外环的曲线链

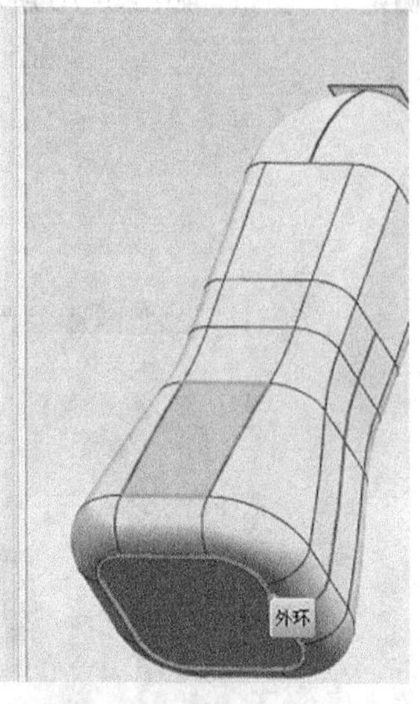

图 5-66　指定约束面

⑤ 在“设置”选项组中勾选“修剪到边界”复选框，接受默认的相应公差，如图 5-67 所示。

⑥ 在“N 边曲面”对话框中单击“确定”按钮，完成该 N 边曲面后的曲面片体模型效果如图 5-68 所示。

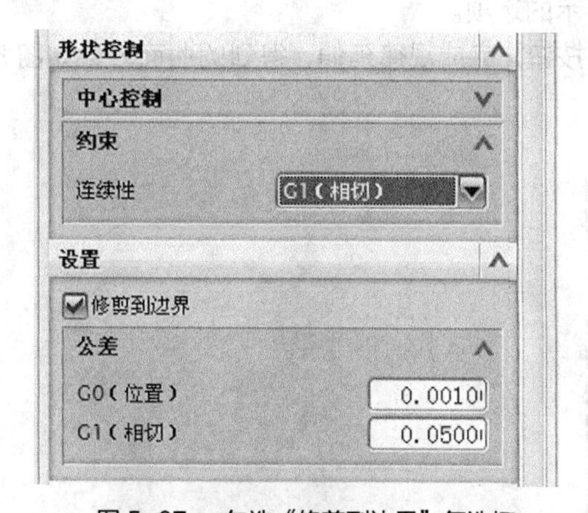

图 5-67　勾选“修剪到边界”复选框

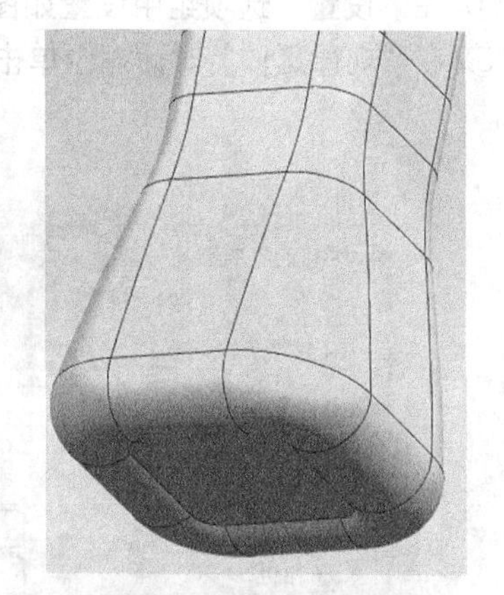

图 5-68　完成的 N 边曲面

（14）将相关的曲线隐藏起来

在部件导航器的历史记录列表中选择相关的曲线，右击鼠标弹出一个快捷菜单，接着从该快捷菜单中选择“隐藏”命令，从而将指定的曲线隐藏。隐藏曲线的目的是为了使模型显示效果更加美观。

（15）规律延伸

① 在“曲面”工具栏中单击“规律延伸”按钮（规律延伸），系统弹出“规律延伸”对话框。

② 选择要延伸的基本曲线轮廓，如图 5-69 所示。

③ 在“规律延伸”对话框中，从“类型”下拉列表框中选择“矢量”选项，接着在“参考矢量”选项组中单击“指定矢量”，选择 *z* 轴。然后分别设置“长度规律”“角度规律”和“相反侧延伸”类型，如图 5-70 所示。

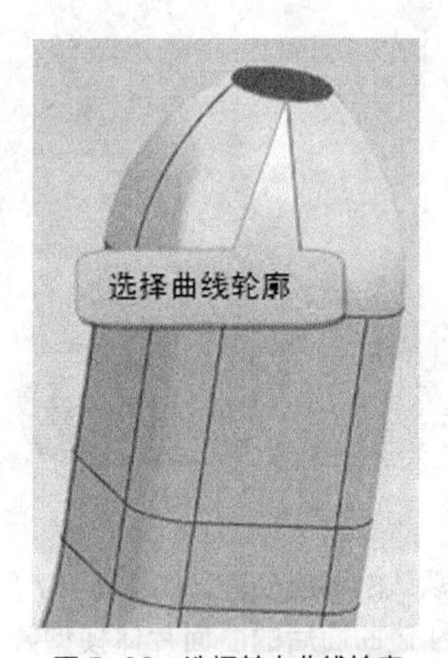

图 5-69　选择基本曲线轮廓

图 5-70　规律延伸曲面设置

④ 在“设置”选项组中设置如图 5-71 所示的选项。

⑤ 在“规律延伸”对话框中单击“确定”按钮，完成规律延伸，得到的曲面效果如图 5-72 所示。

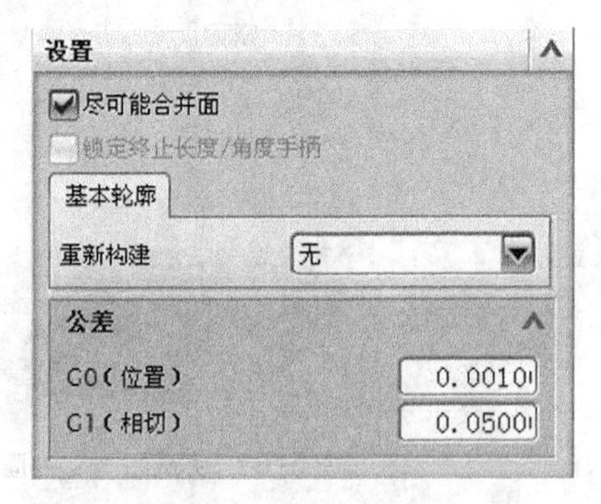

图 5-71　设置其他选项

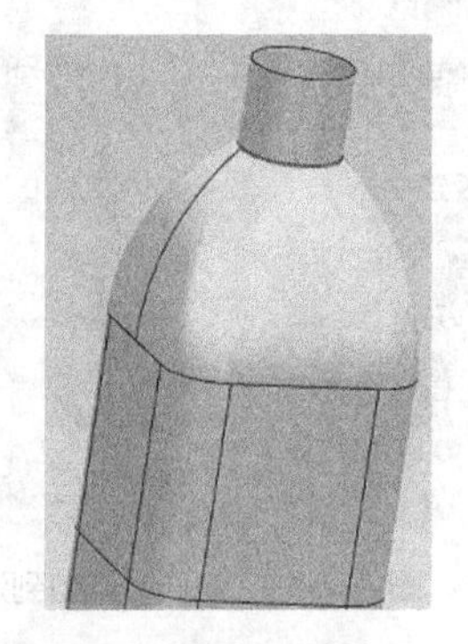

图 5-72　规律延伸结果

（16）将所有片体曲面缝合成一个单独的片体曲面

① 在菜单栏中选择“插入”|“组合”|“缝合”命令，打开图 5-73 所示的“缝合”对话框。

② 设置“类型”选项为“片体”，接着选择扫掠曲面片体作为“目标体”，然后选择其他片体作为“刀具体”，如图 5-74 所示。

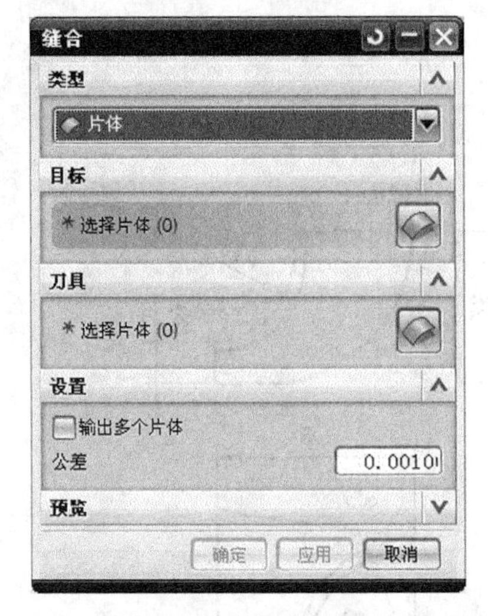

图 5-73　“缝合”对话框

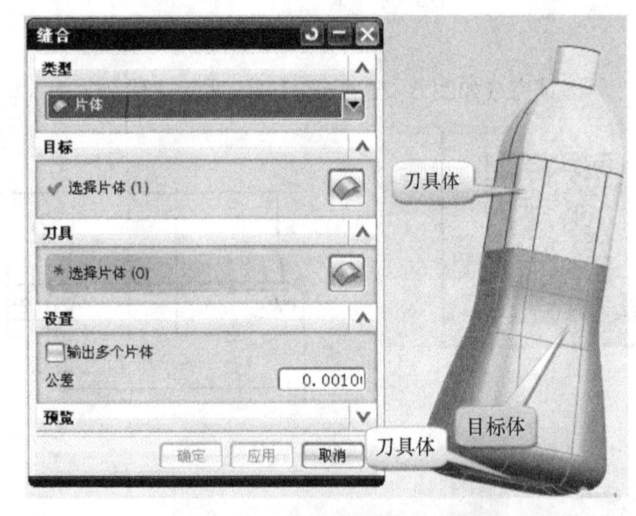

图 5-74　指定目标体和刀具体

③ 单击“确定”按钮，完成将所有片体缝合成一个片体。

（17）加厚片体得到实体模型

① 在菜单栏中选择“插入”|“偏置/缩放”|“加厚”命令，打开“加厚”对话框。

② 选择要加厚的面。

③ 在“厚度”选项组中设置“偏置 1”为 1mm，“偏置 2”为 0mm，如图 5-75 所示。

④ 单击“加厚”对话框中的“确定”按钮。

基本完成的造型水瓶如图 5-1 所示，图中已经将缝合特征隐藏了。

图 5-75　设置加厚厚度

归纳总结

曲面设计模块是 UG 软件重要的组成部分。我们日常生活中接触到的大部分产品都会带有曲面元素，对曲面相关技能和技巧的掌握是衡量一个专业造型与结构设计师能力的重要依据。

通过本项目学习了曲面功能概述，包括曲面的基本概念及分类，初步认识 UG NX 8.0 的曲面工具。其中重点学习的曲面知识有由点创建曲面、由曲线创建曲面、编辑曲面等。

本项目通过完成饮料瓶子零件的三维曲面建模的任务，培养学生能够使用 UG 的曲面建模功能完成零件三维曲面造型的能力，让学生充分掌握曲面建模的相关功能与命令，同时培养学生的信息获取、团队协作和思考解决问题等能力。

在学习本项目知识的同时，要注意认真复习曲线的相关创建与编辑知识，因为曲面的构建通常离不开曲线的搭建。

课后训练

1. 请完成如图 5-76 所示图形的曲面建模。

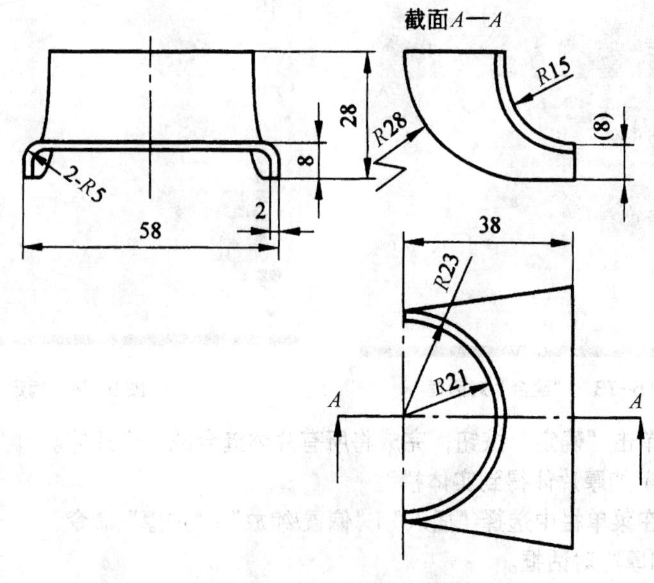

图 5-76 曲面建模练习（一）

2. 请完成如图 5-77 所示图形的曲面建模。

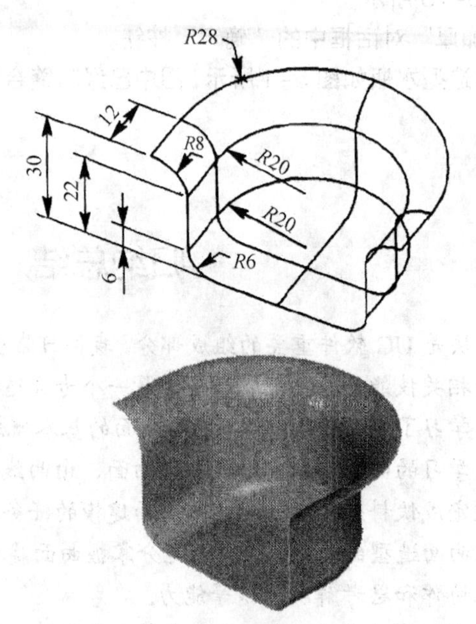

图 5-77 曲面建模练习（二）

3. 请完成如图 5-78 所示图形的曲面建模。

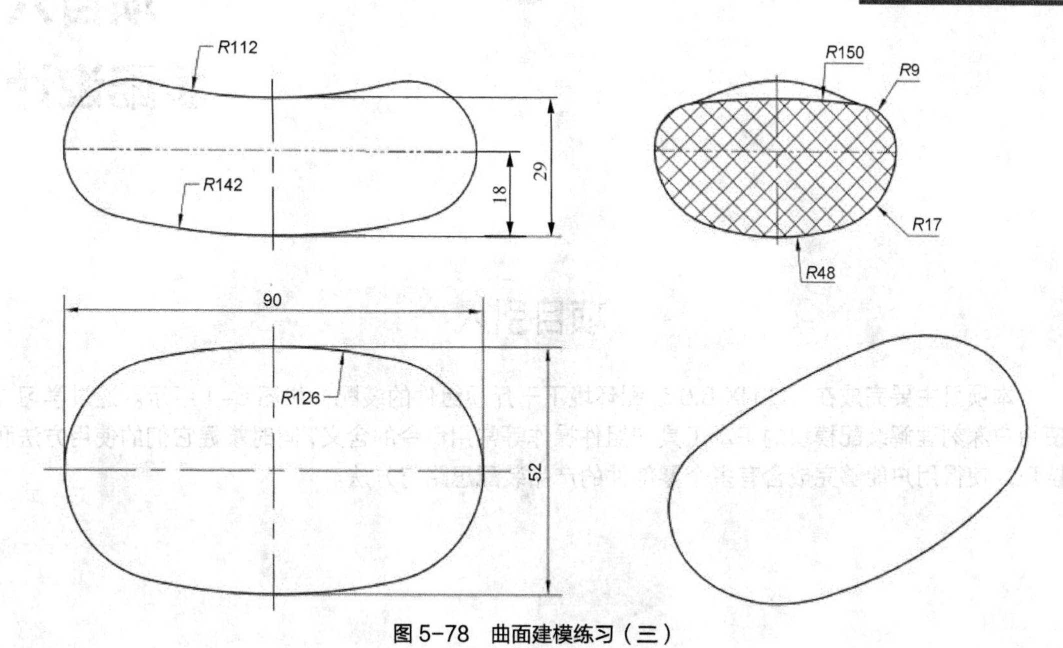

图 5-78　曲面建模练习（三）

项目六
装配设计

项目引入

本项目主要完成在 UG NX 8.0 装配环境下千斤顶组件的装配，如图 6-1 所示。通过学习，使用户深刻理解装配模块的基本工具和组件操作等常用命令的含义，同时掌握它们的使用方法和技巧，使得用户能够完成含有多个零部件的产品装配思路与方法。

图 6-1　千斤顶组件装配

项目分析

我们在图 6-1 的千斤顶组件装配中分析知道，在进行零部件的装配设计过程中，用户必须使用装配设计工具中的添加组件、装配约束、移动组件、组件镜像和装配爆炸图等命令。

本项目通过完成千斤顶组件装配任务，培养学生能够使用 UG 的装配模块的工具完成含有多个零部件的产品装配的能力，让学生充分掌握添加组件、装配约束、移动组件、重定位、组件镜像和装配爆炸图等装配设计功能与命令，同时培养学生的思考解决问题等能力。

知识链接

本项目涉及的知识是 UG NX 8.0 软件装配设计工具，包括新建组件、添加组件、装配约束、移动组件、重定位、组件镜像、组件阵列和装配爆炸图等内容，知识重点是添加组件、装配约束、移动组件、组件镜像和重定位的掌握，知识难点是装配约束、组件阵列和移动组件命令。下面将详细介绍装配设计的知识。

一、装配概述

UG 的装配过程是指在装配中建立部件之间的链接关系。它是通过关联条件在部件间建立约束关系，进而确定部件在产品中的位置，形成产品的整体机构。在 UG 的装配过程中，部件的几何体是被装配引用，而不是复制到装配中的。因此无论在何处编辑部件和如何编辑部件，其装配零件都保持关联性。如果某部件修改，则引用它的装配部件将自动更新。

装配建模是产品设计的一个重要方面。一个产品往往由若干零部件组成，常规的装配设计是将零部件通过配对条件在产品各零部件之间建立合理的约束关系，确定相互之间的位置关系和连接关系等。

1. 装配概念

UG NX 8.0 装配建模是在装配中建立部件间的链接关系。装配是通过装配条件在部件间建立约束关系来确定部件在产品中的位置。在学习如何装配组件之前，要了解装配中的专用术语。

（1）装配部件

装配部件是由零件和子装配构成的部件。在 UG NX 8.0 中允许向任何一个 PRT 文件中添加部件构成装配，因此任何一个 PRT 文件都可以作为装配部件。在 UG NX 8.0 中，零件和部件不必严格区分。需要注意的是，当存储一个装配时，各部件的实际几何数据并不是存储在装配部件文件中，而存储在相应的部件（即零件文件）中。

（2）子装配

子装配是在高一级装配中被用作组件的装配，子装配也拥有自己的组件。子装配是一个相对的概念，任何一个装配部件可在更高级装配中用作子装配。

（3）组件对象和组件

组件对象是一个从装配部件链接到部件主模型的指针实体。一个组件对象记录的信息有部件名称、图层、颜色、线型、线宽、引用集和配对条件等。组件是装配由组件对象所指的部件文件。组件可以是单个部件（即零件），也可以是一个子装配。组件是由装配部件引用，而不是复制到装配部件中。

（4）单个零件

单个零件是指在装配外存在的零件几何模型，它可以添加到一个装配中，但不能含有下级组件。

（5）混合装配

混合装配是将自顶向下装配和自底向上装配结合在一起的装配方法。例如，先创建几个主要部件模型，再将其装配在一起，然后在装配中设计其他部件，即为混合装配。在实际设计中，可根据需要在两种模式下切换。

2. 装配方法

在 UG NX 8.0 中可以采用虚拟装配方式，只需通过指针来引用各零部件模型，使装配部件和零部件之间存在着关联性，这样，当更新零部件时，相应的装配文件也会跟着一起自动更新。

典型的装配设计方法主要有 3 种：第一种是自底向上装配；第二种是自顶向下装配；第三种是混合法。在实际设计中，可以根据情况选用哪种装配方法，或者两种装配设计方法混合应用。

（1）自底向上装配。自底向上装配方法是指先分别创建最底层的零件（子装配件），然后再把这些单独创建好的零件装配到上一级的装配部件，直到完成整个装配任务为止。通俗一点来理解，就是首先创建好装配体所需的各个零部件，接着将它们以组件的形式添加到装配文件中，以形成一个所需的产品装配体。

采用自底向上装配方法包括以下两大设计环节。

- 设计环节一：装配设计之前的零部件设计。
- 设计环节二：零部件装配操作过程。

（2）自顶向下装配。自顶向下装配设计主要体现在从一开始便注重产品结构规划，从顶级层次向下细化设计。这种设计方法适合协作能力强的团队采用。自顶向下装配设计的典型应用之一是：先新建一个装配文件，在该装配中创建空的新组件，并使其成为工作部件，然后按上下文中设计的设计方法在其中创建所需的几何模型。

（3）混合法。混合法是指根据装配设计的需要，将自顶向下装配和自底向上装配混合使用的装配方法。

在装配文件中创建的新组件可以是空的，也可以包含加入的几何模型。在装配文件中创建新组件的一般方法如下所述。

① 在“装配”工具栏中单击“新建组件”按钮，或者在菜单栏中选择“装配”|“组件”|“新建组件”命令，系统弹出“新建”对话框，如图 6-2 所示。

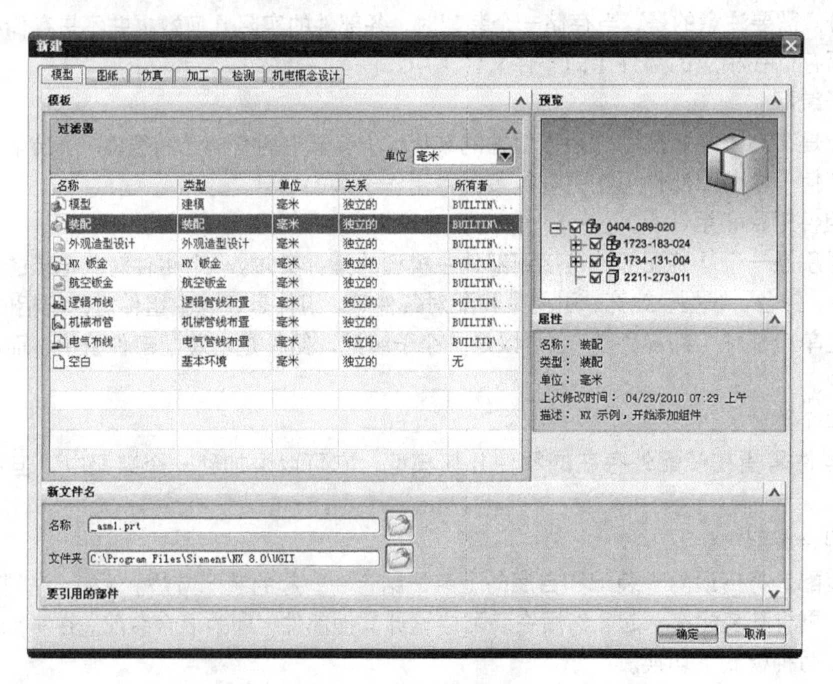

图 6-2 “新建”对话框

② 指定模型模板，设置名称和文件夹后，单击“确定”按钮，系统弹出“新建组件”对话框，如图 6-3 所示。

③ 为新组件选择对象，也可以根据实际情况或设计需要不做选择以创建空组件。另外，可以设置是否添加定义对象。

④ 展开“设置”选项组，如图 6-3 所示。在“组件名”文本框中可指定组件名称；从“引用集”下拉列表框中选择一个引用集选项；从“图层选项”下拉列表框中指定组件安放的图层；在“组件原点”下拉列表框中选择“WCS”选项或“绝对”选项，以定义是采用工作相对坐标还是绝对坐标；“删除原对象”复选框则用于设置是否删除原先的几何模型对象。

⑤ 在“新建组件”对话框中单击“确定”按钮。

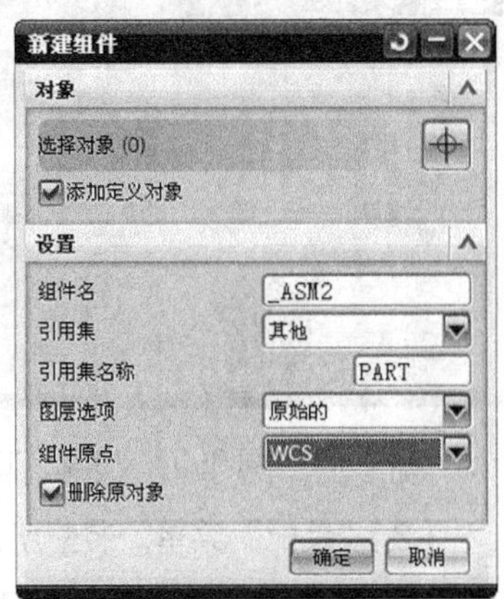

图 6-3　“新建组件”对话框

3. 装配工具栏和菜单

新装配文件的工作界面如图 6-4 所示。该工作界面由标题栏、菜单栏、工具栏、状态栏、导航器和绘图区域等部分组成。下面对装配设计模式下的一些重要的工具和菜单进行简单介绍。

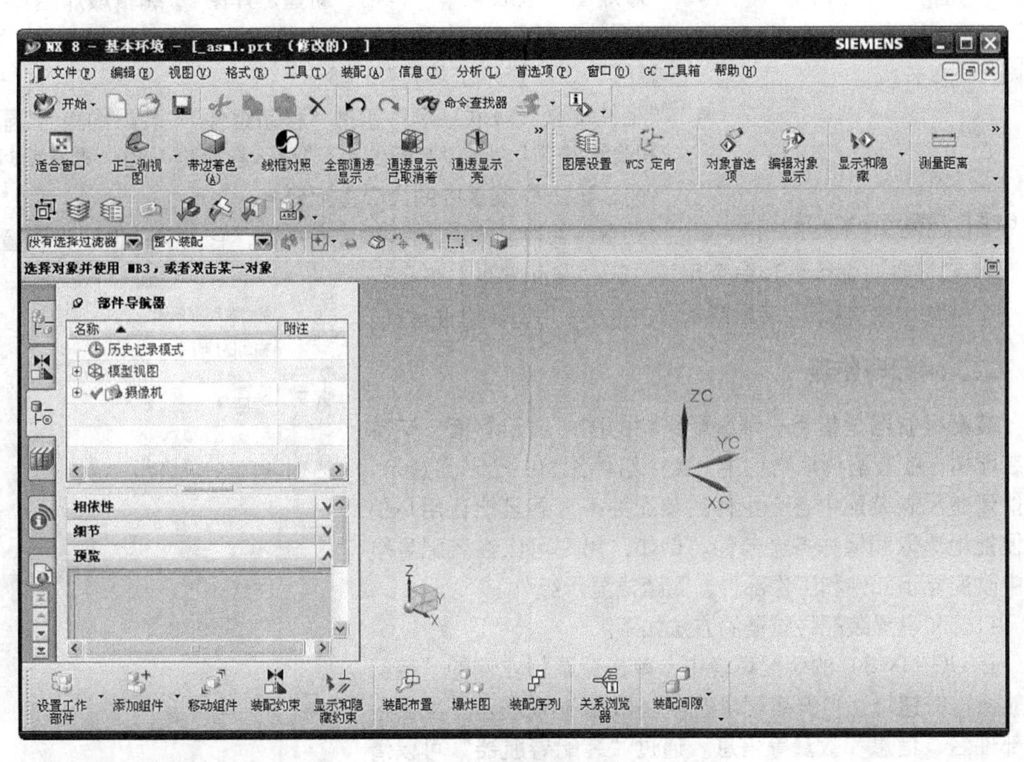

图 6-4　装配工作界面

（1）装配工具栏。“装配”工具栏如图 6-5 所示，它包含查找组件、移动组件和添加组件等大部分装配操作所用的命令。

（2）“爆炸图”工具栏。在“装配”工具栏中单击“爆炸图”按钮，系统打开如图 6-6 所示的“爆炸图”工具栏，此工具栏中提供了创建爆炸图所用的命令。

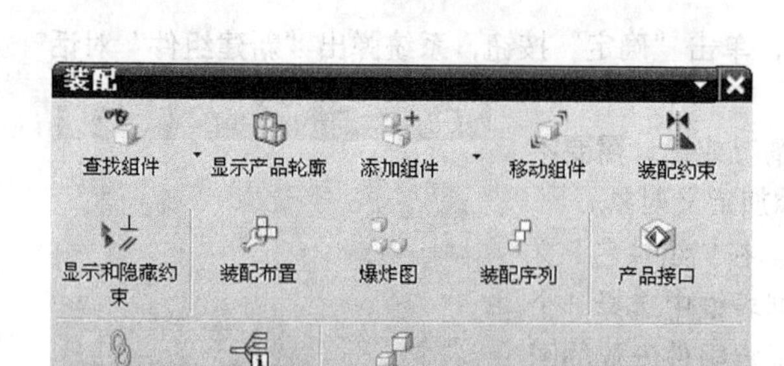

图 6-5 “装配”工具栏

图 6-6 “爆炸图”工具栏

（3）“装配”菜单。装配所需的命令也可以从“装配”菜单栏中找到。“装配”菜单包含的主命令选项如图 6-7 所示。

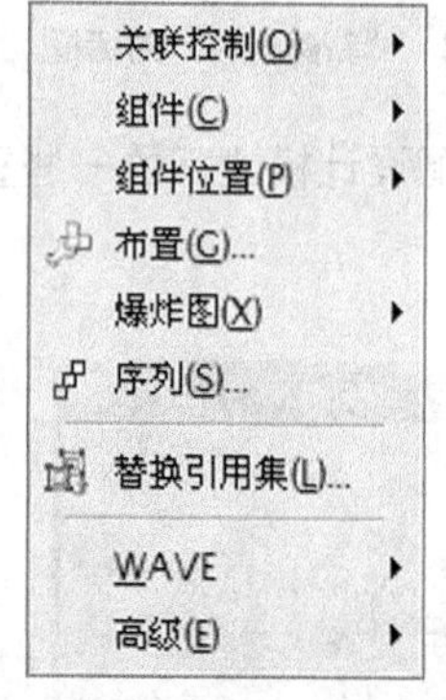

图 6-7 “装配”下拉菜单

- “关联控制”级联菜单：包括“查找组件”“打开组件”“按邻近度打开”“显示产品轮廓”“设置工作部件”等一些菜单命令。
- “爆炸图”级联菜单：包括“新建爆炸图”“编辑爆炸图”“取消爆炸组件”“删除爆炸图”“隐藏爆炸图”“显示爆炸图”“追踪线”和“显示工具栏”命令。
- “组件位置”级联菜单：包括“移动组件”“装配约束”“显示和隐藏约束”“记住装配约束”“显示自由度”和“转换配对条件”，该级联菜单中的命令应用较多。
- “布置”命令：创建和编辑装配布置，它定义备选组件位置。
- “序列”命令：该命令用于打开“装配序列”任务环境，以控制组件装配或拆卸的顺序，并仿真组件运动。

二、装配导航器

装配导航器是指用一种装配结构的图形显示界面，又称为装配树。在装配树形结构中，每个组件作为一个节点显示。它能清楚反映装配中各个组件的装配关系，而且能让用户快速便捷地选取和操作各个部件。例如，用户可以在装配导航器中改变显示部件和工作部件、隐藏或显示组件。

打开和设置装配导航器的方法如下。

在 UG NX 8.0 的装配环境中，单击资源栏左侧的“装配导航器”按钮，打开装配导航器，如图 6-8 所示。里面包含部件名、信息和数量等信息。通过“装配导航器”可以清楚地表示出装配体、子装配、部件和组件之间的关系。

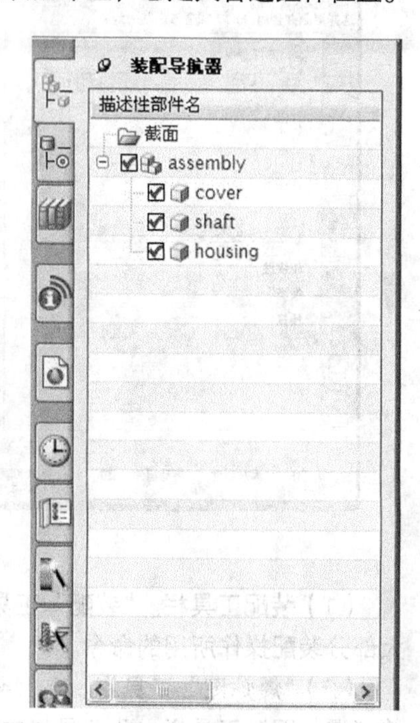

图 6-8 装配导航器

按钮表示装配或子装配，当按钮为黄色时，表示装配或子装配被加载；当按钮为灰色时，表示装配或子装配未被加载。

按钮表示组件，当按钮为黄色时，表示该组件被加载；

当按钮为灰色时，表示组件未被加载。

☑ 表示当前组件或装配处于显示状态。

☑ 表示当前组件或装配处于隐藏状态。

☐ 表示当前组件或装配处于未加载状态。

三、组件操作

组件操作包括新建组件、添加组件、装配约束、移动组件、替换组件、组件阵列、组件镜像。

1. 新建组件

在装配模式下可以新建一个组件，该组件可以是空的，也可以加入复制的几何模型。新建组件的操作步骤如下。

（1）在“装配”工具栏中单击“新建组件”按钮，或者在菜单栏中选择“装配”|“组件”|“新建组件”命令，系统弹出如图 6-9 所示的“新组件文件”对话框。

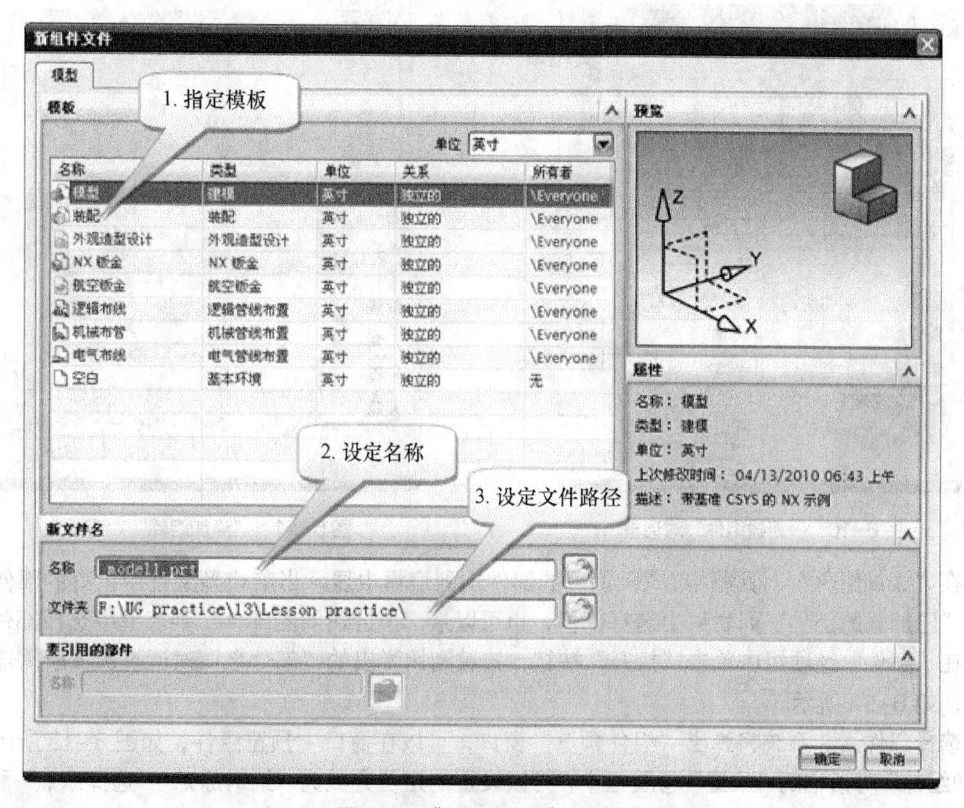

图 6-9 “新组件文件”对话框

（2）在该对话框中指定模型模板，设置名称和文件夹等，然后单击“确定”按钮，弹出图 6-10 所示的“新建组件”对话框。

（3）此时，可以为新组件选择对象，也可以根据实际情况或设计需要不做选择以创建空组件。接着在“新建组件”对话框的“设置”选项组中分别指定组件名、引用集、图层选项、组件原点等，如图 6-10 所示。

（4）在“新建组件”对话框中单击“确定”按钮。

2. 添加组件

通过选择已加载的部件或从磁盘中选择部件，可以将组件添加到装配中。在菜单栏中选择“装配”|“组件”|“添加组件”命令，或在“装配”工具栏中单击“添加组件”按钮，系统将弹出“添加组件”对话框，如图 6-11 所示。

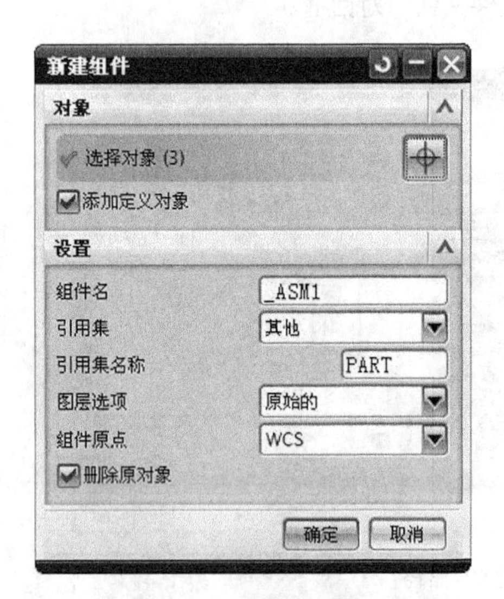

图 6-10 “新建组件”对话框

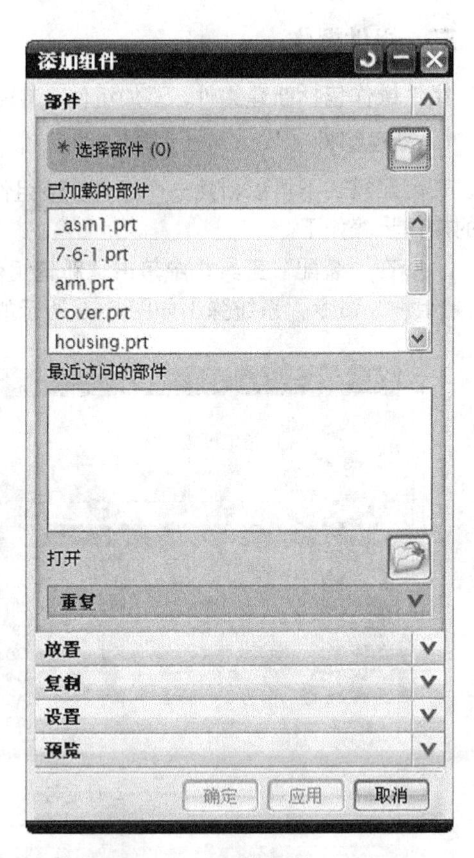

图 6-11 “添加组件”对话框

在“添加组件”对话框中，“已加载的部件”列表框中显示当前模型文件中已有的部件。可以从“已加载的部件”列表框中选择部件，也可以从“最近访问的部件”列表框中选择部件，还可以在“部件”选项组中单击“打开”按钮，接着利用弹出的“部件名”对话框选择所需部件来打开，如 6-12 所示。

选择部件后，系统将弹出“组件预览”窗口，可以在窗口中预览组件，如图 6-13 所示。在“添加组件”对话框的“放置”卷展栏中，可以设置的定位方式为“绝对原点”“选择原点”和“通过约束”，如图 6-14 所示。若在“定位”下拉列表中选择“通过约束”选项，并单击“应用”按钮后，系统将弹出“装配约束”对话框，需要用户定义约束条件。通常在新装配文件中添加进的第一个组件采用“绝对原点”或“通过约束”方位定位。

在“添加组件”对话框的“复制”卷展栏中，可以选择“多重添加”方式，如“添加后重复”“添加后生成阵列”，如图 6-15 所示。

在“添加组件”对话框的“设置”卷展栏中，可以选择添加组件内容，如添加组件模型、添加整个部件、设置安放图层等，如图 6-16 所示。在“图层选项”下拉列表中，“原始的”图层是指添加组件所在的图；“工作”图层是指装配的操作层；“按指定的”图层是指用户指定的图层。

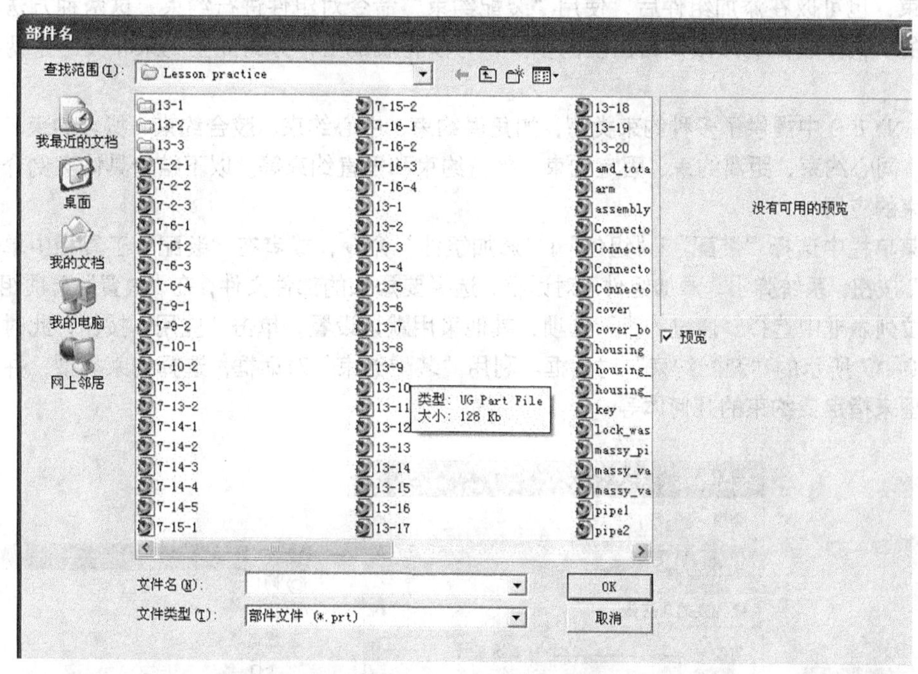

图 6-12　“部件名”对话框

图 6-13　组件预览

图 6-14　选择放置方式

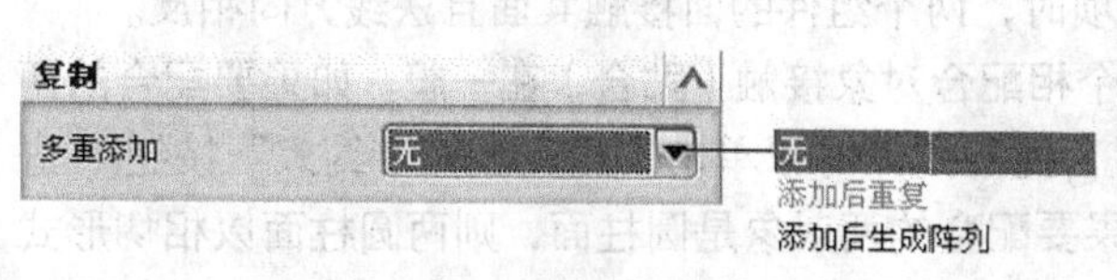

图 6-15　复制添加

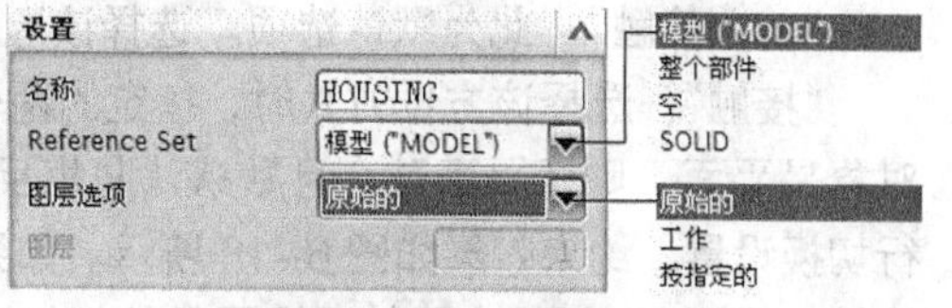

图 6-16　设置卷展栏

3. 装配约束

装配约束是指组件中的装配关系，以确定组件在装配中的位置。装配条件由一个或多个关联约束组成，关联约束限制组件在装配中的自由度。在装配部件时，可以在添加组件时对组件进行装配约束，也可以在添加组件后，使用“装配约束”命令对组件进行约束，这两种方法的效果是一样的。根据装配约束限制自由度的多少，可以将装配组件分为完全约束和欠约束两种装配状态。

UG NX 8.0 中提供了多种约束类型，如角度约束、中心约束、胶合约束、拟合约束、接触对齐约束、同心约束、距离约束、固定约束、平行约束和垂直约束等。以下结合具体实例介绍各种装配约束的应用。

在菜单栏中选择“装配”|“组件”|“添加组件”命令，或者在“装配”工具栏中单击“添加组件”按钮，系统弹出“添加组件”对话框，选择要添加的部件文件，在“放置”选项组的“定位”下拉列表框中选择“通过约束”选项，其他采用默认设置，单击“应用”按钮，此时系统弹出如图 6-17 所示的“装配约束”对话框。利用“装配约束”对话框，选择约束类型，并根据该约束类型来指定要约束的几何体等。

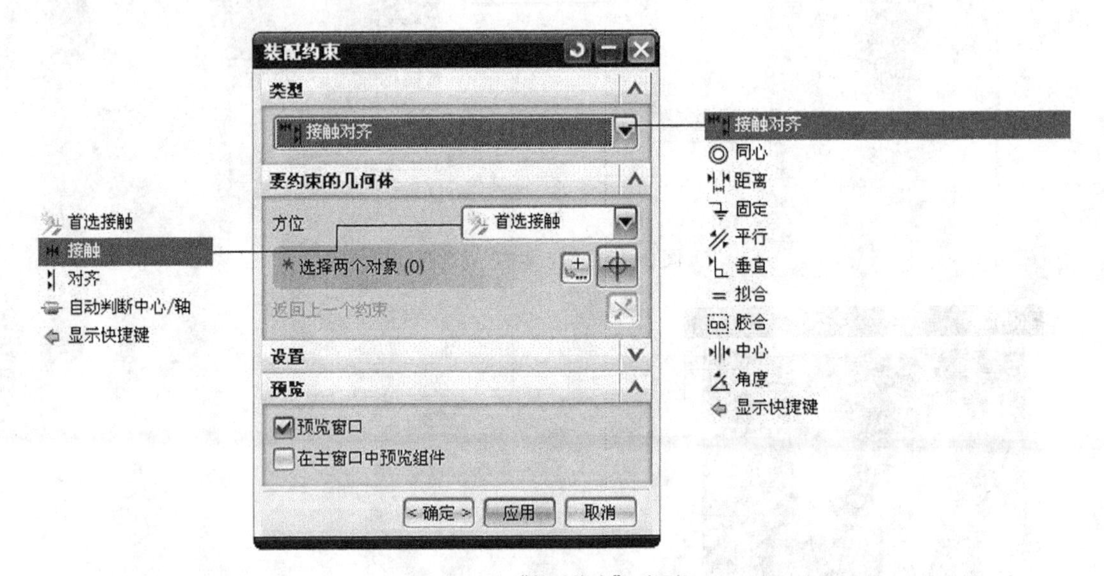

图 6-17 “装配约束”对话框

（1）接触对齐。“接触对齐”约束可以将两个组件的面接触或对齐。在“装配约束”对话框的“类型”下拉列表中选择“接触对齐”后，“装配约束”对话框如图 6-17 所示。在“要约束的几何体”选项组的“方位”下拉列表中包括 4 个选项：“首选接触”“接触”“对齐”和“自动判断中心/轴”。它们的功能含义如下。

“首选接触”：此为默认选项。选择该选项时，两个组件的面接触共面且法线方向相反。

“接触”：选择该方位方式时，指定的两个相配合对象接触（贴合）在一起。如果要配合的两对象是平面，则两平面贴合且默认法向相反，此时用户可以单击“返回上一个约束”按钮进行切换设置，约束效果如图 6-18 所示。如果要配合的两对象是圆柱面，则两圆柱面以相切形式接触，用户可以根据实际情况设置是外相切还是内相切，此情形的接触约束效果如图 6-19 所示。

“对齐”：选择该方位方式时，将对齐选定的两个要配合的对象。对于平面对象而言，将默认选定的两个平面共面并且法向相同，同样可以进行反向切换设置。对于圆柱面，也可以实现面相切约束，还可以对齐中心线。

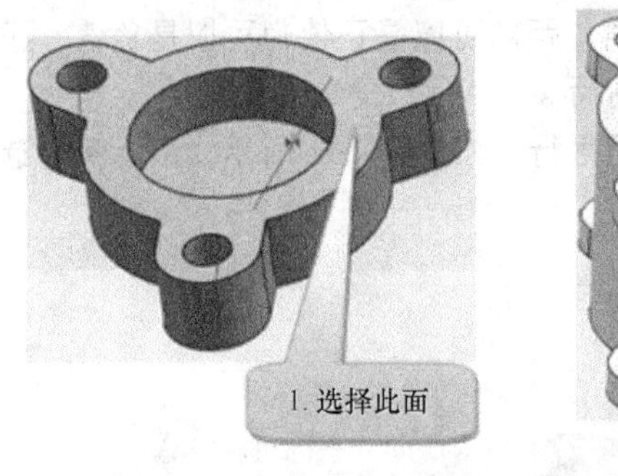

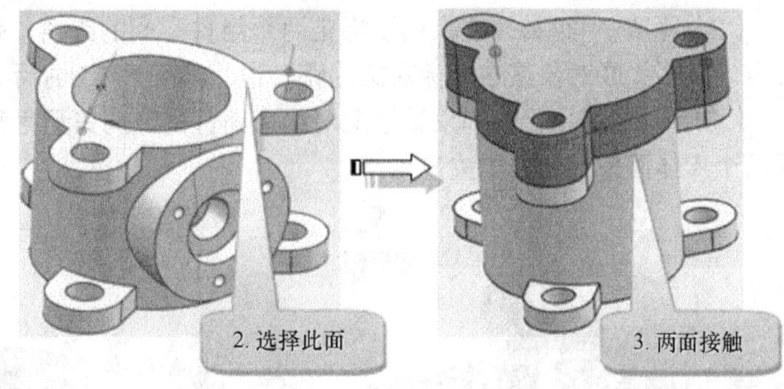

图 6-18　平面接触约束

“自动判断中心/轴”：选择该方位方式时，可以使两个圆柱面的中心对齐，以实现中心/轴的接触对齐，如图 6-20 所示。

（2）同心。“同心”约束用于将两个组件中的圆对象的中心进行圆心对齐。只能选择组件中的圆弧或圆弧，两个圆对象的圆心位于同一点，如图 6-21 所示。

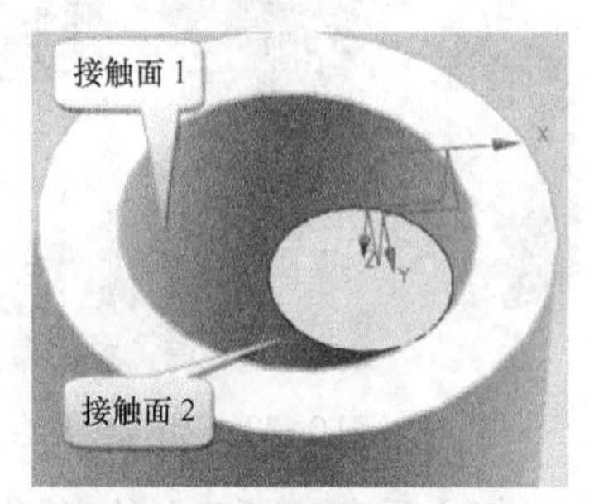

图 6-19　圆柱面接触约束

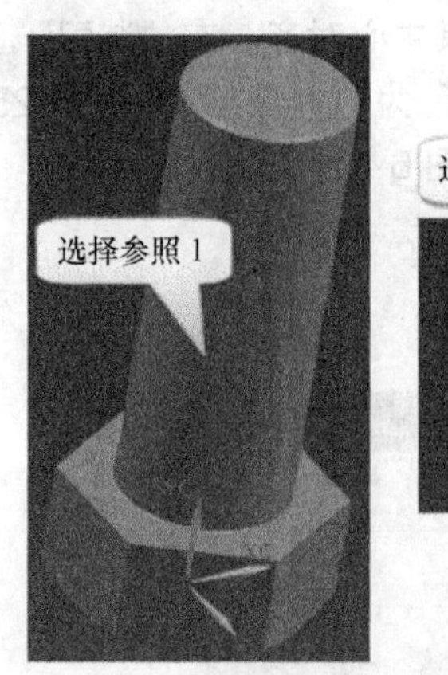

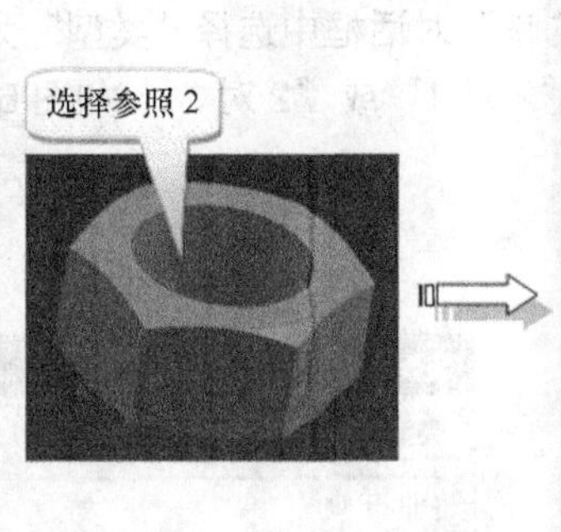

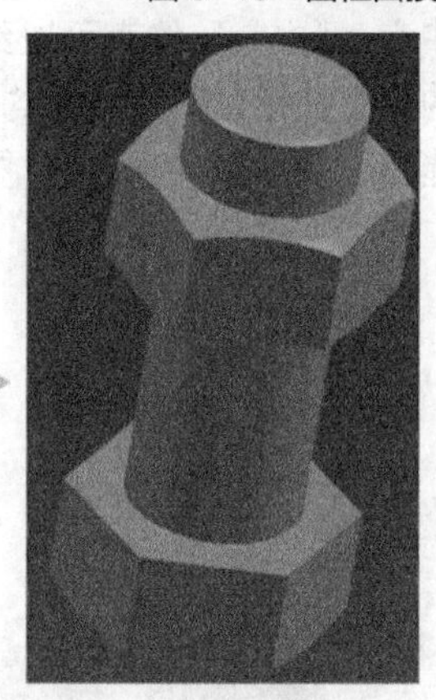

图 6-20　自动判断中心/轴

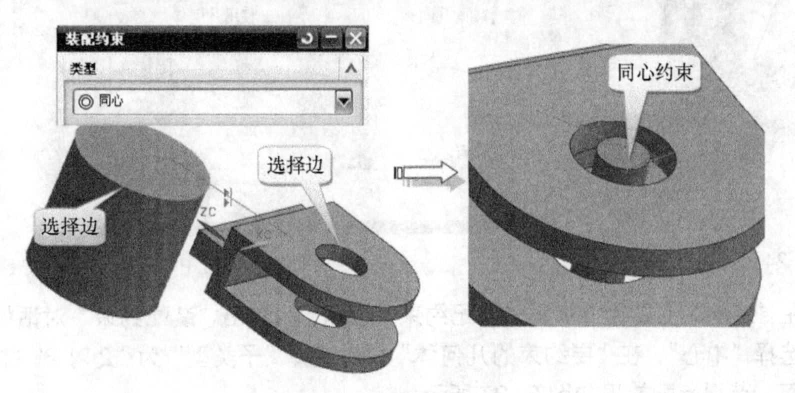

图 6-21　“同心”约束

（3）距离。“距离”约束用于指定两个组件之间的距离。距离可以是正值也可以是负值，正负号确定相关联对象是在目标对象的哪一边，如图 6-22 所示。

（4）平行。“平行”约束是指配对约束组件的方向矢量平行。如图 6-23 所示，该示例中选择两个实体面来定义方式矢量平行。

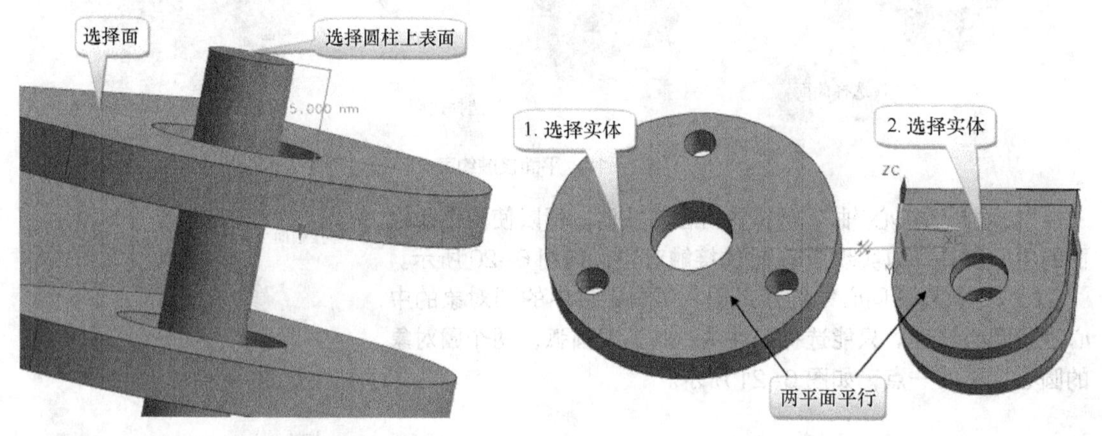

图 6-22　“距离”约束　　　　图 6-23　“平行”约束

（5）垂直。“垂直”约束可以约束两个组件对象的方向矢量彼此垂直，如图 6-24 所示。

（6）中心。“中心”约束可以约束两个对象的中心，使其中心对齐。在“装配”工具栏中单击“装配约束”按钮，在“装配约束”对话框中选择“类型”为“中心”，如图 6-25 所示。在对话框中选择子类型为“1 对 2”“2 对 1”或“2 对 2”，如图 6-25 所示。

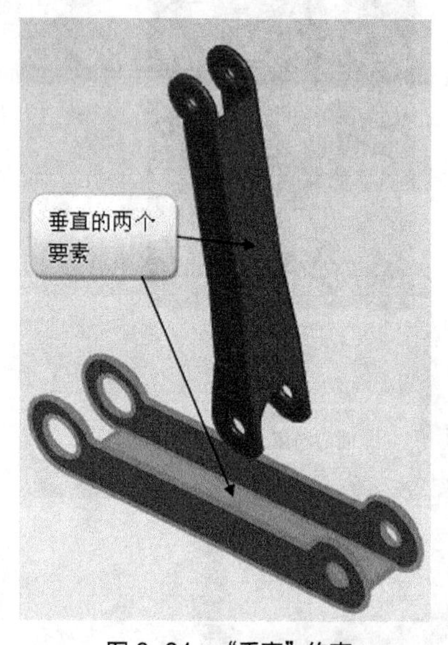

图 6-24　“垂直”约束

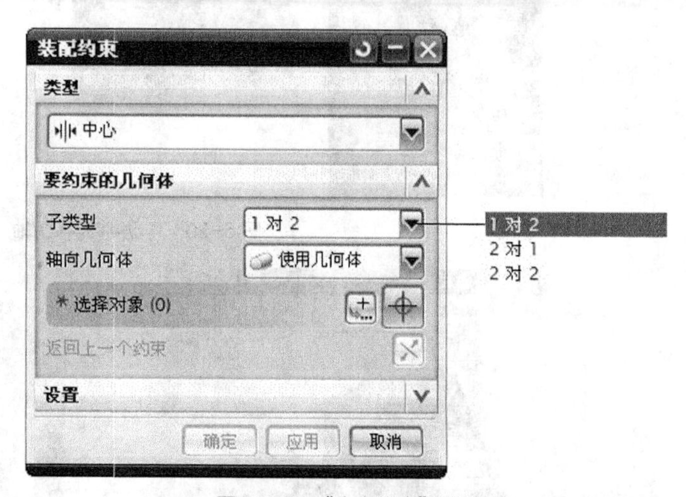

图 6-25　“中心约束”类型

例如，在“装配”工具栏中单击“装配约束”按钮，将弹出“装配约束”对话框，在“类型”下拉列表中选择“中心”，在“要约束的几何体”栏中选择“子类型”为“2 对 2”并选择图 6-26 所示的组成面，获得装配效果如图 6-27 所示。

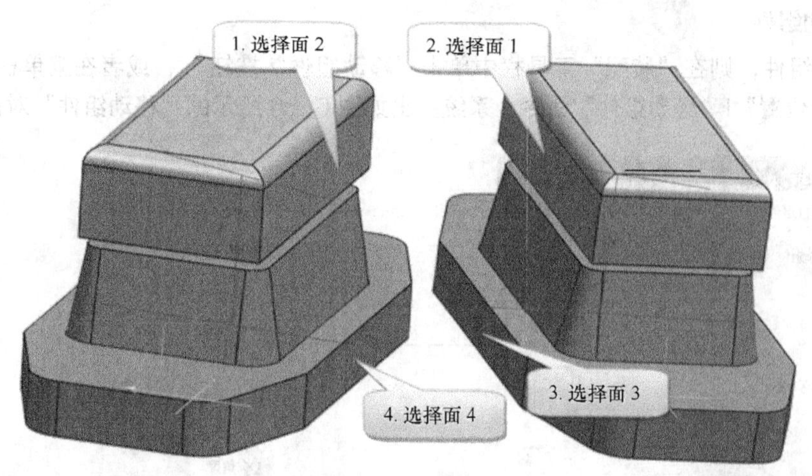

图 6-26　选择组面

（7）角度。“角度”约束用于控制两个对象之间的角度，“角度”约束允许关联不同类型的对象，例如，可以在面和边缘之间指定一个“角度”约束。在“装配”工具栏中单击“装配约束”按钮，将弹出“装配约束”对话框，在“类型”下拉列表中选择“角度”约束类型，如图 6-28 所示。在“要约束的几何体”栏中选择两个对象，同时设置夹角 60°，获得的装配效果如图 6-29 所示。

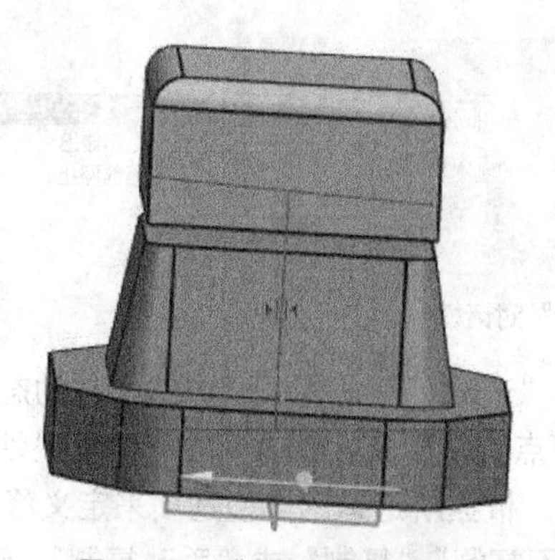

图 6-27　“中心约束”效果

图 6-28　“角度”约束类型

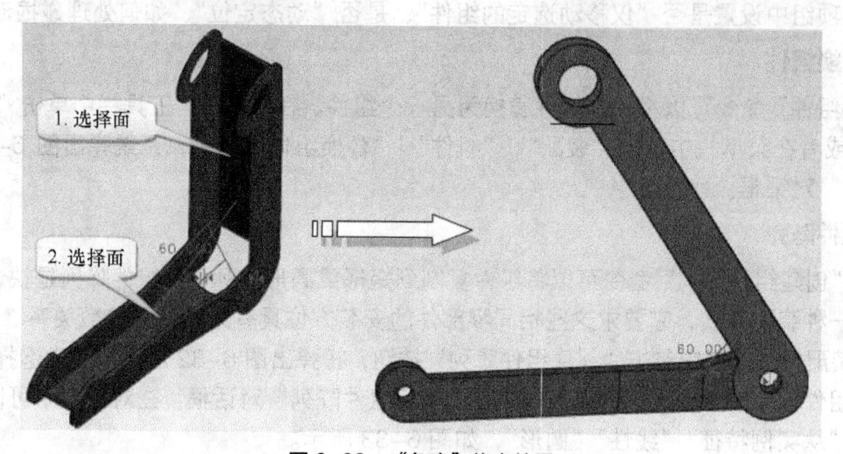

图 6-29　“角度”约束效果

4. 移动组件

要移动组件，则在“装配”工具栏中单击“移动组件”按钮，或者在菜单栏中选择“装配”|“组件位置”|“移动组件”命令，系统弹出如图 6-30 所示的“移动组件”对话框。

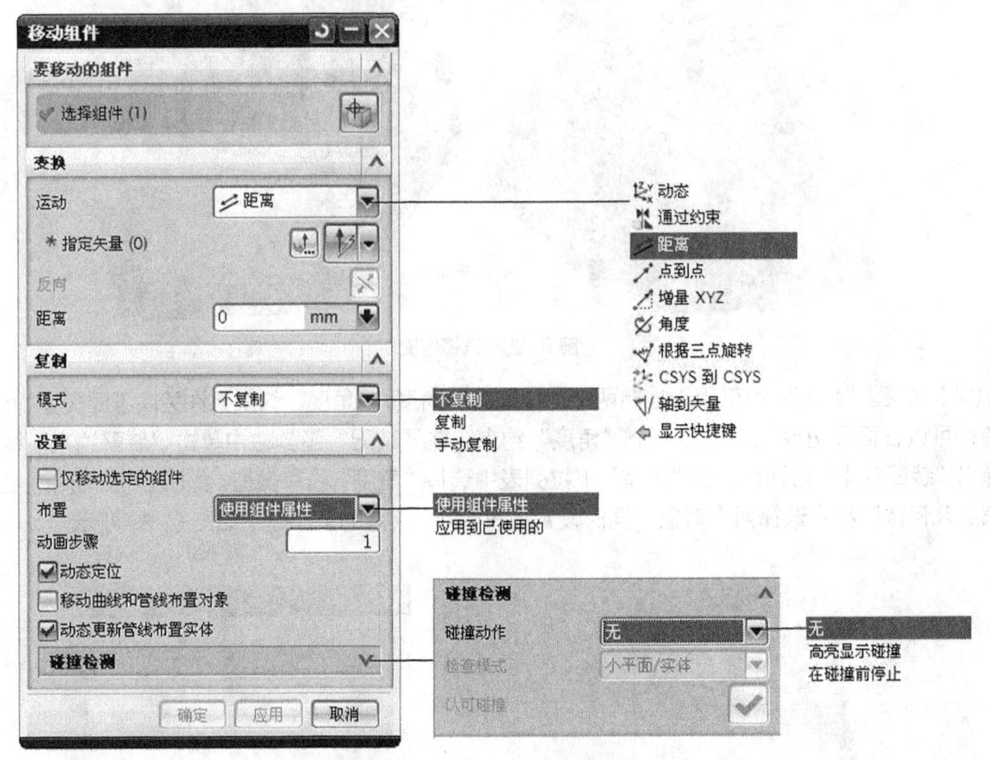

图 6-30　“移动组件”对话框

选择要移动的组件，接着可在“变换”选项组的“运动”下拉列表框中选择“动态”“通过约束”“距离”“点到点”“增量 XYZ”“角度”“根据三点旋转”“CSYS 到 CSYS”或“轴到矢量”某项定义移动组件的运动类型。选择要移动的组件后，根据所选运动类型选项来定义移动参数，同时用户可以在“复制”选项组中设置复制模式为“不复制”“复制”或“手动复制”，还可以在“设置”选项组中设置是否“仅移动选定的组件”、是否“动态定位”、如何处理碰撞动作等。

5. 替换组件

“替换组件”命令可以将一个组件替换为另一个组件。在“装配”工具栏中单击“替换组件”按钮，或者在菜单栏中选择“装配”|“组件”|“替换组件”命令，系统弹出图 6-31 所示的“替换组件”对话框。

6. 组件阵列

使用“创建组件阵列”命令可以将组件复制到矩形或圆形阵列中。组件阵列是快速装配相同零部件的一种装配方式，它要求这些相同零部件的安装方位具有某种阵列参数关系。

在“装配”工具栏中单击“创建组件阵列”按钮，将弹出图 6-32 所示的“类选择”对话框，选择一个组件，单击“确定”按钮，将弹出“创建组件阵列”对话框，在对话框中可以选择阵列类型，如“从实例特征”“线性”“圆形”，如图 6-33 所示。

图 6-31 “替换组件”对话框

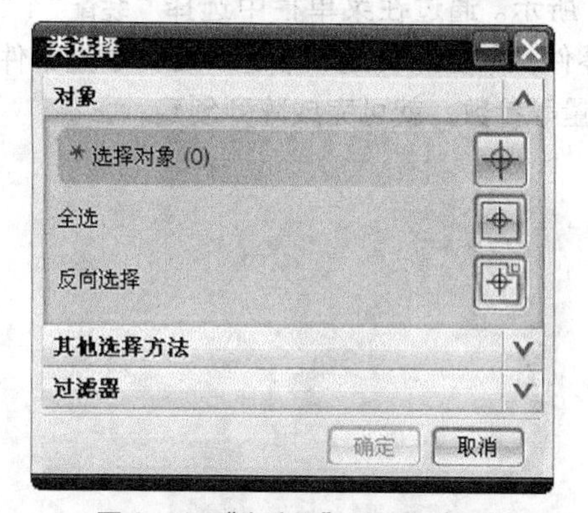

图 6-32 “类选择”对话框（一）

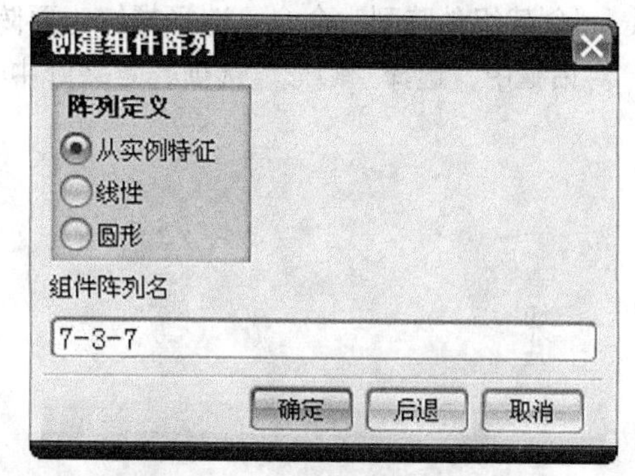

图 6-33 “创建组件阵列”对话框

（1）从实例特征。采用“从实例特征”方式创建的组件阵列是基于实例特征的阵列，它根据源组件的装配约束来定义阵列组件的装配约束，并在其参照的某实例特征的阵列基础上创建组件阵列。

这是有一定的操作要求的，即要求源组件在装配体中安装时需要参照装配体中的某一个实例特征，否则会造成阵列模板没有与有效的特征实例配对的问题。

采用“从实例特征”方法创建组件阵列的示例如图 6-34 所示，其中，在装配体装配的第一个组件中，其 6 个孔特征是通过圆形阵列实例特征来创建的，基于特征实例的这种阵列主要用于装配螺栓、螺钉等组件。

（2）线性。创建线性组件阵列的示例如图 6-35 所示。通过在菜单栏中选择“装配”|“组件”|“创建组件阵列”命令，选择螺钉为要阵列的零件，单击“确定”按钮，在“创建组件阵列”对话框中，选择“线性”选项，定义好方向及数量，就可完成阵列创建。

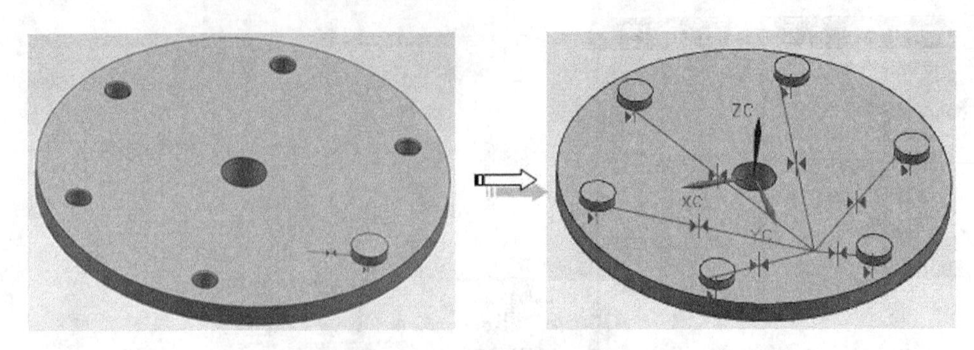

图 6-34 “从实例特征”创建阵列

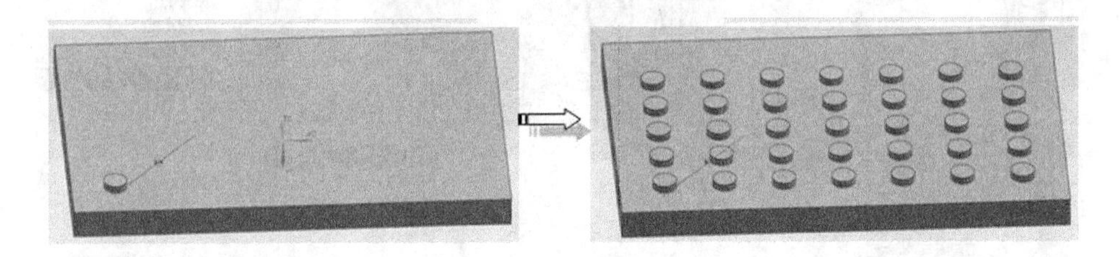

图 6-35 “线性”阵列组件的创建

（3）圆形。创建圆形组件阵列的示例如图 6-36 所示。通过在菜单栏中选择“装配”|“组件”|“创建组件阵列”命令，选择螺钉为要阵列的零件，单击“确定”按钮，在“创建组件阵列”对话框中，选择“圆形”选项，定义好中心及数量等参数，就可完成阵列创建。

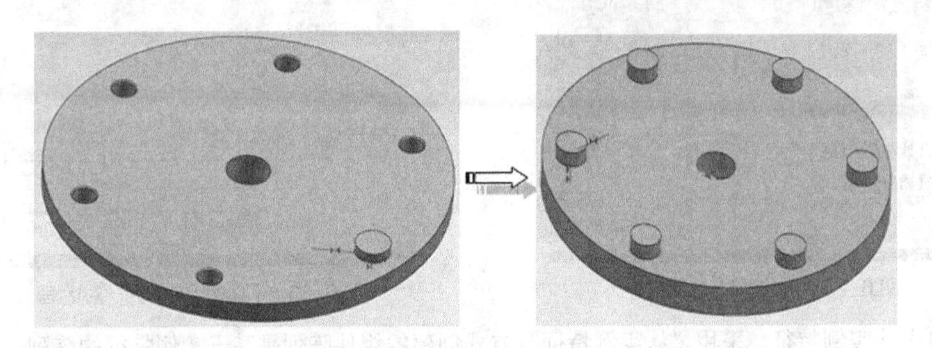

图 6-36 圆形阵列的创建

7. 组件镜像

组件镜像功能主要用于处理左右对称的装配情况，使用方式类似于在“建模”模块中“镜像特征”命令，如图 6-37 所示。

组件镜像的操作过程如下：执行“装配”|“组件”|“镜像装配”命令，或单击装配工具栏“镜像装配”按钮，系统弹出图 6-38 所示的“镜像装配向导”对话框。

在该对话框中单击“下一步”按钮，然后在打开的对话框后选择待镜像的组件，其中组件可以是单个或者多个。接着单击“下一步”按钮，并在打开的对话框中选取基准面为镜像平面，也可以单击“创建基准面”来创建镜像平面，最后单击“确定”按钮完成组件的镜像。

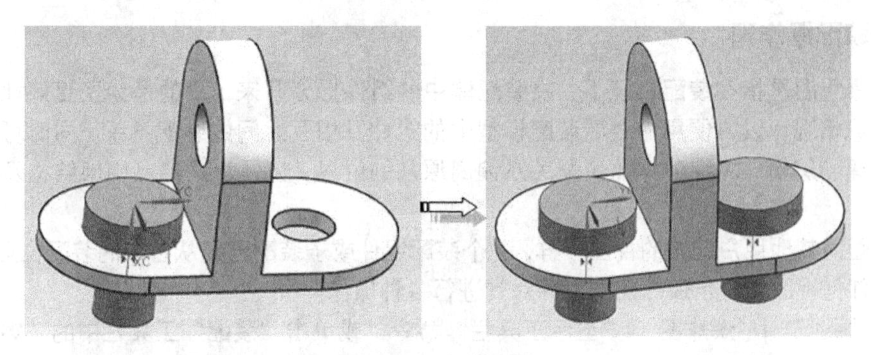

图 6-37　组件镜像

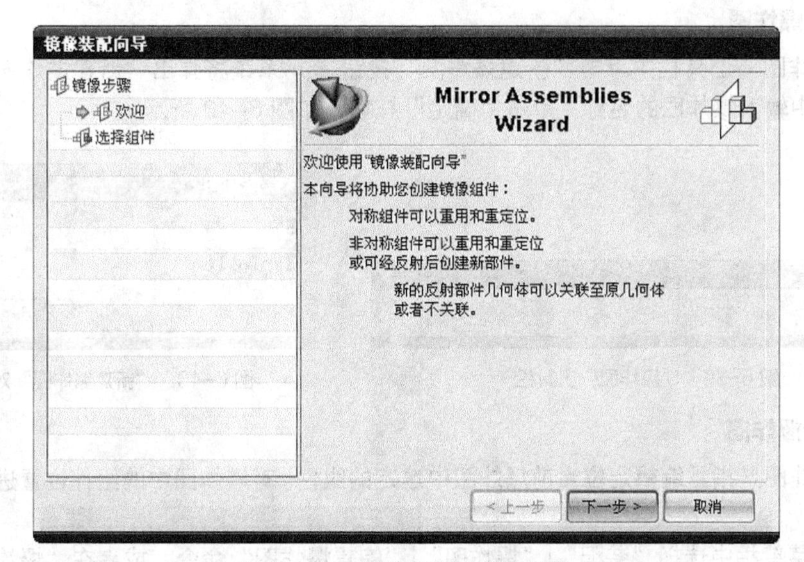

图 6-38　"镜像装配向导"对话框

四、装配方法

1. 自顶向下装配

自顶向下装配是先创建一个空的新组件，再在该组件中建立几何对象或是将原有的几何对象添加到新建的组件中，则该几何模型成为一个组件。自顶向下装配方法有两种，下面分别进行介绍。

第一种：在装配中建立一个几何模型，再建立新组件，并把几何模型加入新建的组件中。

第二种：建立一个空组件，不含任何几何对象，然后使其成为工作部件，再在其中建立几何模型。

2. 自底向上装配

自底向上装配是指先设计好装配中的部件，再将该部件的几何模型添加到装配中。所创建的装配体将按照组件、子装配体和总装配的顺序进行排列，并利用关联约束条件进行逐级装配，最后完成总装配模型。装配操作可以在"装配"|"组件"级联菜单中选择，也可以通过单击"装配"工具栏中的按钮实现。

五、装配爆炸图

装配爆炸图是指在装配环境下，将装配体中的组件拆分开来，目的是为了更好地显示整个装配的组成情况，以方便用户查看装配模型中的组件及相互之间的装配关系。同时可以通过对视图的创建和编辑，将组件按照装配关系偏离原来的位置，以便观察产品内部结构及组件的装配顺序。

爆炸图同其他用户定义的视图一样，各个装配组件或子装配已经从它们的装配位置移走。用户可以在任何视图中显示爆炸图形，并对其进行各种操作。

选择“装配”|“爆炸图”|“显示工具栏”命令，或单击“装配”工具栏中的“爆炸图”按钮，弹出“爆炸图”工具栏，如图 6-39 所示。

1. 创建爆炸图

在“爆炸图”工具栏中单击“新建爆炸图”按钮，系统将弹出“新建爆炸图”对话框，在该对话框中输入爆炸图的名称，单击“确定”按钮，如图 6-40 所示。

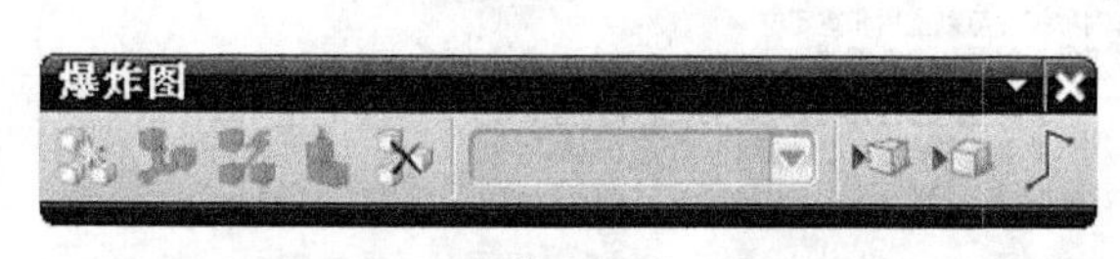

图 6-39 “爆炸图”工具栏

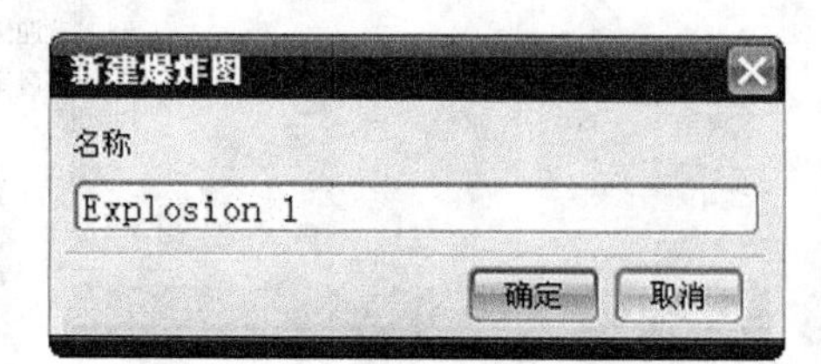

图 6-40 “新建爆炸图”对话框

2. 编辑爆炸图

编辑爆炸图是指重编辑定位当前爆炸图中选定的组件。对爆炸图中的组件位置进行编辑的操作方法如下。

（1）在菜单栏中选择“装配”|“爆炸图”|“编辑爆炸图”命令，或者在“爆炸图”工具栏中单击“编辑爆炸图”按钮，系统弹出图 6-41 所示的“编辑爆炸图”对话框。

（2）在“编辑爆炸图”对话框中提供 3 个实用的单选按钮。使用这 3 个实用的单选按钮来编辑爆炸图。

- “选择对象”：选择该单选按钮，在装配部件中选择要编辑的爆炸位置的组件。
- “移动对象”：选择要编辑的组件后，选择该单选按钮，使用鼠标拖动移动手柄，连组件对象一同移动。可以使之向 *X* 轴、*Y* 轴或 *Z* 轴方向移动，并可以设置指定方向下精确的移动距离，如图 6-42 所示。
- “只移动手柄”：选择该单选按钮，使用鼠标拖动移动手柄，组件不移动。

（3）编辑爆炸图满意后，在“编辑爆炸图”对话框中单击“应用”按钮或“确定”按钮。

3. 爆炸图的操作

装配爆炸图的操作包括以下内容：创建自动爆炸组件、创建追踪线、切换爆炸图、取消爆炸组件、删除爆炸图。

（1）创建自动爆炸组件。创建爆炸图之后，可以基于组件的装配约束重定位当前爆炸图中的组件，沿表面的正交方向自动爆炸组件。

在“爆炸图”工具栏中单击“自动爆炸组件”按钮，将弹出“类选择”对话框，如图 6-43

所示。在视图中选择要爆炸的组件，然后在对话框中单击“确定”按钮，如图 6-44 所示。

图 6-41　“编辑爆炸图”对话框

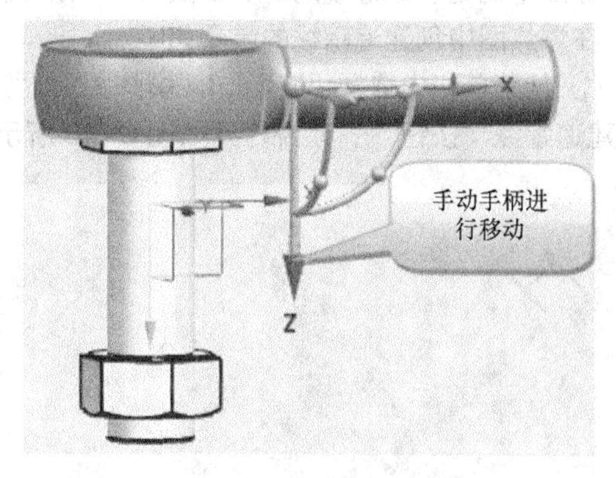

图 6-42　改变组件的位置

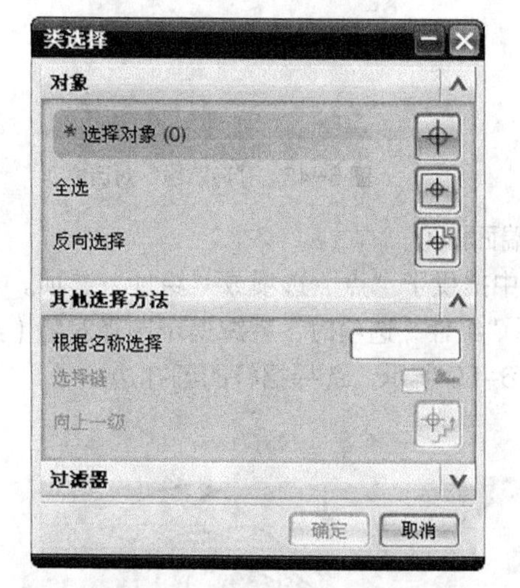

图 6-43　“类选择”对话框

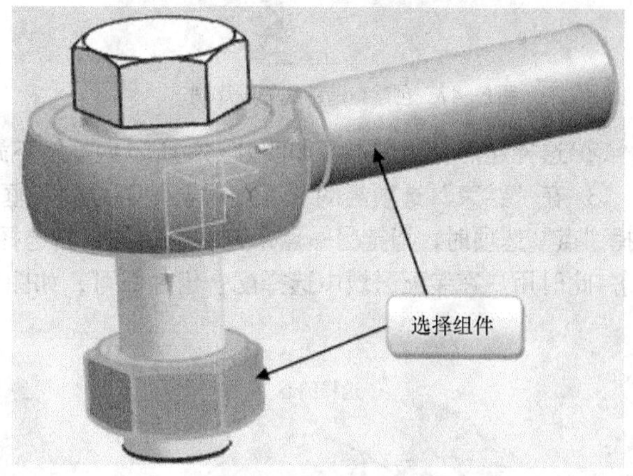

图 6-44　选择要爆炸的组件

在弹出的“自动爆炸组件”对话框中，设置“距离”为 2，单击“确定”按钮，即可爆炸组件，如图 6-45 所示。爆炸组件后的效果如图 6-46 所示。

图 6-45　设置爆炸距离

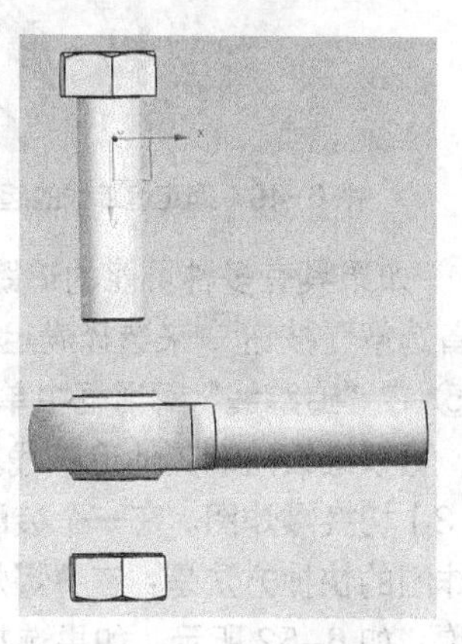

图 6-46　爆炸图效果

（2）创建追踪线。在爆炸图中创建组件的追踪线，有利于指示组件的装配位置和装配方式。在爆炸图中创建有追踪线的示例如图 6-47 所示。

在爆炸图中创建追踪线的步骤如下。

① 从菜单栏中选择“装配”|“爆炸图”|“追踪线”命令，或者在“爆炸图”工具栏中单击“创建追踪线”按钮，系统打开如图 6-48 所示的“追踪线”对话框。

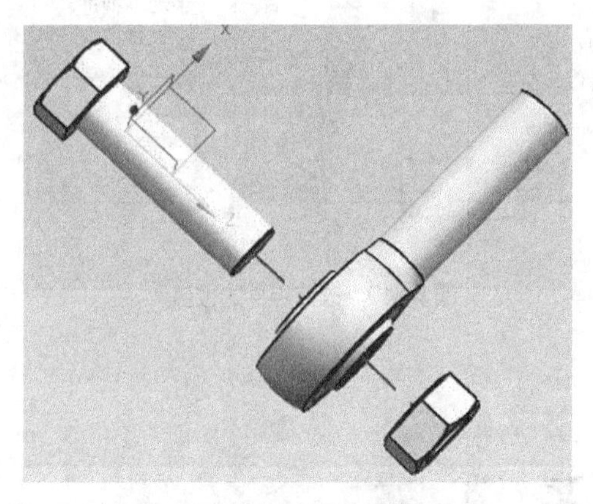

图 6-47 创建有追踪线的爆炸图

图 6-48 “追踪线”对话框

② 选择起点，例如选择如图 6-49 所示的螺钉下端面圆心。

③ 在“结束”选项组的“终止对象”下拉列表框中提供了“点”选项或“组件”选项。当选择“点”选项时，指定另一点来定义追踪线；当选择“组件”选项时，系统提示选择对象（组件），此时用户在装配区域中选择配合组件即可，如图 6-50 所示，选择摇杆的圆孔边。

图 6-49 确定追踪线的起点

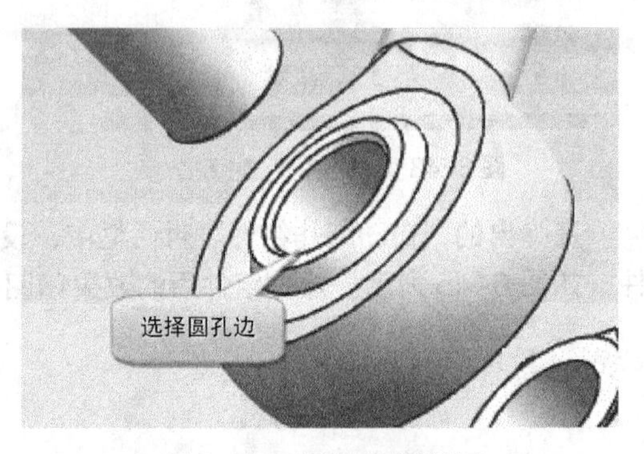

图 6-50 确定追踪线的终点

④ 如果具有多种可能的追踪线，那么可以在“追踪线”对话框的“路径”选项组中通过单击“备选解”按钮来选择满足设计要求的追踪线方案。

⑤ 在“追踪线”对话框中单击“应用”按钮，完成一条追踪线，如图 6-51 所示，重复①～④步，可以继续绘制其他追踪线。

（3）切换爆炸图。在一个装配部件中可以建立多个爆炸图，每个爆炸图具有各自的名称。切换爆炸图的快捷方法是：在“爆炸图”工具栏的“工作视图爆炸”下拉列表框中选择所需的爆炸图名称，如 6-52 所示。如果选择“（无爆炸）”选项，则返回无爆炸的装配位置。

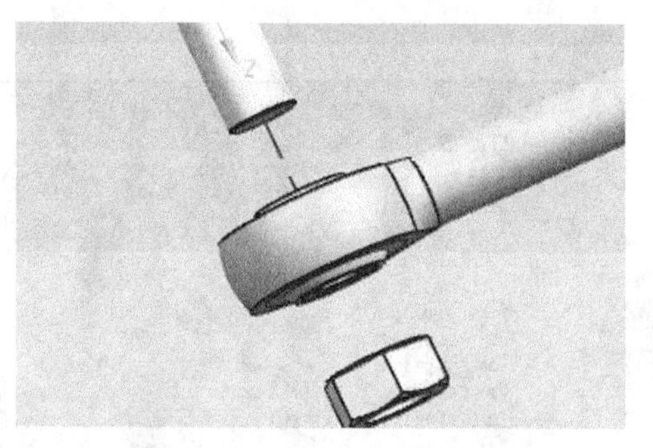
图 6-51　创建的一条追踪线

图 6-52　切换爆炸图

项目实施

如图 6-1 所示千斤顶组件装配操作步骤如下。（源文件见项目六/项目实施/01_dizuo.prt ~ qianjindingnew_asm.prt）

视频：千斤顶组件装配

（1）单击“标准”工具栏中的新建按钮，系统弹出“新建”对话框，在对话框中选择模板为“装配”，输入新建装配图的名称和存放地址，单击“确定”按钮，如图 6-53 所示。

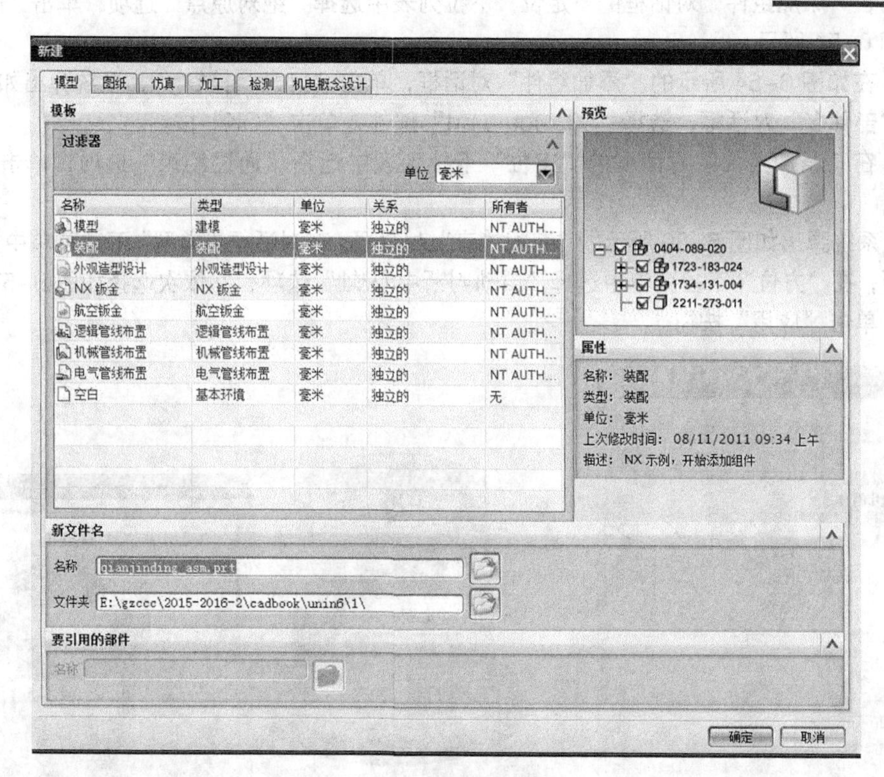

图 6-53　新建装配模型

（2）系统弹出如图 6-54 所示的“添加组件”对话框，单击“打开”按钮，系统弹出图 6-55 所示的“部件名”对话框，选择“01_dizuo.prt”部件，单击“OK”按钮。

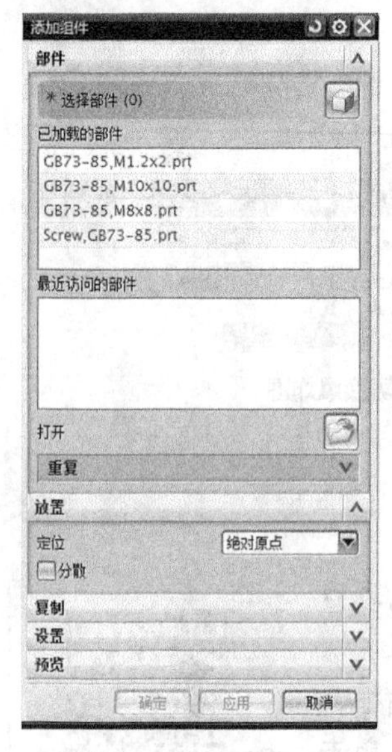

图 6-54 “添加组件”对话框

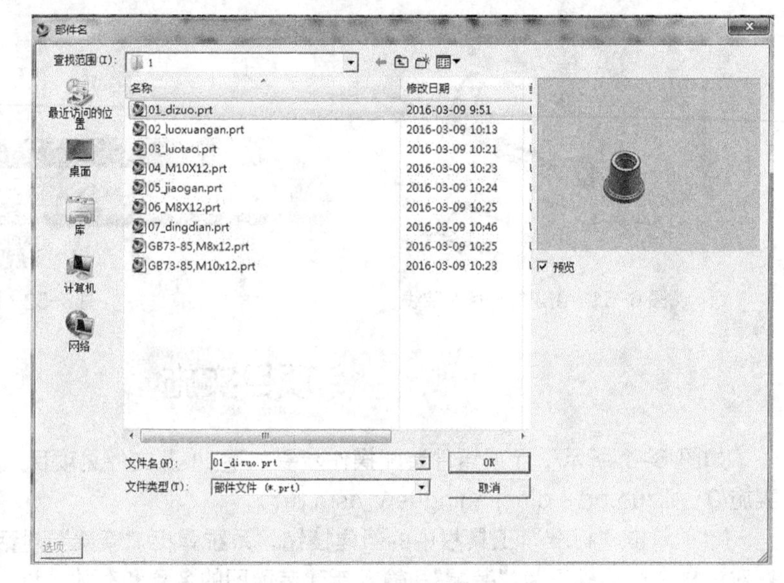

图 6-55 “部件名”对话框

（3）在“添加组件”对话框的“定位”下拉列表中选择“绝对原点”选项，单击“应用”按钮，如图 6-54 所示。

（4）在如图 6-54 所示的“添加组件”对话框，单击“打开”按钮，系统弹出如图 6-55 所示的“部件名”对话框，选择“03_luotao.prt”部件，单击“OK”按钮。

（5）在“添加组件”对话框的“定位”下拉列表中选择“通过约束”选项，单击“应用”按钮。

（6）系统弹出如图 6-56 所示的“装配约束”对话框，在对话框“类型”下拉菜单中选择“同心”选项，在“方位”下拉菜单中选择“自动判断中心/轴”选项，并依次选择如图 6-57 所示的约束面，单击“应用”按钮。

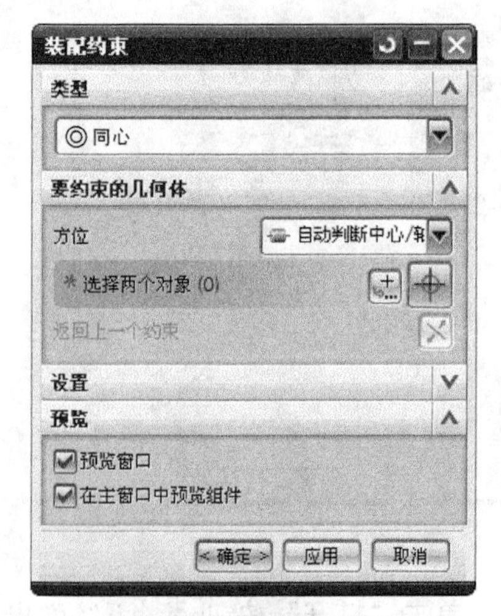

图 6-56 设置约束类型

图 6-57 选择约束一（03_luotao.prt）

（7）在“装配约束”对话框“方位”下拉菜单中选择“接触”选项，并依次选择图 6-58 所示的约束面，单击“应用”按钮。

（8）在“装配约束”对话框 “方位”下拉菜单中选择“自动判断中心/轴”选项，并依次选择图 6-59 所示的约束面，单击“确定”按钮。

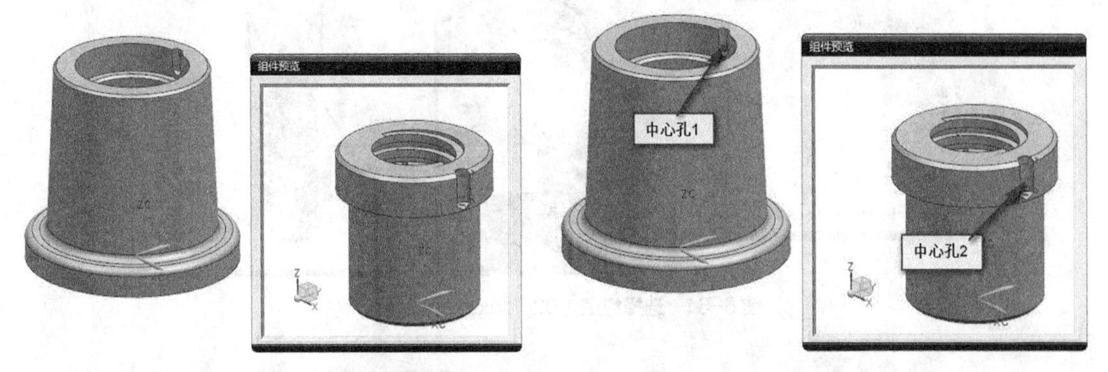

图 6-58 选择约束二（03_luotao.prt）　　图 6-59 选择约束三（03_luotao.prt）

（9）此时完成了上端盖的装配，接下来以类似的步骤完成其他零件的装配。在如图 6-54 所示的“添加组件”对话框，单击“打开”按钮，系统弹出如图 6-55 所示的“部件名”对话框，选择“04_M10X12.prt”部件，单出“OK”按钮。

（10）在“添加组件”对话框的“定位”下拉列表中选择“通过约束”选项，单击“应用”按钮。

（11）系统弹出如图 6-56 所示的“装配约束”对话框。装配此零件需要一个同心约束，它的约束面选择如图 6-60 所示。

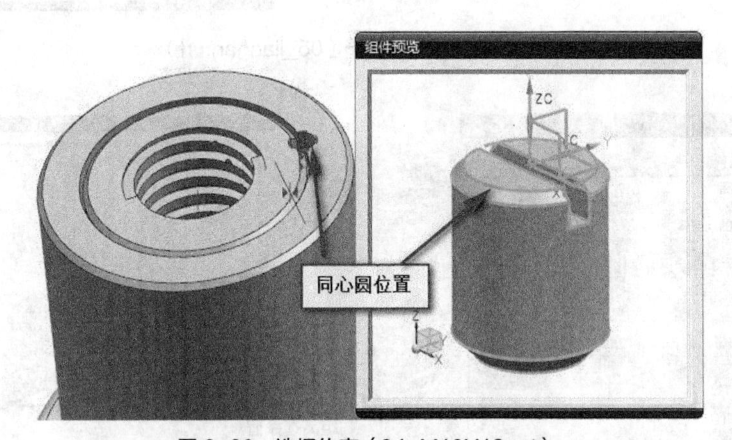

图 6-60 选择约束（04_M10X12.prt）

（12）以下是 02_luoxuangan.prt 零件的装配。02_luoxuangan.prt 零件的装配方法和 03_luotao.prt 及 04_M10X12.prt 零件相似，装配此零件需要一个约束，它们的约束设置以及相应的约束面选择如图 6-61 所示。

（13）组件 05_jiaogan.prt 零件的装配如图 6-62、图 6-63 所示。

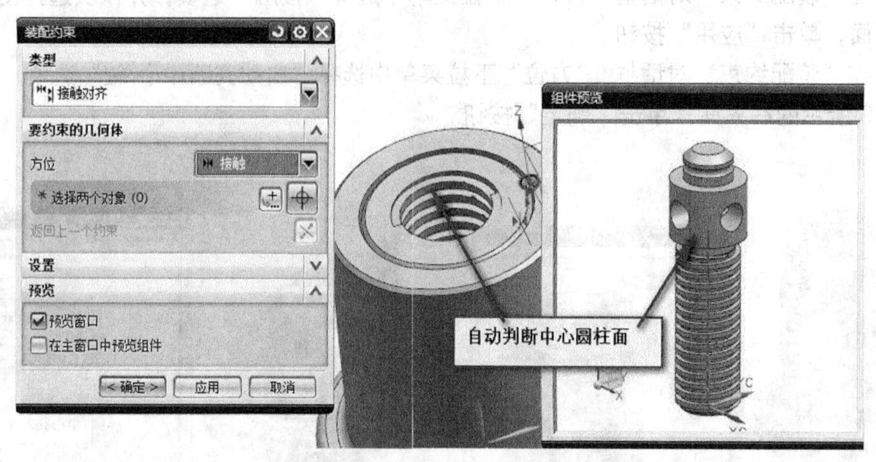

图 6-61 选择约束（02_luoxuangan.prt）

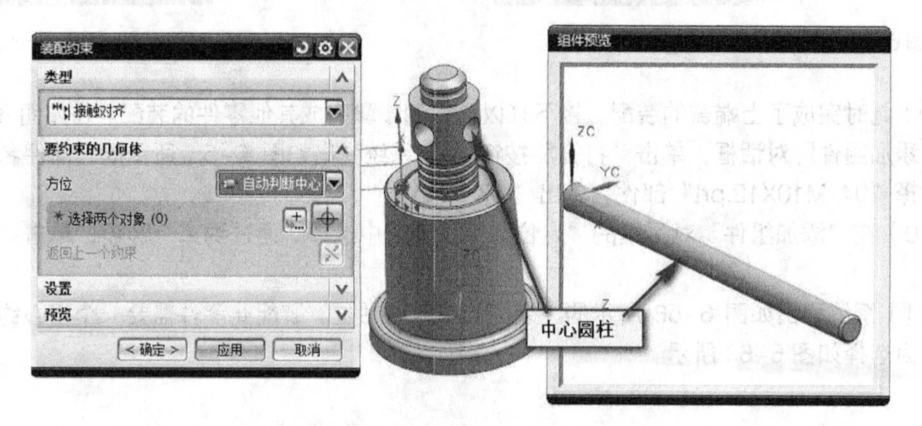

图 6-62 选择约束面一（05_jiaogan.prt）

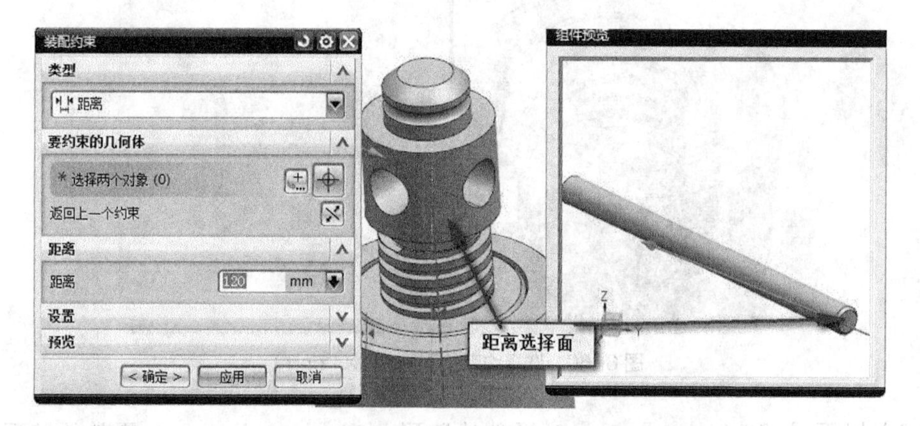

图 6-63 选择约束面二（05_jiaogan.prt）

（14）组件 07_dingdian.prt 零件的装配如图 6-64 所示。

（15）组件 06_M8X12.prt 零件的装配如图 6-65 所示。

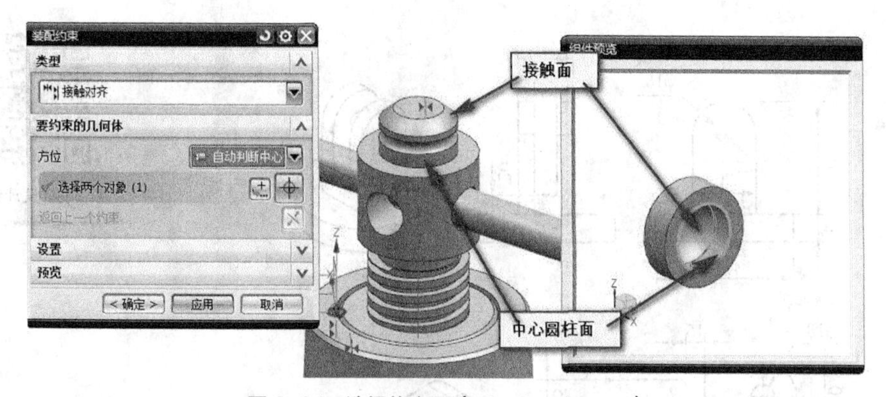

图 6-64 选择约束面（07_dingdian.prt）

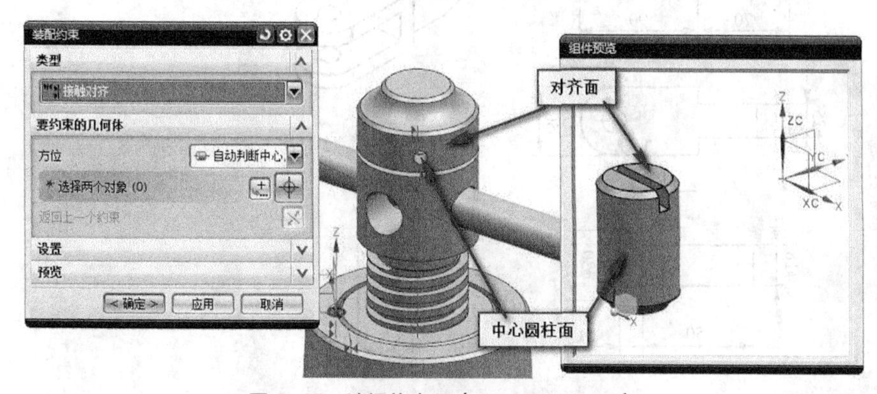

图 6-65 选择约束面（06_M8X12.prt）

归纳总结

装配知识是 UG 非常重要的知识组成部分，UG NX 8.0 为用户提供了强大的装配功能。装配设计的方法主要分为两种：自底向上装配和自顶向下装配。在实际设计中，经常将这两种典型装配设计方法混合着灵活使用。

通过本项目，学习了装配设计的相关知识，具体内容包括装配概述、装配导航器、组件操作及装配爆炸图，其中组件操作知识里包含添加组件、装配约束、移动组件、替换组件、组件阵列、组件镜像等内容。

本项目通过完成千斤顶组件装配设计的任务，培养学生能够使用 UG 的装配模块功能完成零部件装配设计的能力，让学生充分掌握装配设计模块的相关功能与命令，同时培养学生的信息获取、团队协作和思考解决问题等能力。

课后训练

1. 请完成如图 6-66 所示图形的建模与装配。（源文件见项目六/课后训练/装配设计练习（一）/dianzuo.prt～lianxi/_asm.prt）

视频：装配设计练习（一）

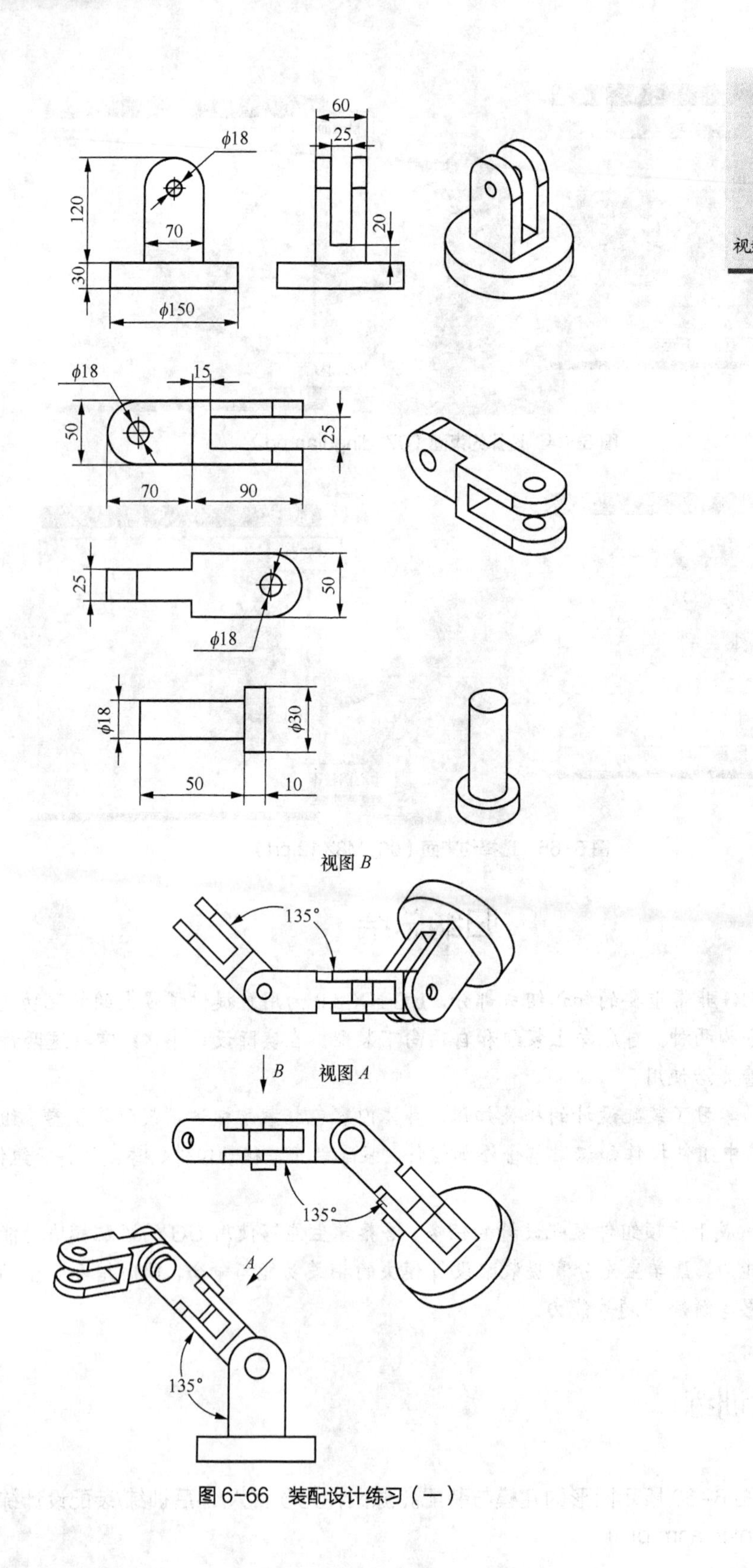

图 6-66 装配设计练习（一）

2. 请完成如图 6-67 所示图形的建模与装配。（源文件见项目六/课后训练/装配设计练习（二）/01jiazi.prt ~ lunzi_asm.prt）

视频：装配设计练习（二）

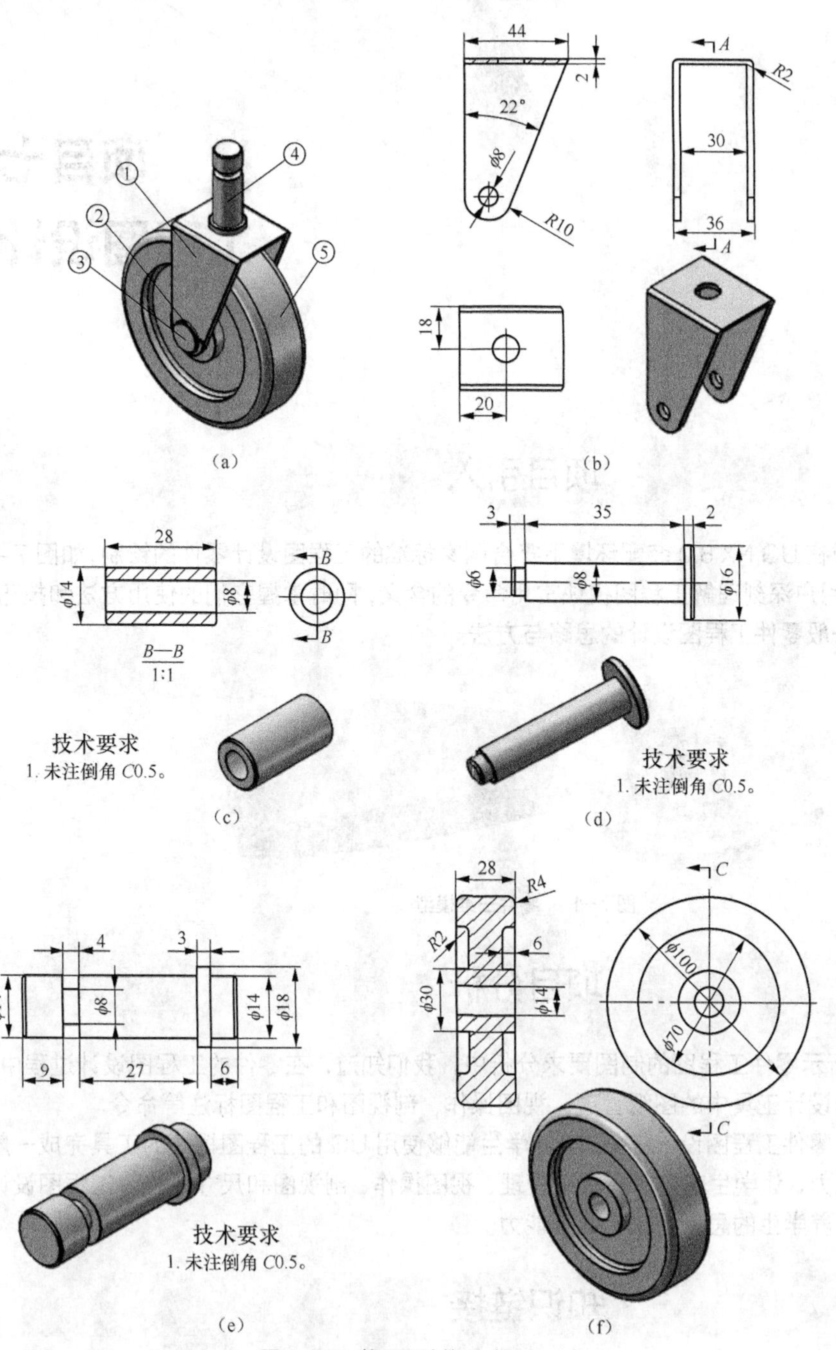

图 6-67　装配设计练习（二）

Item

7

项目七 工程图设计

项目引入

本项目主要完成在 UG NX 8.0 装配环境下符合国家标准的工程图设计零件的绘制，如图 7-1 所示。通过学习，使用户深刻理解工程图模块常用命令的含义，同时掌握它们的使用方法和技巧，使得用户能够掌握一般零件工程图设计的思路与方法。

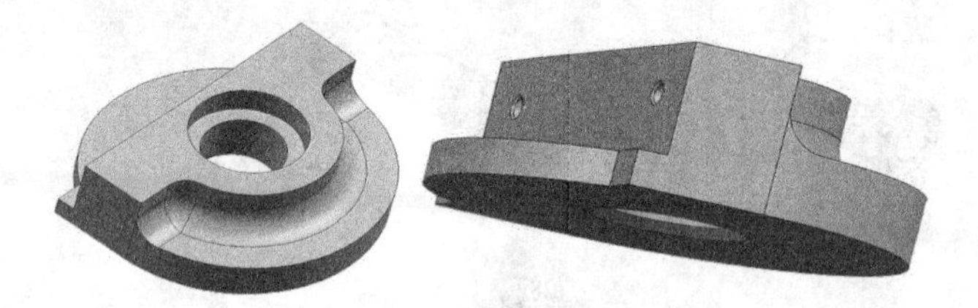

图 7-1　零件三维模型

项目分析

在进行图 7-1 所示零件工程图的制图要求分析中，我们知道，在零件的工程图设计过程中，用户必须使用工程图设计工具中的图纸管理、视图操作、剖视图和工程图标注等命令。

本项目通过完成零件工程图设计任务，培养学生能够使用 UG 的工程图模块的工具完成一般零件工程图设计的能力，让学生充分掌握图纸管理、视图操作、剖视图和尺寸标注等工程图设计功能与命令，同时培养学生的思考解决问题等能力。

知识链接

本项目涉及的知识包括 UG NX 8.0 软件工程图设计工具，包括图纸管理、视图操作、剖视图和工程图标注等内容，知识重点是图纸管理、视图操作、剖视图和工程图标注的掌握，知识难点是剖视图部分的内容。下面将详细介绍工程图设计的知识。

一、工程图概述

对于从事工程设计的人员来说，必须要掌握工程图设计的相关知识。在 UG NX 8.0 中，可以根据设计好的三维模型来关联的进行其工程图设计，若三维模型发生设计变更，那么相应的二维工程图也会自动变更。

工程图在实际生产环节中的应用比较多。UG NX 8.0 具有强大的工程制图功能模块，使用该功能模块，可以很方便地根据已有的三维模型来创建合格的工程图。

二、图纸管理

生成各种投影视图是创建工程图最重要的操作，在建立工程图中可能会包含多个视图。UG NX 8.0 的制图模块提供了各种工程图管理功能，如“新建图纸页”“显示图纸页”“打开图纸页”“删除图纸页”和“编辑图纸页”这几个基本功能。

1. 新建图纸页

在如图 7-2 所示的“图纸”工具栏中单击“新建图纸页”按钮，或者在菜单栏的“插入”菜单中选择“图纸页”命令，系统弹出如图 7-3 所示的“图纸页”对话框。该对话框提供 3 种方式来创建新图纸页，这 3 种创建方式分别为“使用模板”方式、“标准尺寸”方式和“定制尺寸”方式。

图 7-2 “图纸”工具栏

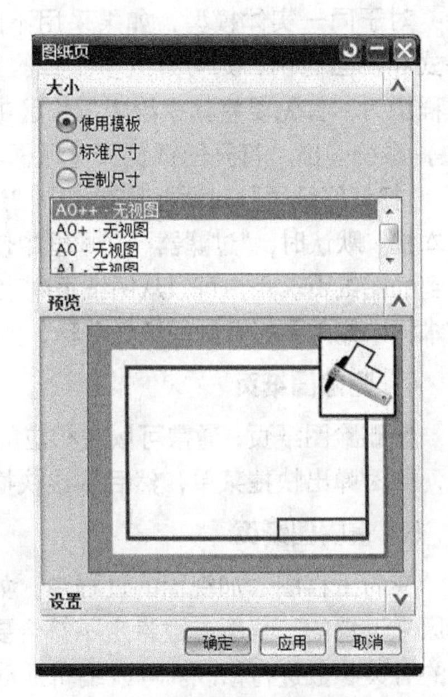

图 7-3 “图纸页”对话框（一）

（1）“使用模板”

在对话框的“大小”选项组中选择“使用模板”单选按钮时，可从对话框出现的列表框中选择系统提供的一种制图模板，如“A0-无视图”“A1-无视图”“A2-无视图”等。选择某一制图模板时，可以在对话框中预览该制图模板的形式。

（2）“标准尺寸”

在对话框“大小”选项组中选择“标准尺寸”单选按钮时，如图 7-4 所示，可以从“大小”

下拉列表框中选择一种标准尺寸样式；可以从“比例”下拉列表框中选择一种绘图比例，或者选择“定制比例”来设置所需的比例；在“图纸页名称”文本框中输入新建图样的名称，或者接受系统自动为新建图样指定的默认名称；在“设置”选项组中可以设置单位为毫米还是英寸，以及设置投影方式。投影方式分（第一象限角投影）和（第三象限角投影）。其中，第一象限角投影符合我国的制图标准。

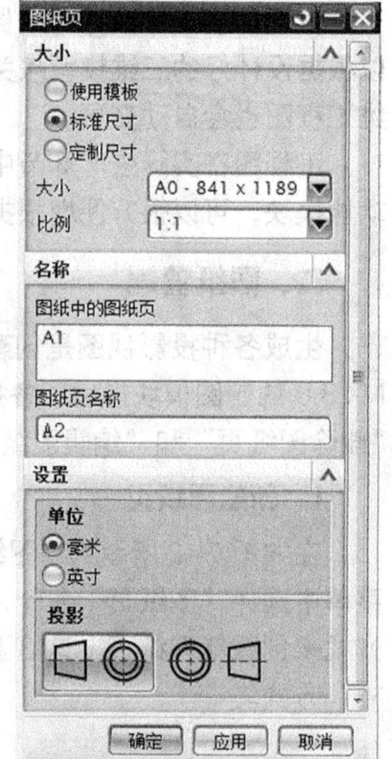

图 7-4　标准尺寸

（3）“定制尺寸”

在对话框的“大小”选项组中选择“定制尺寸”单选按钮时，由用户设置图样高度、长度、比例、图纸页名称、单位和投影方式等。

2. 显示图纸页

用户可根据设计需要，在建模视图显示和图纸页显示之间切换。其方法是使用位于“图纸”工具栏中的“显示图纸页”复选按钮（显示图纸页），该复选按钮对应的菜单命令为“视图”|“显示图纸”。

3. 打开图纸页

对于同一实体模型，如果采用不同的投影方法、不同的图纸格式和视图比例，则可建立多张二维工程图，当要编辑其中一张工程图时，首先要将其在绘图工作区中打开，则可在“图纸”工具栏中单击“打开图纸页”按钮，系统弹出“打开图纸页”对话框。此时，系统提示用户输入要打开的图纸页名称。

“打开图纸页”对话框具有一个“过滤器”文本框、一个图纸页列表框和一个“图纸页名称”文本框。默认时，“过滤器”文本框中使用“*”模糊过滤，图纸页列表框则显示在该过滤器条件下找到的图纸页。用户可以从图纸页列表框中选择要打开的图纸页名称，也可直接在“图纸页名称”文本框中输入要打开的图纸页名称，然后单击“应用”按钮或“确定”按钮，即可打开该图纸页。

4. 删除图纸页

要删除图纸页，通常可以在相应的导航器中查找到要删除的图纸页标识，并右击该图纸页标识，此时弹出快捷菜单，然后从该快捷菜单中选择“删除”命令。

5. 编辑图纸页

在向工程图添加视图的过程中，如果想更换一种三维模型的视图（比如增加剖视图等），那么原来设置的工程图参数肯定不符合要求（如图纸规格、比例不适当），这时可以对已有的工程图的有关参数进行修改。可以编辑活动图纸页的名称、大小、比例、测量单位和投影角等，其方法如下。

（1）在菜单栏的“编辑”菜单中选择“图纸页”命令，打开“图纸页”对话框。

（2）在“图纸页”对话框中进行相应的修改设置，如大小、名称、单位和投影方式。

（3）在“图纸页”对话框中单击“确定”按钮。

三、视图操作

新建图纸页后，需要根据模型结构来考虑如何在图纸页上插入各种视图。插入的视图可以是基本视图、投影视图、局部放大视图、剖视图等。

1. 添加基本视图

基本视图可以是仰视图、俯视图、前视图、后视图、左视图、右视图、正等轴测视图和正二测视图等，下面介绍创建基本视图的一般方法和注意事项。

在“视图”工具栏中单击“基本视图”按钮，或者在菜单栏中选择“插入”|“视图”|“基本”命令，系统弹出“基本视图”对话框，如图 7-5 所示。在“基本视图”对话框中可以进行以下设置操作。

（1）指定要为其创建基本视图的部件

系统默认加载的当前工作部件作为要为其创建基本视图的部件。如果想更改为其创建基本视图的部件，则用户需要在“基本视图”对话框中展开如图 7-6 所示的“部件”选项区域，从“已加载的部件”列表或“最近访问的部件”列表中选择所需的部件，或者单击该选项组中的“打开”按钮，接着从弹出的“部件名”对话框中选择所需的部件。

（2）指定视图原点

可以在“基本视图”对话框的“视图原点”选项区域中设置放置方法选项，也可以启用“光标跟踪”功能。其中放置方法选项主要有“自动判断”“水平”“竖直”“垂直于直线”和“叠加”等。

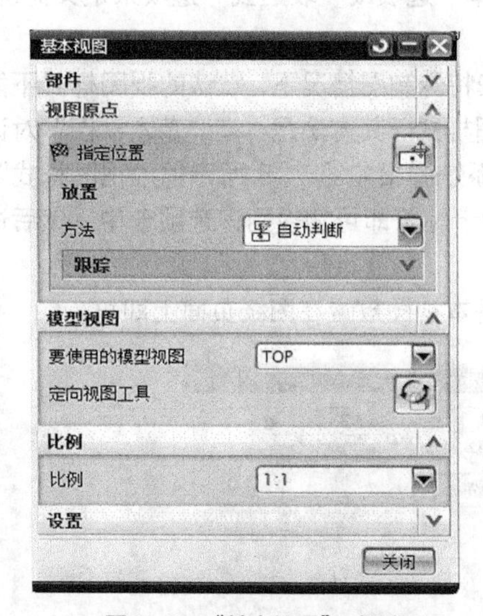

图 7-5 “基本视图”对话框

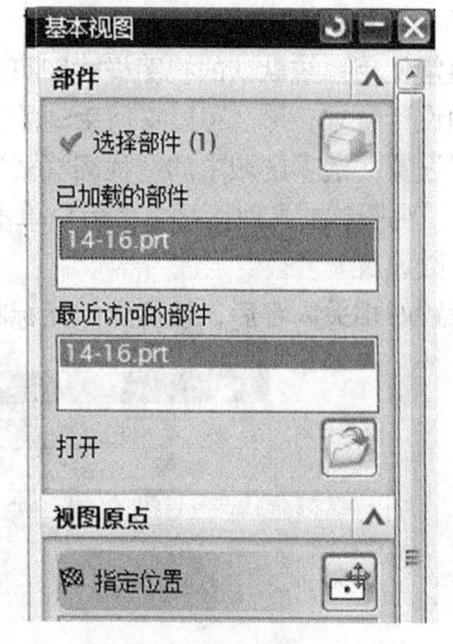

图 7-6 指定所需部件

（3）定向视图

在“基本视图”对话框中展开“模型视图”选项区域，从“要使用的模型视图”下拉列表框中选择相应的视图选项（如“TOP”“FRONT”“RIGHT”“BACK”“BOTTOM”“LEFT”“TFR-ISO”或“TFR-TRL”），即可定义要生成何种基本视图。

用户可以在“模型视图”选项区域中单击“定向视图工具”按钮，系统弹出如图 7-7（a）所示的“定向视图工具”对话框，利用该对话框可通过定义视图法向、*X* 向等来定向视图，在定向过程中可以在如图 7-7（b）所示的“定向视图”窗口选择参照对象及调整视角等。完成定向视图操作后，单击“定向视图工具”对话框中的“确定”按钮即可。

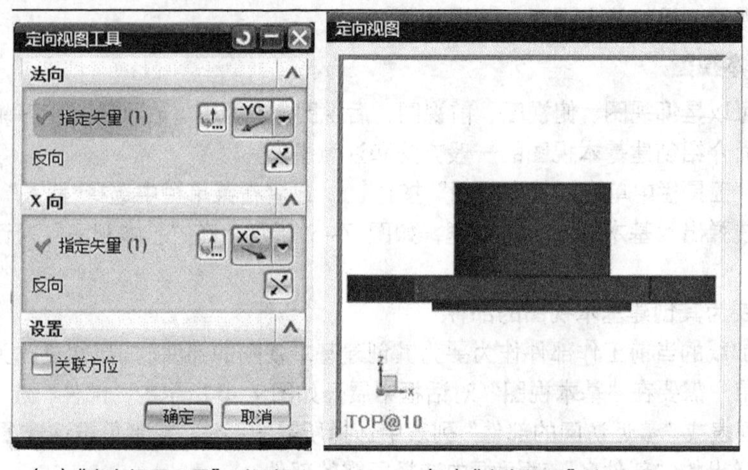

（a）“定向视图工具”对话框　（b）“定向视图”窗口

图 7-7　定向视图

（4）设置比例

在“基本视图”对话框的“比例”选项组中的“比例”下拉列表框中选择所需的一个比例值，如图 7-5 所示。也可以从该下拉列表框中选择“比率”选项或“表达式”选项来定义比例。

（5）设置视图样式

通常使用系统默认的视图样式即可。如果在某些特殊制图情况下，默认的视图样式不能满足用户的设计要求，那么可以采用手动的方式指定视图样式。其方法是：在“基本视图”对话框中单击“设置”选项区域中的“视图样式”按钮，系统弹出如图 7-8 所示的“视图样式”对话框。在“视图样式”对话框中，用户单击相应的选项卡标签即可切换到该选项卡中，然后进行相关的参数设置。

设置好相关内容后，使用鼠标光标将定义好的基本视图放置在图纸页面上即可。

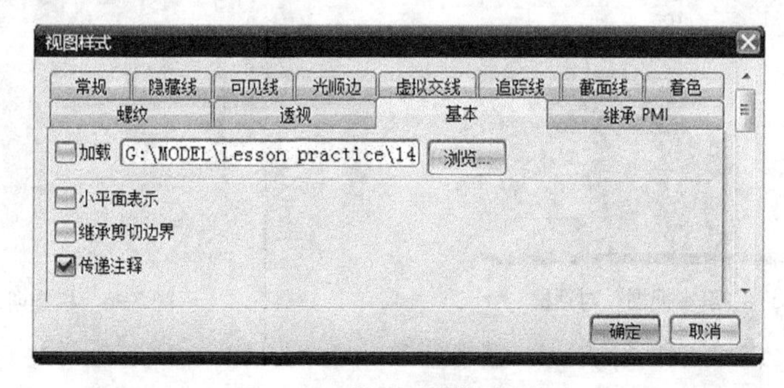

图 7-8　“视图样式”对话框

2. 添加投影视图

可以从任何图样父视图创建投影正交或辅助视图。在创建基本视图后，通常可以以基本视图为基准，按照指定的投影通道来建立相应的投影视图。

创建投影视图的一般方法和步骤简述如下。

（1）在“视图”工具栏中单击“投影视图”按钮，或者在菜单栏中选择“插入”|“视图”|“投影视图”命令，系统弹出图 7-9 所示的“投影视图”对话框。

（2）此时可以接受系统自动指定的父视图，也可以单击“父视图”选项区域下的“选择视图”按钮，从图纸页面上选择其他一个视图作为父视图。

（3）定义铰链线、设置视图样式、指定视图原点以及移动视图的操作。由于在前面已经介绍过设置视图样式和指定视图原点的知识，在这里就不再重复介绍。

图 7-9 “投影视图”对话框

3. 添加局部放大视图

可以创建一个包含图样视图放大部分的视图，创建的该类视图常被称为“局部放大图”。在实际工作中，对于一些模型中的细小特征或结构，通常需要创建该特征或该结构的局部放大图。在如图 7-10 所示的制图示例中便应用了局部放大图来表达图样的细节结构。

在“图纸”工具栏中单击“局部放大图”按钮，或者在菜单栏中选择“插入”|“视图”|“局部放大图”命令，系统弹出“局部放大图”对话框。利用“局部放大图”对话框可执行以下操作。

（1）指定局部放大图边界的类型选项

在“类型”选项组的“类型”下拉列表框中选择一种选项来定义局部放大图的边界形状，可供选择的“类型”选项有“圆形”“按拐角绘制矩形”和“按中心和拐角绘制矩形”，通常默认的“类型”选项为“圆形”，使用这些“类型”选项定义局部放大图边界形状。

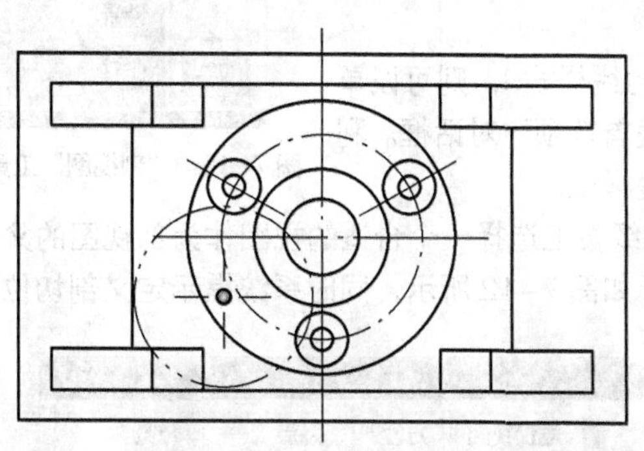

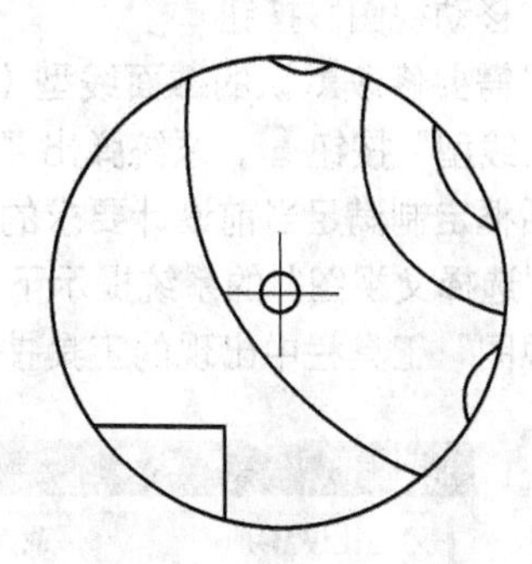

图 7-10 应用局部放大图

（2）设置放大比例值

在“比例”选项组的“比例”下拉列表框中选择所需的一个比例值，或者从中选择“比率”选项或“表达式”选项来定义比例。

（3）定义父项上的标签

在“父项上的标签”选项组中的“标签”下拉列表框中可以选择“无”“圆”“注释”“标签”“内嵌”或“边界”选项来定义父项上的标签。

（4）定义边界和指定放置视图的位置

按照所选的“类型”选项为“圆形”“按拐角绘制矩形”或“按中心和拐角绘制矩形”分别在视图中指定点来定义放大区域的边界，系统会就近判断父视图。例如，选择“类型”选项为“圆形”时，则先在视图中单击一点作为放大区域的中心位置，然后指定另一点作为边界圆周上的一点。此时，系统提示指定放置视图的位置。在图纸页中的合适位置选择一点作为局部放大图的放置中心位置即可。

4. 视图更新

可以更新选定视图中的隐藏线、轮廓线、视图边界等以反映对模型的更改，更新视图的方法和步骤如下。

（1）处于制图模式下，在菜单栏中选择“编辑”|“视图”|“更新视图”命令，或者在“图纸”工具栏中单击“更新视图”按钮，系统弹出“更新视图”对话框。

（2）选择要更新的视图。用户可根据实际情况使用“更新视图”对话框中的视图列表，在列表中选择要更新的视图，也可以通过单击按钮选择所有过时自动更新视图。

（3）选择好要更新的视图，单击“应用”按钮或“确定”按钮，从而完成更新视图。

四、剖视图

创建剖视图是为了表达模型内部的结构。使用“剖视图”命令，可以从任何一个父图纸视图中创建一个投影剖视图，又称全剖视图。创建全剖视图的方法是：先选择父视图，然后指定剖切位置，再指定剖视图的中心位置，即可创建剖视图，下面介绍创建剖视图的具体操作步骤。

1. 全剖视图

在“图纸”工具栏中单击“剖视图”按钮，或者在菜单栏中选择“插入”|“视图”|“截面”命令，系统弹出如图 7-11 所示的“剖视图”工具栏。该工具栏具有“基本视图”按钮、“截面线型”按钮、“样式”按钮和“移动视图”按钮。

图 7-11 “剖视图”工具栏（一）

如果需要修改默认的截面线型（即剖切线样式），则可以单击“截面线型”按钮，系统弹出“截面线首选项”对话框。利用该对话框定制满足当前设计要求的截面线样式。

在“选择父视图”的系统提示下，在图纸页上选择一个合适的视图作为剖视图的父视图，此时“剖视图”工具栏中出现的工具按钮图标如图 7-12 所示，同时系统提示定义剖切位置。

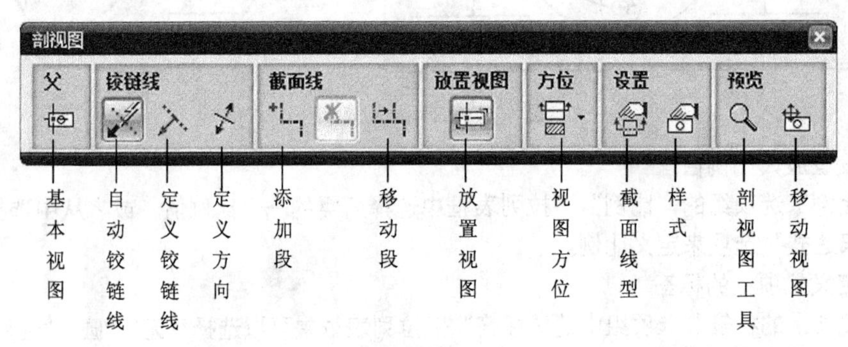

图 7-12 “剖视图”工具栏（二）

在父视图中选择对象以自动判断点，从而指定剖切位置。例如，在图 7-13 所示的父视图中自动判断圆中心，并可注意剖切方向。接着在状态栏中出现“指示图纸页上剖视图的中心”的提示信息。在图纸页上选择一个合适的位置单击，即可指定该剖视图的中心，如图 7-14 所示。

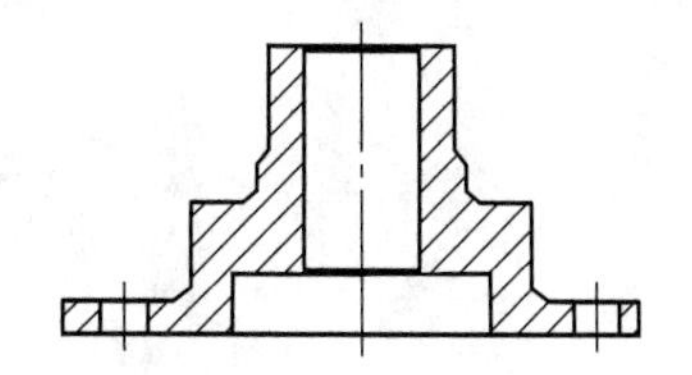

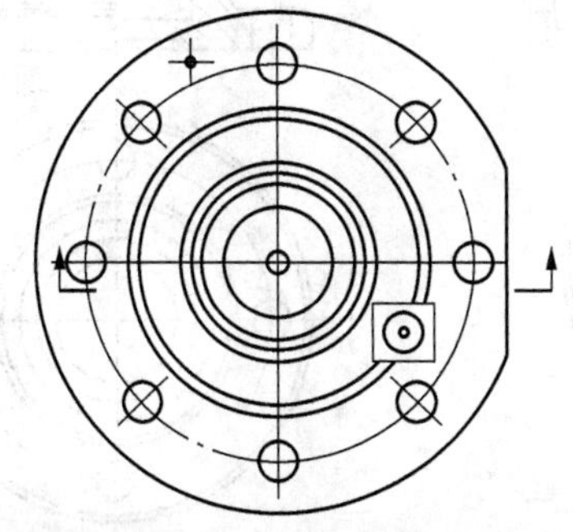

图 7-13 使用自动判断的点指定剖切位置

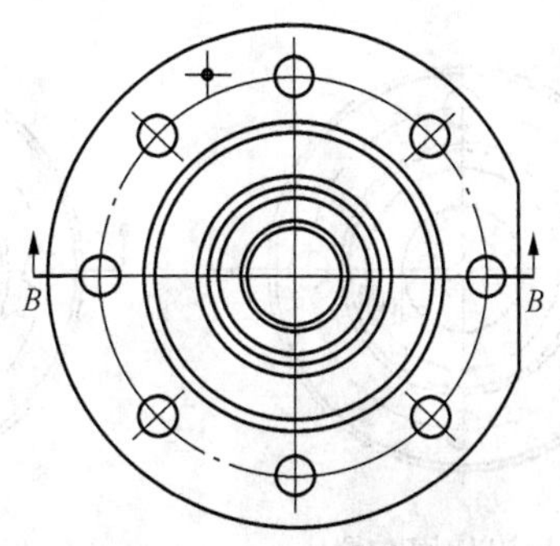

图 7-14 指示图纸页上剖视图的中心

2. 半剖视图

可以从任何图样父视图创建一个投影半剖视图。首先介绍半剖视图的概念，即当机件具有对称平面时，在垂直于对称平面的投影面上，以对称中心线为界，一半画成剖视图，另一半画成视图，这样组成一个内外兼顾的图形，称为半剖视图。创建半剖视图比创建剖视图多一个环节，创建半剖视图需要指定折弯位置。下面介绍创建半剖视图的方法。

要创建半剖视图，则在“图纸”工具栏中单击“半剖视图”按钮，系统打开“半剖视图”工具栏，如图 7-15 所示。

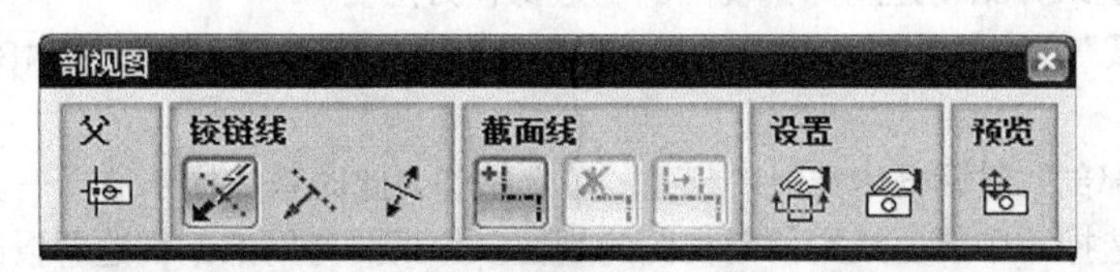

图 7-15 “半剖视图”工具栏

下面结合操作实例介绍创建半剖视图的典型操作方法。

（1）在图纸页上选择父视图。

（2）定义剖切位置。可以选择对象以自动判断点来定义剖切位置，如图 7-16（a）所示。接着指定点定义折弯位置，如图 7-16（b）所示。

（3）在图纸页上指定半剖视图的中心位置，从而完成创建半剖视图，如图 7-17 所示。

3. 局部剖视图

可以通过在任何图样父视图中移除一个部件区域来创建一个局部剖视图，所谓的局部剖视图，实际上是使用剖切面局部剖开机件得到的剖视图。

在 UG NX 8.0 中，在创建局部剖视图之前，需要先定义和视图关联的局部剖视边界。定义局部剖视边界的典型方法如下。

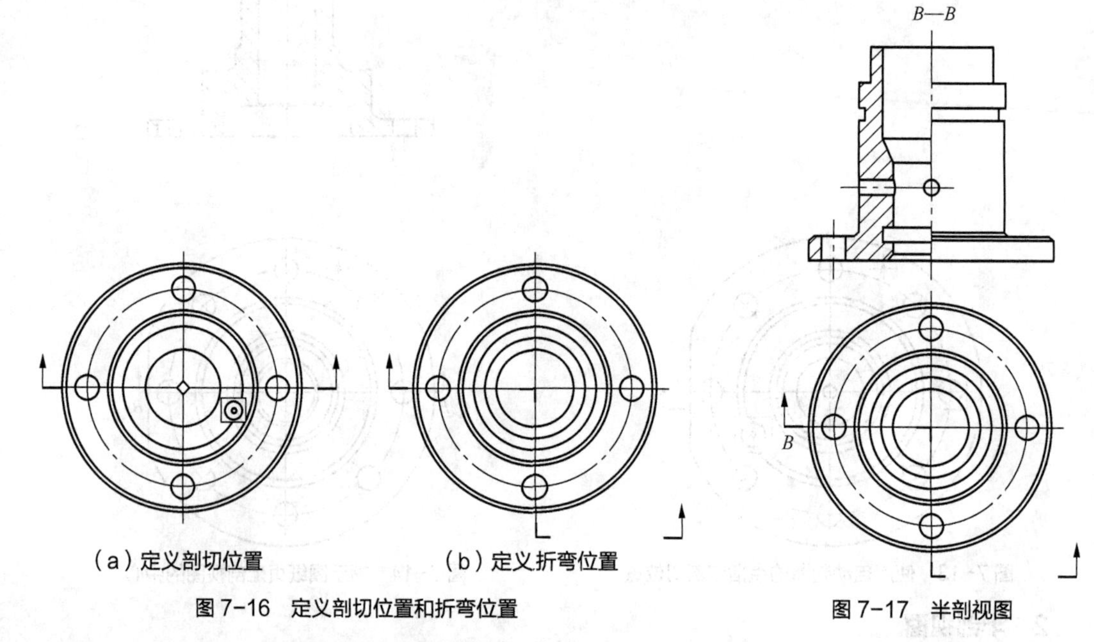

（a）定义剖切位置　　（b）定义折弯位置

图 7-16　定义剖切位置和折弯位置

图 7-17　半剖视图

（1）在工程图中选择要进行局部剖视的视图，右击，从快捷菜单中选择“扩展”命令或“扩展成员视图”命令，从而进入视图成员模型工作状态。

（2）使用相关的曲线功能（如艺术样条曲线功能，可以从调出的“曲线”工具栏中找到），在要建立局部剖切的部位绘制局部剖切的边界线。

（3）完成创建边界线后，单击鼠标右键，然后再次从快捷菜单中选择“扩展”命令，返回工程图状态，这样便建立了与选择视图相关联的边界线。

下面结合实例来介绍创建局部剖视图的一般操作方法。

（1）在“图纸”工具栏中单击“局部剖视图”按钮，系统弹出如图 7-18 所示的“局部剖”对话框。

（2）在“局部剖”对话框中选择“创建”单选按钮，此时系统提示选择一个生成局部剖的视图。在该提示下选择一个要生成局部剖视图的视图。如果要将局部剖视边界以内的图形切除，那么可以勾选“切透模型”复选框，通常不勾选该复选框。

（3）定义基点。选择要生成局部剖的视图后，“指出基点”按钮被激活。在图纸页上的关联视图（如相应的投影视图等）中指定一点作为剖切基点。

（4）指出拉伸矢量。指出基点位置后，“局部剖”对话框中显示的活动按钮和矢量下拉列表框如图 7-19 所示。此时在绘图区域中显示默认的投影方向。用户可以接受默认的方向，也可以使用矢量功能选项定义其他合适的方向作为投影方向。如果单击“矢量反向”按钮，则会使要求的方向与当前显示的方向相反。指出拉伸矢量（即投影方向）后，单击鼠标中键继续下一步。

（5）选择剖视边界。指定基点和投影矢量方向后，“局部剖”对话框中的“选择曲线”按钮将被激活及按下，同时出现“链”按钮和“取消选择上一个”按钮，如图 7-20 所示。

① 链：单击此按钮，系统弹出如图 7-21 所示的“成链”对话框，系统提示选择边界，在视图中选择剖切边界线，如图 7-22 所示。接着单击“成链”对话框中的“确定”按钮，然后选择起点附近的截断线。

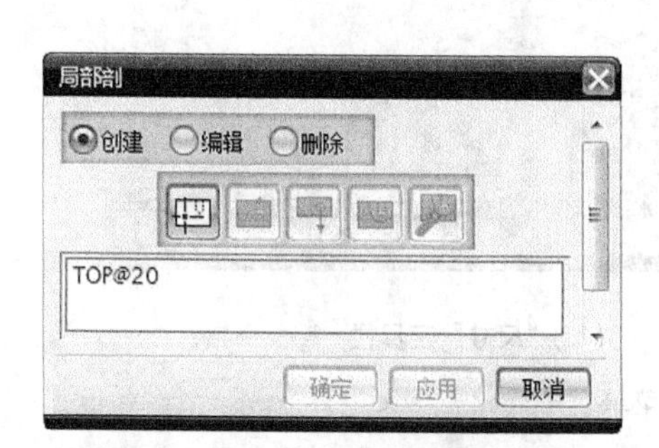

图 7-18 “局部剖”对话框（一）

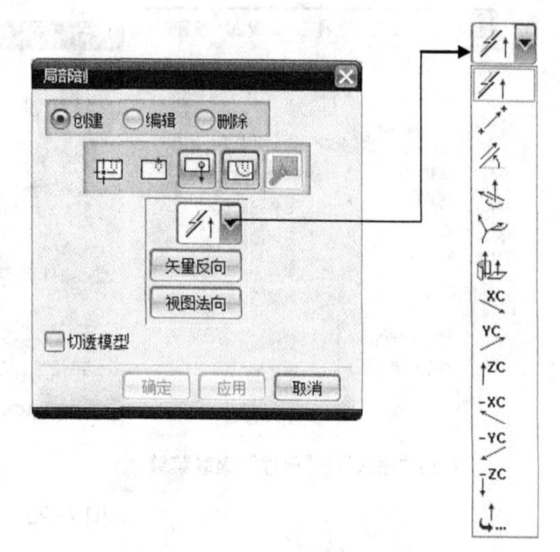

图 7-19 显示投影矢量的工具

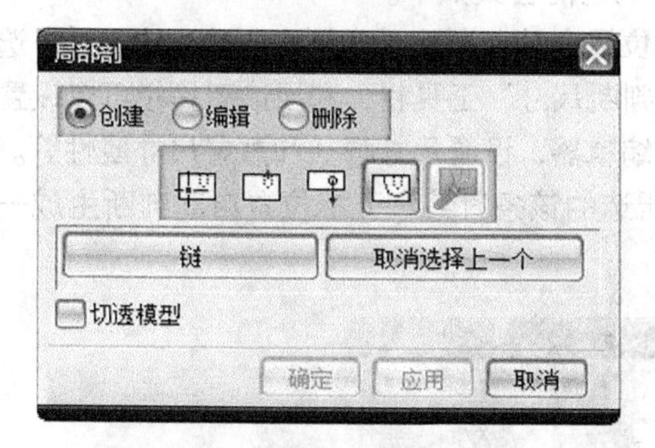

图 7-20 “局部剖”对话框（二）

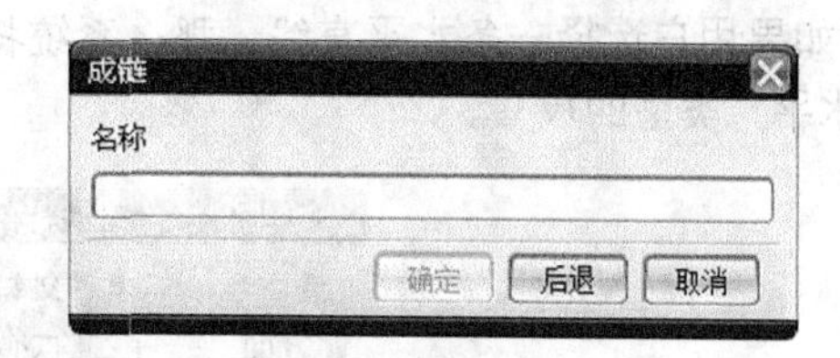

图 7-21 “成链”对话框

② “取消选择上一个”按钮：用于取消上一次选择曲线的操作。

五、工程图标注

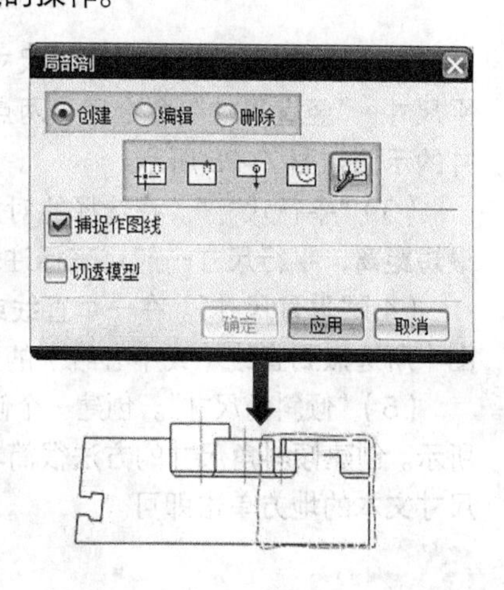

图 7-22 编辑剖视边界

创建视图后，还需要对视图图样进行标注/注释。标注是表示图样尺寸和公差等信息的重要方法，是工程图的一个有机组成部分。广义的图样标注包括尺寸标注、插入中心线、文本注释、插入符号、形位公差标注、创建装配明细表和绘制表格等，下面仅介绍尺寸标注。

尺寸是工程图的一个重要元素，它用于标识对象的形状大小和方位。在 UG NX 8.0 工程图中进行关联尺寸标注是很实用的，如果修改了三维模型的尺寸，那么其工程图中的对应尺寸也会相应自动更新，从而保证三维模型与工程图的一致性。

用于尺寸标注的常用命令位于菜单栏的“插入”|“尺寸”级联菜单中，如图 7-23（a）所示。而在“尺寸”工具栏中，则可以找到更多的尺寸工具（用户可以为“尺寸”工具栏添加所有尺寸类型的工具按钮），如图 7-23（b）所示。

（a）“插入”|“尺寸”级联菜单　　（b）“尺寸”工具栏

图 7-23　“尺寸”菜单

各种类型的尺寸标注命令（或尺寸标注工具）的功能含义如下。

（1）“自动判断尺寸”。根据选定对象和光标的位置自动判断尺寸类型来创建一个尺寸。选择该类型按钮时，系统弹出如图 7-24 所示的“自动判断尺寸”工具栏，利用该工具栏可以设置公差形式（值）、标称值（名义尺寸）、打开文本注释编辑器、设置尺寸样式和重置尺寸属性等。此时如果用户选择一条水平直线，那么系统将根据所选的该条直线和光标位置自动判断生成一个“水平”类型的尺寸。

图 7-24　“自动判断尺寸”工具栏

（2）“水平尺寸”和“竖直尺寸”。“水平尺寸”命令用于在两点间或所选对象间创建一个水平尺寸；“竖直尺寸”命令用于两点间或所选对象间创建一个竖直尺寸。创建水平尺寸和竖直尺寸的示例如图 7-25 所示。

（3）“平行尺寸”。在选择的对象上创建平行尺寸，该尺寸实际上是两对象（如两点）之间的最短距离，平行尺寸一般用来标注斜线，如图 7-25 所示。

（4）“垂直尺寸”。在一个直线或中心线以及一个点之间创建一个垂直尺寸，即用于标注工程图中所选点到直线（或中心线）的垂直尺寸。

（5）“倾斜角尺寸”。创建一个倾斜角尺寸，其角度为 45°，创建倾斜角尺寸的示例如图 7-25 所示。创建倾斜角尺寸的方法很简单，就是在视图中选择倾斜角对象，然后移动鼠标光标在指示尺寸文本的地方单击即可。

可以在创建倾斜角尺寸的过程中定制倾斜角尺寸标注样式，其样式可参看图 7-24 所示的“尺寸样式”。

（6）“角度尺寸”。在两个不平行的直线之间创建一个角度尺寸，如图 7-25 所示。

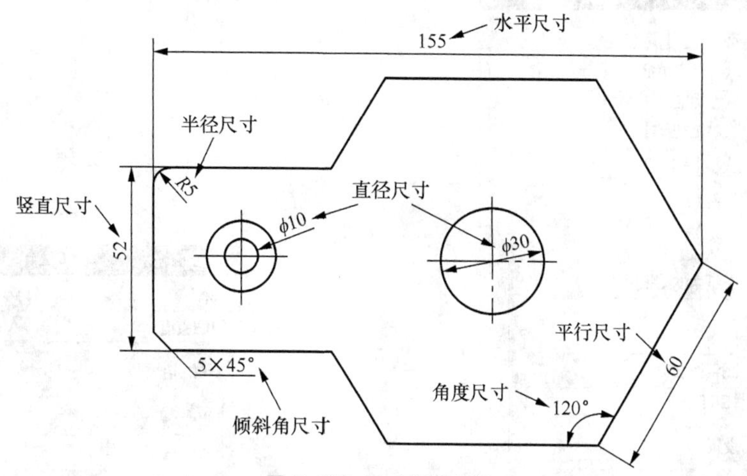

图 7-25 尺寸标注示例

（7）“圆柱尺寸”。在选取的对象上创建一个圆柱尺寸，这是两个对象或点位置之间的线性距离，它测量圆柱体的轮廓视图尺寸，如圆柱的高和底面圆的直径。

（8）“孔尺寸”。创建圆形特征的单一指引线直径尺寸，多用来为孔对象创建孔尺寸。

（9）“直径尺寸”。创建圆形特征的直径尺寸，创建的尺寸包含双向箭头，指向圆弧或圆的相反方向，如图 7-25 所示。

（10）“半径尺寸”与“过圆心的半径尺寸”。“半径尺寸”命令用于在所选圆弧对象上创建一个半径尺寸，但标注可不过圆心，如图 7-25 所示。“过圆心的半径尺寸”用于在选取的对象上创建一个半径尺寸，半径尺寸从圆的中心引出并延伸。

（11）“带折线的半径尺寸”。“带折线的半径尺寸”用于标注工程图中所选大圆弧的半径尺寸，并用折线来缩短尺寸线长度，其中心可以在绘图区之外。

项目实施

如图 7-1 所示零件三维模型设计操作步骤如下。（源文件见项目七/项目实施/unit7.prt）

视频：零件三维模型工程图设计

（1）新建图纸页并插入基本视图

① 在 UG NX 8.0 的基本操作界面中单击按钮开始，然后从打开的下拉菜单中选择“制图”命令，从而快速进入“制图”功能模式。

② 在“图纸”工具栏中单击“新建图纸页”按钮，弹出“图纸页”对话框。在“大小”选项组中选择“标准尺寸”单选按钮，从“大小”下拉列表框中选择“A4-210×297”，“比例”设置为 1:1，“图纸页名称”默认为“SHT1”，“单位”为“毫米”，将投影方式设置为第一象限角投影，并勾选“自动启动视图创建”复选框，选择“基本视图命令”单选按钮，如图 7-26 所示。

③ 在“图纸页”对话框中单击“确定”按钮，弹出“基本视图”对话框。

④ 在出现的“基本视图”对话框中，选择模型视图方位为 TOP，其他相关设置如图 7-27 所示。

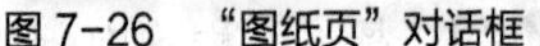
图 7-26 “图纸页”对话框

图 7-27 “基本视图”对话框

⑤ 在图低页中指定放置基本视图的位置，如图 7-28 所示。同时在“基本视图”对话框中单击“关闭”按钮。

(2) 创建剖视图

① 在“图纸”工具栏中单击“剖视图”按钮，打开“剖视图”工具栏。

② 选择基本视图作为父视图。

③ 定义剖切位置，即选择圆心位置来定义剖切位置，如图 7-29 所示。

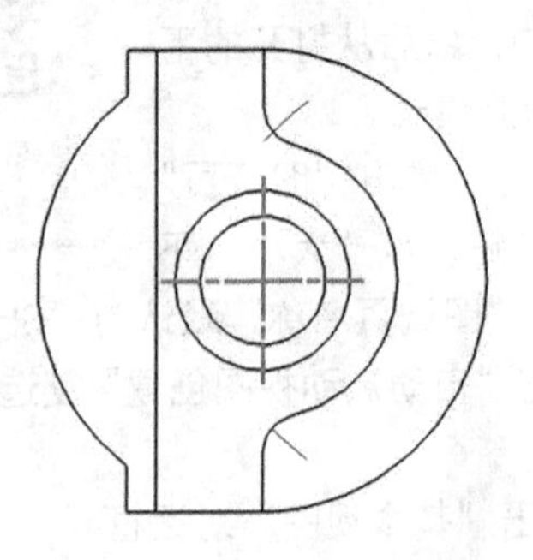

图 7-28 放置的基本视图

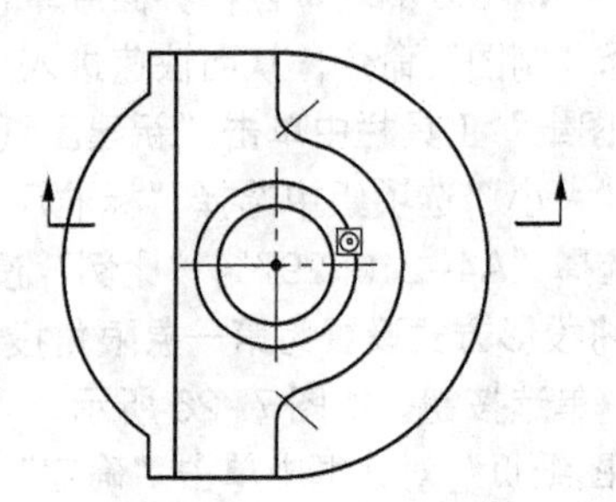

图 7-29 定义剖切位置

④ 定图纸页上剖视图的中心，如图 7-30 所示。

（3）创建投影视图

① 在“视图”工具栏中单击“投影视图”按钮，或者从菜单栏中选择“插入”|“视图”|“投影视图”命令，打开“投影视图”对话框。

② 在“父视图”选项组中单击“选择视图”按钮，接着选择剖视图作为父视图。

③ 指定放置视图的位置。

④ 放置好该投影视图，在“投影视图”对话框中单击“关闭”按钮，从而关闭“投影视图”对话框。

（4）以插入基本视图的方式建立一个轴测图

① 在“视图”工具栏中单击“基本视图”按钮，或者从菜单栏中选择“插入”|“视图”|“基本视图”命令，打开“基本视图”对话框。

② “基本视图”对话框中展开“模型视图”选项区域，从“要使用的模型视图”下拉列表框中选择“TFR-ISO”选项，其他选项默认。

③ 指定放置视图的位置，然后在“基本视图”对话框中单击“关闭”按钮。添加第 4 个视图后的工程图效果如图 7-31 所示。

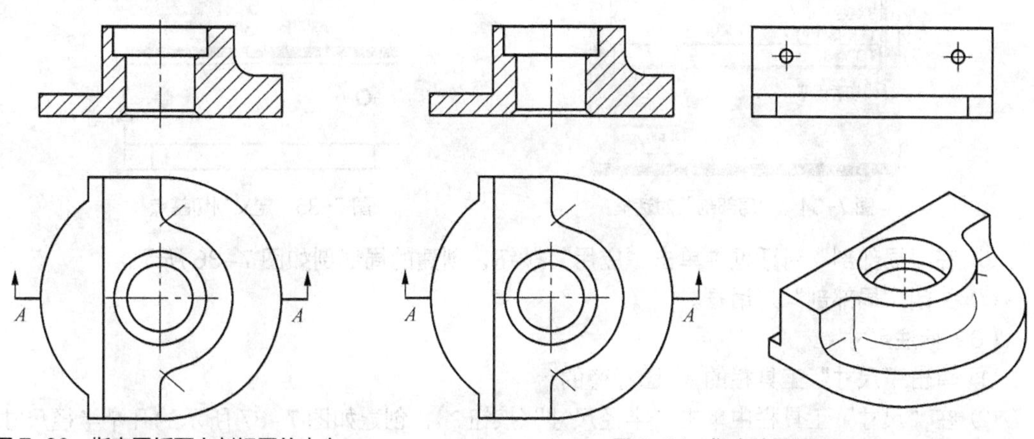

图 7-30　指定图纸页上剖视图的中心　　图 7-31　指定放置视图

（5）创建局部剖视图

① 右击插入的第一个视图，在其弹出的如图 7-32 所示的快捷菜单中选择“扩展”命令。

② 在“曲线”工具栏中单击“艺术曲线”按钮，绘制如图 7-33 所示的样条曲线。在图形窗口的适当位置处右击，接着从弹出来的快捷菜单中选择“扩展”命令，以取消“扩展”模式。

③ 在“图纸”工具栏中单击“局部剖视图”按钮，系统弹出如图 7-34 所示的“局部剖”对话框。

④ 在“局部剖”对话框中默认选中“创建”单选按钮，接着在其视图列表中选择“TOP@8”主视图，如图 7-34 所示。此时，“局部剖”对话框激活一些工具按钮，在关联视图（第三个视图）中选择如图 7-35 所示的圆心来定义基点。

⑤ 系统提示定义拉伸矢量或接受默认定义并继续，在这里接受默认的拉伸矢量定义。接着在“局部剖”对话框中单击“选择曲线”按钮，系统提示选择起点附近的截断线，在该提示下选择样条曲线，此时“修改边界曲线”按钮被激活和选中，在这里不用修改边界曲线。

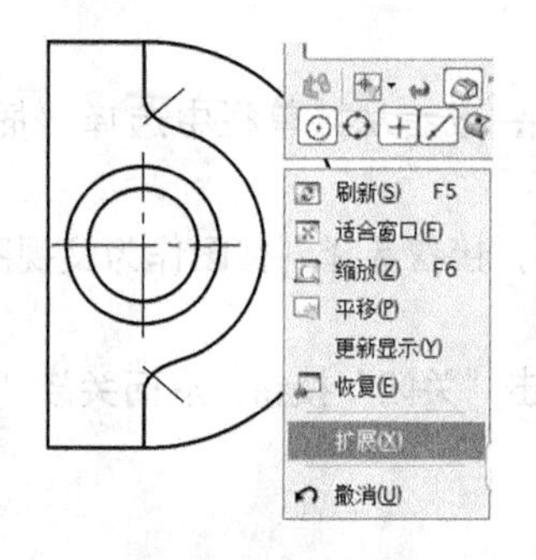

图 7-32 选择“扩展”命令

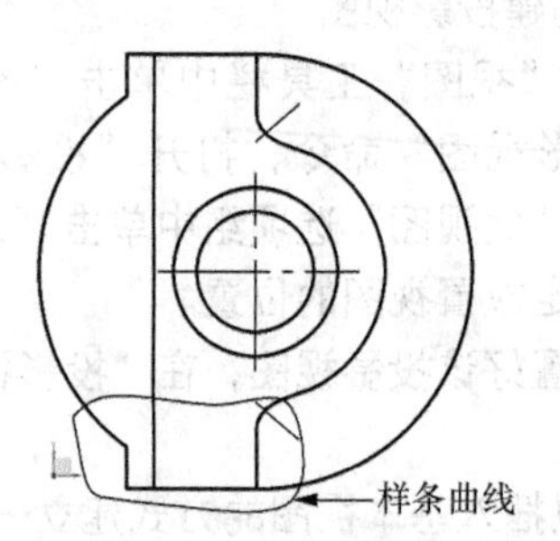

图 7-33 绘制闭合样条曲线

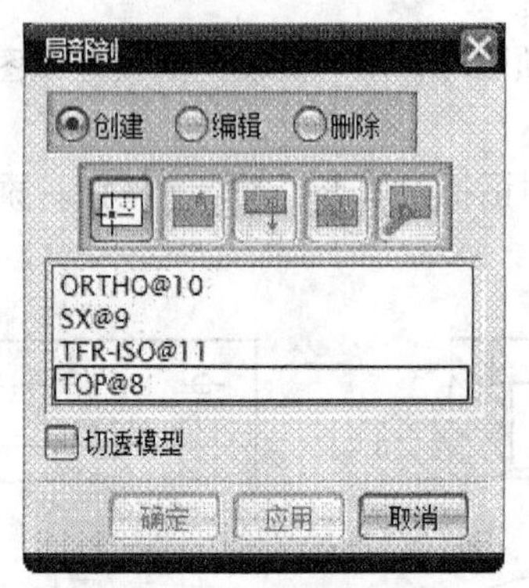

图 7-34 “局部剖”对话框

图 7-35 定义剖切基点

⑥ 在“局部剖”对话框中单击“应用”按钮，创建的局部剖如图 7-36 所示。

⑦ 关闭“局部剖”对话框。

（6）标注尺寸

① 单击“尺寸”工具栏的图标旁的。

② 在“尺寸”工具栏中单击“半径尺寸”按钮，创建如图 7-37 所示的几个半径尺寸。

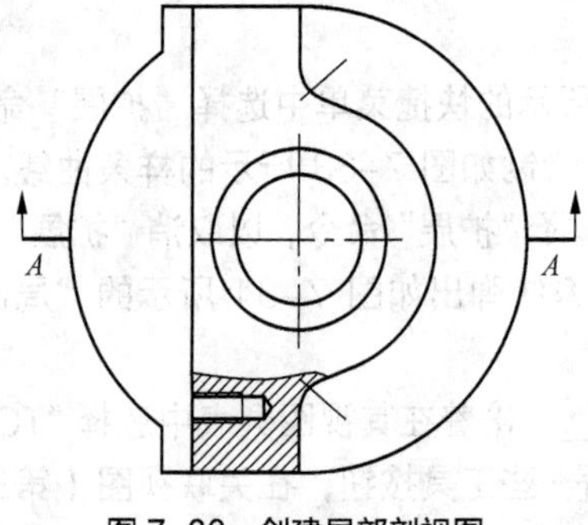

图 7-36 创建局部剖视图

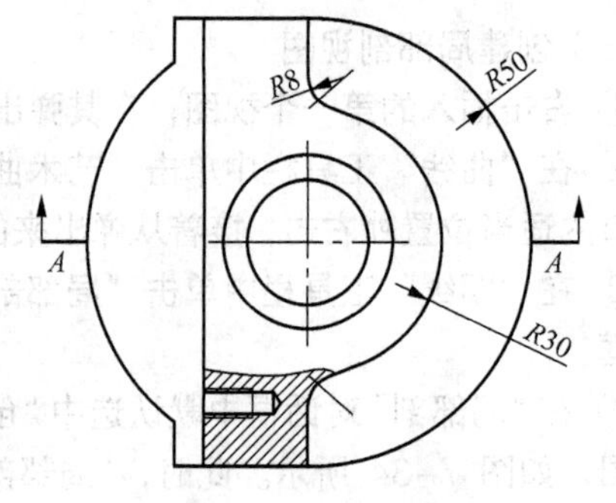

图 7-37 标注半径尺寸

③ 在“尺寸”工具栏中单击“直径尺寸”按钮，创建如图 7-38 所示的两个直径尺寸。其中在创建过程中，需要在“直径尺寸”工具栏中执行如图 7-39 所示的步骤来为其中一个直径尺寸设置公差。

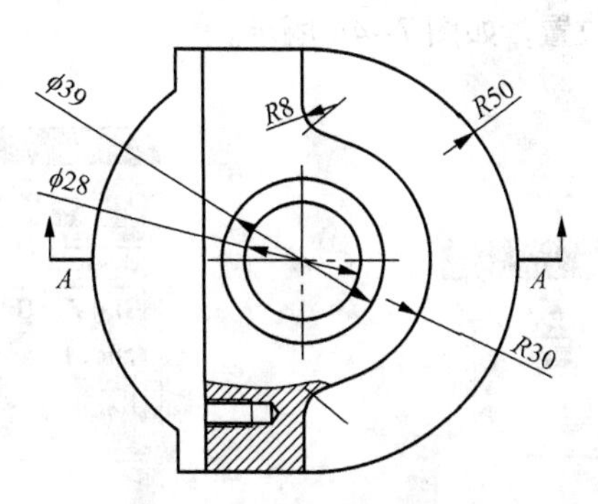

图 7-38 标注直径尺寸

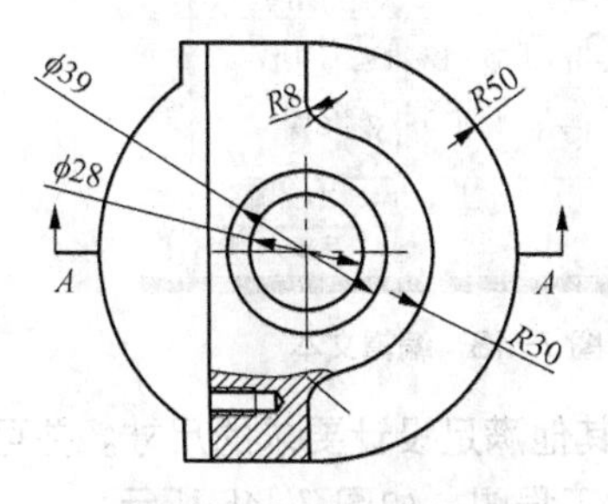

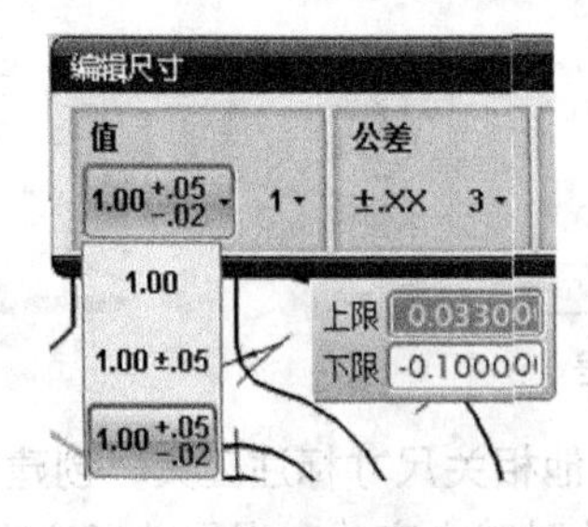

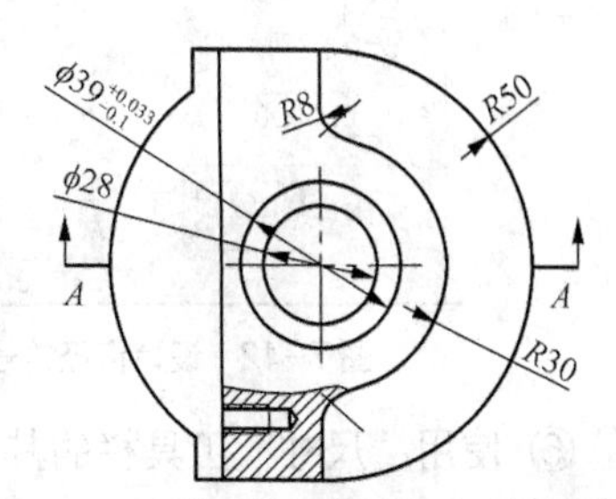

1. 选择尺寸，并按右键；
2. 下拉菜单中选择“编辑”

3. 设置数值格式；
4. 设置公差值

5. 按回车键确认所输入参数

图 7-39 设置公差步骤

④ 在“尺寸”工具栏中单击“倒斜角尺寸”按钮，系统弹出“倒斜角尺寸”工具栏。在“倒斜角尺寸”工具栏中单击“尺寸标注样式”按钮，打开“尺寸标注样式”对话框。在“尺寸”选项卡的“倒斜角”选项组中设置如图 7-40 所示的倒斜角标注样式，单击“确定”按钮。

为倒斜角尺寸选择线性对象和放置尺寸，创建的倒斜角尺寸如图 7-41 所示。

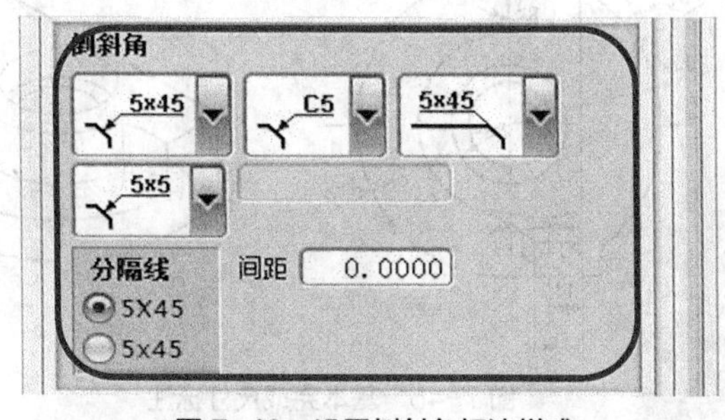

图 7-40 设置倒斜角标注样式

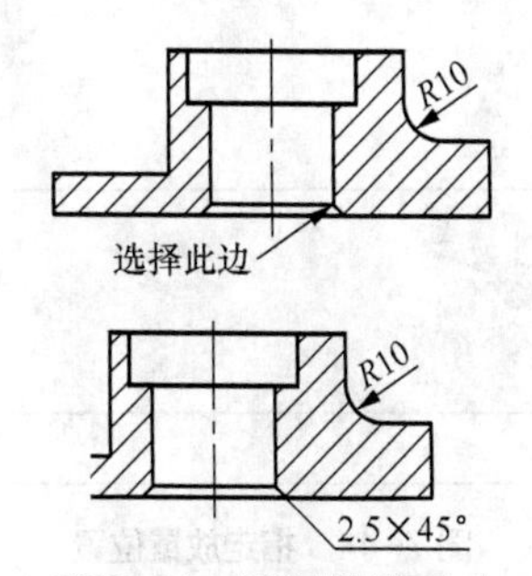

图 7-41 创建倒斜角尺寸

⑤ 创建表示螺纹规格的尺寸。在“尺寸”工具栏中单击“直径尺寸”按钮，打开“直径尺寸”工具栏。选择要标注的圆，接着在“直径尺寸”工具栏中单击“尺寸标注样式”按钮，打开“尺寸标注样式”对话框，切换到“径向”选项卡，在“直径符号”下拉列表框中选择“用户定义”选项，并在其右侧的文本框中输入“M”，如图 7-42 所示，然后单击“尺寸标注样式”对话框中的“确定”按钮。

在“直径尺寸”工具栏中单击“文本编辑器”按钮，打开“文本编辑器”对话框。在“附加文本”选项组中单击“在前面”按钮，接着输入“2-”，如图 7-43 所示。单击“确定”按钮，然后为该尺寸指定放置位置，如图 7-44 所示。

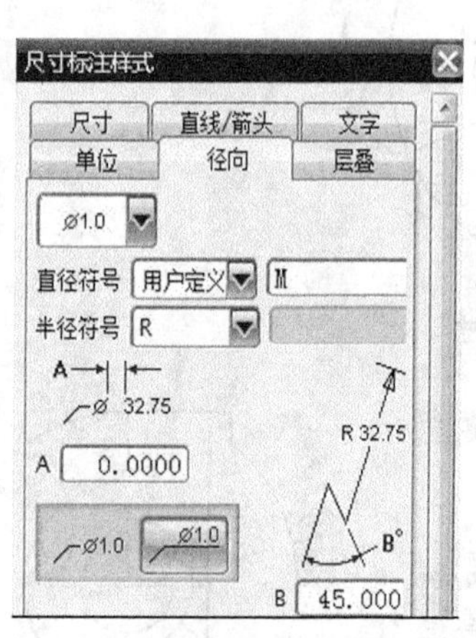
图 7-42　设置直径符号

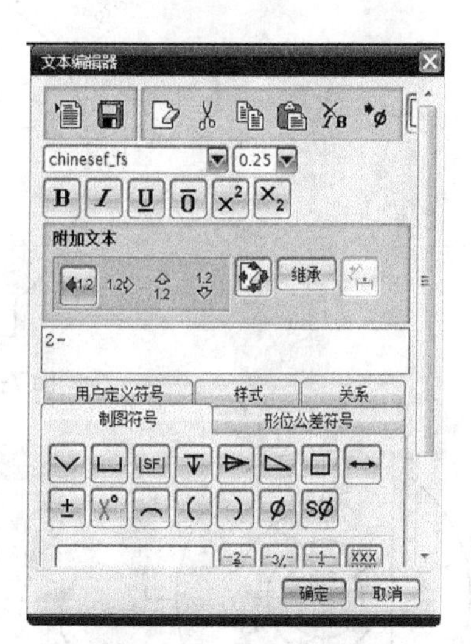
图 7-43　编辑文本

⑥ 使用“尺寸”工具栏的其他相关尺寸标注工具，创建其他满足设计要求的尺寸。并可调整相关尺寸、注释的放置位置。此时基本完成常规尺寸标注的工程图，如图 7-45 所示。

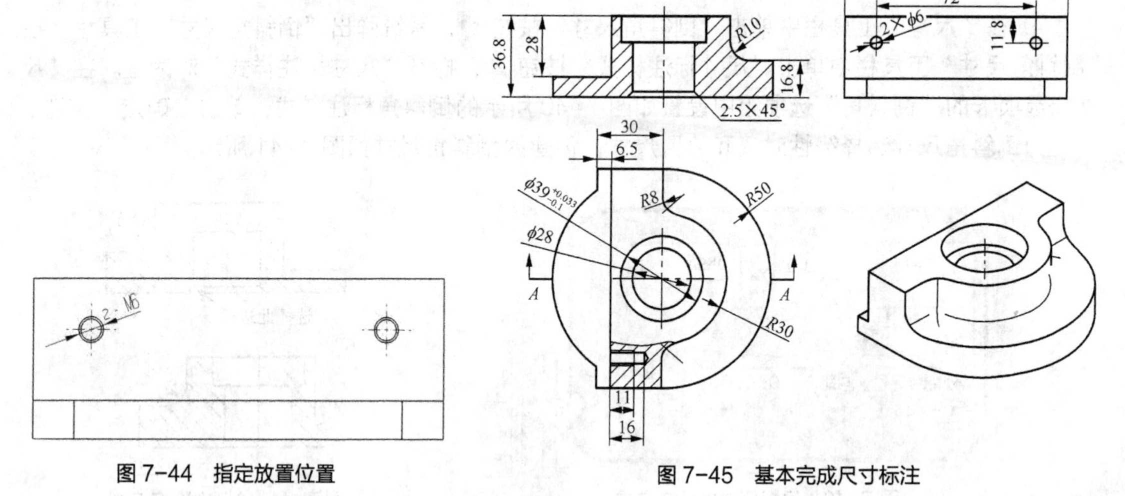
图 7-44　指定放置位置　　图 7-45　基本完成尺寸标注

（7）为指定的一个尺寸设置尺寸公差

① 在图纸页上选择要设置尺寸公差的一个尺寸“150”后右击，如图 7-46 所示，从出现的快捷菜单中选择“编辑”命令。

② 系统弹出“编辑尺寸”工具栏，从“值”框下的公差类型下拉列表框中选择“1.00 ± 0.05”（等双向公差），如图 7-47 所示，并可将标称值位数选项更改为 2。

③ 在“编辑尺寸”工具栏中设置公差精度为 3，并单击“公差值”按钮，在弹出的“公差”文本框中输入“0.05”，效果如图 7-47 所示。

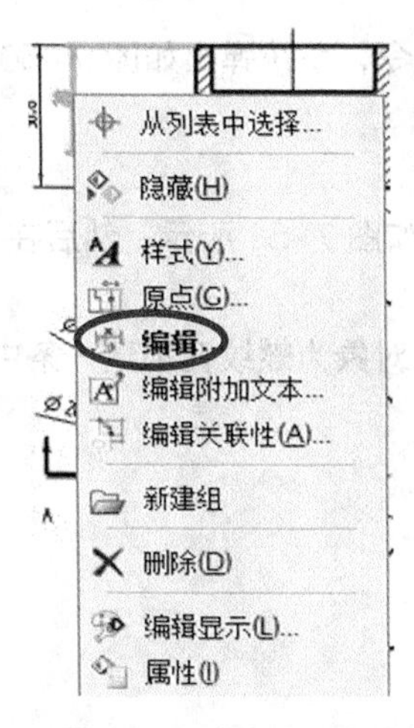

图 7-46 右击编辑尺寸

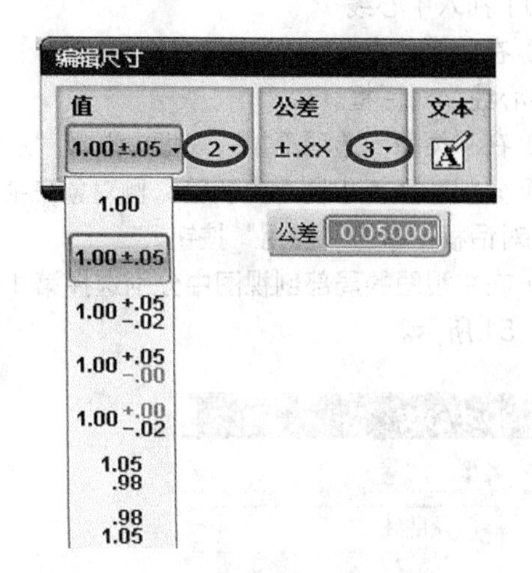

图 7-47 设置公差精度、样式

④ 关闭“编辑尺寸”工具栏。完成该尺寸的尺寸公差设置，效果如图 7-48 所示。

（8）标注表面粗糙度

① 在“注释”工具栏中单击“表面粗糙度符号”按钮√，弹出“表面粗糙度”对话框。

② 根据设计要求，结合“表面粗糙度”对话框来完成标注图 7-49 所示的多个表面粗糙度符号。其中右上角的“其余”两字可使用“注释”工具栏中的“注释”按钮A来创建。

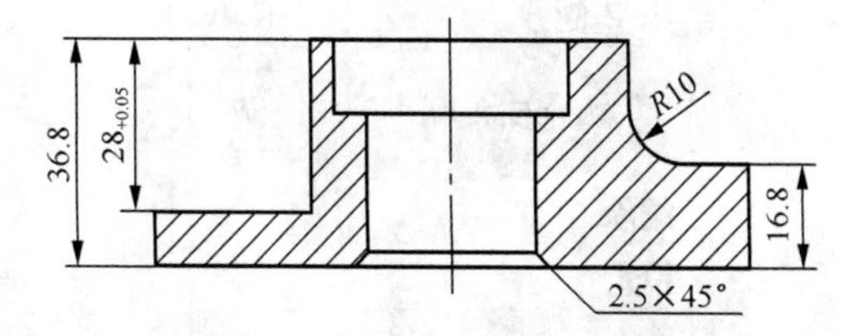

图 7-48 尺寸公差设置效果

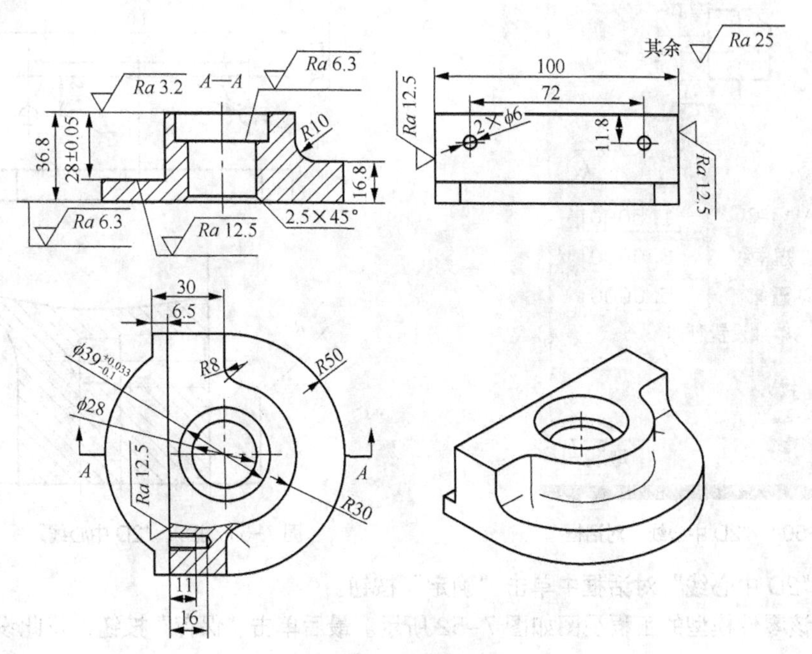

图 7-49 标注表面粗糙度

（9）插入中心线

① 在菜单栏中选择“插入”|“中心线”|“2D 中心线”命令，系统弹出如图 7-50 所示的“2D 中心线”对话框。

② 在“类型”选项下拉列表框中选择“从曲线”选项。

③ 分别选择第 1 侧对象和第 2 侧对象来插入 2D 中心线，如图 7-51 所示。然后在“2D 中心线”对话框中单击“应用”按钮。

④ 在主视图的局部剖视图中分别选择第 1 侧对象和第 2 侧对象为螺纹孔创建一条中心线，如图 7-51 所示。

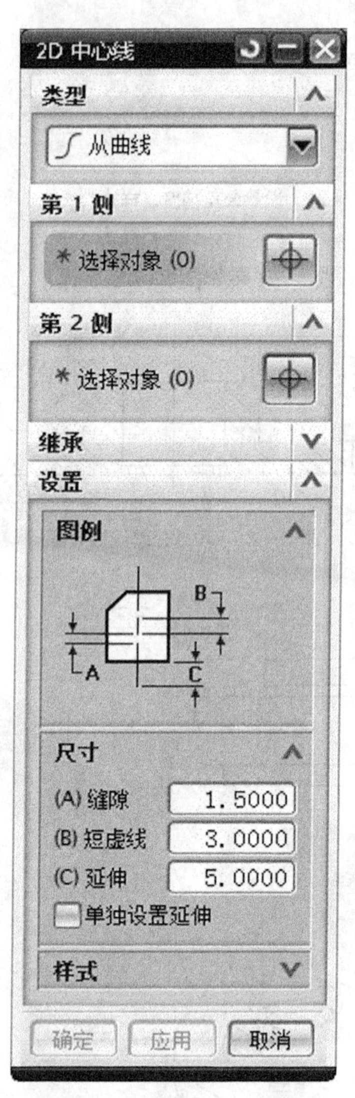

图 7-50 “2D 中心线”对话框

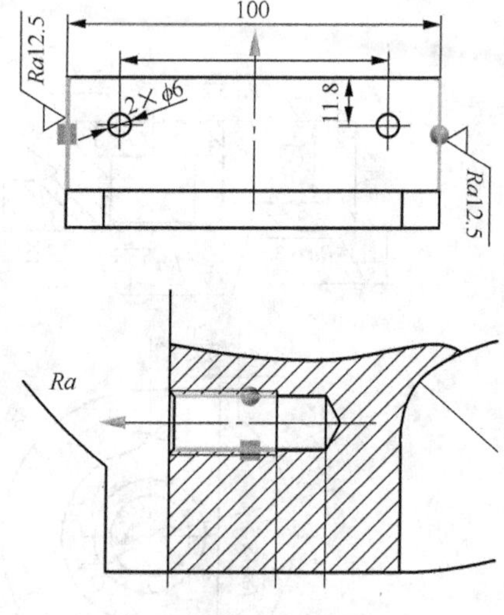

图 7-51 插入“2D 中心线”

⑤ 在“2D 中心线”对话框中单击“确定”按钮。

完成的该零件模型的工程视图如图 7-52 所示。最后单击“保存”按钮，将此设计结果保存起来。

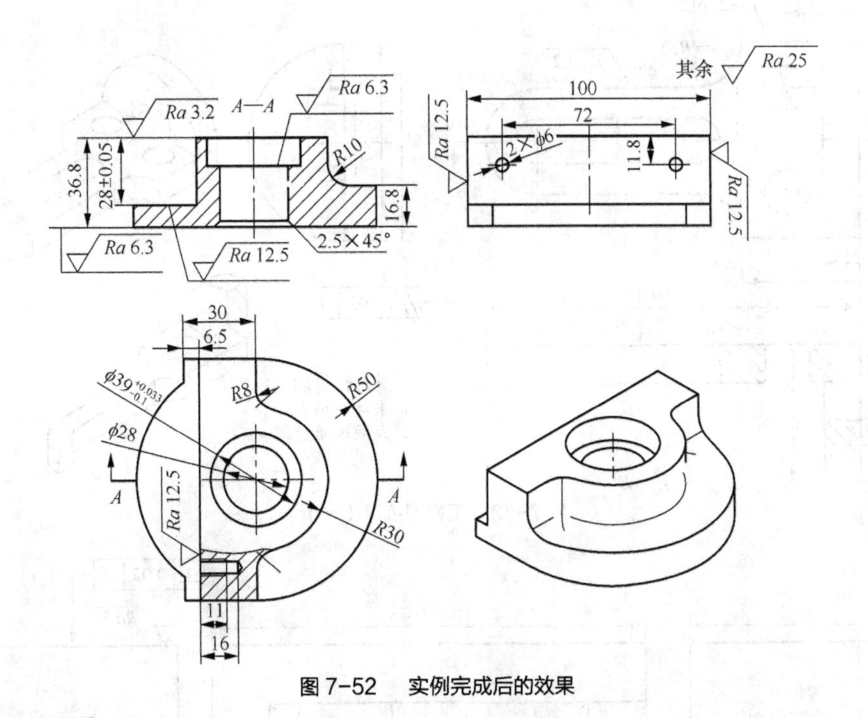

图 7-52　实例完成后的效果

归纳总结

通过本项目学习的工程图设计的相关知识包括图纸管理、视图操作、视图更新、剖视图工程图标注等。

本项目通过完成工程图设计的任务，培养学生能够使用 UG 的制图模块功能完成零部件工程图设计的能力，让学生充分掌握制图模块的相关功能与命令，同时培养学生的信息获取、团队协作和思考解决问题等能力。

课后训练

1. 根据工程图绘制如图 7-53 所示的零件，然后生成工程图。(源文件见项目七/课后训练/工程图练习（一）/unit7_1.prt)

2. 根据工程图绘制如图 7-54 所示的零件，然后生成工程图。(源文件见项目七/课后训练/工程图练习（二）/unit7_2.prt)

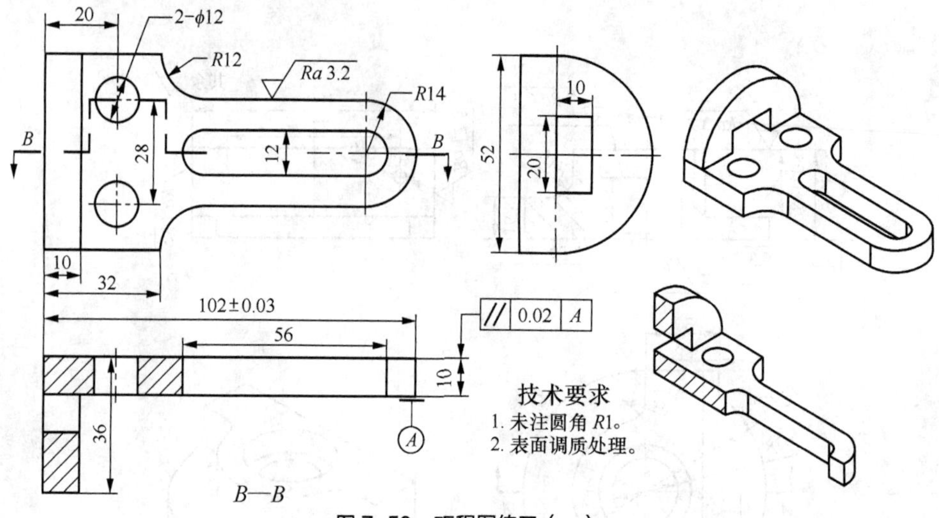

图 7-53 工程图练习（一）

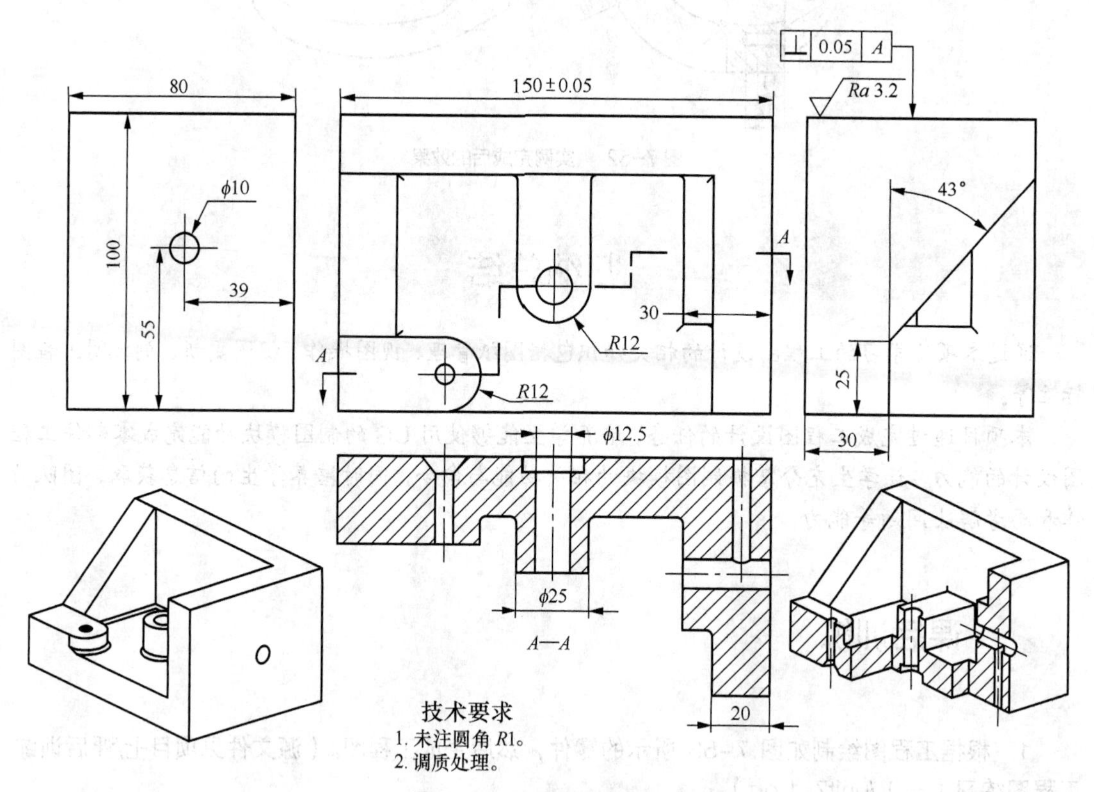

图 7-54 工程图练习（二）

视频：工程图练习（一）

视频：工程图练习（二）

Item

8

项目八

综合应用实例——名片盒建模与装配

项目引入

本项目主要完成在 UG NX 8.0 建模与装配环境下名片盒的零件建模与装配，如图 8-1 所示，让用户学会灵活运用前面学习的零件建模、装配等知识。

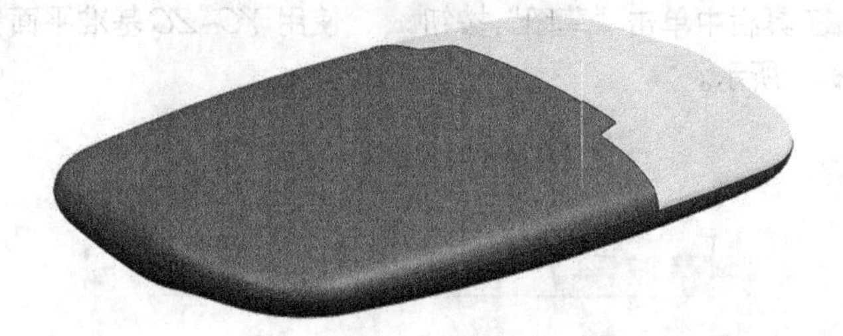

图 8-1 名片盒

项目分析

该名片盒的外观造型已成功申请了外观设计专利（ZL 2011 30154679.7），其外观主体结构由面盖、底前盖和底后盖 3 部分构成。

分析名片盒的造型与装配要求，用户在完成该项目任务时，须使用零件建模工具中的拉伸、旋转、倒圆角、倒斜角、实例特征和布林运算等命令，以及装配设计中的自顶向下的装配设计等相关知识。

项目实施

一、创建名片盒外形轮廓部件

名片盒外形轮廓部件源文件见项目八/项目实施/control.prt。

名片盒的主体部分由面盖、底前盖和底后盖 3 部分构成。通过外形控制部件控制产品外观，

视频：创建名片盒外形控制部件

再进行链接的方式进行各部件的设计。

下面就来介绍名片盒外形轮廓的创建方法，具体操作步骤如下。

（1）设置 control 为工作部件，设置 21 层为工作层，并设定 61 层为可选层。

（2）在“特征”工具栏中单击“草图”按钮，使用 *XC–YC* 基准平面作为草图平面，创建一个新草图，如图 8-3 所示。

图 8-2 名片盒装配关系

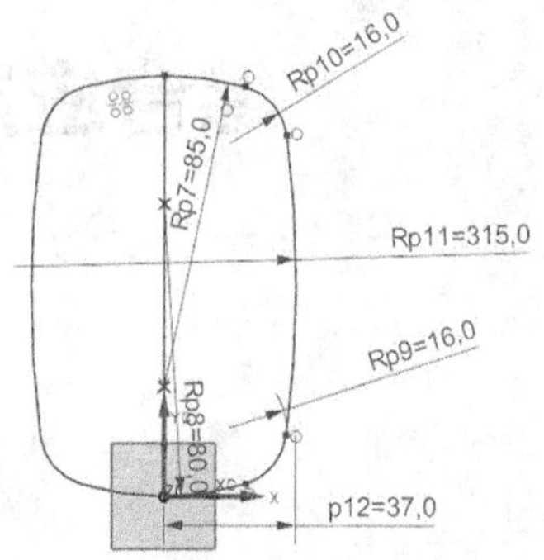

图 8-3 名片盒平面外形尺寸（一）

（3）设置 22 层为工作层，并设定 21 层和 61 层为可选层。

（4）在“特征”工具栏中单击“草图”按钮，使用 *YC–ZC* 基准平面作为草图平面，创建一个新草图，如图 8-4 所示。

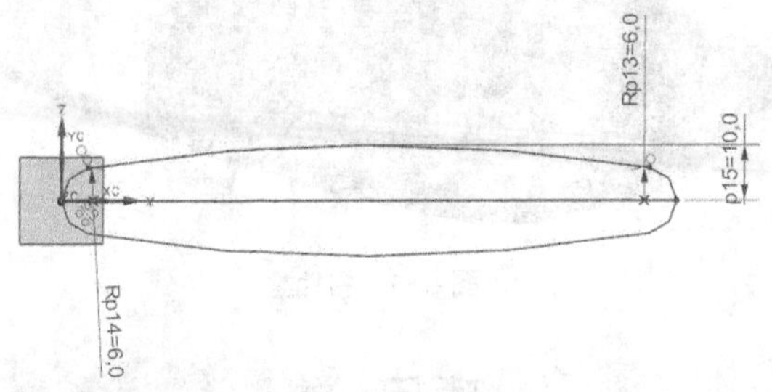

图 8-4 名片盒平面外形尺寸（二）

（5）设置 62 层为工作层，并设定 21 层和 61 层为可选层。

（6）在“特征”工具栏中单击“基准面”按钮，创建距离 *XC–ZC* 基准平面 51mm 的基准面。

（7）设置 23 层为工作层，在“特征”工具栏中单击“草图”按钮，使用 *XC–ZC* 基准平面作为草图平面，创建一个新草图，如图 8-5 所示。最后形成的草图网格如图 8-6 所示。

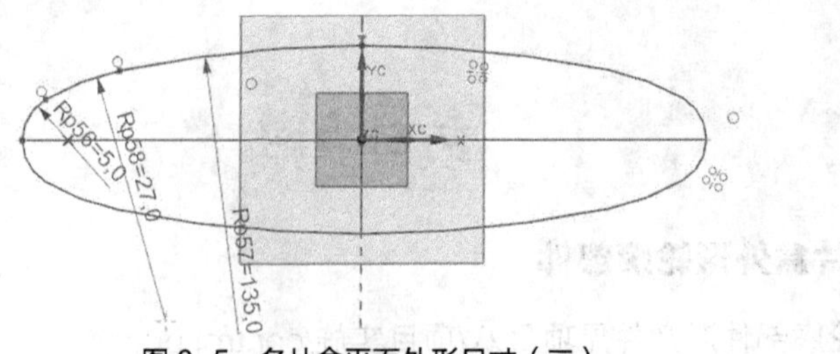

图 8-5 名片盒平面外形尺寸（三）

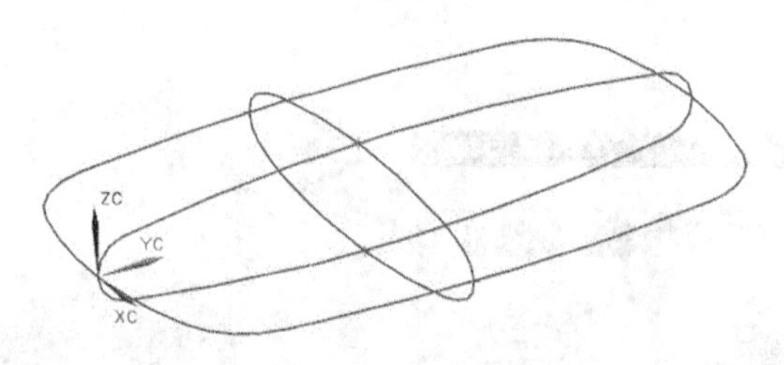

图 8-6　名片盒外形网格

（8）设置 1 层为工作层，并设定 21 ~ 23 层为可选层。

（9）在“曲面”工具栏中单击“通过曲线网格”按钮，使用 *Y* 轴上的两个顶点和中间环形曲线为主曲线，其余 4 边为交叉曲线，创建完全封闭的曲面，如图 8-7 所示。

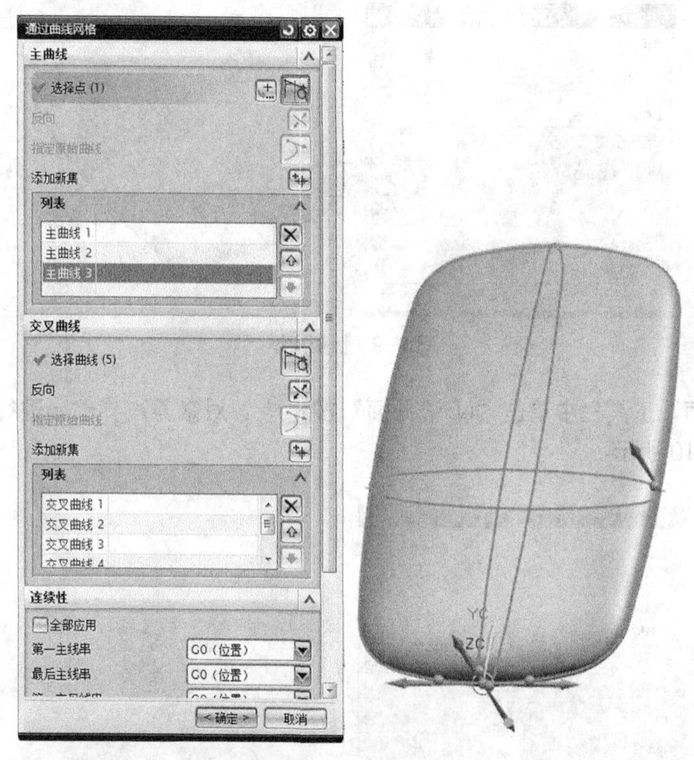

图 8-7　名片盒外观轮廓

二、创建名片盒底前盖部件

名片盒底前盖部件源文件见项目八/项目实施/bottom_up.prt。

在底前盖造型中需要链接控制体中的实体进行设计，以方便整个名片盒的外观控制，下面介绍底前盖的创建方法。

视频：创建名片盒底前盖部件

（1）在装配导航器中，将 bottom_up 作为工作部件。

（2）在“装配”工具栏中单击“WAVE 几何链接器”按钮，提取名片盒毛坯实体，如图 8-8 所示。

（3）在“特征”工具栏中单击“修剪体”按钮，使用 *XC–YC* 平面对提取的实体进行修剪，如图 8-9 所示。

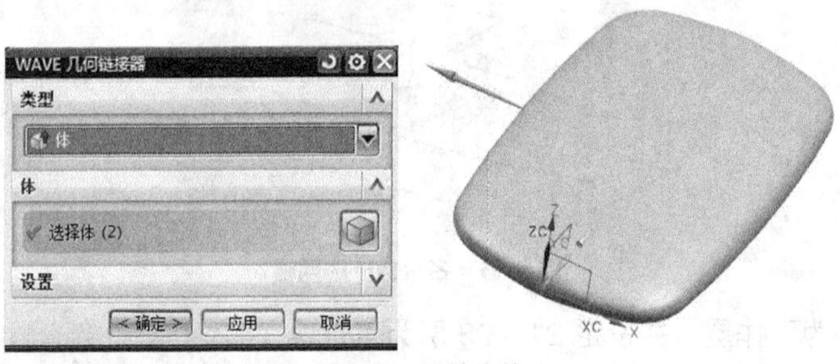

图 8-8　链接实体

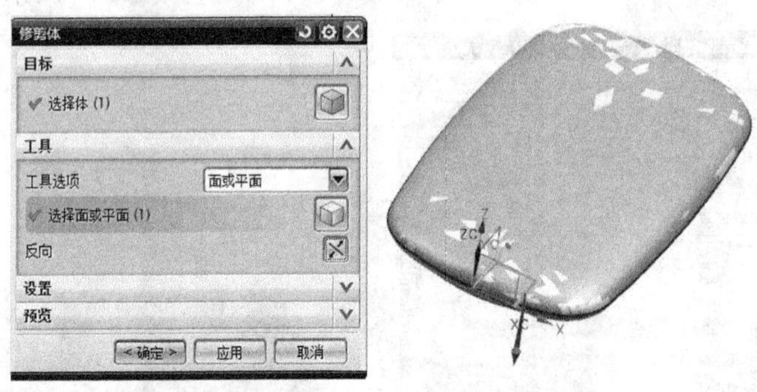

图 8-9　切割实体

（4）在“曲面”工具栏中单击“N 边曲面”按钮，对修剪边界部分进行修补，并与原曲面缝合，如图 8-10 所示。

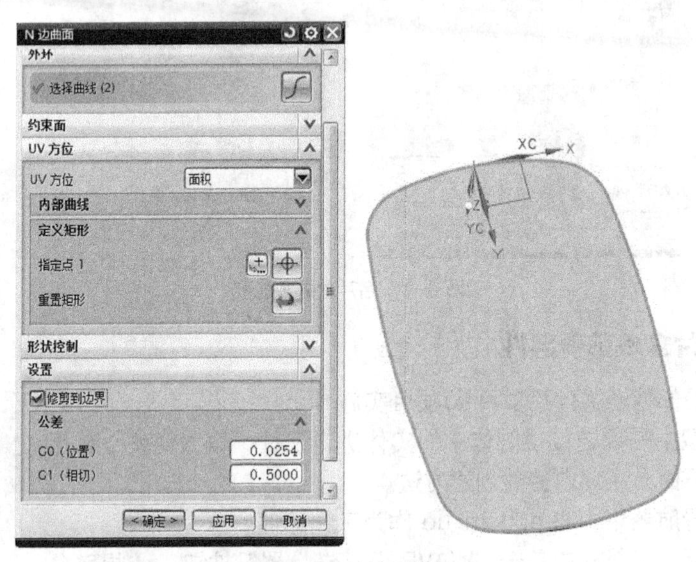

图 8-10　N 边形修补

（5）在“特征”工具栏单击“抽壳”按钮，对修补的平面部分进行抽壳，厚度为 2mm，如图 8-11 所示。

（6）设置 21 层为工作层，并设定 61 层为可选层。

（7）在“特征”工具栏中单击“草图”按钮，使用 *XC-YC* 基准平面作为草图平面，创建一个新草图，如图 8-12 所示。

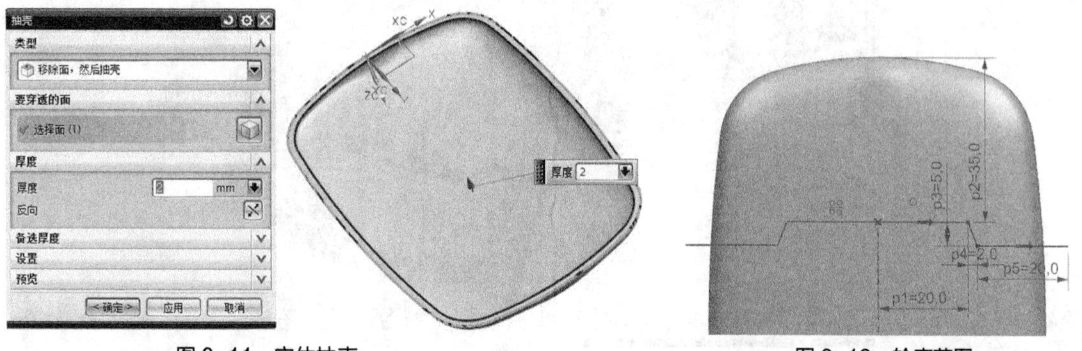

图 8-11 实体抽壳　　　　图 8-12 轮廓草图

（8）在“特征”工具栏中单击“拉伸”按钮，对草图进行拉伸，如图 8-13 所示。

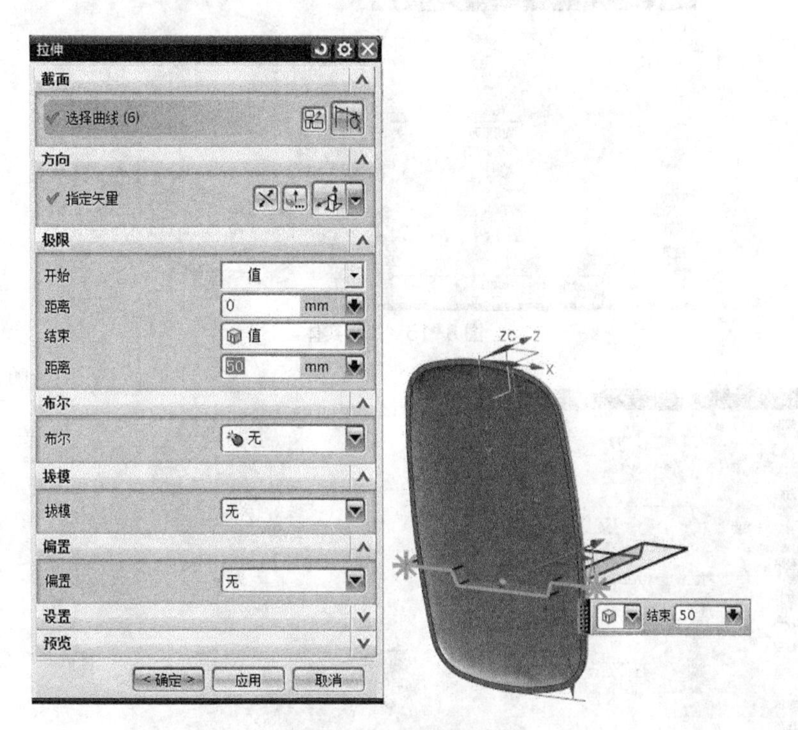

图 8-13 草图拉伸

（9）在“细节特征”工具栏中单击“边倒圆”按钮，对拉伸体进行导圆角 0.5mm，如图 8-14 所示。

（10）在“特征”工具栏中单击“修剪体”按钮，使用拉伸面对抽壳的实体进行修剪，如图 8-15 所示。

（11）在“特征”工具栏中单击“拉伸”按钮，对内边沿进行拉伸，如图 8-16 所示。

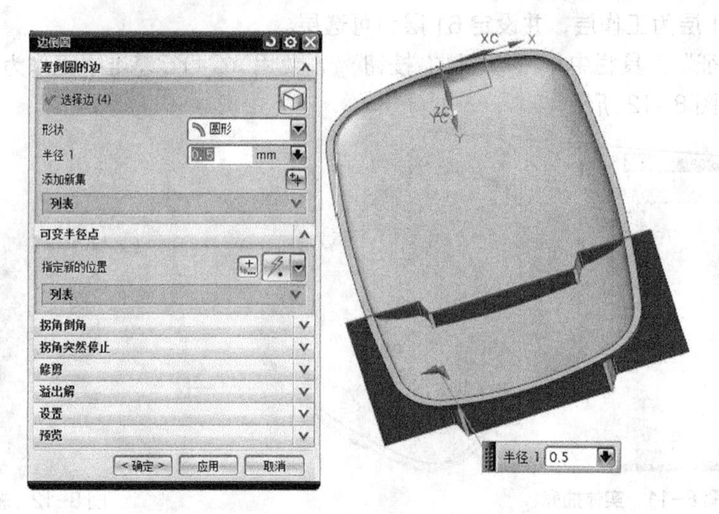

图 8-14　边角倒圆

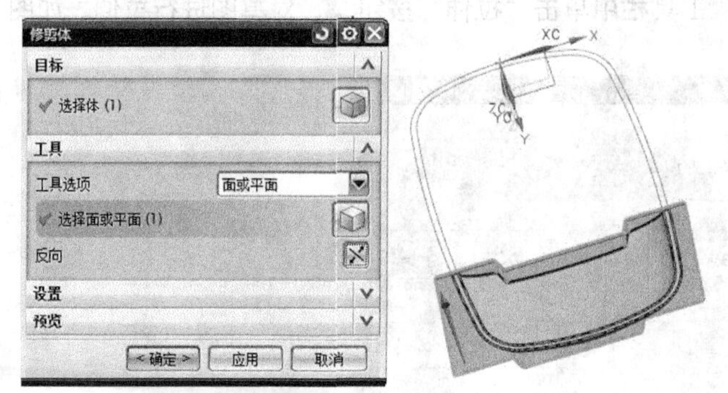

图 8-15　修剪实体

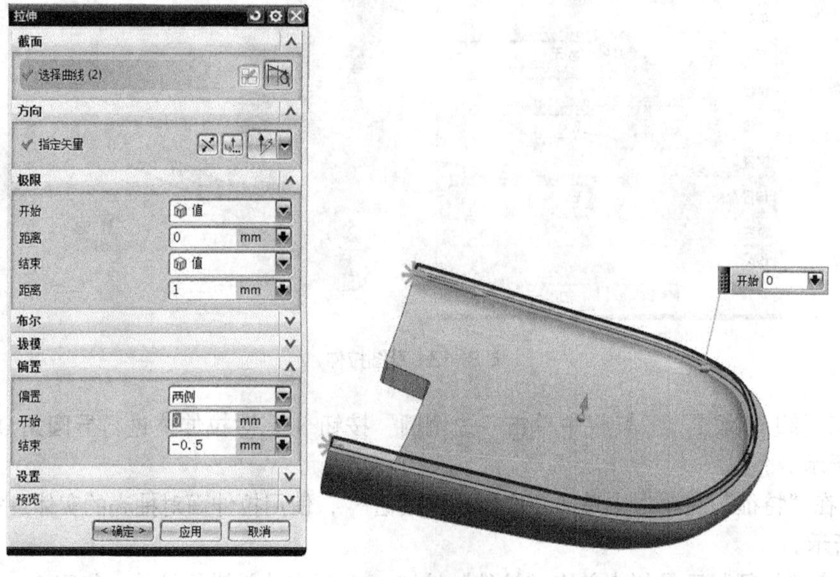

图 8-16　草图拉伸

（12）在“特征”工具栏中单击“草图”按钮，使用 *XC-YC* 基准平面作为草图平面，创建一个新草图，如图 8-17 所示。

（13）在“特征”工具栏中单击“拉伸”按钮，分别对草图各边进行拉伸，效果如图 8-18 和图 8-19 所示。

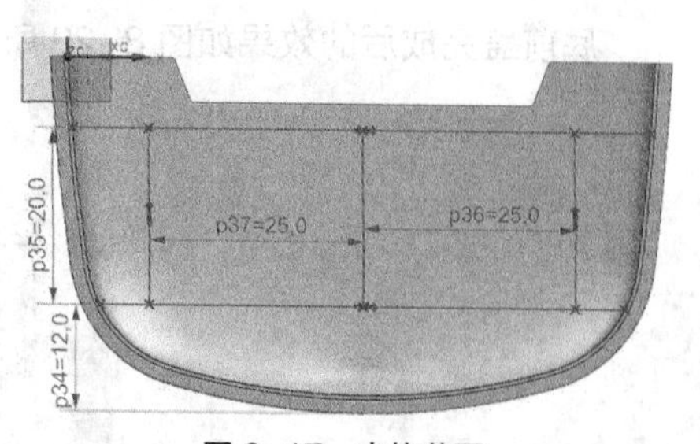

图 8-17 内格草图

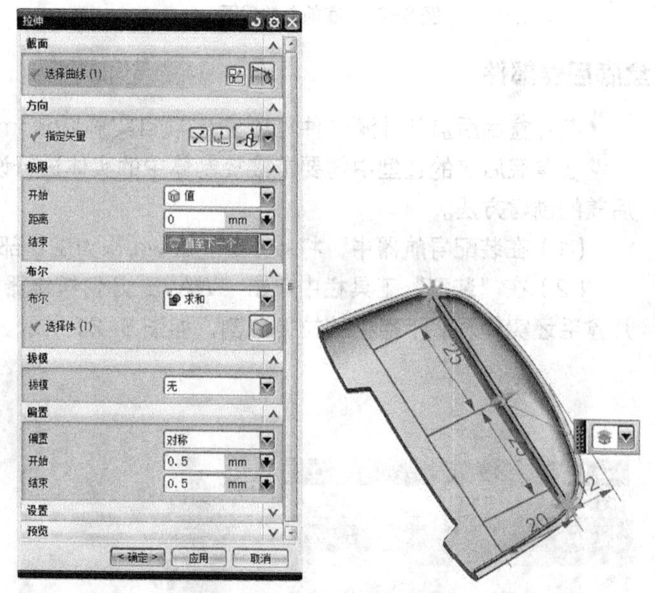

图 8-18 草图拉伸（一）

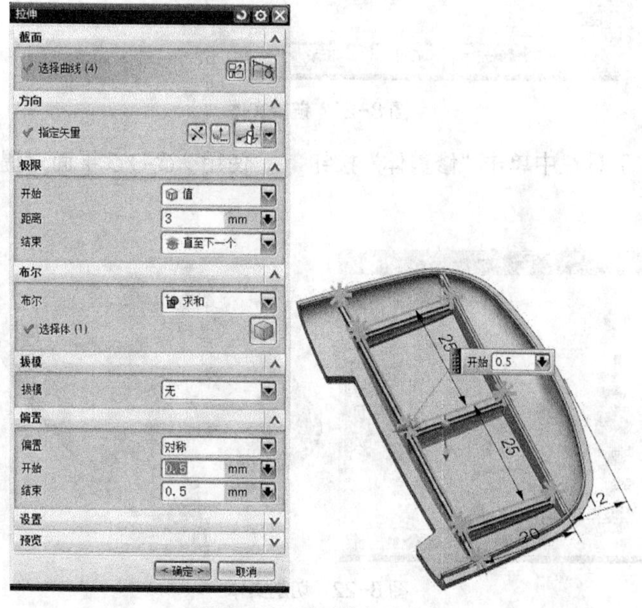

图 8-19 草图拉伸（二）

底前盖完成后的效果如图 8-20 所示。

图 8-20　底前盖效果图

三、创建名片盒底后盖部件

视频：创建名片盒底后盖部件

名片盒底后盖部件源文件见项目八/项目实施/bottom_down.prt。

在盒底后盖的造型中需要链接控制体中的实体进行设计，下面介绍盒底后盖的创建方法。

（1）在装配导航器中，将 bottom_down 作为工作部件。

（2）在“装配”工具栏中单击“WAVE 几何链接器”按钮，提取名片盒毛坯实体及底下盖中的拉伸分割，如图 8-21 所示。

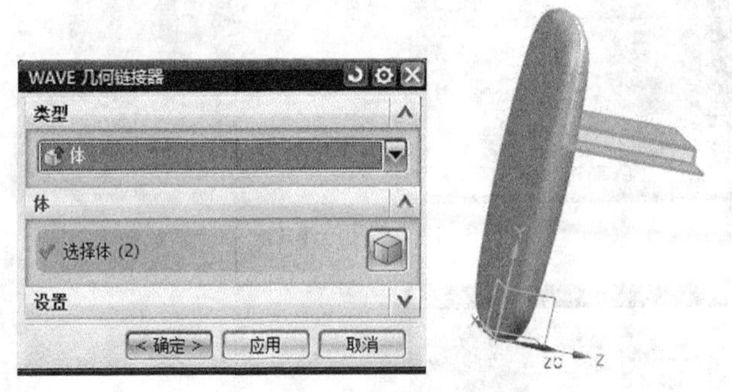

图 8-21　链接实体

（3）在“特征”工具栏中单击“修剪体”按钮，使用 *XC-YC* 平面对提取的实体进行修剪，如图 8-22 所示。

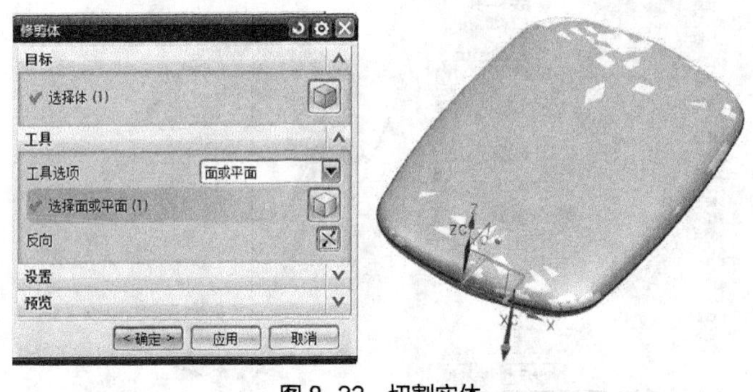

图 8-22　切割实体

（4）在“曲面”工具栏中单击“N 边曲面”按钮，对修剪边界部分进行修补，并与原曲面缝合，如图 8-23 所示。

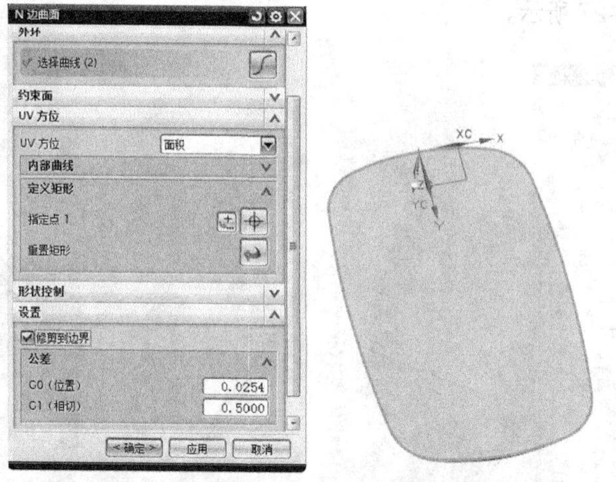

图 8-23　N 边形修补

（5）在“特征”工具栏中单击“抽壳”按钮，对修补的平面部分进行抽壳，厚度为 2mm，如图 8-24 所示。

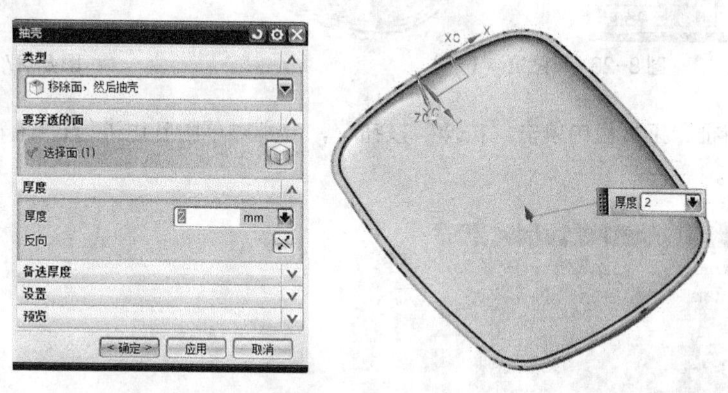

图 8-24　实体抽壳

（6）在“特征”工具栏中单击“修剪体”按钮，使用拉伸面对抽壳的实体进行修剪，如图 8-25 所示。

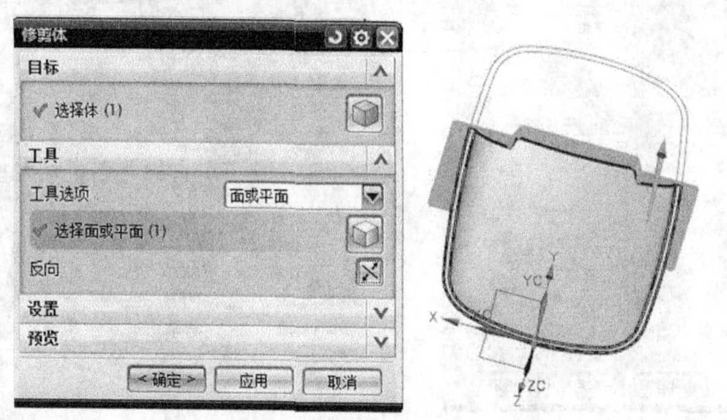

图 8-25　修剪实体

（7）使用“特征”工具栏中单击“拉伸”按钮，对内边沿进行拉伸，如图 8-26 所示。

（8）在“特征”工具栏中单击“草图”按钮，使用 *XC-YC* 基准平面作为草图平面，创建一个新草图，如图 8-27 所示。

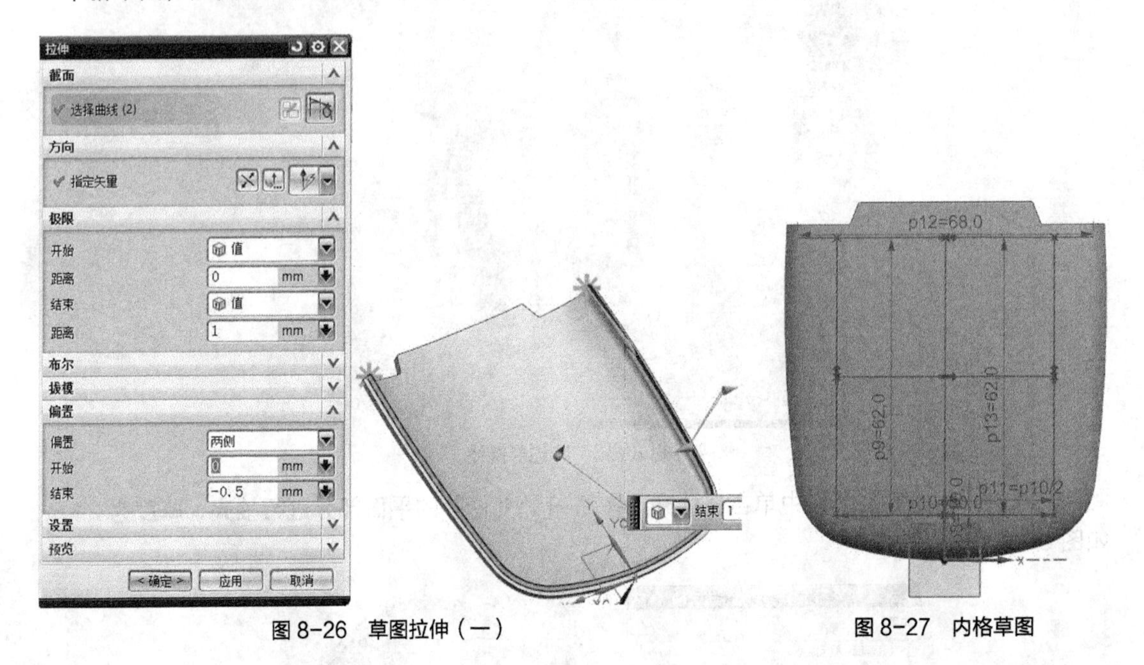

图 8-26 草图拉伸（一） 图 8-27 内格草图

（9）在“特征”工具栏中单击“拉伸”按钮，分别对草图各边进行拉伸，效果如图 8-28 和图 8-29 所示。

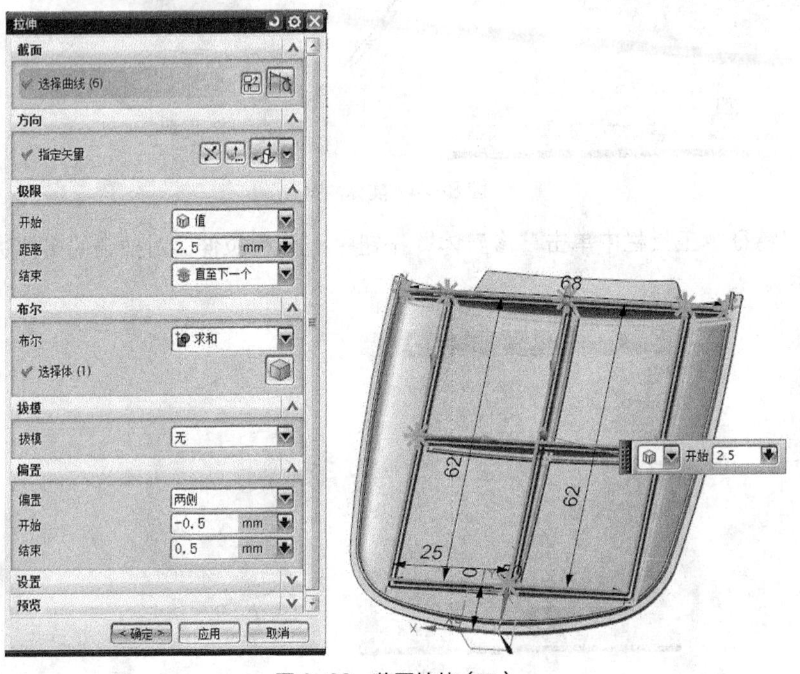

图 8-28 草图拉伸（二）

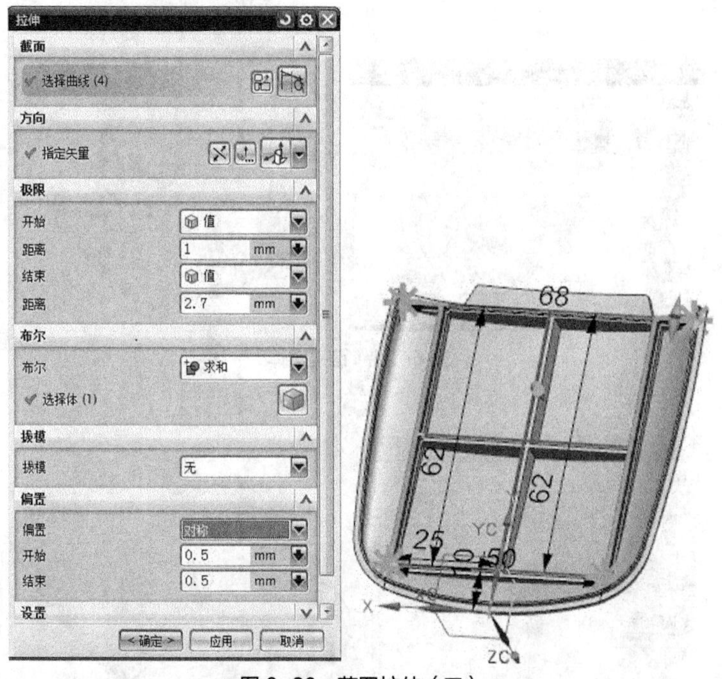

图 8-29　草图拉伸（三）

底后盖完成后的效果如图 8-30 所示。

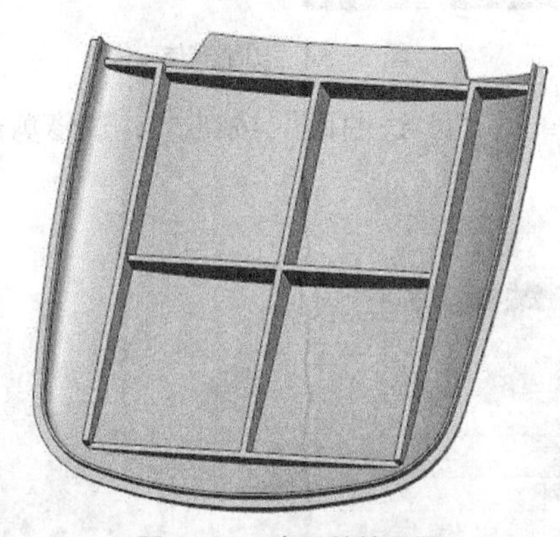

图 8-30　底后盖效果图

四、创建名片盒面盖部件

名片盒面盖部件源文件见项目八/项目实施/top.prt。

视频：创建名片盒面盖部件

在面盖造型中需要链接控制体中的实体进行设计，下面介绍面盖的创建方法。

（1）在装配导航器中，将 top 作为工作部件。

（2）在"装配"工具栏中单击"WAVE 几何链接器"按钮，提取名片盒毛坯实体，如图 8-31 所示。

（3）在"特征"工具栏中单击"修剪体"按钮，使用 *XC–YC* 平面对提取的实体进行修剪，如图 8-32 所示。

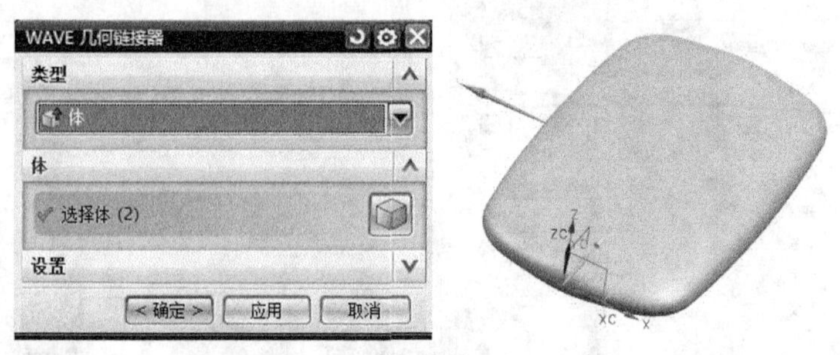

图 8-31　链接实体

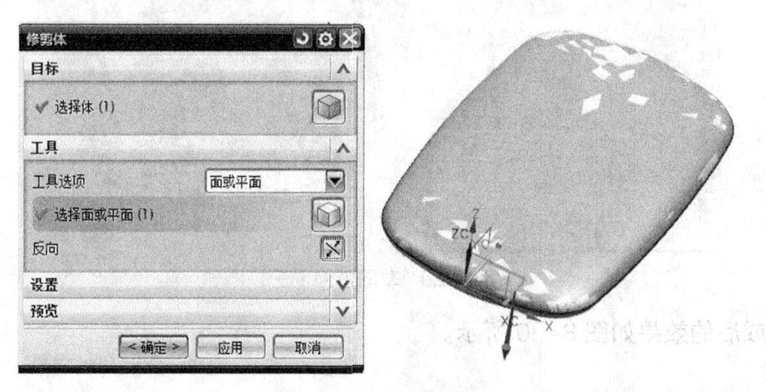

图 8-32　切割实体

（4）在“曲面”工具栏中单击“N 边曲面”按钮，对修剪边界部分进行修补，并与原曲面缝合，如图 8-33 所示。

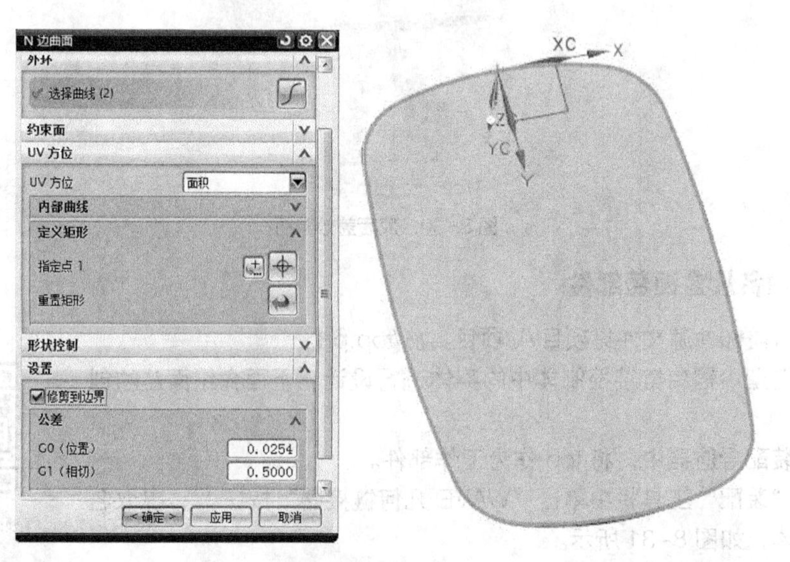

图 8-33　N 边形修补

（5）在“特征”工具栏中单击“抽壳”按钮，对修补的平面部分进行抽壳，厚度为 2mm，如图 8-34 所示。

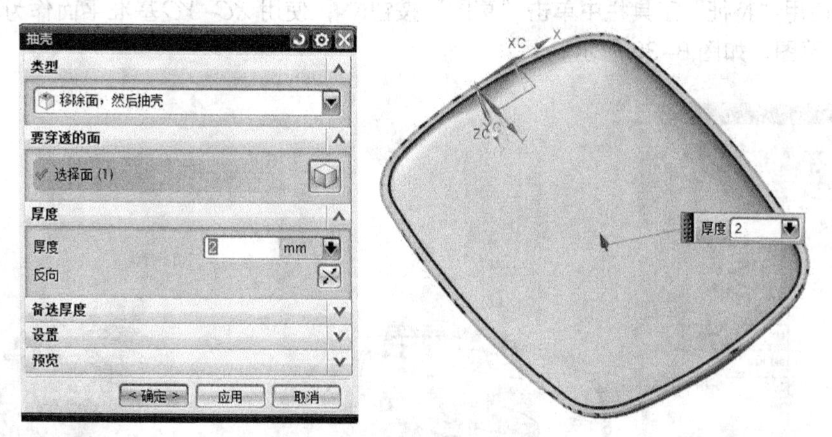

图 8-34　实体抽壳

（6）设置 21 层为工作层，并设定 61 层为可选层。

（7）使用“特征”工具栏中单击“草图”按钮，使用 *XC-YC* 基准平面作为草图平面，创建一个新草图，如图 8-35 所示。

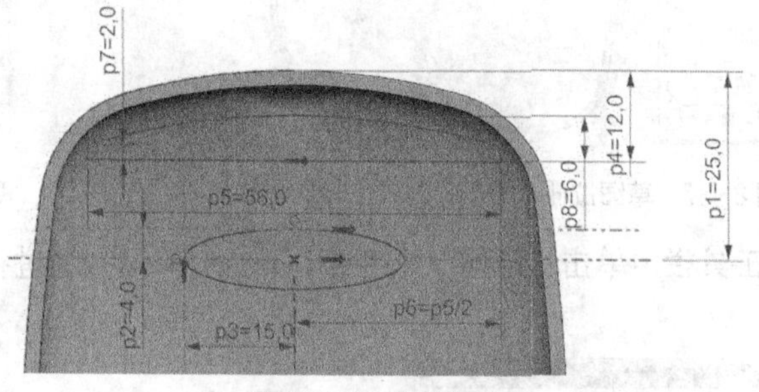

图 8-35　轮廓草图

（8）在“特征”工具栏中单击“拉伸”按钮，对草图进行拉伸求差，如图 8-36 所示。

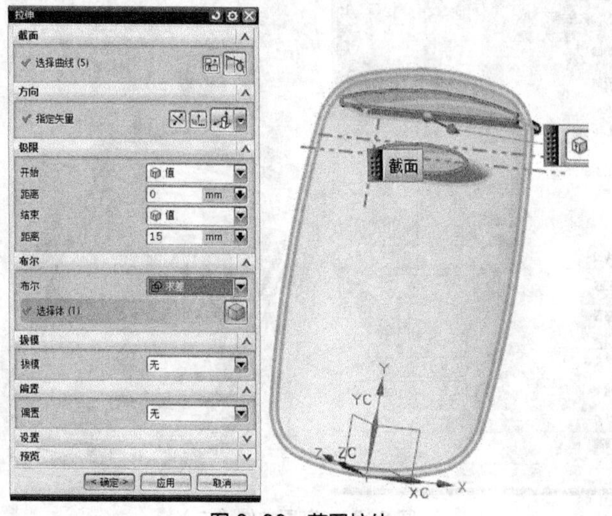

图 8-36　草图拉伸

（9）在“特征”工具栏中单击“拉伸”按钮，对内边沿进行拉伸，如图 8-37 所示。

（10）使用“特征”工具栏中单击“草图”按钮，使用 *XC-YC* 基准平面作为草图平面，创建一个新草图，如图 8-38 所示。

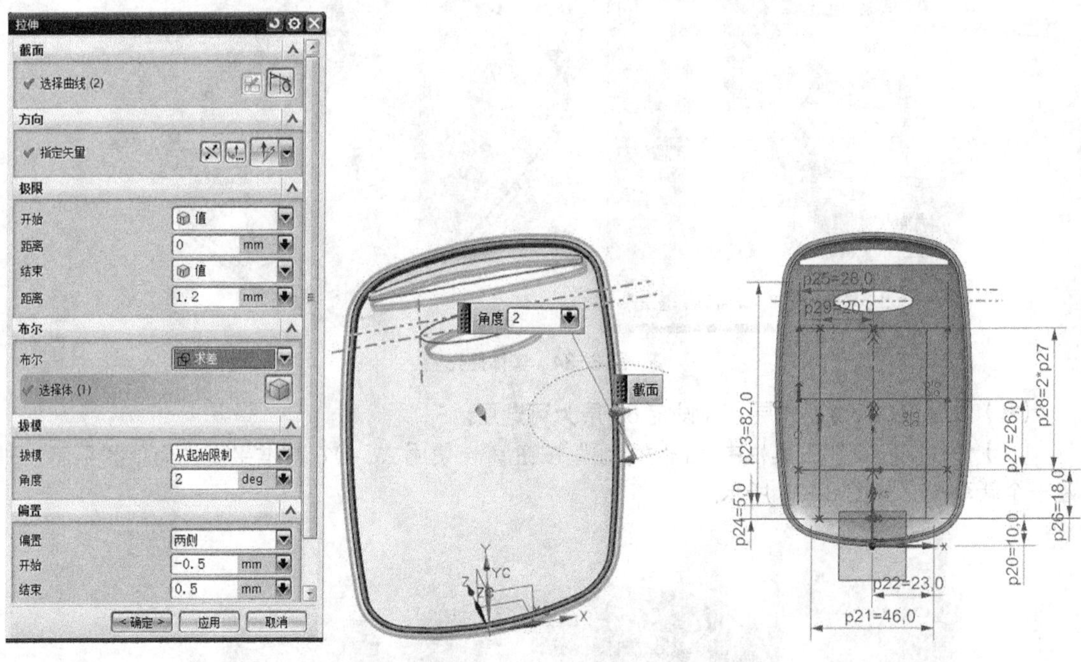

图 8-37　草图拉伸（一）　　　　图 8-38　内格草图

（11）在“特征”工具栏中单击“拉伸”按钮，分别对草图各边进行拉伸，效果如图 8-39 和图 8-40 所示。

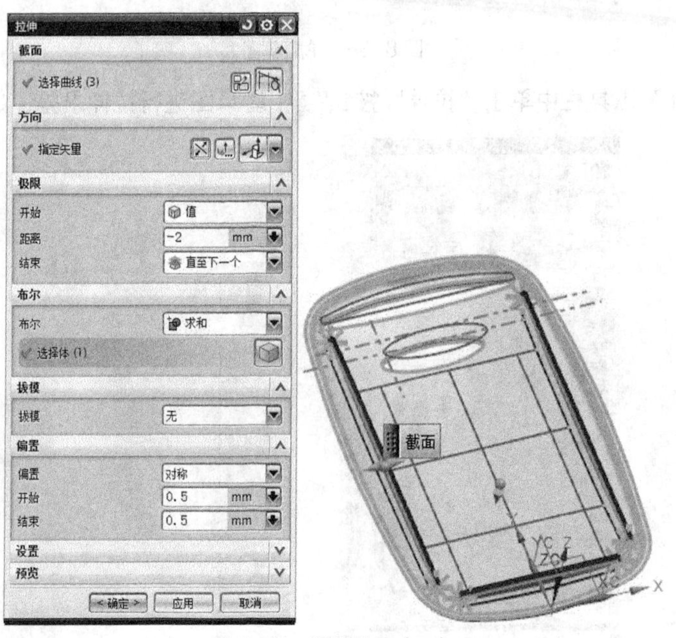

图 8-39　草图拉伸（二）

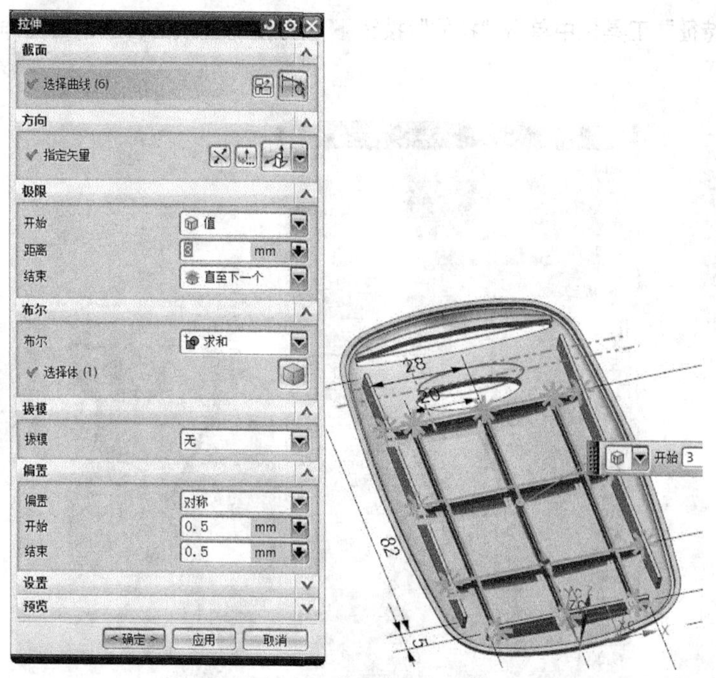

图 8-40 草图拉伸（三）

（12）在“特征”工具栏中单击“草图”按钮，使用出口平面作为草图平面，创建一个新草图，如图 8-41 所示。

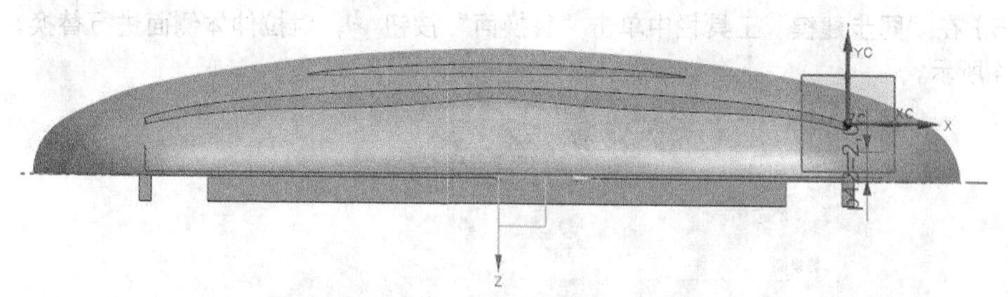

图 8-41 开口草图

（13）在“网格曲面”工具栏中单击“直纹曲面”按钮，做出出口底面，效果如图 8-42 所示。

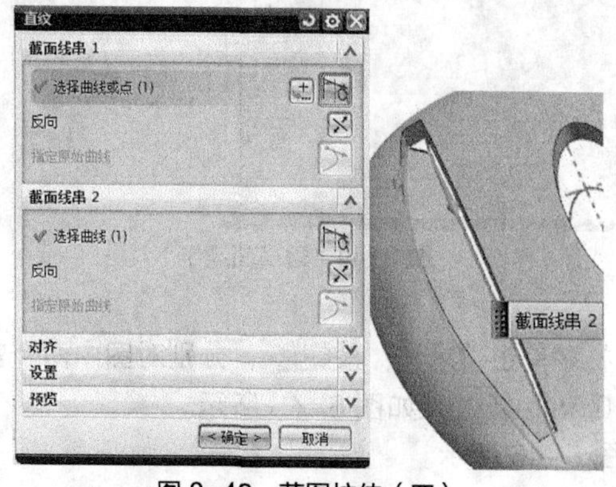

图 8-42 草图拉伸（四）

（14）在“特征”工具栏中单击“拉伸”按钮，分别对直纹面各边进行拉伸，效果如图 8-43 所示。

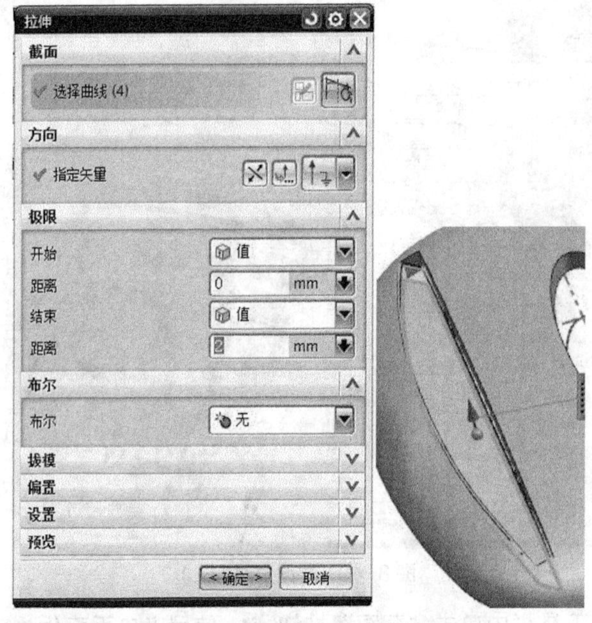

图 8-43　草图拉伸（五）

（15）在“同步建模”工具栏中单击“替换面”按钮，对拉伸体侧面进行替换，效果如图 8-44 所示。

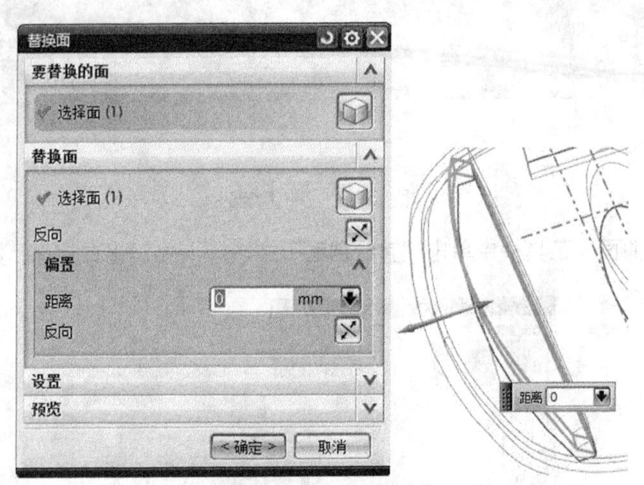

图 8-44　替换面操作

（16）在“特征”工具栏中单击“求和”按钮，分别对图中两个实体进行求和，再使用“边倒圆”按钮对锐边倒圆 0.5mm，效果如图 8-45 所示。

面盖完成后的效果如图 8-46 所示。

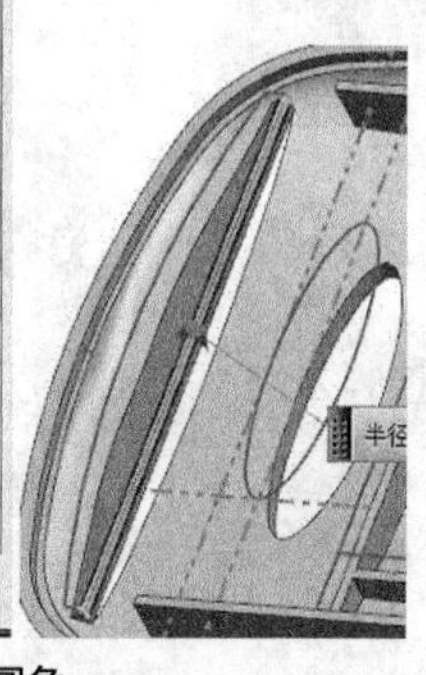
图 8-45　求和并导圆角

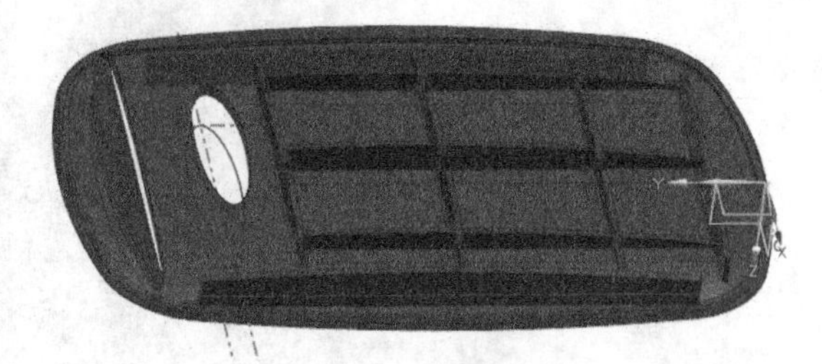
图 8-46　面盖效果图

五、创建名片盒整体装配效果

1. 名片盒爆炸图

名片盒主体结构效果如图 8-47 所示。为了能清楚地观察名片盒结构，需要对名片盒进行爆炸，具体操作步骤如下。

（1）在“装配”工具栏中单击“爆炸图”按钮，在“爆炸图”工具栏中单击“新建爆炸图”按钮，然后在弹出的对话框中单击的“确定”按钮。

（2）在“爆炸图”工具栏中单击“编辑爆炸图”按钮，选取部件将其移动到恰当的位置，然后在弹出的对话框中单击“确定”按钮，完成后的爆炸图效果如图 8-48 所示。

图 8-47　总装图

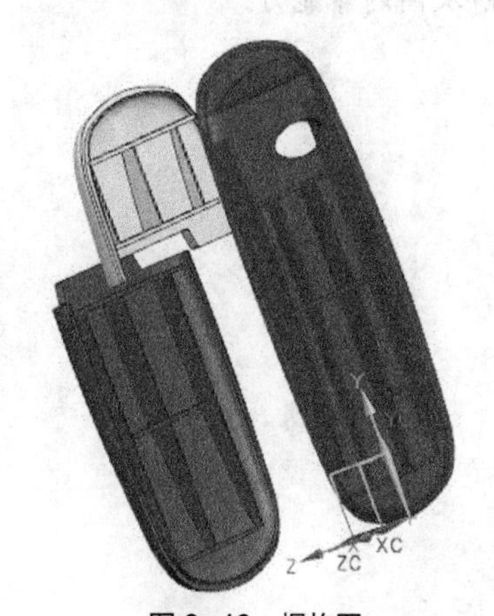

图 8-48　爆炸图

2. 名片盒渲染

对名片盒进行真实着色渲染，具体操作步骤如下。

（1）在“真实着色”工具栏中单击“真实着色编辑器”按钮，在“真实着色编辑器”对话框的“背景”卷展栏中设置背景颜色为白色，然后单击“确定”按钮。

（2）在“真实着色”工具栏中单击“真实着色”按钮，然后分别单击“显示阴影”“显示地板反射”和“显示地板栅格”按钮显示阴影和地板，完成后的真实着色渲染效果如图 8-49 所示。

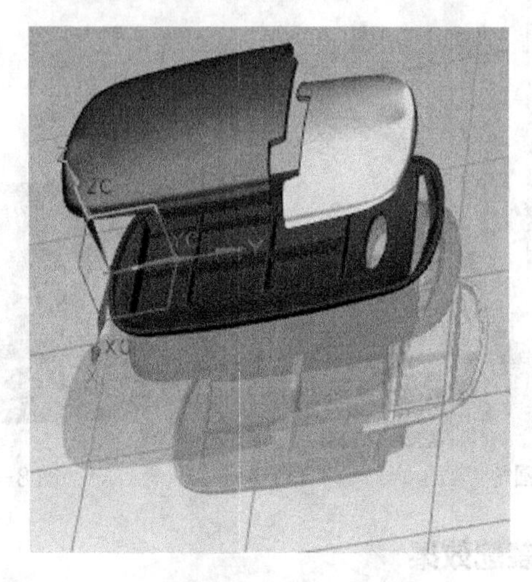

图 8-49　渲染效果图

归纳总结

通过本项目的学习，综合运用了实体建模、装配设计的内容，让读者加深对这两部分内容的理解，能够灵活运用所学的知识。进一步培养学生能够运用 UG 软件进行产品设计的综合能力，让学生熟练掌握建模、装配设计两个模块的相关功能与命令，同时培养学生的信息获取、团队协作和思考解决问题等能力。